HISTOIRE

DES

EXPOSITIONS DE L'INDUSTRIE

FRANÇAISE.

HISTOIRE

DES

EXPOSITIONS

DES PRODUITS

DE

L'INDUSTRIE FRANÇAISE

PAR

 M. ACHILLE DE COLMONT.

PARIS

GUILLAUMIN ET Cie, LIBRAIRES,

Éditeurs du Journal des Économistes, de la Collection des principaux économistes,
du Dictionnaire de l'Économie politique, etc.

RUE RICHELIEU, 14.

—

1855

Conaxi., imprimerie de Curvri.

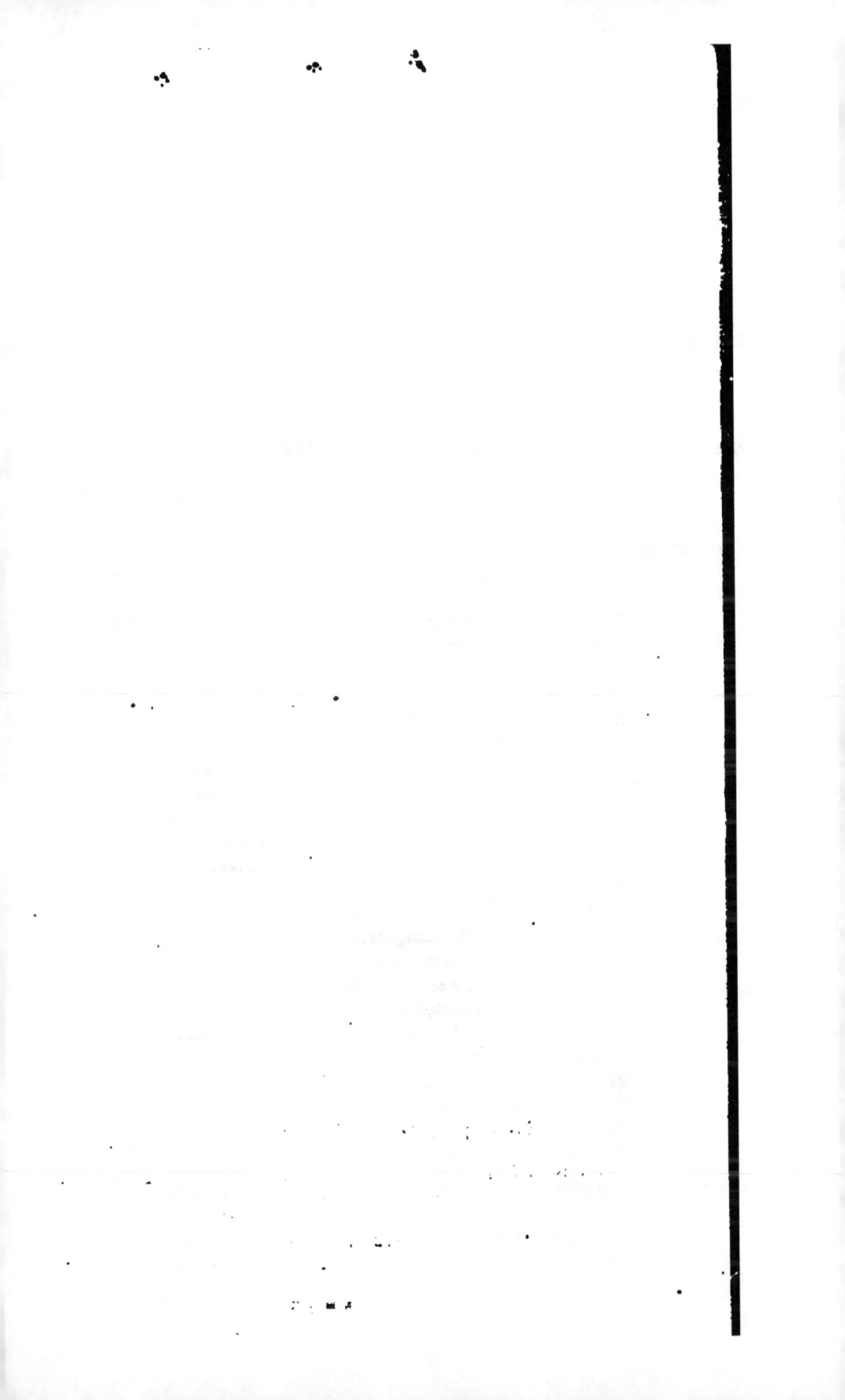

TABLE DES MATIÈRES.

AVANT-PROPOS.

En donnant au public l'histoire abrégée des expositions des produits de l'Industrie Française, nous ne nous sommes pas dissimulé qu'il y avait une plus grande œuvre à faire, une œuvre plus savante et plus digne de ceux qui s'occupent en France des arts industriels avec tant de gloire pour le pays; c'est l'histoire de l'industrie qu'il aurait fallu écrire.

Nous n'avons pas eu, à beaucoup près, la hardiesse de tenter un aussi grand travail et de montrer l'enchaînement et le progrès parallèle des connaissances humaines, des sciences, des beaux-arts et de l'industrie. Ce que nous avons essayé, c'est de dire fidèlement quels ont été, depuis les premières expositions de l'Industrie Française jusqu'à ce jour, les services rendus aux arts industriels par les hommes honorables à qui nous devons les immenses succès que l'industrie a obtenus depuis le commencement de ce siècle. Nous espérons n'avoir omis le nom d'aucun de ceux qui ont pris une part à ces conquêtes pacifiques et nous espérons qu'en suivant pas à pas, et souvent en reproduisant mot à mot, les comptes-rendus des jurys des expositions, nous avons exploré, sur tous ses points, la brillante carrière que l'Industrie Française a parcourue depuis un demi-siècle.

HISTOIRE

DES EXPOSITIONS DES PRODUITS

DE L'INDUSTRIE FRANÇAISE.

COUP D'ŒIL HISTORIQUE

SUR LES PROGRÈS DE L'INDUSTRIE AVANT LE XIXᵉ SIÈCLE.

Cultiver la terre et en recueillir les fruits, les échanger et les vendre, les mieux approprier aux besoins de la vie, telles sont les trois phases du travail des sociétés humaines ; ce sont l'agriculture, le commerce et l'industrie. Sans oublier que ces trois branches des travaux de l'humanité se sont toujours fortifiées et étendues par leurs secours réciproques, on peut considérer cependant que l'agriculture est le plus ancien des arts, qu'après lui le commerce a commencé à se développer, et que l'industrie n'a pris naissance et n'a surtout fait les progrès auxquels elle est parvenue que longtemps ensuite ; c'est qu'en effet l'agriculture a donné aux hommes la nourriture ; le commerce leur a donné l'abondance ; et l'industrie tous les biens qui appartiennent à la civilisation.

Non pas que ce ne soient de belles œuvres de l'indus-

1

trie que les instruments aratoires, et que la construction
des navires qui ont doublé les produits de l'agriculture
et du commerce, mais ce sont surtout les arts métallurgiques, l'imprimerie, la poudre à canon, les métiers à
filer, à tisser, l'emploi de la vapeur comme force motrice, etc., etc., qui sont les inventions les plus éclatantes
de l'industrie.

Nous nous proposons ici de rechercher quels progrès
a pu faire faire à l'industrie dans ces derniers temps l'u-
sage adopté chez plusieurs nations de faire périodique-
ment des expositions publiques des produits de leur industrie; mais, avant d'aborder cet examen, jetons un
coup d'œil rapide sur les plus belles époques de l'industrie, et sur celles, au contraire, où elle est restée stationnaire; sans doute cette première étude nous fournira
les moyens de mieux apprécier l'influence que les expositions de l'industrie peuvent avoir sur son développement.

Si nous recherchons dans les monuments de la plus
haute antiquité le peu qu'ils peuvent nous apprendre sur
l'état des arts industriels à ces époques reculées, nous
trouvons dans la Genèse que, 3900 ans avant Jésus-Christ,
Tubal-Caïn eut l'art de travailler avec le marteau, et fut
habile en toutes sortes d'ouvrages d'airain et de fer (1);
c'est évidemment, dit dom Calmet, le Vulcain de la Fable.
Sa sœur Noema qui, selon Plutarque, était la Minerve
des Grecs qu'on appelait aussi *Nemanoun*, inventa la

(1) Il est probable que le fer n'a pas été en usage à une époque
aussi reculée, au moins d'une manière quelque peu générale. Les
Grecs en attribuaient la découverte à Minos, 1431 ans avant Jésus-
Christ.

manière de filer et de faire les toiles et les étoffes de laine. Jubal fut l'inventeur des instruments de musique, et apprit aux hommes à en jouer. En 3542, Noé construisait une arche avec des bois de cyprès ouvragés, ce qui supposait une longue expérience et les outils nécessaires pour exécuter un pareil travail. Vers 2907, les fils de Noé élevaient des édifices avec des briques cuites au soleil et liées entre elles par un bitume. La Genèse rapporte que plus tard, en 2241 avant Jésus-Christ, Abraham voulut immoler son fils Isaac avec une épée.

A partir de cette époque nous voyons les générations qui se succèdent, se livrer à la culture des céréales et de la vigne, employer le fer et le cuivre, élever des troupeaux, construire de vastes édifices et de grands navires.

Sous le règne de Pharaon, l'industrie et le luxe qu'elle amène avec elle, avaient fait les progrès les plus remarquables; déjà des villes considérables avaient été construites; l'usage des monnaies rendait le commerce et les échanges plus rapides et plus profitables; le luxe des vêtements se produisait dans l'emploi des tissus de laine et de ceux de lin ou de coton; l'art de travailler les métaux précieux fournissait des colliers d'or pour la parure, et des vases pour l'ornement des temples, ou pour la table des rois. On trouve dans l'histoire de Joseph, la preuve de ce que nous avançons ici, soit lorsque ses frères lui enlèvent sa robe de plusieurs couleurs, et le vendent moyennant vingt pièces d'argent à des marchands Madianites, soit lorsque le roi Pharaon le fait revêtir d'une robe de lin, lui met un collier d'or au cou et le fait monter sur son char; soit lorsque Joseph donne à chacun de ses frères deux robes et trois cents pièces d'argent.

L'art métallurgique, et par conséquent celui de façonner le bois, était déjà très-perfectionné chez les Égyptiens. Ils fabriquaient tous les outils et ustensiles usuels dans les arts et métiers, haches, ciseaux, scies à main, maillets, règles, triangles, soufflets, etc.

Ils n'ignoraient pas non plus l'art de préparer l'argile pour en faire des poteries blanches, vertes, rouges.

Les travaux que les débordements du Nil firent entreprendre aux Égyptiens, la construction des Pyramides qui paraissent remonter à la même époque et qui subsistent encore aujourd'hui, comme si elles devaient durer aussi longtemps que les monuments de la nature elle-même, sont des traces plus grandes encore de l'industrie humaine, quatre mille ans avant nous.

Si nous recherchons dans l'histoire des Chinois, dont les annales remontent à une époque presque aussi ancienne, nous voyons que l'industrie a fait chez eux des progrès à peu près parallèles à ceux qu'elle faisait en Égypte; et lorsque les Européens ont découvert le continent américain, ils ont trouvé des peuples qui, pour être moins industrieux et moins avancés que ceux de l'ancien monde, avaient cependant poussé à un assez haut degré de perfection l'art de travailler le bronze et les métaux précieux et celui du tissage des étoffes.

Il n'y a que les races nègres et celles de l'Australie, qui sont restées dans tous les arts industriels à une immense distance en arrière des autres sociétés humaines.

Mais, quelles que fussent les inventions des hommes

dans les temps antérieurs à l'avénement de Jésus-Christ, et nous ne voulons oublier ni les travaux de Pythagore, ni ceux d'Archimède, à qui l'on doit la poulie et la vis hydraulique qui porte son nom, ni ceux de tous les philosophes qui, dans l'antiquité, ont créé les sciences mathématiques ; néanmoins, on peut dire que l'industrie n'a pris un grand développement que depuis la naissance des sciences naturelles. La mécanique et la chimie sont les véritables sources où l'industrie a puisé toutes ses forces ; c'est à elles que l'on doit les grands progrès, les grandes découvertes industrielles, et c'est parce que ces sciences, la chimie surtout, ne sont cultivées encore que depuis peu de siècles, que les plus grands résultats des arts industriels ne se sont produits que dans les temps modernes.

Il faut cependant en excepter jusqu'à un certain point l'imprimerie qui a tant contribué au progrès de toutes les connaissances humaines. Jusqu'au xiᵉ siècle, on ne se servit pour écrire, en France et en Allemagne, que de papyrus ou de parchemin. Vers cette époque, des Grecs apportèrent à Bâle l'art de faire le papier de coton qui déjà, depuis un siècle et demi, remplaçait le papyrus chez les Orientaux (1). La culture du chanvre et du lin, et l'usage des étoffes faites de ces matières textiles, étaient déjà fort répandus dans l'Europe centrale ; la toile de chanvre avait, dès les xiiᵉ et xiiiᵉ siècles, remplacé les étoffes de laine

(1) La Bibliothèque Impériale de France possède un manuscrit sur papier de coton de l'année 1050. — On voit dans la bibliothèque de l'empereur d'Autriche un autre manuscrit sur le même papier, de 1095. Ce papier s'appelait alors papier de Damas. En Italie on l'appelait parchemin grec.

comme vêtement placé sur la peau, et avait fait disparaître l'horrible maladie de la lèpre. On substitua alors
les chiffes ou chiffons au coton, dans la fabrication du papier qui en devint plus solide et d'une meilleure qualité,
et bientôt le papier remplaça le papyrus (1) et le parchemin : remarquable enchaînement des découvertes humaines que vint, un peu plus tard, couronner l'invention
de l'imprimerie.

Les manufactures de papier s'établirent en France à la
fin du xiii° siècle, ou au commencement du xiv°. Bientôt
après, il en fut établi en Allemagne; l'acte d'accusation
dressé à Paris contre les Templiers et qui existe aux archives de France, est écrit sur papier de linge et date de
1317. La plus ancienne feuille de papier que l'on connaisse en Allemagne, a été retrouvée à Nuremberg; elle
date de 1318. On cite une Bible de 1322, en vers fla-

---

(1) Espèce de jonc qui croissait sur les bords du Nil. Voici comment on en fabriquait du papier :

Après avoir retranché les racines et le sommet du papyrus, il restait
une tige que l'on fendait exactement en deux; on séparait légèrement
les enveloppes dont elle était revêtue, et dont le nombre ne dépassait
pas celui de vingt. Plus ces tuniques approchaient du centre et plus
elles avaient de finesse et de blancheur. On étendait une enveloppe
coupée régulièrement sur une première feuille ainsi préparée, on
en posait une autre à contre-fibre, et on les couvrait d'eau trouble
du Nil, qui, en Égypte, tenait lieu de la colle qu'on employait ailleurs. En continuant ainsi de superposer plusieurs feuilles les unes
sur les autres, on en formait une pièce que l'on soumettait à la
presse, qu'on faisait sécher, qu'on frappait avec le marteau et que
l'on polissait par le frottement de l'ivoire ou d'une coquille : lorsqu'on voulait la rendre plus durable, on la frottait d'huile de cèdre,
qui lui communiquait l'incorruptibilité de ce bois.

La longueur du papier d'Égypte n'avait rien de fixe, mais elle
n'excédait jamais deux pieds.

mands, écrite sur du papier de linge ; bientôt le papier que l'on fabriquait avec les débris des étoffes usées de lin ou de chanvre devint aussi commun, et se fabriqua à aussi bon marché que le parchemin et le papyrus étaient rares et chers; la chimie fournit pour l'écriture un des produits les plus parfaits qu'elle ait donnés aux arts, nous voulons dire *le tannate de fer*, autrement l'encre usuelle, dont l'emploi est facile et la résistance aux efforts du temps et à ceux de l'atmosphère aussi durable que celle du papier lui-même (1).

Bientôt l'abondance du papier donna naissance à l'imprimerie. Dès la fin du xivᵉ siècle l'imprimerie tabellaire multipliait les livres d'église ou d'école ; c'étaient des recueils d'images avec de courtes inscriptions. Jean Guttemberg (2) imagina de graver sur des planches de bois des pages entières que l'on imprimait ensuite à autant d'exemplaires que le comportait la solidité de la gravure; la gravure sur bois, telle qu'elle se pratique encore aujourd'hui, donne une idée exacte de ce premier pas de l'imprimerie. Mais, peu de temps après, Guttemberg inventa un procédé nouveau ; ce fut de graver en bois des caractères mobiles qu'il plaçait les uns auprès des autres enfilés par un cordon, comme les grains d'un chapelet. C'était l'art au berceau de la typographie, telle qu'elle

(1) L'encre des anciens, comme celle des Chinois, n'était autre chose que du charbon pulvérisé très-fin, ou du noir de fumée; elle se faisait au soleil et sans feu ; ils la tiraient aussi de la sépia ou liqueur de la sèche, polype de mer. On s'en sert encore pour le dessin lavé à la sépia.

(2) Guttemberg (Jean Gensfleich) [maison de la Chair d'Oie] (de Sulgeloch, dit) naquit à Mayence, en 1400, d'une famille noble.

existe aujourd'hui. Pierre Schœffer, né à Gernsheim, dans le Darmstadt, ajouta un perfectionnement si considérable à l'invention de Guttemberg, que leurs deux noms seront inséparablement unis dans la mémoire des hommes ; c'est à lui que l'on doit l'art de fondre les caractères, sans lequel on ne fût jamais parvenu à leur donner des proportions assez régulièrement identiques pour que l'imprimerie atteignît à la régularité qui fait son principal mérite.

Après les travaux de Guttemberg et de Schœffer (1), l'imprimerie était inventée.

(1) Quelle que soit la diversité des opinions sur l'origine de l'imprimerie, on peut se ranger avec le plus de probabilité à celle qui regarde Guttemberg comme l'auteur de la découverte : mais il est arrivé souvent aux inventeurs de manquer du capital nécessaire pour mettre au jour leurs inventions ; Trithème, abbé de Wurtsbourg, écrivain contemporain, nous apprend, dans la Chronique d'Hirsauge, que, dès l'année 1450, Jean Guttemberg et Fust s'associèrent pour mettre en pratique le secret d'imprimer qu'ils avaient découvert ; il paraît même que cette association se termina par un procès au sujet des avances de fonds que Fust avait faites à Guttemberg.

Fust s'associa alors à Pierre Schœffer, homme fort habile, qui paraît avoir fait faire à l'art de l'imprimerie l'immense progrès de la fonte des caractères métalliques.

Le plus ancien livre imprimé, ayant une date certaine, que l'on connaisse est sorti des ateliers de Fust et de Schœffer ; c'est un Recueil de psaumes, *Psalmorum codex*, achevé le 14 août 1457.

Ce livre est imprimé en caractères de bois mobiles. Schœffer n'avait pas alors mis en pratique la fonte des caractères ; il en était encore au point où Guttemberg s'était arrêté ; ce psautier eut, avec les mêmes caractères, mais avec une autre justification, une seconde édition de 1459 et une troisième longtemps après, en 1490.

Mais bien avant cette époque et dès 1159, Fust et Pierre Schœffer donnèrent un livre imprimé en caractères métalliques mobiles, obtenus par la fonte : c'est le *Rationale divinorum officiorum*, par Guillaume Durand, dit le Spéculateur. En 1460, ils publièrent les Consti-

Quelques progrès qu'elle ait faits depuis, ils n'ont été que le développement de la pensée des grands hommes à qui nous devons la faculté de rendre communes à tout le genre humain les découvertes qui se produisent sur un point quel qu'il soit de l'univers.

Dieu avait donné la parole à l'homme, comme la faculté qui le distingue principalement des animaux ; afin que les races humaines pussent thésauriser par la tradition, les découvertes de l'industrie. Les Arabes paraissent avoir inventé l'écriture alphabétique qui, représentant par des caractères les sons de la parole, a permis aux hommes de se transmettre, à quelque distance qu'ils fussent les uns des autres, toutes les conceptions de leur esprit, ce que l'écriture hiéroglyphique ne pouvait faire que d'une manière imparfaite et peu sûre. Guttemberg, en inventant l'imprimerie, lorsque le papier fut devenu commun, mit en relation d'idées toutes les races, toutes les sociétés humaines.

tutions de Clément V et le *Catholicon* de Jean Balbi, plus connu sous le nom de *Janua januensis*. On connaît encore 36 exemplaires de cette première édition de ce livre.

L'imprimerie était découverte. Dix années avaient suffi pour qu'elle sortît de sa première enfance. Les livres imprimés vers 1452, l'avaient été au moyen de planches en bois et sur un seul côté de leurs feuillets ; c'était la première enfance de l'art, et, dès 1475, l'imprimerie avait pris un tel développement que l'on voit, par un titre du 21 avril 1475, qui existe à la Bibliothèque Impériale, que le roi Louis XI accorde à Conrard Hanequis et à Pierre Schœffer, bourgeois de Mayence, une somme de deux mille quatre cent vingt-cinq écus d'or et trois sous tournois, pour les dédommager du prix des livres qu'ils avaient envoyés vendre en France par un nommé Statheen, leur commis, attendu que cet individu étant mort, le Roi par droit d'aubenage (droit d'aubaine), s'était saisi de la succession et, par conséquent, des livres de Schœffer et de son associé.

Ce service fut si grand, il changea tellement la base des sociétés, il acheva à tel point de placer la force intellectuelle au-dessus de la force matérielle, en associant tous les esprits dans une direction commune, que la mémoire de Guttemberg restera l'une des plus chères à l'humanité, quelque peu considérable que soit en elle-même l'invention de l'imprimerie ; c'était, en effet, un faible effort de l'intelligence que la pensée première de l'imprimerie ; la nature la produisait d'elle-même partout, et le pied d'un sauvage, empreint sur la vase, suffisait à faire naître l'idée de reproduire des signes par le contact d'un corps comprimé sur un autre. L'art de la gravure sur pierres fines avait, dans les plus hauts temps de l'antiquité, atteint déjà à un grand degré de perfection, et ce n'est donc pas comme perfectionnement de l'art de la gravure que l'invention de Guttemberg et de Schœffer vaut à leur nom une juste immortalité ; c'est seulement pour avoir imaginé les caractères mobiles, découverte peu profonde en soi-même, mais immense par ses résultats, que ces deux grands hommes sont peut-être des bienfaiteurs de l'humanité ceux à qui nous devons le plus.

Déjà, depuis plus d'un demi-siècle, en 1321 selon les uns, et 1351 selon la plupart des auteurs, s'était produite une autre découverte, due à l'enfance de la chimie, et qui devait, en même temps que l'imprimerie, achever de soumettre la force matérielle à celle de l'intelligence.

La féodalité tenait les populations tout entières, à défaut d'armes offensives et défensives, sous le joug d'un petit nombre de châtelains qui, puissamment armés, eux et leurs compagnons, opprimaient tout ce qui travaillait autour d'eux. Quelques intérêts privés, naturellement égoïstes, détournaient ainsi à leur satisfaction, par l'abus de la force, les fruits de l'agriculture et du commerce ; c'est assez dire qu'ils ne pouvaient tous deux que rester languissants. Un moine de Fribourg, Berthold Schwartz, dont le vrai nom qui doit être conservé était Constantin Ancklitzen, ayant été mis en prison sous accusation de magie, employa le temps de sa captivité à des expériences dont la transmutation des métaux était probablement le but ; le hasard lui fit découvrir la poudre à canon (1) ; appliquée à l'art de la guerre moins d'un demi-siècle après, elle a changé la forme des gouvernements ; ce que l'imprimerie a fait d'un côté par le développement et le progrès des lumières, la poudre à canon l'a fait du sien, en égalisant la force matérielle et en la répartissant entre un plus grand nombre de mains. Il semble que l'une est

(1) C'est une erreur d'attribuer au cordelier anglais Roger Bacon l'invention de la poudre à canon ; voir à ce sujet l'ouvrage intitulé *Progrès des Allemands dans les sciences, etc.*, 1576, par le baron de Bielfeld. — On assure que les Chinois faisaient, bien longtemps avant nous, usage de la poudre à canon, mais qu'ils ne l'employaient pas dans l'art de la guerre. Dutens, dans l'Origine des découvertes attribuées aux modernes, cite un passage d'un manuscrit de la Bibliothèque Impériale, intitulé *Liber ignium*, où l'auteur qui vivait au viiiᵉ siècle donne clairement la composition de la poudre à canon ; mais outre que nous voyons encore tous les jours opposer aux véritables inventeurs des découvertes nouvelles, de prétendues inventions antérieures qui se rapportent, en apparence, aux leurs et qui, en réalité, n'ont aucune valeur, il faudrait savoir si le manuscrit que l'on cite a, dans le passage cité, une authenticité non contestable : ce qu'il y a de certain, c'est que l'on s'accorde à attribuer l'invention de la poudre à canon au moine Berthold Schwartz et qu'aujourd'hui cette opinion n'est plus contestée.

destinée à rendre tous les hommes plus instruits, plus sages et meilleurs, et l'autre à leur assurer la liberté dont celle-ci devrait leur apprendre à se rendre dignes ; mais cinq siècles se sont écoulés depuis ces grandes découvertes de l'industrie et l'époque rêvée par la philosophie n'est point encore arrivée.

Le commencement du XIVᵉ siècle avait aussi vu naître l'invention de la boussole qui a mis en rapport entre eux tous les peuples du monde. Découverte en 1302 par Flavio Gioja (1), elle a servi à Christophe Colomb à découvrir l'Amérique, près de deux siècles plus tard.

« Une des plus utiles découvertes dont on soit rede-
« vable au génie inventif de ce siècle, est celle des lunettes
« ou *besicles*, ainsi qu'on les nommait d'abord. On ignore
« le nom de celui qui, le premier, imagina ce secours, par
« lequel le genre humain semble recevoir une seconde
« fois la lumière ; il paraît même qu'il était peu curieux
« de rendre public un si beau secret, dont cependant le
« mystère se divulgua malgré lui ; car une ancienne
« chronique rapporte qu'un religieux, nommé Alexandro
« di Spina, faisait des lunettes, et en donnait libérale-
« ment, pendant que celui qui les avait inventées refusait

---

(1) Des écrivains modernes ont contesté à Flavio Gioja l'invention de la boussole ; il paraît certain que les anciens, et même aussi les Chinois, connaissaient les propriétés de l'aimant et peut-être avaient fait usage de l'aiguille aimantée ; il est également certain que le nom de boussole est d'origine italienne ; la fleur de lis qui marque le nord sur les boussoles, depuis que cet instrument est connu, appartenait aux Rois de Naples, comme petits-fils de saint Louis. Il est donc assez raisonnable d'accepter l'opinion la plus généralement reçue qui attribue à Flavio Gioja l'invention de la boussole, au moins comme instrument nautique, et c'est là sa principale application.

« de les communiquer. Cette découverte facilita les pro-
« grès de l'astronomie et nous donna, sur les anciens,
« l'avantage du télescope, qui manquait à leurs observa-
« tions (1). »

C'est aussi vers la même époque que les horloges à
roues, dont on ne connaissait encore que des essais grossiers, ont reçu de grands perfectionnements qui ont
amené peu à peu l'art de mesurer le temps à la plus
rigoureuse exactitude.

L'horloge de Walingford, bénédictin anglais, que l'on
voyait à Londres au commencement du xive siècle, fut
bientôt suivie de celle de Jacques Dondi (2), né à Padoue,
laquelle marquait, outre les heures, le cours annuel du
soleil, suivant les douze signes du zodiaque, avec le cours
des planètes.

L'horloge de Dondi donna l'essor à cette industrie, et
on ne vit bientôt dans toutes les parties de la France que
des horloges à contre-poids et à sonnerie. Ce fut peu
après, en 1370, que Charles V fit venir d'Allemagne
Henri de Wick, qui construisit à Paris l'horloge du Palais.

Nous aurons occasion plus tard de parler des progrès
que fit faire à l'horlogerie le célèbre Huyghens par l'application qu'il fit du pendule aux horloges.

Le xive siècle a donc été l'un des plus fertiles en grandes découvertes industrielles, et on les doit sans doute au
développement intellectuel qui a commencé à se mani-
fester, dès le xiie siècle, dans le midi de la France, par

(1) Villaret, *Histoire de France*, t. XI, p. 198.
(2) Dondi (Jacques) en latin *Dondus*, ou de Dondis, né à Padoue, au
commencement du xive siècle.

les œuvres des troubadours, et dans le siècle suivant, dans le nord, par celles des trouvères.

Les XVe et XVIe siècles se sont passés, sur tous les points de l'Europe, au milieu des guerres et des désastres de toutes sortes ; les longues luttes entre la France et l'Angleterre, les guerres civiles allumées sous prétexte de la religion, ont fait de ces temps malheureux une époque peu favorable aux découvertes de l'industrie. André Graindorge, de Caen, inventa cependant dans le XVIe siècle, l'art de faire la toile damassée, et ses enfants étendirent considérablement dans la suite cette belle industrie. Ce n'est guère que du commencement du XVIIe siècle que date pour l'industrie une nouvelle aurore annoncée d'abord par la renaissance des arts et par celle des lettres.

Car, c'est une remarque digne d'attention, qu'à toutes les époques de l'histoire, ce sont les loisirs de la paix, ou au moins un sage gouvernement des peuples, qui ont fait fleurir les arts et les lettres, et que les sciences et l'industrie ont fait leurs plus grands progrès sous leur conduite et en marchant après eux.

C'était vers le commencement du XVIIe siècle qu'étaient nés Descartes, Pascal et Newton (1), ces illustres géomètres et ces profonds esprits qui ont, pour ainsi dire, donné l'impulsion aux sciences naturelles ; et, pour montrer combien l'industrie a fait, dans ce temps-là, de conquêtes dont nous jouissons aujourd'hui, sans nous en rappeler

(1) Descartes, né en 1596 à Lahaie en Touraine ; Pascal à Clermont en Auvergne, en 1623, et Newton à Wolstrop, dans le Lincoln, en 1642.

toujours l'origine, souvenons-nous que nous devons à Pascal la brouette et le baquet, moyens de traction où il est fait, du plan incliné et du levier, une heureuse combinaison que l'on a souvent employée depuis dans la mécanique, et surtout la presse hydraulique, invention restée longtemps presque ignorée et dont M. Ternaux a fait dans ces derniers temps une si heureuse application à l'apprêt des draps (1).

Jusqu'au règne de Henri IV, malgré les efforts faits par Louis XI, en 1470, pour établir en Touraine des fabriques de soie et des plantations de mûriers, la France était restée tributaire de l'Orient, de la Grèce et de l'Italie pour les étoffes de soie qui n'étaient à l'usage alors que des plus hauts personnages.

C'est un des bienfaits de Henri IV, et l'un de ceux que l'on n'apprécie pas assez, que l'impulsion qu'il donna à la fabrique de Lyon, contrairement en cela aux conseils de Sully. Un simple jardinier pépiniériste de Nîmes, Traucat, qui avait, dès 1564, établi aux portes de cette ville une pépinière de mûriers et qui en avait planté dans le Midi quatre millions de pieds, auxquels on doit aujourd'hui la prospérité des Cévennes, osa proposer à Henri le Grand, d'en planter vingt millions dans le restant du royaume (2); le Roi, sur les conseils d'Olivier de Serres, accueillit ces propositions; de nombreuses pépinières furent établies; l'une d'elles occupa même l'emplacement du jardin des Tuileries et on y bâtit alors une vaste magnanerie; mais,

(1) Voyez Cartons d'apprêt.
(2) Discours abrégé sur les vertus et propriétés du mûrier, etc., dédié au Roi très-chrétien Henri IV, par Traucat, 1606.

à la mort du Roi, tout cela disparut bientôt et il n'en resta que l'impulsion donnée à la fabrique de Lyon et la culture du mûrier dans le midi de la France, l'une de ses principales richesses encore aujourd'hui.

Vers 1640, une découverte singulière, due à un hasard plus singulier encore, vint enrichir la fabrique des soies d'un procédé nouveau qui ajouta beaucoup à la beauté des étoffes; c'est du lustrage des soies que nous voulons parler. Déjà, depuis le commencement du siècle, Claude Blanchet et Antoine Bourget avaient introduit à Lyon le tissage des crêpes et des étamines; mais l'invention du lustrage des soies, qui leur donne leur éclat et leur brillant, eut une bien autre et bien plus générale importance : voici comment, dans son rapport au Roi, Lambert d'Herbigny, intendant de Lyon en 1684, rend compte de cette précieuse découverte (1).

« Octavio Mai (plus généralement Mey), marchand fa-
« bricant, mal dans ses affaires, et à la veille de faire
« banqueroute, se promenait un soir dans sa chambre,
« occupé de son malheur et mâchant dans ses dents
« quelques brins de soie, qu'il tirait de temps en temps
« et remettait dans sa bouche; une fois entre autres, ses
« yeux furent frappés de l'éclat que cette soie avait pris
« et cette première remarque involontaire lui fit faire
« d'autres réflexions : il jugea que cet éclat pouvait pro-
« venir de trois causes : 1° de ce que la soie avait été
« pressée entre ses dents, 2° mouillée de sa salive, 3° et

(1) Henri-François-Lambert d'Herbigny, marquis de Thibouville, mort en 1704. Le manuscrit de ce rapport est dans les archives de la préfecture du Rhône.

« un peu échauffée. Sur ce principe, il imagina la ma-
« nière dont se font aujourd'hui les taffetas ; voici com-
« ment : On fait extrêmement manier et tordre la soie
« avant de l'employer ; on donne une eau au taffetas
« quand il est fait, on l'étend pour cela et on fait courir
« par-dessous un brasier qui sèche l'eau dans un mo-
« ment. » Depuis, le procédé a changé, mais le résultat
de la découverte n'a plus échappé à l'industrie lyonnaise.

Vers la même époque, Nicolas Briot, tailleur général
des monnaies sous Louis XIII, inventait le balancier pour
la frappe des monnaies : ce ne fut pas un perfectionnement sans importance que ce moyen de rendre la monnaie plus difficile à altérer, et de la revêtir du coin du
prince avec plus d'économie. Rien n'importe plus, en
effet, au commerce avec l'étranger, que de rapprocher le
plus possible, par l'économie des frais de fabrication, la
valeur nominale de la monnaie fabriquée de la valeur in-
trinsèque d'un lingot de métal précieux, de même poids
et de même titre.

Il ne faut pas s'écarter de ces temps sans rappeler la
fondation, en 1604, de la manufacture de tapis de la
Savonnerie, établie d'abord au Louvre sous la direction
de Pierre Dupont et de Simon Lourdet, puis transportée
plus tard à Chaillot, dans la maison de la Savonnerie ;
et la fondation, en 1607, sous la direction de Marc Comans et de François La Planche, de la manufacture de
tapisserie qui, sous le nom de manufacture des Gobelins,
a acquis depuis une réputation qui s'est répandue par
tout le monde. Cette manufacture, établie d'abord au
faubourg Saint-Germain, au bout de la rue de la Planche,

ainsi nommée du nom de ce directeur, fut transportée, en 1667, par Colbert, au lieu où elle existe aujourd'hui et qui portait le nom des Gobelins, teinturiers célèbres, possesseurs du secret de la belle teinture en écarlate, dont les ateliers occupaient le bord de la petite rivière de Bièvre, depuis le milieu du xv° siècle (1).

Mais ici s'ouvre cette époque fameuse dans toutes les branches des connaissances humaines, que l'on a nommée le siècle de Louis XIV, et qui ne s'est pas moins élevée dans le commerce et l'industrie, par l'influence du grand Roi et de son ministre Colbert, au-dessus des siècles précédents, qu'elle ne l'a emporté sur toutes les époques par le progrès des lettres, des arts et des sciences.

Non pas que sous le règne de Louis XIV l'industrie ait fait une de ces grandes découvertes, comme celles de l'imprimerie, de la poudre à canon ou de la vapeur servant de force motrice, qui changent les bases des sociétés ou les rapports des peuples entre eux ; mais, au point de vue de l'industrie et du commerce, le siècle de Louis XIV est surtout remarquable par la généralité des progrès qu'ont faits en France toutes les industries et toutes les manufactures.

C'est de l'administration de Colbert que datent, pour ainsi dire, les premiers beaux jours de l'industrie française. Né en 1619, au milieu des manufacturiers de Reims, fils et petit-fils de marchands ou de fabricants (2) de laine, élevé

(1) Rappelons à cette occasion que l'introduction de la culture de la garance, en France, paraît remonter au règne de Philippe le Hardi en 1275. (Voyez l'*Essai historique sur l'Agriculture*, de Grégoire.)

(2) Voir la *Vie de Colbert*, par M. Pierre Clément. Paris, Guillaumin, 1846.

dans les magasins des Mascranni, riches fabricants de Lyon, il possédait plus de connaissances sur la production industrielle qu'aucun ministre qu'ait jamais eu la France ; mais il avait aussi puisé dans les habitudes du commerce lyonnais, avec la persévérance au travail, cet esprit de régularité qu'il a plus tard poussé à l'excès dans ses règlements industriels.

La fabrication des objets usuels d'un prix moyen acquit, sous les mesures dictées par sa haute intelligence, un très-grand développement. Sans doute, avant Colbert, quelques beaux produits sortaient de nos ateliers ; mais c'est à son époque qu'il faut rapporter l'augmentation du nombre des fabriques et, par conséquent, celle de la consommation de leurs produits et la vulgarisation des bons procédés de fabrication à laquelle ont tant contribué les encouragements sortis des mains de ce grand homme.

Nous énumérerons très-brièvement quelques-unes des industries qui lui durent, soit leur extension, soit leur perfectionnement, soit même leur création.

La fabrication des lainages fut surtout l'objet de sa sollicitude ; cette industrie était jusqu'à lui restée, en France, au-dessous de ce qu'elle était à l'étranger, et il avait été, mieux que personne, à même de le reconnaître par les relations commerciales que sa famille entretenait en Angleterre, en Flandre et en Italie. Il résolut de la faire sortir de cet état d'infériorité en l'enlevant à la routine où elle menaçait de rester stationnaire. Il fit établir, dans ce but, près de Carcassonne, la première manufacture de draps fins et il favorisa, en même temps, l'heureuse entreprise de Nicolas Cadeau, qui réussit à fabriquer à

Sedan, des draps noirs et de couleur à l'aide des belles laines d'Espagne, entreprise imitée depuis, non sans quelque gloire, par M. Ternaux, qui importa en France, en 1819, les belles laines des chèvres-cachemire. Ce beau succès s'est prolongé jusqu'à nos jours avec de grands perfectionnements, dont nous aurons à parler plus tard, tandis que pendant longtemps nous avions été réduits à imiter l'Angleterre.

M. de Boulainvilliers dit, dans un de ses mémoires écrits en 1727, qu'en l'année 1669, « le Roi mit en vi-« gueur dans le Royaume 34,200 métiers occupés à dif-« férentes manufactures de laine, de sorte qu'il fut fabri-« qué en cette année 670,540 pièces qui avaient occupé « 60,440 personnes, sans compter un bien plus grand « nombre de fileurs, de dégraisseurs, de cardeurs, de « tondeurs, de fouleurs, de tireurs, de plieurs, de pres-« seurs et de voituriers.

« On trouve aussi, par ce détail où il plut au Roi d'en-« trer, qu'il y avait 17,000 personnes employées à la « façon des points et dentelles ; et ainsi de toutes les « autres fabriques, toiles, fers, cuirs, bois, dont le nom-« bre des ouvriers surpasse infiniment ceux des autres « manufactures. »

Dans ce grand siècle que tant de beaux génies ont illustré, l'industrie n'avait point encore le secours des machines ; les femmes tricotaient la bonneterie, filaient la laine. La surprise fut grande quand on apprit que l'Angleterre possédait un métier à faire les bas (1) avec autant de ra-

(1) Les Anglais attribuent cette invention à William Lie et la font remonter à 1589.

pidité que d'économie ; l'impression publique fut telle que
l'on pensa que les moyens de subsistance allaient manquer aux femmes des classes laborieuses, qui trouvaient
une grande partie de leurs salaires dans la fabrication
des bas à l'aiguille ; la même panique avait saisi les
nombreux scribes qui copiaient les manuscrits, lorsque
l'imprimerie avait été découverte ; mais cette fois, comme
l'autre, l'événement ne répondit pas aux craintes que l'on
avait conçues : pour enlever à l'Angleterre le secret de la
fabrication mécanique des bas, il fallut mettre en défaut
son active surveillance. Des négociants du Midi y parvin-
rent, dit-on, et importèrent en France ce métier précieux.

Une manufacture de bas fut alors établie au château
de Madrid, dans le bois de Boulogne, en 1656, et, dix
ans plus tard, elle avait un si grand succès qu'une compagnie se forma, sous la protection du Roi, pour étendre
ses opérations sur la plus vaste échelle, ce qui se réalisa
au grand avantage du commerce et du bien-être des populations. Mais l'esprit du temps étreignit cette industrie
dans des règlements multipliés. Il lui fut défendu,
en 1669, d'établir de nouveaux métiers et d'exporter des
fils écrus ou blanchis. On régla même quelle part devraient avoir dans la production, la consommation intérieure et le commerce à l'étranger. Nous reviendrons
tout à l'heure sur ces règlements que l'on a tant repro-
chés à Colbert.

Les tapisseries en laine qui avaient pris naissance sous
Henri IV, comme nous l'avons dit, reçurent des pin-
ceaux de Lebrun et de l'habileté des ouvriers réunis par
Colbert, ces perfectionnements magnifiques qui ont fait

des produits des Gobelins l'une des gloires du grand siècle. Peut-être ces tapisseries si belles eussent-elles atteint encore à plus de perfection, et eussent-elles échappé surtout au défaut de l'uniformité, si le peintre illustre qui dirigeait la manufacture des meubles de la couronne aux Gobelins n'eût pas exercé, sur les artistes de son temps, une tyrannie trop despotique.

L'industrie des soieries développée, ainsi que nous l'avons montré, par les soins et sous la protection de Henri IV, d'abord généreusement encouragée par Louis XIV, et après avoir, sous le commencement de son règne, et pendant le long ministère de Colbert, jeté à Lyon et à Tours le plus brillant éclat, reçut un coup fatal de la révocation de l'édit de Nantes et s'établit à l'étranger par l'expatriation des protestants. L'Angleterre et l'Allemagne recueillirent nos ouvriers et elles héritèrent de l'industrie qu'ils exerçaient. Elle avait cependant tellement prospéré dans le midi du Royaume, que, selon le cardinal de Noailles, les fabriques de Nîmes seules, produisaient annuellement, vers 1683, pour deux millions tournois de taffetas et de petites étoffes tissées en soie du pays.

Colbert ne négligea rien pour étendre l'art de filer et de tisser le chanvre et le lin. Il fit venir de tous les pays étrangers, renommés pour leur habileté dans cette fabrication, des familles d'ouvriers qui en connaissaient parfaitement la pratique, et les répandit en Champagne, en Normandie et en Bretagne. Là, ils donnèrent tous leurs soins à former des élèves, et les récompenses ne leur furent point épargnées. Des fabriques s'établirent et elles sont l'origine de celles qui existent encore aujourd'hui.

Malheureusement cette industrie n'échappa point non plus aux persécutions religieuses.

Tandis que le grand ministre appelait en France des ouvriers pour y faire naître les industries qui exigeaient seulement pour s'y développer qu'on en répandît les procédés manuels, il mettait encore plus de soin à fixer auprès de lui les savants et les artistes étrangers. Non-seulement il fit venir d'Italie, Bernin, peintre, sculpteur et architecte, l'un des plus grands artistes de son temps; mais il sut aussi retenir en France le célèbre Huyghens, par une forte pension et une place à l'Académie des sciences, dont ce savant devint l'un des plus laborieux et des plus illustres membres. Depuis Galilée, l'art de construire les télescopes avait fait peu de progrès. On n'osait dépasser une certaine longueur de foyer pour les objectifs. Huyghens, à la fois géomètre, physicien, astronome et mécanicien, s'appliqua à ce travail avec le génie qui abrége et perfectionne les opérations. Il construisit un instrument qui grossissait près de cent fois les objets et au moyen duquel il vit l'anneau de Saturne, en expliqua les phénomènes et découvrit, en même temps, un satellite de cette planète. C'est à lui que l'on doit aussi l'application du pendule comme moyen de régler le mouvement des horloges. Galilée, qui avait, le premier, constaté l'égalité de durée des oscillations du pendule, avait eu l'idée de l'appliquer à la mesure du temps, mais il n'avait pas trouvé le moyen mécanique de compter les vibrations et d'en perpétuer le mouvement. Huyghens imagina, en 1657, une construction d'horloge où le pendule, servant de modérateur aux rouages, ne leur permît qu'un mouvement très-uniforme.

Mais il était protestant, et la révocation de l'édit de Nantes l'obligea de quitter la France.

C'est également du ministère de Colbert que date l'introduction en France de la fabrication des glaces.

Les miroirs dont se servaient les anciens étaient faits pour la plupart avec un alliage métallique susceptible d'un beau poli, comme le sont nos miroirs de télescope. Il paraît qu'ils se servaient aussi de miroirs de verre ; on en conservait, au monastère de Saint-Denis, un de cette espèce, que l'on prétendait avoir appartenu à Virgile ; il pesait trente livres et était de forme ovale ; l'analyse que l'on en fit vers la fin du siècle dernier, y fit découvrir une grande quantité d'oxyde de plomb, comme le constate un rapport fait, à ce sujet, à l'Académie des sciences, et mentionné dans ses mémoires, en 1787 (1).

La fabrication des glaces, à Paris, remonte à l'année 1634, époque à laquelle Eustache Grandmont et Jean-Antoine d'Autonneuil obtinrent pour cette industrie un privilége de dix années, que, six ans plus tard, ils cé-

---

(1) Cicéron dans son traité *de Naturâ Deorum* attribue l'invention des miroirs au premier Esculape.

L'Exode dit qu'on fondit les miroirs des femmes qui servaient à l'entrée du tabernacle et qu'on en fit un bassin d'airain avec sa base.

On remarque qu'Homère n'en parle pas dans la description de la toilette de Junon (*Iliade*, liv. XIV).

Pline le Naturaliste dit qu'on en fabriquait d'airain et d'étain ; les meilleurs se faisaient à Brindes ; on donna ensuite la préférence à ceux qui étaient faits d'argent.

Lorsque le luxe s'étendit à Rome, on ornait de miroirs les murs des appartements : on en incrustait les plats que l'on nommait, pour cette raison, *specillatæ patinæ* ; on en revêtait les vases, où l'on voyait ainsi les images des convives, ce que Pline appelle *Populus imaginum*.
—Voir *Académie des inscriptions*, t. XI, p. 243 et suivantes.

dèrent au trésorier général des bâtiments du roi, Raphaël de La Planche. En 1665, Colbert érigea en manufacture royale cette industrie qui languissait, et fit construire, pour l'y établir, les vastes bâtiments de la rue de Reuilly, où eurent lieu les premiers travaux d'essai.

Le coulage des glaces fut inventé en 1688, par Lucas de Nehon, ou par Abraham Thevart, qui obtint, à cet effet, des lettres patentes. C'est vers 1694 que les travaux industriels commencèrent dans les ateliers de la rue de Reuilly; mais la cherté de la main-d'œuvre et du bois les fit suspendre, et ils furent repris un peu plus tard dans le château de Saint-Gobain (Aisne) (1).

On coulait des glaces à Saint-Gobain, on les soufflait (2) à Tourlaville, près Cherbourg; les deux compa-

(1) L'opération du coulage a lieu pour les glaces d'un grand volume, on les appelle, pour cette raison, glaces coulées. Cette opération est à peu près la même que celle qui se pratique pour le plomb dans les manufactures de plomb laminé.

Lorsque, par le jeu des machines, le creuset qui contient le verre en fusion a fait couler sur la table préparée à le recevoir cette nappe de feu, on détermine la largeur et l'épaisseur que l'on veut donner à la glace, en faisant avancer plus ou moins deux tringles de fer qui retiennent, par leur bord, le flot de verre. A l'instant on fait rouler sur cette matière enflammée un cylindre de fonte, qui pose par les extrémités sur les tringles, et amène le verre en fusion à une épaisseur uniforme.

(2) Les glaces d'un petit diamètre se font par le moyen du soufflage. Un ouvrier prend au bout d'une canne de fer, percée dans sa longueur, une masse de verre qu'il échauffe et souffle à différentes reprises, jusqu'à ce qu'elle soit réduite en un cylindre long et mince. On porte ce cylindre dans un fourneau, où le degré de chaleur convenable l'amollit et on l'aplatit sur le plancher du fourneau. Le cylindre devient, par cette opération, une plaque unie et droite; tirée de ce fourneau, elle passe à celui de recuisson, où elle reste jusqu'à ce qu'elle soit refroidie.

gnies se réunirent en une seule en 1695; mais, en 1701, le mauvais état de ses affaires lui fit retirer le privilége dont elle jouissait, et qui, l'année suivante, fut accordé à une compagnie dirigée par Antoine d'Agincourt, qui porta la fabrication des glaces à un haut degré de perfection.

De Saint-Gobain et de Tourlaville, les glaces étaient envoyées à Paris, rue de Reuilly, où elles étaient polies, étamées et mises en vente. Plus de 600 ouvriers y étaient employés. Plus tard, les ateliers de polissage furent transférés dans l'usine de Chauny; l'étamage seul fut exécuté à Paris (1).

C'est peu d'années après la mort de Colbert, et presque de son temps, que Jean Papillon créa en France une nouvelle industrie, qu'il ne faut pas dédaigner; nous voulons parler de la fabrication des papiers peints; c'est aussi ce ministre qui appela en France les premiers manufacturiers de fer-blanc, de cuirs maroquinés, de belles faïences, de dentelles, etc.

La sollicitude de Colbert ne s'étendit pas seulement aux objets de luxe; les fabrications les plus vulgaires, pourvu qu'elles fussent utiles, furent également l'objet de ses soins.

(1) Les progrès de la chimie ont permis d'arriver, dans notre siècle, à une grande exactitude dans les résultats de la fabrication des glaces; aussi le tarif des ventes a-t-il pu se modifier beaucoup depuis une trentaine d'années. Antérieurement, on fabriquait un peu au hasard; le taux des prix, rapidement progressif à raison des dimensions, était calculé sur une perfection absolue, qui n'était jamais atteinte, du moins pour les glaces d'une certaine grandeur; maintenant, les grandes dimensions s'obtiennent plus facilement, et l'on est à peu près certain du degré de blancheur et de pureté désirables.

Ce serait sortir de notre sujet que de nous laisser entraîner ici à mettre en balance les services rendus à l'industrie française, par le grand ministre du grand siècle, avec la faute qu'on lui a reprochée de n'avoir placé l'agriculture qu'au second rang et après les manufactures. Peut-être le pays se ressentira-t-il toujours de l'oubli que l'on fit alors de la maxime constante de Sully, si opposé au développement du luxe et si favorable à celui de l'agriculture; mais peut-être aussi n'appartient-il à aucun homme, quels que soient son génie et son influence sur son époque, de diriger le progrès des connaissances humaines et d'entraver le penchant des populations pour le luxe, quand elles y sont poussées par leurs mœurs et par l'esprit de leur temps.

Ce n'est pas non plus ici le lieu d'examiner si les règlements qui fixaient, soit la largeur des étoffes, soit le nombre des fils qui composaient leurs chaînes, soit la nature des soies ou des matières textiles, et qui punissaient les fabricants qui cherchaient à franchir ces limites, eurent pour effet, surtout dans la suite, d'arrêter l'essor des industries, d'entraver les perfectionnements et de nuire à la consommation des produits français, en les soumettant à des obstacles que ne rencontrait pas l'industrie étrangère.

Nous ne rechercherons pas non plus quelle fut l'influence des règlements manufacturiers et celle des maîtrises et des jurandes sur les progrès de l'industrie; nous nous bornerons à remarquer qu'il est un juste milieu entre la production sans contrôle, et le système des réglementations; que la liberté du commerce et de l'industrie n'a pas moins pour ennemis l'abus de la concurrence, surtout quand elle arrive à la déloyauté, que la chaîne des réglementations, et que le régime des marques de fabrique, sagement institué, pour attester au consommateur la nature du produit manufacturé, conciliera certainement un jour la liberté et la loyauté de la fabrication.

Notre tâche doit se borner, quant à présent, à constater les progrès de l'industrie sous le ministère de Colbert, et nous ajouterons seulement que, s'il s'est trompé ou s'il a dépassé le but, comme on l'a dit si souvent, surtout depuis les écrits de Turgot, ce n'a pas été sans en avoir été bien averti; on lui avait, comme on sait, proposé la maxime du *laissez faire* et du *laissez passer* comme la plus favorable aux progrès de l'industrie, et il ne l'avait pas acceptée.

Après la mort de Colbert et les belles années du règne de Louis XIV, l'industrie devint languissante en France; quelles furent les causes de ce temps d'arrêt dans les progrès des arts industriels? « Les règlements de « fabrication, écrivait Chaptal en 1819, ont retenu notre « industrie captive depuis plus d'un siècle, et elle est « ainsi restée stationnaire, tandis que celle de nos voi- « sins, dégagée de toute entrave, marchait à grands pas « vers la perfection; mais du moment que la liberté a « été rendue à notre industrie, elle n'a eu qu'à imiter « pour se placer au niveau de celle qui l'avait devan- « cée. » Cette observation, juste sans doute, est-elle cependant assez profonde, et n'y a-t-il qu'une cause, comme le pense le savant ministre, qui ait suspendu les progrès de notre industrie? Il faut remarquer d'abord que, si le règne de Louis XV n'a pas vu se produire en France de grandes découvertes industrielles, il ne s'en est pas produit non plus dans les autres pays, au moins de celles qui ouvrent aux peuples un nouvel horizon. Et, quant à la France en particulier, il ne faut oublier ni la situation malheureuse dans laquelle le pays était tombé à la fin du règne de Louis XIV, ni la profonde misère du peuple à cette époque, ni le bouleversement des fortunes privées qu'amena, un peu plus tard, le système de Law. Peut-être aussi y a-t-il dans la vie des peuples, comme dans celle des individus, des époques où ils développent une puissance, une énergie, une force qui leur manquent dans d'autres temps. Si le siècle de Louis XV n'a vu éclore aucune de ces découvertes industrielles qui changent l'avenir de l'humanité, il faut reconnaître, toutefois, que l'industrie s'est alors plus répandue et s'est plus fortement assise dans le pays qu'elle ne l'était précédemment ; et, surtout, ce qui a eu plus de conséquence dans la suite, c'est que l'on doit dater de cette époque l'étude plus générale des sciences naturelles qui ont amené pour nous de si grands progrès dans les arts industriels ; c'est souvent la perfection des instruments et des outils d'ordre secondaire qui permet de faire, dans les hautes sciences, ces découvertes qui sont ensuite pour les nations la source des grands succès de l'industrie ; et les arts eux-mêmes ne parviennent à ce haut degré d'avancement que lorsque l'instruction est assez généralement répandue pour que les artisans et les ouvriers, dans les différentes branches de la fabrication, puissent pousser leur art à la perfection. Ce sont les hommes tels que les Papin, les

Réaumur, les Buffon, les Daubenton, les Euler, les Franklin, les Vaucanson, les Parmentier, les d'Alembert, les Lavoisier (1), et beaucoup d'autres savants français et étrangers, qui ont entraîné après eux toute la nation dans la voie de l'étude des sciences, dont elle a tiré de si grands profits.

La minéralogie, la géologie, la chimie, la mécanique nous ont ouvert, sur les pas des hommes illustres du xviii° siècle, des sources de richesses où ils ont pu, par leur nombre et la variété de leurs lumières, conduire toute la population industrielle.

C'est à nos yeux ce qui distingue, au point de vue de l'industrie, le xviii° siècle des temps qui l'ont précédé, et c'est cette diffusion des lumières et cette multiplicité des talents qui font aussi la gloire et la force du temps présent; là est le fruit, qui a mûri lentement, de la découverte de l'imprimerie; là est l'avenir des races humaines, si la volonté de Dieu est, comme nous le croyons, que la civilisation ne soit pas un cercle fermé de précipices.

Depuis la fin du règne de Louis XIV jusqu'au com-

(1) Papin, né vers 1650, mort en 1710.
Réaumur, né en 1683, mort en 1757.
Franklin, né en 1706, mort en 1790.
Buffon, né en 1707, mort en 1788.
Euler, né en 1707, mort en 1783.
Vaucanson, né en 1709, mort en 1783.
Daubenton, né à Montbart, comme Buffon, en 1716, mort en 1799.
D'Alembert, né en 1717, mort en 1783.
Parmentier, né en 1740, mort en 1813.
Lavoisier, né en 1743, mort en 1794.

mencement du siècle où nous vivons, l'industrie a moins
produit des œuvres nouvelles, qu'elle n'a recueilli des
forces pour en produire, et en cela nous reconnaissons la
justesse de l'observation de Chaptal, si bien placé d'ailleurs pour bien voir, et qui, l'un des premiers, a ouvert
la carrière aux historiens de l'industrie.

Et ce n'est pas une étude qui soit sans points de vue
élevés que celle des progrès de l'industrie, considérée
dans ses rapports avec l'histoire des nations. Nous
voyons distinctement aujourd'hui quelle a été sur l'organisation des vieilles sociétés humaines et sur la prompte
civilisation du nouveau monde l'influence de la découverte de l'imprimerie et de la poudre à canon. Qui es-
sayera de mesurer dans l'avenir l'influence que les progrès
de l'industrie ne manqueront pas d'avoir sur l'organisation des sociétés, au moment où la vapeur et l'électricité
rapprochent et unissent tous les peuples du monde?

Bornons-nous, avec le zèle qui est notre seule force, à
constater les efforts et les progrès de l'industrie depuis le
XIX° siècle, et arrivons à l'époque des expositions de ses
produits.

HISTOIRE

DES EXPOSITIONS DES PRODUITS

DE L'INDUSTRIE FRANÇAISE.

CHAPITRE PREMIER.

Expositions des produits des arts chez les peuples anciens.— Foires au moyen âge. — Exposition de l'an VI. — Exposition de l'an IX.

C'est au développement de leurs moyens de production que les nations doivent leur richesse, et c'est l'industrie qui invente et qui perfectionne les moyens de produire. La richesse des nations forme une bien grande part de leur puissance, et si les découvertes de l'industrie ne se propageaient pas aussi rapidement d'un bout à l'autre du globe, on ne saurait nier que bientôt la nation dont l'industrie dépasserait de beaucoup celle des autres peuples ne devînt la maîtresse du monde ; mais quelles sont les conditions qui constituent le plus ou moins d'avancement de l'industrie d'un peuple ? Est-ce seulement parce que quelque grande et importante découverte s'est produite chez lui ? Non assurément ; puisque cette découverte passe bientôt chez ses voisins et que l'imprimerie la propage.

3

Est-ce au contraire parce que, sachant utiliser par son travail et son intelligence toutes les découvertes de l'esprit humain, il produit mieux et plus que tout autre peuple ? Oui, sans doute ; puisque la production ne peut durer que par la vente du produit, et que la vente exige pour condition le rapport favorable à l'acheteur du prix avec la qualité.

Si ce n'est pas par l'effort de quelques génies inventeurs, quelque gloire qui leur soit due, que l'industrie d'une nation prévaut sur celle des autres peuples, c'est donc à l'instruction, aux mœurs de la nation tout entière, aux conditions où elle se trouve placée, à ses lois, à l'émulation qui l'anime qu'il faut attribuer le rang industriel qu'elle occupe parmi les nations.

Il suffit de rapprocher par la pensée trois époques prises dans l'histoire, le règne d'Auguste, comme sommet du développement de l'esprit romain, le règne de François Ier, comme époque de la renaissance des arts, après les magnifiques découvertes du xve siècle, et l'époque où nous vivons, pour être vivement frappé de cette observation que l'industrie d'où naissent la richesse et souvent la puissance, s'est développée chez les différents peuples, surtout dans la proportion de la diffusion des lumières.

L'IMPRIMERIE, — LES ÉCOLES, — LES EXPOSITIONS INDUSTRIELLES : Voilà donc les foyers d'où partent ces gerbes étincelantes du progrès de l'industrie qui doivent un jour, s'il est possible de lire dans l'avenir de si vastes destins, réunir en une seule nation tous les peuples du monde, et toutes les races humaines en une seule famille.

L'imprimerie n'a pas employé moins de trois cents

ans à pénétrer toutes les couches des sociétés modernes.

Ce n'est qu'au commencement de ce siècle que l'instruction s'est assez répandue pour que la majorité des jeunes gens en France sachent à peu près lire, écrire et calculer.

Les expositions des produits de l'industrie datent du commencement de ce siècle : c'est là tout à fait une création nouvelle.

On ne trouve, en effet, dans les temps anciens, rien qui ait approché, ni par le but proposé, ni même par le fond des choses, de ce que sont ces expositions.

Nous lisons bien dans Athénée, la description d'une fête pompeuse donnée par Ptolémée Philométor, un siècle avant Jésus-Christ, et dans laquelle il fit exposer aux regards tout ce que pouvait étaler alors le luxe de l'Egypte : c'étaient, en quantité prodigieuse, des meubles et des vases précieux, des étoffes magnifiques parmi lesquelles il s'en trouvait, dit l'historien (1), qui représentaient, dans leur tissu même, des figures d'animaux et divers sujets (2). Mais si quelques artistes pouvaient

(1) *Deipnosophistes*, liv. V, chap. vi et suivants.
(2) On lit dans le *Moniteur* de frimaire an X :
« Le général Regnier a envoyé à l'Institut une robe égyptienne et des morceaux d'étoffes trouvés dans des fouilles faites à Sakara. Ce monument de l'industrie des anciens Égyptiens peut servir à faire connaître l'état des arts chez ce peuple. Dans sa lettre au président, il annonce que les événements de la guerre lui ont fait perdre plusieurs objets qu'il avait recueillis en Égypte, mais qu'il attend encore quelques morceaux curieux qu'il s'empressera de communiquer à l'Institut. Il ajoute qu'il lui fera part aussi des observations qu'il a recueillies et qu'il s'occupe à rédiger sur les différentes classes des habitants de l'Egypte, leurs mœurs et leur civilisation. »

trouver alors, dans ce pompeux étalage de richesses, l'occasion ou l'idée d'une œuvre nouvelle, qu'y avait-il cependant de commun entre la pensée et le résultat de ces exhibitions et les expositions des produits de l'industrie moderne? celle de Ptolémée ne fut qu'un acte de vanité, les nôtres sont l'école mutuelle de l'industrie.

Au moyen âge plusieurs villes du nord de l'Europe exigeaient des marchands faisant route sur leur territoire, qu'ils exposassent leurs marchandises, entre lesquelles chacun pouvait choisir et acheter, à un prix déterminé, les objets à sa convenance : cet usage existe encore, dit-on, dans quelques villes d'Allemagne.

A Venise, lorsque l'on installait le Doge, ou lorsque l'on nommait le procurateur, seconde dignité de l'État, tous les marchands des rues que l'on appelait du nom collectif de *Merceries*, décoraient leurs boutiques et mettaient en montre leurs plus belles marchandises. Au passage du Doge et de son cortége par les rues, on achetait ce qu'il y avait de plus remarquable. On donna ce spectacle à Henri II, roi de France, lorsqu'il se trouva à Venise ; c'était une sorte de foire, comme celles dont nous allons parler.

Depuis le xiie jusqu'aux xve et xvie siècles diverses causes qui tenaient aux mœurs de l'époque, au peu de sûreté et au mauvais entretien des routes, aux lenteurs des voyages et même aux intérêts des souverains obligèrent le commerce à se porter à des jours marqués dans de certaines villes, où affluaient alors des marchands de diverses contrées, soit pour acheter, soit pour vendre, soit pour échanger les produits de leur industrie.

La ville de Troyes, située entre la Flandre, la Bourgogne et la France, à laquelle la Champagne avait été
réunie par le mariage de Jeanne, petite-fille de Thibault IV, dit le Comte aux chansons, avec Philippe le
Bel (1), avait alors des foires considérables qui ont fait
longtemps sa prospérité et avec lesquelles celle-ci s'en est
allée. Les Flamands, les Italiens, les Génois, les Proven-
çaux et les peuples de l'Allemagne fréquentaient alors ces
foires, où le commerce avait, dès le xie siècle, une
grande importance : elle devint telle, du xive au xvie siècle,
que, lorsqu'en 1568 la reine Catherine de Médicis négo-
cia avec les princes protestants, cette paix si mal assise
qu'elle ne fut qu'une courte trêve, elle n'obtint du prince
palatin qu'il emmenât hors du royaume ses troupes, reis-
tres et lansquenets, dont la reine s'était obligée à payer
la solde, que sous la condition que les bourgeois et marchands de Troyes s'obligeraient personnellement et soli-
dairement entre eux au payement des sommes dues à ces
étrangers. C'est assez dire combien était grand alors, de
l'autre côté du Rhin, le crédit du commerce de Troyes,
aujourd'hui devenu comparativement sans aucune importance (2).

(1) En 1284.

(2) Voir sur l'ancienneté des foires de Troyes la lettre de Sidonius
Apollinaire à saint Loup, en 427, lib. VI, epist. 4. — Sur le règle-
ment des foires de Troyes l'ordonnance de Philippe le Bel de 1311,
dans la Conférence de Guenois, liv. IV, tit. vii ; et enfin sur le cau-
tionnement donné au roi de France Charles IX et à la reine Catherine par les bourgeois de Troyes, en 1568, jusqu'à concurrence de
1,026,421 livres 10 sols, la transaction du 13 avril 1568 entre le Roi
et le duc Casimir, et la lettre aux maire, échevins et bourgeois de
Troyes du 14 du même mois.

S'il fallait d'autres preuves de la prépondérance commerciale que les foires de Troyes avaient donnée à cette
ville, on les trouverait dans l'usage encore répandu dans
presque toute l'Europe commerçante, et qui persiste
aujourd'hui en Hollande et en Angleterre, de n'employer,
soit pour le pesage des matières d'or et d'argent, soit
même pour celui des autres marchandises, d'autres poids
que le *poids de Troyes*.

On remarquerait aussi que les Lombards, qui étaient
au xive siècle les banquiers de l'Europe, obtinrent à force
de sollicitations, et sans doute par d'autres sacrifices, en
décembre 1392, la faveur de s'établir à Troyes, à cause
du grand négoce qui se faisait aux foires.

D'autres villes, tant en France qu'à l'étranger, ont eu
plus tard des foires non moins considérables; Lyon,
Beaucaire, Francfort, Leipsick, ont vu, dans le siècle
dernier, et voient même peut-être encore aujourd'hui le
commerce apporter dans leurs murs des quantités considérables de marchandises, dont la réunion et la mise
en vente forment une sorte d'exposition des produits
de l'industrie; mais ce n'était ni la pensée ni le but des
expositions actuelles.

D'abord les marchandises exposées en vente dans ces
foires étaient, en général, à l'état de produits parfaits et
prêts à être livrés à la consommation; en second lieu,
jamais les outils, instruments, machines et moyens de
production n'y paraissaient en aucune façon; tandis
qu'aux expositions des produits de l'industrie, le constructeur de machines, comme le fabricant du produit,
s'enorgueillit de montrer le fruit de son travail : c'est

ainsi que bientôt les inventions propres d'abord à une seule industrie, viennent s'appliquer à d'autres auxquelles elles ne servent pas moins.

Et ensuite ces expositions purement mercantiles, qui n'avaient que le commerce pour but, ne donnaient pas lieu à ces examens et à ces comptes rendus par des comités composés d'hommes éminents par leurs lumières, dont les conseils instruisent, dont la parole encourage, dont l'expérience indique la véritable voie du progrès.

Jamais avant le commencement de ce siècle, ou plutôt avant les dernières années du siècle précédent (1798), on n'avait imaginé rien de semblable à ce que sont aujourd'hui les expositions des produits de l'industrie. On avait bien, dès 1788, et même auparavant, fait des expositions d'objets d'art; celles des tableaux et des productions de l'art statuaire avaient même jeté de l'éclat; mais quoique les beaux-arts soient un des flambeaux de l'industrie, ils n'ont pas, à beaucoup près, la même influence, ni sur les peuples une influence de même sorte, que l'industrie elle-même.

C'est en l'an VI de la République, lorsque la France, en proie aux agitations politiques inséparables des circonstances d'alors, se trouvait engagée dans des guerres intérieures et extérieures telles que les annales du monde n'en offrent point d'exemple, que le Directoire, au milieu des obstacles qu'il rencontrait de toutes parts, fut cependant assez heureusement inspiré pour prendre l'initiative de l'une de ces institutions qui contribuent dans l'avenir à la prospérité d'une nation. On peut penser que le Gouvernement n'entrevit que confusément d'abord la grandeur de l'œuvre qu'il entreprenait ; il manquait à tous les esprits inventifs un point central d'émulation ; l'industrie, en dispersant ses produits sur la surface de la République, ne mettait pas les artistes à portée d'établir les comparaisons qui sont toujours dans les arts une source de perfectionnement ; pour remédier à cet inconvénient et procurer aux hommes de l'industrie le spectacle, aussi utile que nouveau, de toutes les industries réunies, pour échauffer entre eux une émulation bienfaisante, pour apprendre à tous que la prospérité nationale est inséparable de celle des arts et des manufactures, le Directoire provoqua la première exposition des produits de l'industrie, et pour la rendre plus solennelle, il en fixa l'époque à l'anniversaire de la fondation de la République.

Elle eut lieu pendant les cinq jours complémentaires de l'an VI, et fut prolongée jusqu'au 10 vendémiaire an VII. Un bâtiment avait été élevé, comme par féerie, pour recevoir les produits de toutes nos manufactures. Le Directoire eut cependant la douleur de voir que le temps n'eût point permis de donner à ce concours de tous les arts l'appareil et la solennité qu'il aurait fallu lui donner. On s'y était pris trop tard, et il n'y eut que quelques départements voisins de la capitale qui se présentèrent à cette exposition annoncée trop peu de temps à l'avance. Organisée à la hâte, elle ne fut en quelque sorte que locale ; Paris et ses environs y apportèrent seuls les tributs de leur industrie. Les départements éloignés ne purent y envoyer les leurs. Sur cent dix exposants, douze sortirent de ce concours avec d'honorables distinctions.

	MM. Breguet, horlogerie.
	Lenoir, instruments de précision.
	Didot et Herhan, éditeurs.
	Clouet, fers convertis en acier.
Seine.	Dihl et Guerrard, tableaux en porcelaine.
	Conté, crayons.
	Desarnod, cheminées.
	Gremont et Barre, toiles peintes.
	Deharme, ouvrages en tôle vernie.
Aube.	Payn, bonneterie.
Oise.	Botter, faïences.
Seine-et-Oise.	Jullien (Denis), cotons.

Douze distinctions seulement avaient été promises par le Gouvernement; il avait cru devoir fixer à l'avance le nombre des concurrents dont il aurait à signaler les succès; mais treize autres exposants virent leurs noms mentionnés honorablement (1). Les uns et les autres obtinrent à la fête du 1er vendémiaire une place particulière, et leurs noms furent proclamés par le président du Directoire, qui était alors le pouvoir exécutif.

Cet essai obtint l'approbation universelle; ce premier hommage solennel rendu à l'industrie fit naître la plus vive émulation parmi les manufacturiers et on lui dut les efforts de plusieurs artistes pour obtenir que, dans les années suivantes, leurs noms fussent aussi proclamés en public. La pénurie de l'État et la guerre ne permirent pas au Gouvernement de donner suite à cette institution pen-

(1) Huit appartenaient au département de la Seine.
Un   —   de la Nièvre.
Deux   —   de l'Eure.
Un   —   du Doubs.
Un   —   de Seine-et-Oise.

dant les années VII et VIII de la République. Il aurait fallu dépenser des sommes, faibles sans doute eu égard au but, mais considérables dans les circonstances où l'on se trouvait, et ce fut à regret que le Gouvernement se vit obligé d'ajourner à des temps plus heureux la seconde exposition des produits de l'industrie. La paix continentale fut à peine assurée que le premier Consul ordonna, par arrêté du 13 ventôse, qu'une nouvelle exposition aurait lieu pendant les cinq jours complémentaires de l'an IX.

A cette voix puissante, le commerce et les arts se relevèrent de leurs ruines ; quoique la France fût affaiblie par onze années de guerres intérieures et extérieures, Bonaparte ne s'adressait pas moins à cette nation active et industrieuse qui, au premier appel de Colbert, avait couvert l'Océan de ses pavillons et l'Europe des trésors de son industrie.

L'exposition de l'an IX se distingua de la première par plus d'éclat et par des progrès dont les hommes les plus instruits dans les arts furent vivement frappés. L'utilité de cette institution publique eut, dès lors, pour tous les yeux, l'évidence d'un fait ; tous les arts s'étaient perfectionnés comme à l'envi ; l'émulation avait pénétré jusque dans les ateliers les plus obscurs ; les concurrents s'étaient multipliés et presque toutes les lacunes de l'exposition précédente avaient été remplies.

Déjà l'on conçut avec raison l'espoir de voir la France s'affranchir de l'industrie étrangère et se montrer un jour avec avantage sur tous les marchés du monde commerçant.

Trente-trois départements (1) appartenant encore aujourd'hui à la France et cinq autres (2) qui en ont été détachés par le traité de 1815, s'empressèrent à ce concours. L'exposition eut lieu sous des portiques construits dans la cour du Louvre. Une colonnade y avait été élevée jusqu'à la hauteur de la première corniche du palais ; par son style, par la couleur des marbres qui y étaient figurés, par la manière habile dont elle était disposée, elle semblait former la base de la partie supérieure du monument. Sous cette colonnade plus de 400 produits différents se réunissaient, se pressaient à l'envi. Les cuirs imperméables à l'humidité, les draps, les velours, les tissus de coton et les maroquins, la bonneterie, l'horlo-

(1) Ardèche.
  Ardennes.
  Ain.
  Aisne.
  Aube.
  Côtes-du-Nord.
  Creuse.
  Charente.
  Drôme.
  Doubs.
  Eure.
  Gironde.
  Haut-Rhin.
  Haute-Loire.
  Haute-Vienne.
  Isère.
  Jura.

Lot-et-Garonne.
Loir-et-Cher.
Manche.
Marne.
Maine-et-Loire.
Mayenne.
Moselle.
Nord.
Oise.
Pas-de-Calais.
Rhône.
Seine-et-Marne.
Seine-et-Oise.
Seine-Inférieure.
Seine.
Somme.

(2) Départements : Léman,   Suisse.
                   Mont-Blanc,   —
                   Deux-Nèthes, Belgique.
                   Dyle,   —
                   Ourthe.

gerie, les armes de guerre et de luxe, les scies et les limes, la quincaillerie et les toiles métalliques, l'ébénisterie et les caractères d'imprimerie, tout était là rassemblé; tout produit remarquable avait pris place dans ce concours dont rien d'utile et d'ingénieux n'avait été exclus.

Sur deux cent-vingt exposants, dix-neuf obtinrent des médailles d'or.

1° Sept sur les douze qui, en l'an VI, avaient obtenu la première mention honorable :

MM. Pierre Didot et Firmin Didot, imprimerie.
　　Lenoir, instruments de mathématiques.
　　Herhan, imprimerie.
　　Conté, crayons.
　　Desarnod, cheminées.
　　Deharme et Dubaux, tôles vernies.
　　Jullien (Denis), de Saint-Brice (Seine-et-Oise), cotons filés.

2° Douze nouveaux exposants :

MM. Solages et Bossut, modèle d'une nouvelle écluse. Paris.
　　Solers-Guents et Goury, fabricants de limes, scies, etc.,
　　　à Dilling (Moselle).
　　{ Utzschneider, poteries, à Sarreguemines (Moselle).
　　{ Merlin-Hall, 　—　 à Montereau (Seine-et-Marne) (1).
　　Fauller, Kempff et Muntzer, maroquins, à Choisy-sur-Seine
　　　(Seine-et-Marne).
　　Montgolfier, papeterie, à Annonay.
　　Decretot, draps, à Louviers.
　　Ternaux, draps à Louviers, Sedan, Reims, etc.
　　Delaitre, Noël et Cie, cotons filés, à l'Epine, près Arpajon.
　　Bauwens, cotons filés, à Passy (Seine).
　　Godet et Delépine, velours, à Rouen (Seine-Inférieure).
　　Morgan et Delahaye, 　—　 à Amiens (Somme).
　　{ Lignereux, } meubles, à Paris (1).
　　{ Jacob, 　　}

(1) Médailles partagées.

Sur les treize exposants qui, en l'an VI, avaient obtenu la seconde mention honorable, huit, en l'an IX, obtinrent des médailles d'argent :

MM. Raoul, limes, à Thionville (Moselle).
    Salneuve, mécanicien à Paris.
    Lepetit-Walle, coutellerie. Paris.
    Perrin, toiles métalliques. Paris.
    Bouvier, fondeur à Paris.
    Plumer, Donnet et Vannier, cuirs, à Pont-Audemer (Eure).
    Cahours, bonneterie et cotons. Paris.
    Detrey aîné, bonneterie en fil, à Besançon.

Parmi les nouveaux exposants vingt furent jugés dignes de la même récompense :

MM. Schey, quincaillerie. Paris.
    Robert, horlogerie. Besançon.
    Boutet, directeur de la manufacture d'armes de Versailles.
    Smith, Cochet et Montfort, fontaines filtrantes. Paris.
    Rossinger, creusets et cornues. Paris.
    Fourmy, grès-porcelaines. Paris.
    Les Administrateurs des établissements du Creuzot et de Montcenis.
    Descroisilles frères, objets tissés et filés. Rouen.
    Pavie, teinturier à Rouen.
    Bonvallet, machine à imprimer sur étoffes de laine des fleurs qui imitent la broderie. Amiens.
    Johannot, papiers. Annonay.
    Delarue, draps. Louviers.
    Petou,   —   —
    Lefèvre,   —   Paris.
    Piclet, laines. Genève.
    Richard et Noir-Dufrène, cotons filés. Paris.
    Sevennes frères, velours de coton. Rouen.
    Piranesi frères, calcographie. Paris.
    Jouver, marqueterie en métaux sur bois. Paris.

MM. Paturot, de Troyes,
  Gattelier,   —
  Bassal et Janson, de Claire-Fontaine,   } piqués et basins.
  La manufact. de Grillon, près Dourdan,

Trente nouveaux exposants obtinrent des médailles de bronze.

A partir de ce moment, l'institution des expositions des produits de l'industrie était fondée : comme l'imprimerie, elle s'était produite au monde sans que ceux qui l'ont créée en eussent aperçu distinctement l'avenir : Schœffer en inventant les caractères typographiques n'a cru que remplacer les scribes et les copistes ; ceux qui ont propagé et multiplié les écoles n'ont guère eu pour but que l'amélioration du sort des individus ; et François de Neufchâteau, ministre de l'intérieur en l'an VI, si tant est que ce soit à lui qu'il faille attribuer l'idée des expositions des produits de l'industrie, n'a probablement entrevu que l'encouragement qu'il aurait ainsi l'occasion de donner aux manufactures.

Aujourd'hui la pensée humaine se perfectionne et s'épure d'une extrémité du monde à l'autre, grâce à l'invention de Schœffer et de Guttemberg ; tous les hommes pourront tout à l'heure, grâce à l'instruction primaire, prendre part à cette communion de la pensée ; les expositions universelles des produits de l'industrie vont relier tous les peuples en un seul corps de nation ; qui pourrait mesurer l'avenir de l'humanité ? et ne serait-ce point un blasphème de penser que Dieu veuille permettre que la perversion de la morale s'allie aux progrès infinis des arts et des sciences ?

CHAPITRE II.

Fondation de la Société d'encouragement pour l'industrie nationale. — Prix qu'elle décerne. — Son influence. — Expositions de l'an X et de 1806. — Période de 1806 à 1819.

La révolution de 1789, en ouvrant la carrière des fonctions publiques à cette foule d'hommes que leur position dans la société en avait à peu près généralement exclus jusque-là, donna aux esprits et aux courages une impulsion que les hontes et les misères de 1794 ne purent étouffer : si toutes les passions basses et cupides s'élancèrent alors au pillage de la société, les esprits généreux s'efforcèrent aussi de travailler au bien public : c'est le sort des révolutions ; elles renversent les digues et les barrières, et là où s'écoule avec impétuosité le flot révolutionnaire, passent à la fois pour s'épancher sur la société les principes les plus purs de la civilisation et la fange la plus immonde des passions humaines.

La main de Bonaparte avait à peine rétabli l'ordre dans cette société bouleversée, que tous les hommes de bien, à qui un nouvel ordre social avait permis de participer aux affaires, eurent à cœur de produire quelque bien à la chose publique; chacun dans l'étendue de ses forces, entraîné par son penchant, ou excité par le sentiment de sa nouvelle position, voulut coopérer au bien général.

Cette disposition des esprits constitua en France, à la fin de la révolution française, un élément de force et de prospérité qui devait s'éteindre par sa durée même, qui n'existe plus aujourd'hui, dont on n'a pas assez tenu compte en mesurant cette époque et en appréciant celles qui l'ont suivie ; mais qui n'a pas laissé que de produire d'importants résultats.

Les savants, les économistes, les philanthropes, comme on appellait alors ceux qui s'occupaient de l'amélioration du sort des hommes, obéissaient, plus que tous autres, à cette impulsion qu'un nouveau régime leur donnait vers le soin de la chose publique. Bonaparte, ce génie organisateur, dont la politique ne négligeait aucun moyen de reconstituer la société, créait des sommités, partout où il en trouvait la base, afin d'y rattacher les liens d'une hiérarchie nouvelle : il avait dès longtemps regardé le corps des savants, quelque préjudice qu'en dût éprouver la science, comme l'une des supériorités sociales que le peuple contesterait le moins : parmi les hommes qu'il avait élevés à ce titre, Chaptal, qui ne s'était pas encore brouillé avec lui, n'était ni le moins justement célèbre, ni l'un des moins dévoués à l'avancement du pays.

Ce fut lui qui, à l'imitation d'une société fondée en Angleterre par Shipley, en 1756, et sur l'instigation de M. Delessert et de M. de Lasteyrie, se plaça à la tête de la Société d'encouragement pour l'industrie nationale.

« Le but de cette société est d'appeler le concours libre et spontané des bons citoyens à aider les efforts du Gouvernement dans le développement des richesses qu'offrent la fertilité du territoire français, l'activité des habitants qui le couvrent et le génie des hommes éclairés que l'on compte parmi eux. Une telle institution est en effet éminemment propice aux progrès de l'industrie nationale, puisqu'en invoquant l'esprit public à son secours, elle l'appuie aussi de toute la puissance de l'opinion. Or, l'esprit public en France n'avait besoin que d'un premier moteur pour se livrer avec ardeur à la perfectibilité qui lui est propre : ce moteur, il l'a trouvé dans les travaux de la Société d'encouragement. *Exciter l'émulation, répandre les lumières, seconder les talents,* telle est la fin que se sont proposée les fondateurs de cette société, dont voici les devoirs fondamentaux :

« 1° Recueillir de toutes parts les découvertes et inventions utiles aux progrès des arts ;

« 2° Distribuer chaque année des encouragements, soit par des prix, soit par des gratifications, soit enfin en prenant un certain nombre d'abonnements pour les mémoires qui développeraient l'application de nouveaux procédés ;

« 3° Propager l'instruction, soit en donnant une grande publicité aux découvertes utiles, soit en faisant composer des manuels sur les diverses parties des arts, soit en provoquant des réunions où les lumières de la théorie viendraient s'associer aux résultats de la pratique, soit enfin en faisant exécuter à ses frais et distribuer dans le public, et spécialement dans les ateliers, les machines, instruments et procédés qui méritent d'être connus, et qui restent perdus pour l'industrie nationale, faute de publicité ou d'exécution ;

« 4° Diriger certains essais et expériences pour s'assurer c·l'utilité des procédés qui feraient espérer de grands avantages;

« 5° Venir au secours des artistes distingués qui auraient éprouvé des malheurs;

« 6° Rapprocher par de nouveaux rapports tous ceux qui, par leur état, leur goût, leurs lumières, prennent intérêt aux progrès des arts ou peuvent efficacement y concourir;

« 7° Devenir le centre d'institutions semblables qui sont désirées dans les principales villes manufacturières de France (1). »

La Société comptait parmi ses membres fondateurs :

MM. ALLARD, membre du corps législatif.

    ARNOUD aîné, tribun.

    ARNOUD jeune, chef du bureau de commerce au ministère de l'intérieur.

    BAILLET, professeur et inspecteur des mines.

    BARDEL, membre du conseil général d'agriculture, arts et commerce.

    BERTRAND, directeur de la compagnie d'Afrique.

    BERTHOLLET, membre de l'Institut national, sénateur.

    BOSC, tribun.

    BOURIAT, pharmacien et membre de la Société de médecine de Paris.

    BRILLAT-SAVARIN, membre du tribunal de cassation.

    CADET DE VAUX, membre du conseil général d'agriculture, arts et commerce.

    CELS, membre de l'Institut.

    CHAPTAL, membre de l'Institut, ministre de l'intérieur (*président de la Société*).

    CHASSIRON, tribun (*censeur de la Société*).

    COLLET-DESCOSTILS, ingénieur des mines.

    CONTÉ, démonstrateur au Conservatoire des arts et métiers.

(1) Dictionnaire des découvertes.

MM. Costaz aîné, tribun (*vice-président de la Société*).

Costaz jeune, chef du bureau des arts et manufactures au ministère de l'intérieur (*secrétaire adjoint de la Société*).

Coulomb, membre du conseil général d'agriculture, arts et commerce.

De Candolle, membre de la Société philomathique.

De Gérando, membre de l'Institut (*secrétaire de la Société*).

Delaroche, notaire (*trésorier de la Société*).

Delessert (Benjamin).

Delessert (François).

Descroisilles aîné, chimiste-manufacturier.

Fourcroy, membre de l'Institut, conseiller d'Etat.

François (de Neufchâteau), membre de l'Institut, sénateur.

Fréville, tribun.

Frochot, préfet du département de la Seine (*vice-président de la Société*).

Guyton-Morveau, membre de l'Institut, directeur de l'École polytechnique.

Hennequin, secrétaire du conseil général d'agriculture, arts et commerce.

Huzard, membre de l'Institut.

Journu-Aubert, sénateur.

Lasteyrie, membre de la Société d'agriculture du département de la Seine.

Laville-Leroux, sénateur.

Magnien, administrateur des douanes.

Mérimée, peintre.

Molard aîné, démonstrateur au Conservatoire des arts et métiers.

Monge (Gaspard), membre de l'Institut, sénateur.

Montgolfier, démonstrateur au Conservatoire des arts et métiers.

Montmorency (Mathieu), administrateur des Sourds-muets et des Quinze-Vingts (*secrétaire adjoint de la Société*).

Parmentier, membre de l'Institut.

Pastoret, membre du conseil d'administration des hospices (*censeur de la Société*).

Périer, membre de l'Institut.

MM. Périer (Scipion), membre du conseil général d'agriculture, arts et commerce.

Pernon (Camille).

Perregaux, sénateur, président de la Banque de France.

Petit, membre du conseil général du département de la Seine.

Pictet-Diodati, membre du corps législatif.

Prony, membre de l'Institut, directeur de l'École des ponts et chaussées.

Récamier, banquier.

Regnauld (de Saint-Jean-d'Angély), conseiller d'État.

Richard d'Aubigny.

Rouillé de l'Étang, membre du conseil général du département de la Seine.

Saint-Aubin, tribun.

Savoye-Rollin, tribun.

Sers, sénateur.

Silvestre, secrétaire de la Société d'agriculture du département de la Seine.

Swediaur, médecin.

Ternaux aîné, manufacturier.

Teissier, membre de l'Institut.

Vauquelin, membre de l'Institut et du conseil des mines.

Vilmorin, membre du conseil général d'agriculture, arts et commerce.

Vitry, membre du conseil général d'agriculture, arts et commerce.

Yvart, cultivateur et membre de la Société d'agriculture du département de la Seine.

Dès la première année de sa fondation elle offrit déjà six prix à l'industrie.

1° Un prix de 1,000 francs et une médaille, pour la fabrication des filets de pêche;

2° Un prix de 2,000 francs et une médaille, pour la fabrication du blanc de plomb;

3° Un prix de 600 francs et une médaille, pour la fabrication du bleu de Prusse ;

4° Un prix de 1,000 francs et un second de 600 francs, pour le repiquage ou la transplantation des grains d'automne au printemps ;

5° Un prix de 1,000 francs et une médaille, pour la fabrication des vases de métal revêtus d'un émail économique ;

6° Un prix de 3,000 francs, pour la fabrication des vis à bois.

Elle accorda, la même année, une somme de 600 francs au sieur Delarche, pour l'invention d'une machine à tondre les pannes.

Les membres de cette société, qui a rendu depuis tant de services à l'industrie, et qui compte des noms si illustres dans les sciences, prirent une grande part à l'exposition de l'an X dont nous allons parler, par les lumières qu'ils portèrent dans les comités d'examen ; nous verrons plus loin quelle fut l'influence de la Société d'encouragement sur le progrès des arts industriels, pendant la période de 1806 à 1819, où le cours des affaires publiques obligea le Gouvernement à suspendre les expositions des produits de l'industrie.

La richesse et le nombre des produits de l'exposition de l'an IX avaient fait bien augurer au Gouvernement de celle de l'an X. Toutefois, tous ses efforts tendirent à ne point faire de l'industrie un spectacle stérile, à ne point présenter un pompeux étalage de chefs-d'œuvre, mais bien à offrir le tableau de la réunion de tous les véritables

produits des fabriques, à marquer les progrès de l'industrie, à encourager et à récompenser le talent.

Le Gouvernement, ainsi que le disait Chaptal, alors
ministre de l'intérieur, *estimait peu les tours de force*,
fruit ordinaire d'une patience stérile ou d'une adresse
minutieuse; il ne considérait que les résultats d'une fabrication habituelle. Il jugeait de l'importance d'une manufacture par l'utilité, la quantité et le prix des produits
qui en sortaient : le drap grossier de Lodève, les serges
du Gévaudan étaient pour lui et pour le commerce en général, du même intérêt que les belles étoffes de Sedan et
de Louviers. La poterie la plus grossière, si elle était
bonne et à bas prix, avait le même mérite à ses yeux que
l'élégante porcelaine. Les couteaux de Saint-Etienne,
dits *Eustaches de bois*, qu'on payait 5 centimes, étaient
aussi précieux que ceux qui se vendaient 25 francs.
En effet, chaque genre de fabrication a une destination
particulière; chaque objet a son degré de perfection ;
chaque produit a un prix marqué par le commerce qu'il
ne peut dépasser, et celui-là seul atteint le but qui sait
proportionner la qualité et le prix de son produit à l'usage
auquel il est destiné, au goût et à la fortune du consommateur. Les productions étaient donc bien plus appréciées par leur utilité que par leur éclat ; les produits de
même qualité ou du même genre étaient seuls comparés
entre eux et une étoffe grossière (1), mais bien fabriquée

(1) Lors de l'exposition de l'an IX, Chaptal, aux travaux de qui les
manufactures sont redevables d'améliorations importantes, était ministre de l'intérieur. Un fabricant de menues coutelleries, qui demeu-
rait à Thiers (Puy-de-Dôme), voulut paraître aussi avec éclat, et au

et avec économie, obtenait le prix sur une étoffe riche et
d'un prix disproportionné.

Soixante-treize départements, dont douze ont été séparés de la France par le traité de 1815, prirent part à
ce concours qui fut extrêmement remarquable. Le génie
inventif et fécond des artistes français y brilla d'un vif
éclat. De même qu'en l'an IX, l'exposition eut lieu sous
des portiques élevés dans la cour du Louvre. L'émulation avait été portée au plus haut degré parmi les manufacturiers et les fabricants, aussi s'étaient-ils efforcés de

lieu d'exposer les produits communs, mais utiles, de sa fabrique, il
présenta des fusils de chasse damasquinés avec le plus grand luxe.
Le célèbre Fox, troisième fils de Henri Fox, premier lord Holland, que
ses talents élevèrent à la place de secrétaire d'État au département de
la guerre sous le règne de George II, l'un des orateurs et des hommes
d'État les plus célèbres de l'Angleterre, se trouvait alors à Paris. Il
exprima le désir d'examiner l'exposition en détail, et le ministre
l'accompagna. En entrant dans le portique occupé par le fabricant de
Thiers, le ministre ne voit que des armes d'un grand prix ; sa mémoire fidèle lui rappelle que d'autres objets ont été annoncés ; il
demande à les voir et c'est avec peine que le fabricant se décide à
exhumer du fond du magasin une caisse qu'il n'avait pas même
ouverte depuis son arrivée, et qui contenait des couteaux et des rasoirs
assez grossiers. Fox s'informe du prix de ces objets, et il apprend
avec étonnement, que les couteaux coûtaient 3 sous et les rasoirs
12 sous la pièce. « Pour un prix aussi modique, on ne peut, dit-il,
avoir rien de bon, et ces lames doivent être de plomb. » Pour toute
réponse, le ministre prend deux modèles, les casse, et fait voir que
les lames sont faites, les unes avec de l'acier commun, mais bon, et
que les rasoirs sont fabriqués avec de l'acier dont le grain est assez
fin. « Eh ! pourquoi donc, Monsieur, demande le ministre au fabricant,
ne nous avez-vous pas présenté ces objets ? — Mais ils sont si gros-
sièrement travaillés et connus de tout le monde. — Vous vous trom-
pez, reprit Fox, mes compatriotes et moi nous étions loin de croire
que pour 15 sous on pût se procurer un couteau et un rasoir ; j'achète
la caisse entière, et je l'emporte en Angleterre, où l'on n'est pas
encore parvenu à en fabriquer de semblables à aussi bon marché. »

donner à leurs produits toute la perfection dont ils étaient susceptibles. Le nombre des exposants fut presque triple de ce qu'il avait été l'année précédente ; en l'an IX, il n'avait été que de deux cent vingt, en l'an X, il fut de cinq cent quarante.

Sur ces cinq cent quarante exposants, trente-huit obtinrent des médailles d'or :

MM. Jubié frères, de l'Isère, soies filées.
     Pernon (Camille), de Lyon, étoffes de soie.
     Pouchet (Louis), de Rouen, cotons filés.
     Richard et Noir-Dufresne, de Paris, basins, piqués, molletons, toile, etc., etc.
     Payn fils, de Troyes, bonneterie.
     Johannot, d'Annonay, papeterie.
     Berthoud, de Paris, horlogerie.
     Bréguet, de Paris,   —
     Janvier, de Paris,   —
     Droz, de Paris, art monétaire.
     Aubert, de Lyon, métier à tricot.
     Montgolfier, de Paris, bélier hydraulique.
     Boutet, de Paris, armes.
     Guerin de Sercilly, | de Seine-et-Marne, aciers.
     Colin de Clancey, |
     Descroisilles, de Rouen, produits chimiques.
     Amfrye et Darcet, de Paris,   —
     Potter, de Montereau, poteries.
     Fourmy, de Paris,   —
     Odiot, de Paris, orfévrerie.
     Joubert et Masquelier, de Paris, calcographie.
     Auguste, de Paris, orfévrerie.
     Bauwens, de Gand, basins et piqués.
     Conté, de Paris, crayons.
     Decretot, de Louviers, draps.
     Deharme et Dubaux, de Paris, tôles vernies.
     Delaitre, Noël et Cie, d'Arpajon, cotons filés.

MM. Desarnod, de Paris, cheminées.

Didot (Pierre), de Paris, typographie.

Fauller, Kempff, Muntzer, de Choisy-sur-Seine, maroquins.

Godet et Delépine, de Rouen, velours de coton.

Jacob, de Paris, ébénisterie.

Lenoir, de Paris, instruments d'astronomie.

Ligneraux, de Paris, ébénisterie.

Merlin-Hall, de Montereau, poteries.

Morgan et Delahaye, d'Amiens, velours.

Ternaux, de Louviers, draps superfins.

Utzschneider et Cie, de Sarreguemines, poteries.

Cinquante-trois obtinrent des médailles d'argent :

MM. Badin, fer et acier.

Boucher fils et Cie, fils de laiton.

Bouchotte, fils de fer.

Boulay, dentelles.

Bouvier, filigrane fondu.

Cahours, bonneterie.

Cartier (Rose) et Cartier fils, étoffes de soie.

Desray, typographie.

Detany aîné, bonneterie de fil.

Didier, cuirs vernis.

Ducrusel, limes.

Fleurs (madame), tréfilerie.

Fleury jeune,   —

Gensse-Dominy, casimirs.

Gingembre, balancier.

Gohin frères, couleurs.

Grandin (Jacques) aîné, draps.

Grillon (fabrique de), bonneterie de coton.

Guéroult et Lelièvre, cotons filés.

Guibal jeune, de Castres, draperies moyennes.

Hoener (Henri), poteries.

Jeannetty, ouvrages en platine.

Jecker, instruments de précision.

Jouvet, tabletterie.

MM. Ladouepe-Dufougerais et Veytard (Xavier), cristaux du Creuzot.

Lebreton, cuirs vernis.

Lecamus (François) et Frontin (Pierre-Mathieu), draps fins.

Lemaire, nécessaires.

Lemaître (Jacques) et fils, cotons filés.

Lenfumey-Camusat, bonneterie de coton.

Liegrois et Valentin, cuirs vernis.

Marlin, couvertures de coton et de laine.

Michaud, poterie.

Mouret (Edouard), fer et acier.

Pascal-Thoron et Cie, draps.

Patureau et Cossard, basins et piqués.

Perrin, toiles métalliques.

Petou frères et fils, casimirs.

Piranesi frères, vases d'albâtre.

Pujol, molletons.

Raoul, laines.

Récicourt (veuve de), Jobert-Lucas et Cie, étoffes de fantaisie.

Robert (François), horlogerie.

Rogier et Sallandrouse, tapis.

Russinger, creusets.

Sandoz, horlogerie.

Seghers, toiles cirées.

Trabuchi frères, ornements en terre cuite.

Vandessel, blondes.

Villarmain, papeterie.

Villeroy, poteries.

White, engrenages.

Zeiler, Waler et Cie, cristaux.

Soixante reçurent des médailles de bronze comme un premier encouragement à de plus grands succès.

Après l'exposition de l'an X, le Gouvernement pensa qu'il ne serait pas avantageux pour l'industrie de trop rapprocher ni de trop multiplier les expositions. Les découvertes et les perfectionnements exigent, en effet, une maturité qui ne permet pas de les voir se produire dans le court intervalle d'une année à une autre. Il fut donc résolu que la prochaine exposition serait ajournée jusqu'en 1806. Mais quelques départements n'attendirent point cette époque et des expositions de leurs produits eurent lieu aux chefs-lieux, à Caen, à Anvers, etc., etc.

Mais si le Gouvernement crut, avec raison, devoir mettre cet intervalle entre les expositions des produits de l'industrie, la Société d'encouragement redoubla d'efforts pour soutenir l'émulation des fabricants et proposa, de l'an X à 1806, des prix en très-grand nombre; nous ne citerons que les suivants :

Purification des fers cassant à froid.	4,000 fr.
Détermination des produits du bois distillé	1,000
Culture en grand de la carotte	600
Fabrication du fer-blanc.	3,000
Amélioration des laines	2,000
Ouvrages en fer fondu	3,000
Couleur propre à marquer aux chefs les toiles en écru.	1,200
Métier à fabriquer les étoffes façonnées et brochées .	3,000
Fabrication de fils de fer et d'acier pour faire les aiguilles à coudre et les cardes à coton et à laine. .	6,000
Fabrication des peignes de tisserands	600
Fabrication de l'acier fondu	4,000
Culture comparée des plantes oléagineuses..	600
Gravures en bois et en relief.	2,000
Fabrication du cinabre	1,200
Fours à chaux, à tuiles et à briques	3,000

On voit que la Société d'encouragement pour l'industrie nationale, fidèle aux principes de Sully, n'excluait pas à beaucoup près l'agriculture du nombre des arts industriels. Elle a prouvé depuis, comme nous le verrons plus

tard à propos du drainage, qu'elle n'a jamais fait la faute
d'être exclusivement attachée au progrès des arts mécaniques, et dans les prix que nous venons de citer, on remarque qu'elle fixait son attention sur la culture des
plantes oléagineuses, alliant ainsi dans sa pensée la prospérité de l'agriculture à celle de plusieurs branches importantes de l'industrie.

Le Consulat avait provoqué l'exposition de l'an X,
Napoléon, empereur, provoqua par un décret du 15 février 1806, l'exposition qui eut lieu cette année. C'était
au retour de la campagne d'Austerlitz ; l'exposition fit
partie des fêtes consacrées à célébrer les triomphes de nos
armées victorieuses, dans le double dessein de donner à
ces fêtes tout l'éclat dont elles étaient susceptibles, et de
faire tourner à l'avantage des manufactures françaises
l'affluence des étrangers qu'elles devaient attirer dans la
capitale. Dans l'ivresse du succès prodigieux de nos armes qui éblouissait tous les esprits, on ne s'aperçut pas
de l'anomalie qu'il y avait à célébrer les triomphes de la
guerre par l'exposition des fruits de la paix, et la France
célébra avec enthousiasme la double gloire qu'avaient
recueillie ses armées et que lui offraient ses manufactures.

Dans les expositions précédentes, tous les départements n'avaient pas encore répondu, même dans l'exposition de l'an X, à l'appel du Gouvernement ; à la fin de
la révolution, tant de causes avaient entravé l'industrie
que beaucoup de manufacturiers appauvris, incertains
de l'avenir ou effrayés par les violences dont ils avaient
été les témoins, avaient suspendu ou réduit leur fabrica-

tion. Les expositions suivantes avaient déjà trouvé le pays plus calme et plus confiant, et l'industrie avait recommencé à se développer de nouveau ; les distinctions décernées par le jury dans les expositions précédentes avaient concouru avec les circonstances, qui se montraient plus favorables, à rendre le courage aux chefs de nos fabriques; les immenses avantages que la campagne d'Austerlitz donnait à la France sur l'Autriche et la Russie, l'espérance d'une paix assurée et glorieuse dont on se flattait alors, vinrent, au moment où le chef de l'État provoquait les efforts de l'industrie par l'exposition de 1806, lui donner un zèle, une émulation qu'elle n'avait pas eus depuis longtemps ; on vit alors les départements, chacun pour la portion d'industrie qui lui appartenait, accourir à cette exposition destinée à offrir un ensemble beaucoup plus complet qu'on ne l'avait vu jusqu'alors.

Cent quatre départements, dont quatre-vingt-un font encore partie du sol national, prirent part à ce concours. L'exposition, qui exigea un espace beaucoup plus étendu qu'il n'avait été jusque-là nécessaire, fut établie sur la place des Invalides. Le développement des portiques destinés à recevoir les produits, s'étendait entre l'hôtel des Invalides et la Seine, singulier rapprochement des glorieux débris de la guerre et du faste monumental de Louis XIV, avec les fruits toujours croissants de l'industrie nationale, source de la richesse et de la liberté du peuple. Sous ces portiques s'étaient donné rendez-vous toutes les productions de nos manufactures ; celles qui concourent au luxe et celles qui servent plus directement au bien-être des populations : les unes, qui devaient donner aux yeux le spectacle des merveilles des arts, les autres, qui promettaient à l'observateur attentif l'amélioration du sort des classes ouvrières.

Les chefs-d'œuvre de l'orfèvrerie, de la bijouterie, les porcelaines, les cristaux, les bronzes, les dentelles, les broderies couvraient des tables prolongées en perspective pendant que les tapisseries des Gobelins, de la Savonnerie, de Beauvais servaient de tenture, et que des meubles magnifiques et élégants formaient les ornements de ce vaste local. Tous ces prodiges de tant d'arts divers s'éclairaient les uns les autres se servaient de décoration mutuelle.

Mais, ainsi que cela avait eu lieu dans les expositions précédentes, l'attention du Gouvernement se fixa sur les productions susceptibles de devenir un objet de commerce et de grande consommation, et cette condition que présentait un produit d'être d'un usage général lui assura toujours un examen attentif et une disposition favorable. Cette sage appréciation de la valeur réelle des produits exposés n'a jamais manqué jusqu'ici aux jurys d'examen, et s'il est juste de reconnaître l'intelligence et l'habileté de leurs auteurs dans certains ouvrages qui supposent une adresse rare ou une instruction distinguée, le Gouvernement ne peut cependant admettre aux récompenses nationales que les fabricants des produits qui concourent au bien public par la part qu'ils prennent dans le commerce et la consommation.

Le Gouvernement ne crut pas davantage devoir donner, pour les mêmes objets, de nouvelles médailles aux expo-

sants qui en avaient obtenu aux expositions précédentes, à moins qu'ils ne fussent jugés dignes de monter
à une distinction supérieure : ceux d'entre eux qui
avaient continué d'être dignes des médailles dont ils
avaient été précédemment honorés furent simplement
mentionnés.

Sur quatorze cent vingt-deux exposants, deux cent
trente-un sortirent distingués de ce concours ;

Cinquante-quatre obtinrent des médailles d'or :

MM. AIX-LA-CHAPELLE (les fabriques d'), aiguilles.
ALBERT (Charles), machines à filer le coton.
ARPIN père, calicots, percales, mousselines.
AUGUSTE, orfévrerie.
BALTARD, calcographie.
BIENNAIS, orfévrerie.
BODONI, typographie.
BOSSUT et SOLAGES, machines hydrauliques.
BURON, métiers à fabriquer le filet.
CALLA, machines pour le coton.
COULAUX frères, armes blanches.
DECRETOT, draps.
DELAITRE, NOEL et Cie, cotons filés.
DÉSARNOD, appareils de chauffage.
DIDOT (Pierre) aîné, DIDOT (Firmin), typographie.
DILH et GUERARD, porcelaine.
DOUGLAS, machines pour la laine.
DUGAS frères et Cie, rubans de soie.
FAULER, KEMPFF et Cie, maroquins.
GENSOUL, soies.
GENSSE-DUMINY et Cie, casimirs.
GODET et DELÉPINE, velours.
GOSSELIN, cylindres à laminer.
GOUVY et GUENTZ, acier.
IRROY père et fils, acier.
JACOB-DESMALTER, ébénisterie.

MM. JANVIER, pendules astronomiques.

JAPY, horlogerie de fabrique.

JOHANNOT, papeterie.

JOUBERT et MASQUELIER, calcographie.

JUBIÉ frères, soies et organsins.

LADOUEPE-DUFOUGERAIS, cristaux du Creuzot.

LENOIR, instruments d'astronomie.

LOUP, acier.

MALLIÉ, étoffes de soie.

MATAGRIN aîné et Cie, mousselines.

MERLIN-HALL, poteries.

MONTELOUX-LA-VILLENEUVE, tôles vernies.

MONTGOLFIER ET CANSON, papeterie.

MORGAN et DELAHAYE, velours.

OBERKAMPF, toiles peintes.

ODIOT, orfévrerie.

PARIS (la manufacture des glaces de).

PERNON (Camille), étoffes de soie.

PIAT-LEFÈVRE et fils, tapis.

PLUVINAGE et ARPIN, toiles de coton.

POUCHET, machines à filer le coton.

RICHARD, basins et piqués.

ROBILLARD et LAURENT, calcographie.

SEVENNE (Edouard), velours de coton.

TERNAUX frères, draps superfins.

THOMYRE, bronzes ciselés.

TIBERGHIEN FRÈRES et Cie, basins.

UTZSCHNEIDER, poterie.

Quatre-vingt-dix-sept méritèrent des médailles d'argent :

MM. BEAUVAIS, de Lyon, soieries.

BELLANGER et DUMAS-DESCOMBES, soieries et châles.

BIARDS, métier à tisser.

BISSARDON, étoffes de soie.

BOHME, casimirs.

BONNARD, tulles et crêpes.

MM. Boucher et Cie, laiton.

Bouchotte, tréfilerie.

Boullier, orfévrerie.

Bouvier, filigrane fondu.

Bucker, nankins.

Chantilly (la manufacture de), poteries.

Couchonnat, et Cie, châles et soieries.

Cousineau père et fils, instruments de musique.

Curaudeau, alun.

Dartigues, verre à vitre.

Debarré, Théoleyre et Dutilleul, étoffes de soie.

Debray et Cie, velours.

Delarue, draps.

Denné jeune, calcographie.

Detrey père, bonneterie de fil.

Deydier, soies.

Didier, cuirs vernis.

Didot (Henri), fonte de caractères.

Dolfus, Mieg et Cie, toiles peintes.

Duchet, colle forte.

Ducrusel, limes.

Duport et Jourdain, mousselines.

Fleurs (veuve), tréfilerie.

Fleury jeune,   —

Frère Jean frères, cuivre laminé.

Frichot, bijouterie d'acier.

Galer-Ligeois, dentelles et blondes.

Georges et Cugnolet, acier.

Girard, faux.

Giscard aîné, Raymond, Sirenne fils et Brouilhet, casimirs.

Gonfreville, teinture.

Grandin (Jacques), draps.

Grasset (Claude), acier.

Grégoire, tableaux en velours.

Guérin, tôle.

Guibal jeune, draperies moyennes.

Guion, orfévrerie.

Guys, rouissage.

MM. Haussmann frères, toiles peintes.

Hombert, Stollenhof et Cie, casimirs.

Jacob (veuve), étoffes de soie.

Jacquemard et Benard, papiers peints.

Jecker (Laurent), épingles.

Klarck et Andre, machines pour filatures.

Lagrive, étoffes de soie.

Laroche aîné, papeterie.

Le Camus, draps fins.

Lehoult, basins et piqués.

Lemaire, nécessaires.

Lemaître et fils, cotons filés.

Lenfumey-Camusat, bonneterie de coton.

Lepaute, horlogerie.

Liegrois, cuirs vernis.

Massey-Fleury, Patte et Faton, calicots.

Matler, maroquins.

Mercier fils, point d'Alençon.

Moreau, dentelles et blondes.

Mouchel père et fils, tréfilerie.

Mouret (Edouard),   —

Nast, porcelaine.

Olive (Joseph), serrurerie.

Patureau, basins et piqués.

Perrin, toiles métalliques.

Petou, draps fins.

Pictet, châles de soie et laine.

Piranesi frères, calcographie.

Plummer, Donnet et Vannier, corroyage.

Pons, horlogerie.

Poupart de Neuflize, casimirs.

Prieur, couleurs.

Pujol, couvertures.

Robert (François), horlogerie.

Rochebrune, papeterie.

Rogier et Sallandrouze, tapis.

Roswag père et fils, toiles métalliques.

Russinger, creusets.

MM. SALNEUVE. presse et machine à fendre.

SAMUEL et JOLY, calicots et percales.

SCHEY, acier poli.

SEGHERS, toiles cirées.

SEGUIN et POUJOL, étoffes de soie.

SERISIAT et AYMAR, —

TIBERGHIEN (Charles) et Cie, coton filé.

TREMEAU-ROCUEBRUNE, papeterie.

TREUTTEL, WURTZ, MILLING et NÆ, calcographie.

UTZSCHNEIDER, poteries, grès.

VAGINA-DEMERÈSE, soies et organsins.

VANDESSEL, blondes.

VILLARMAIN (Henri), papeterie.

VINÈIS, faux.

ZEILER, WALER et Cie, cristaux.

Quatre-vingts (1) reçurent des médailles de bronze :

MM. ASSEZAT, ROLAND père, GUICHARD-PORTAL et ROBERT-CADET. blondes noires.

BARDEL fils, étoffes de crin.

BELLONI, mosaïque.

BONTEMS, étoffes de soie.

BOUAN, toiles.

BRANDI, soies.

BURETTE, ébénisterie.

CARCEL et Cie, éclairage.

CARON et LEFÈVRE, porcelaine.

CHARTON père et fils, soies.

CORBILLEZ (Augustin), cardes.

COUTAN et COUTURE, bonneterie de coton.

DAGOTY, porcelaine.

DAMBORGES, coton filé.

DARTHE frères, porcelaine.

DECRESME (Alexandre), nankinets.

DEGOUVENAIN, vinaigre.

(1) A l'exposition de 1806, la médaille de bronze était représentée par une médaille d'argent de seconde classe. Ces deux médailles marquent le même degré de distinction.

MM. DELADERRIÈRE-DUBOIS, cotons filés.

DELLOYE, fer-blanc.

DEMARNE, tôles vernies.

DESPRÈS, porcelaine.

DOUZALS aîné, papeterie.

DUPOIRIER, pianos.

ESTIVANT DE BRAU, colle forte.

FILHOL, calcographie.

FINCK et Cie, tôles vernies.

FLEURY-DELORME, broderie.

GAJON, MARTIN, COLAS DE BROUVILLE, VANDERBERGUE et Cie, couvertures.

GALLE, bronzes ciselés.

GAUTHIER, tricots.

GIANI, soies.

GILLÉ, fonderie en caractères.

GIRARD frères, éclairage.

GONORD, gravures sur porcelaine.

GOUNON, toiles à voile.

HACHE et BOURGOIS, cardes.

HECQUET D'ORVAL, moquettes.

HUOT, basins piqués et calicots.

ISABEL, horlogerie.

JECKER frères, instruments de précision.

JOLY, lampes perfectionnées.

LANDON, calcographie.

LAURENT, flûtes en cristal.

LEBLANC-PAROISSIEN, machine à tondre les draps.

LECLERC père et fils, cotons filés.

LE FAY, teinture sur coton.

LEORIER, de Lille, papeterie.

LETIXERAND, alènes.

LUTON, dorures sur cristaux.

MAHIEUX, toiles.

MALMENAIDE, papeterie.

MARTEL et fils, draps de troupes.

MATHIEUX (Joseph), soie et organsins.

MAZELINE (François), machine pour laines.

MM. Metron frères et Cᵉ, épingles.
Pelluard, cardes.
Peniet, armes à feu.
Peujol, cylindres pour filature.
Pinard, typographie.
Portal, dentelles.
Queval (Charles) et Cᵉ, toiles à voiles.
Ravrio, bronzes ciselés.
Rivery père et fils, serrurerie.
Robert, papiers peints.
Robert, dentelles.
Robin frères, horlogerie.
Roland père, dentelles.
Scrive, cardes.
Simon, papiers peints.
Steinbach, papeterie.
Thilorier, appareils de chauffage.
Vacher, étoffes de soie.
Valsch, cardes.
Vermont frères, tannage.
Vialette d'Aignan, cadis.
Viéville (de), mécaniques à filer et à tisser.
Viglietti, soies et organsins.
Vitte (veuve), broderie perfectionnée.
Zuber, papiers peints.

Un grand nombre furent mentionnés honorablement.

Période de 1806 à 1819.

Les événements militaires et les préoccupations politiques s'opposèrent à l'exécution du décret impérial par lequel Napoléon avait fixé au terme de trois années le retour périodique des expositions des produits de l'industrie française. Celle qui devait s'ouvrir le 1ᵉʳ mai 1809 n'eut pas lieu, et cette institution si féconde en progrès, fut abandonnée pendant les dernières années du règne

de l'Empereur et pendant les premières de celui de
Louis XVIII. Nous verrons plus loin dans quelles circonstances eut lieu l'exposition de 1819.

Heureusement que l'impulsion donnée aux esprits ne
s'arrêta pas entièrement : les sociétés qui s'étaient formées sur beaucoup de points manufacturiers, et dont
quelques-unes, notamment celle de Mulhausen, ont
rendu dès lors et depuis, de si éminents services, et à
leur tête la Société d'encouragement pour l'industrie nationale, entretinrent du moins l'émulation de nos manufacturiers.

La Société d'encouragement, dont les bases étaient
déjà définitivement assises, proposa une série nombreuse
de prix considérables qu'elle offrit généreusement aux
travaux industriels et agricoles ; si la guerre arrêtait inévitablement le travail de nos ateliers en leur enlevant la
plus énergique portion de leur population, en même
temps qu'elle ralentissait et qu'elle épuisait le commerce,
du moins le génie inventeur de nos fabricants préparait-
il pour des temps plus calmes, les moyens de production
qui devaient rendre à nos manufactures toute l'activité
qu'elles avaient perdue.

De 1806 à 1819, la Société d'encouragement proposa
et décerna les prix suivants (nous citerons les noms de
ceux qui les obtinrent, quoique nous devions les retrou-
ver aux expositions de 1819 et des années suivantes, dont
nous ne tarderons pas à parler) :

Sujets des prix et récompenses promises.

Machines à feu............	6,000 fr.	MM. CH. ALBERT et MARTIN, de Paris.
Teinture de la laine avec la garance.................	500	GOHIN, de Lyon.
Machine à pétrir..........	1,500	LEMBERT, boulanger à Paris.
Plaqué d'or et d'argent....	1,500	LEVRAT et PAPINAUD, de Paris.
Acier fondu...............	4,000	PONCELET-RAUNET, de Liége.
Distillation du bois.......	1,000	Mme LEBON (veuve).
Sirop de raisin...........	2,400	M. PRIVAT, de Meze.
Meub'es en bois indigènes.	1,200	Partagé entre MM. FRICHOT, PAPST, GAVIER et WAGENER, de Paris, LORILLARD, de Bourges, et FAURE, de Lyon.
Machines à peigner la laine.	3,000	MM. DEMAUREY, d'Incarville, près Louviers.
Machines à filer la laine peignée................	2,000	DOBO, de Paris.
Fabrication du minium....	1,000	PÉCARD, de Tours.
Filature des déchets de soie.	1,500	HOLLENWEGER, de Colmar.
Fabrication des limes......	500	SAINT-BRIS, d'Amboise.
Fabrication d'aciers naturels..................	500	MILLERET fils.
Fabrication de faux et faucilles.................	500	GARRIGOU et Cie, de Toulouse.
Machine à faire de la ficelle.	1,500	BOICHOZ, de Mont-de-Marsan.
Vases en fonte de fer émaillés....................	2,000	SCHWEIGHAEUSER.
Tuyaux en fil de chanvre sans coutures..........	1,000	QUETIER, de Corbeil.
Ouvrages de petite dimension en fonte de fer.....	3,000	BARADELLE père et DÉODOR, de Paris.

Indépendamment des prix qu'elle proposait, la Société d'encouragement rendait compte dans un bulletin mensuel de toutes les questions industrielles qui venaient se présenter à l'examen de ses comités. Ce bulletin a rendu des services considérables en propageant les découvertes utiles et en les faisant naître par tous les moyens qui peuvent exciter l'émulation. Honneur aux fondateurs et aux membres de cette société laborieuse et éclairée, dont le bien public est le but, l'amour de leur pays le lien, qui n'ont d'autre désir que le progrès des arts et la prospérité du commerce, et d'autre ambition que celle d'y contribuer.

CHAPITRE III.

Exposition de 1819.

Après les désastreux événements de 1814 et de 1815, la France jouissait au moins de la paix ; et, en 1819, elle s'efforçait de réparer par le commerce et l'industrie tous les maux qu'elle avait soufferts.

A cette époque, en quelque sorte silencieuse après le tumulte qui avait si longtemps troublé le monde, se manifesta un fait considérable qui n'échappera pas un jour à l'histoire de l'industrie, et qui s'était produit avec non moins d'évidence, mais dans un sens directement opposé, lors de la découverte du nouveau monde. La France était, en 1814, épuisée par vingt années des guerres les plus gigantesques qu'aucun peuple ait jamais soutenues ; sa population était affaiblie ; l'agriculture avait été négligée ; toutes les richesses matérielles du pays étaient épuisées ou allaient achever de s'engloutir dans les mains des nations étrangères, à qui la France devait rembourser les frais de la guerre, aux termes des traités qu'elle venait de signer ; mais ces traités ramenaient la paix, ouvraient les relations internationales si longtemps fermées ; le commerce voyait s'abaisser devant lui la plupart des barrières qui l'avaient retenu ; l'industrie se réveilla, empressée de saisir sur tous les points du monde toutes les découvertes des autres peuples, et de leur porter ses propres œuvres : le travail répara, en peu d'années, les désastres que le pays avait éprouvés, et porta sa richesse bien au delà de ce qu'elle était trente années auparavant.

La France profitait des conquêtes sociales de la grande révolution qu'elle avait faite, et elle recueillait en peu d'années tous les fruits des arts qui avaient sommeillé pendant la guerre.

Que s'était-il au contraire passé en Espagne, lorsque la découverte du nouveau monde lui en avait conquis les trésors ? La nation espagnole voyant tous les autres peuples tributaires de l'or qu'elle ramassait sans peine, lui apporter en échange les produits de leurs arts et de leurs manufactures, avait abandonné le travail ; et en moins d'un siècle, elle descendit du rang qu'elle occupait parmi les nations et où elle remontera sans doute au sortir des révolutions cruelles, mais inévitables, qu'elle subit maintenant.

Ces faits mettent en évidence plusieurs conséquences qui peuvent paraître importantes au sort des nations. La première, c'est que la véritable richesse d'un pays consiste bien moins dans les biens matériels qu'il a pu accumuler, que dans les moyens de production qu'il a su acquérir. C'est le plus grand résultat des progrès de l'industrie, dans les temps modernes, qu'une nation ou une horde de barbares ne puisse plus dépouiller un peuple de sa richesse, ni par conséquent de sa civilisation et de sa puissance ; qu'ils parviennent à emporter la richesse accumulée, dix années de paix pourront suffire pour que le mal soit réparé et pour que les deux nations aient repris la place que le degré d'avancement de l'industrie chez l'une et chez l'autre leur assure respectivement. La seconde, c'est que le travail fait la véritable richesse des nations et que, chez les peuples bien gouvernés, toutes les lois doivent tendre à rendre la richesse abordable seulement au travail. Si, comme nous croyons qu'on ne le contestera pas, la richesse sert de base à la puissance, il importe au salut des sociétés que le travail conduise seul à la richesse. Nous verrons dans la suite un exemple qu'on ne saurait trop recommander au temps actuel, c'est celui de la richesse accumulée en Angleterre par l'illustre James Watt, qui a su dompter la vapeur et en faire, sous la main du mécanicien, un instrument souple et docile, et tout puissant de l'industrie.

Le gouvernement de Louis XVIII, qui venait d'appeler M. Decazes au ministère de l'intérieur, jugea avec raison que le moment était venu de faire revivre l'institution des expositions des produits de l'industrie française, négligée forcément depuis 1806, et qu'aucune autre nation ne s'était encore appropriée.

Sans s'expliquer sur le passé ni sur l'avenir de cette institution, une ordonnance du Roi du 13 janvier 1819 prescrivit qu'à l'avenir une exposition publique des produits de l'industrie française aurait lieu à des intervalles qui n'excéderaient pas quatre années, et que la première se ferait en 1819 et la seconde en 1821. Cette détermination du Gouvernement était motivée seulement sur ce qu'il avait pensé que l'exposition périodique des produits des manufactures françaises était un des moyens les plus efficaces d'encourager les arts, d'exciter l'émulation et de hâter les progrès de l'industrie.

L'article 6 de l'ordonnance déclarait que les prix qui seraient décernés aux manufacturiers qui les auraient mérités, consisteraient en médailles d'or, d'argent et de bronze.

Cette exposition eut lieu le 25 août 1819, dans les vastes salles du palais du Louvre, que l'on avait appropriées à cet effet, auxquelles depuis 1806 on avait beaucoup travaillé et qui venaient d'être terminées : elles n'auraient pu, lors des expositions précédentes, recevoir ni les produits de nos manufactures apportés aux expositions, ni même l'affluence des visiteurs.

Aux termes de l'article 4 de l'ordonnance, chaque préfet devait nommer dans son département, un jury chargé de prononcer sur l'admission ou le rejet des produits manufacturés qui lui seraient présentés pour être admis à l'exposition.

Ces jurys, aux termes de la circulaire adressée aux préfets par le ministre de l'intérieur, ne devaient admettre que les objets qui leur paraîtraient réunir une bonne fabrication à une grande utilité. Ils devaient surtout s'attacher aux objets qui, propres à l'industrie de leurs départements, présenteraient ainsi un intérêt particulier et caractériseraient les localités.

Était-ce là une idée bien juste et qui tendît réellement à encourager l'industrie ?

Les jurys devaient surtout observer avec soin, de ne pas rejeter les produits grossiers, lorsqu'ils seraient à bas prix et d'un usage général.

La circulaire faisait remarquer que le Roi n'avait pas borné le nombre des prix dont l'ordonnance annonçait la distribution, l'intention de Sa Majesté étant d'accorder des encouragements et des récompenses à tout ce qui serait vraiment digne de sa munificence.

Mais le Gouvernement reçut bientôt de nombreuses réclamations de la part des artistes et des mécaniciens qui semblaient exclus des récompenses que le Gouvernement se proposait d'accorder aux manufactures, tandis qu'en réalité, c'était en grande partie à leurs travaux qu'étaient dus les progrès de l'industrie. Le Gouvernement n'hésita pas à se rendre à ces observations, et sur le rapport de M. Decazes, une ordonnance du 9 avril 1819 décida que, dans les départements où il existait une ou plusieurs branches de grande industrie manufacturière, les préfets nommeraient un jury composé de sept fabricants, chargé de désigner les artistes qui, depuis dix ans, auraient le plus puissamment contribué au perfectionnement des fabriques de leur département, soit par l'invention ou le perfectionnement des machines, soit par les progrès qu'ils auraient fait faire à la teinture, au tissage ou aux autres procédés des manufactures et des arts.

La circulaire que le ministre de l'intérieur adressa aux préfets pour l'exécution de cette ordonnance, mérite qu'on la cite au moins en partie : elle s'exprimait en ces termes :

« Faites-vous rendre compte des découvertes qui « pourraient avoir amené, depuis dix ans, une améliora- « tion notable dans une branche quelconque de l'industrie

« manufacturière de votre département, et signalez-moi
« les savants, les artistes, les ouvriers auxquels on en
« est redevable. Un mécanicien, un simple contre-maître
« ou même un ouvrier doué d'un esprit observateur, ont
« quelquefois, par d'heureuses découvertes, élevé tout
« à coup des manufactures au plus haut degré de pros-
« périté.

« Le fabricant leur doit les moyens de ménager le
« combustible, d'abréger le travail, d'épargner la main-
« d'œuvre, de donner aux couleurs plus de fixité et d'é-
« clat, de tirer parti des matières auparavant rebutées et
« tombées en déchet, etc. Ces hommes industrieux
« cherchent rarement la fortune; ils s'oublient eux-
« mêmes et ne songent qu'aux progrès de l'industrie.
« Le plus modique salaire est, pour l'ordinaire, tout le
« prix qu'ils recueillent de leurs importants travaux. Ce
« sont ces artistes que le Roi a voulu honorer par son
« ordonnance du 9 avril dernier; il n'ignore pas les ser-
« vices multipliés que rend, chaque jour, à nos manu-
« factures, cette classe laborieuse et modeste, qui sera
« constamment l'objet de sa sollicitude et de ses encou-
« ragements. Un si noble exemple ne saurait être perdu
« pour vous.

« Il y a peut-être tel procédé nouveau qui n'a servi
« qu'à perfectionner des produits d'un usage vulgaire,
« et à en faire baisser le prix : loin que les inventeurs de
« ces procédés doivent rester dans l'oubli, j'appelle par-
« ticulièrement votre attention sur eux. Il faut surtout,
« Monsieur, exciter le zèle des artistes qui travaillent au
« bien-être de la classe indigente; c'est la volonté du Roi,

« et vous vous empresserez de vous y conformer. »

Les circonstances dans lesquelles se préparait l'exposition de 1819 étaient extrêmement favorables : d'une part, il s'était passé un temps fort long depuis l'exposition précédente, et si les exigences de la guerre avaient ralenti la fabrication, beaucoup de fabricants avaient néanmoins perfectionné leurs procédés ou inventé de nouveaux moyens. D'un autre côté, les rapports commerciaux plus ou moins interrompus avec les nations étrangères avaient repris, depuis 1815, toute l'activité possible et les découvertes industrielles faites en Angleterre, en Allemagne ou partout ailleurs, s'étaient rapidement propagées chez nous.

Aussi l'exposition de 1819 est-elle celle de toutes qui a présenté sur ses devancières le plus de progrès et les progrès les plus importants : plus de six mille objets manufacturés furent soumis à l'examen du jury par plus de quinze cents fabricants. Avant d'entrer dans le détail des récompenses qui furent décernées et de faire connaître les titres des hommes distingués par leurs travaux industriels qui obtinrent les prix proposés par le Gouvernement, il est utile d'entendre le rapporteur du jury central, M. Costaz, qui avait déjà rempli les mêmes fonctions aux expositions de l'an IX, de l'an X et de 1806, expliquer les règles et les principes adoptés par le jury central dans l'examen des produits industriels et dans ses propositions de récompenses à accorder aux manufacturiers et aux artistes.

Nous donnerons donc ici une analyse sommaire de l'avant-propos du rapport sur l'exposition de 1819 et

avec d'autant plus de raison que, dans toutes les expositions suivantes, on ne s'est plus trop écarté du mode
d'examen que celle-ci a établi.

« Les commissions, dit-il, ne se sont pas bornées à un
« examen théorique ; les outils, les instruments, et gé-
« néralement tous les objets qui ne pouvaient être bien
« appréciés que par l'expérience, y ont été soumis.

« Le travail des commissions terminé, le jury fit, en
« corps, une revue de toute l'exposition : les manufac-
« turiers et les artistes qui avaient été avertis à cet effet
« purent lui adresser leurs observations, et les commis-
« sions appelèrent son attention sur les objets qu'elles
« avaient trouvés dignes de distinction. Lorsque le jury
« central se crut ainsi suffisamment éclairé, il dressa l'é-
« tat des fabricants et des artistes qui lui paraissaient
« mériter des médailles ou quelque autre marque de
« distinction. A l'exemple de celui de 1806, il établit
« cinq degrés de distinction, afin de mieux les propor-
« tionner au mérite des concurrents, savoir :

« 1° La médaille d'or ;

« 2° La médaille d'argent ;

« 3° La médaille de bronze ;

« 4° La mention honorable ;

« 5° La simple citation. »

Mais le Roi, en donnant ses ordres au ministre de
l'intérieur pour l'exécution de ses ordonnances du
13 janvier et du 9 avril 1819, sur l'exposition des produits des manufactures françaises, lui avait fait connaître
qu'indépendamment des médailles qui seraient décernées sur le rapport du jury, il voulait donner des mar-

ques particulières de la haute protection dont il honorait les arts et l'industrie, et qu'il lui permettrait d'appeler spécialement sa bienveillance sur les manufacturiers et les artistes qui, ayant le plus contribué aux progrès de l'industrie française, paraîtraient mériter des témoignages plus éclatants de la satisfaction royale.

Et, en effet, après l'exposition, et à son occasion, le Roi accorda la décoration de la Légion d'honneur et même le titre de baron à un assez grand nombre de savants, d'artistes et de fabricants, dont, plus tard, nous ferons connaître les noms et les travaux.

« Le jury central (1) de l'exposition de 1819, comme celui de 1806, ne crut pas devoir faire participer à la distribution des médailles, les fabricants qui en avaient obtenu aux expositions précédentes, à moins que leur industrie ne se fût exercée sur des objets différents ou que leurs produits ne prouvassent des progrès suffisants pour leur donner droit à une récompense d'un ordre supérieur à celles qu'ils avaient déjà obtenues : mais le jury central, voyant toujours avec un grand intérêt les productions présentées à l'exposition par ces anciens concurrents, a eu soin de déclarer, en rappelant le souvenir de la distinction précédente, quels sont ceux qui ont soutenu leurs produits au même degré de perfection.

« Le jury n'a pu nommer tous les produits, quoique la simple admission à l'exposition suppose une industrie distinguée ; les principaux éléments de ses décisions ont été l'effet qu'une industrie produit sur le commerce na-

_____

(1) Rapport du jury central.

tional et la masse de travail qu'il met en activité; il a
pensé que toute production qui ne présenterait qu'une difficulté vaincue, quoique son exécution supposât un esprit
inventif, même une adresse ou une instruction rare, n'é-
tait pas dans ses attributions, à moins qu'elle ne fît prévoir la naissance d'un art nouveau ou l'agrandissement
d'une industrie existante. »

Le jury signale par la voix de son rapporteur, les corps
savants auxquels l'industrie doit faire remonter la source
des découvertes et des progrès qu'elle a faits depuis le
commencement du siècle.

« La culture des sciences, qui est pour la France la
source de tant de gloire, est aussi une des causes les
plus fécondes de sa prospérité. L'impulsion est donnée
par l'Académie des sciences. Cette société illustre renferme dans son sein une grande partie des hommes éminents dont les travaux ont contribué à élever l'édifice
actuel des connaissances exactes; elle sert à la fois de
modèle, de guide et de but d'émulation.

« L'École polytechnique a multiplié les hommes qui
joignent le talent de l'exécution à la connaissance des
théories mathématiques et physiques les plus profondes.
Ces hommes, en se répandant dans les divers emplois de
la société, y ont fait connaître les moyens que les sciences
peuvent prêter à l'industrie.

« La Société d'encouragement, dont la fondation ne remonte qu'à 1802, est une des institutions qui ont le plus
servi au progrès de tous les arts utiles : le rapport sur
l'exposition offre plusieurs fois la preuve qu'il est très-
peu de branches d'industrie dans lesquelles elle n'ait en-

couragé et même provoqué des améliorations importantes. Cette société est une institution volontaire : animée du zèle le plus généreux pour le bien public, elle n'a jamais cherché à recevoir du Gouvernement aucune assistance d'argent. Son capital, assez considérable, et dont elle fait l'usage le plus noble et le plus judicieux, est formé par les souscriptions de ses membres : les hommes distingués qui composent son conseil d'administration, n'ont d'autre privilége que d'ajouter le sacrifice de leur temps à leur contribution pécuniaire. »

Le rapporteur s'explique ensuite sur la valeur intellectuelle des hommes adonnés à l'industrie et sur l'influence des expositions périodiques des produits de nos manufactures, dans des termes précis et lumineux qui nous semblent devoir être conservés.

« La réunion (1) d'un grand nombre de fabricants et d'artistes, venus de toutes les parties de la France pour assister à l'exposition, a donné lieu de remarquer que presque tous les chefs des manufactures sont instruits dans les sciences dont dépend le genre d'industrie auquel ils sont adonnés ; il n'est pas rare d'en trouver qui sont profondément versés dans la connaissance des mathématiques, de la physique et de la chimie : le langage du plus grand nombre d'entre eux annonce une éducation soignée et des sentiments élevés. »

« Enfin nous ne devons pas passer sous silence l'influence heureuse qu'ont eue sur les progrès des arts les expositions publiques des produits de l'industrie : il n'en

(1) Rapport du jury central.

est aucune qui n'ait été marquée par de beaux et utiles résultats : les efforts que font tous les hommes industrieux
du Royaume pour y paraître d'une manière qui les ho-
nore, ont souvent produit des découvertes importantes
ou des perfectionnements avantageux. De tous les moyens
qu'on a employés jusqu'ici pour répandre dans la classe
manufacturière la connaissance des découvertes utiles ou
des meilleurs procédés de fabrication, c'est peut-être celui
qui a eu les effets les plus réels et les plus prompts. La
solennité avec laquelle les fabricants dont la supériorité
a été reconnue, sont couronnés, et par là même désignés
à la confiance du public, excite l'émulation la plus vive.
Chacun, en comparant ses produits et ses moyens d'exécution avec ceux de ses concurrents, sent mieux ce qui
lui manque. Les manufacturiers, alors réunis en grand
nombre à Paris, profitent de toutes les ressources que cette
ville présente, pour augmenter leur instruction et rendre
leur industrie supérieure, ou au moins égale à celle de
leurs rivaux. Ils y trouvent réuni tout ce qui peut étendre
leurs connaissances et agrandir leurs vues ; des collections consacrées aux progrès des arts utiles leur sont ouvertes : ils peuvent consulter les savants les plus distingués
et les artistes les plus habiles, et observer dans les ateliers
les procédés de l'industrie perfectionnée de la capitale.

« Telles sont les principales causes qui ont produit
l'état florissant auquel les arts industriels sont parvenus ;
et comme ces causes subsistent toujours, qu'elles agis-
sent avec une énergie croissante, on peut présager à l'industrie française une destinée brillante et solide. »

Sur la proposition du jury central, un grand nombre

de fabricants, manufacturiers ou artistes, obtinrent des récompenses à la suite de l'exposition de 1819.

Quatre-vingt-quatre obtinrent des médailles d'or :

MM. ACTKINS, machines hydrauliques.

ALLARD, moiré métallique.

ARPIN, percales et autres tissus.

BACOT, draperie fine.

BEAUNIER, aciers.

BEAUVAIS et Cie, soieries.

BELLANGER et DUMAS-DESCOMBES, soieries et châles.

BIENNAIS, vases d'argent.

BOIGUES, DEBLADIS et GUÉRIN, cuivre laminé.

Les mêmes, fer-blanc.

Les mêmes, tôles et fers noirs.

BONNARD, filature de soie.

BOUCHER fils, laiton et zinc.

CAHIER, orfévrerie et argenterie.

CANTON frères, papeterie.

CHAPTAL (le comte DE), sucre de betterave.

CHATONAY, LEUTNER et Cie, mousselines et autres tissus.

CHUARD et Cie, étoffes de soie, or et argent.

COLLIER, tonte des draps.

COULAUX, scies et outils de fer et d'acier.

COULAUX frères, armes blanches.

DEPOUILLY et Cie, soieries, étoffes de goût.

DEQUENNE, aciers cémentés.

DIDOT (Pierre), typographie.

DIDOT (Firmin),   —

DIDOT (Henri) et Cie, fonderie polyamatype.

DOLFUS, MIEG et Cie, châles imprimés.

DUFAUD, fers affinés.

ECOLE royale des Arts et Métiers, ébénisterie, limes, etc.

ERARD frères, harpes et forte-pianos.

FLORIN, cotons filés.

FORTIN, instruments de précision.

GAMBEY, instruments astronomiques.

GARRIGOU, SANS et Cie, limes, faux, faucilles.

MM. Gensse-Duminy, casimirs.

Gerdret aîné, draps fins.

Genin aîné, teinture.

Gonord, décoration des faïences et porcelaines.

Grand frères, étoffes de soie.

Gros-Davilliers, impression sur toiles de coton.

Guérin-Philippon, velours et satin.

Hausmann frères, impression sur toile de coton.

Heilmann frères et Cie,　　　　—

Kofer, châles imprimés.

Humblot-Conté, crayons.

Irroy, acier.

Jacob-Desmalter, ébénisterie en bois indigènes.

Jacquart, métier à tisser les étoffes brochées et façonnées.

Johannot, papeterie.

Joubert, galerie de Florence.

Koechlin, impression sur toiles de coton.

Koechlin (Daniel), toiles peintes.

Laurent, calcographie.

Lerebours, instruments d'optique.

Mallié, étoffes de soie.

Matagrin, mousselines.

Matter, maroquins.

Mertian frères, fer-blanc.

Mille, cotons filés.

Milleret, aciers de toute espèce.

Mollerat, vinaigre de bois.

Montgolfier, papeterie.

Montmouceau et Dequenne, acier.

Moreau et fils, dentelles et blondes.

Mouchel fils, tréfilerie.

Nast frères, porcelaines.

Obercampf, toiles peintes.

Odiot, orfévrerie.

Paillot père et fils et Labbe, fer forgé.

Poupart de Neuflize, machine à tondre les draps.

Raimond, teinture des soies.

Roard, céruse et minium.

MM. Romilly (la fabrique de), cuivre laminé.

Saint-Bris, limes et râpes.

Saint-Gobain (la manufacture de), glaces.

Scbey (veuve), bijouterie d'acier.

Seguin père et fils et Yemenis, étoffes et velours or et argent.

Sevenne, machine à tondre les draps.

Thomyre et Cie, bronzes ciselés.

Utzschneider, faïences.

  Le même, poteries, grès.

Vitalis, chimie appliquée aux arts.

Widmer, toiles imprimées.

Des médailles d'argent furent décernées par le jury à cent quatre-vingts fabricants où membres de l'industrie française. On trouvera, à la fin de ce volume, la liste de leurs noms avec l'indication de l'industrie dans laquelle ils ont excellé.

Nous ne ferons pas connaître ici les noms de ceux qui obtinrent des médailles de bronze ou des mentions honorables, parce qu'une grande partie d'entre eux ont depuis mérité et obtenu aux expositions suivantes des récompenses d'ordre supérieur et que nous retrouverons, en rendant compte de ces expositions, l'occasion de mentionner leurs noms et leurs titres.

Le Roi accorda, en outre, la décoration de la Légion d'honneur à messieurs :

Poupart de Neuflize, machine à tondre les draps.

Breguet, horlogerie.

Lerebours, instruments d'optique.

Jandau, chef d'instruction à l'École de Châlons.

Welter, chimiste.

Detrey, bonneterie de fil.

Arpin père, percales et autres tissus.

Bacot père, draperie fine.

MM. BEAUNIER, aciers.

BEAUVAIS, soieries.

BONNARD, filature de soie.

DEPOUILLY, soieries, étoffes de goût.

DIDOT (Firmin), typographie.

DUFAUD, fers affinés.

JACQUART, métier à tisser les étoffes façonnées et brochées.

KOECHLIN (Daniel), toiles peintes.

LENOIR, instruments d'optique et de physique.

MALLIÉ, étoffes de soie.

RAYMOND, teinture des soies.

SAINT-BRIS, limes et râpes.

VITALIS, chimie appliquée aux arts.

UTZSCHNEIDER, faïences.

WIDMER, toiles imprimées.

Parmi les personnes qui ont obtenu la médaille d'or à l'exposition de 1819, il s'en trouvait plusieurs qui, déjà décorées de l'ordre de la Légion d'honneur, ne pouvaient plus, quelle que fût l'élévation de leur mérite industriel, prendre rang parmi ceux à qui le ministre de l'intérieur proposa d'accorder cette récompense à l'occasion de l'exposition de 1819 ; de ce nombre étaient MM. Ternaux et Oberkampf, à qui le Roi conféra le titre de baron.

L'ordre de Saint-Michel, destiné à récompenser spécialement les savants et les gens de lettres, existait encore à cette époque, et le Roi en décora M. d'Arcet, membre de l'Académie des sciences, connu par de nombreuses applications de la chimie aux arts et manufactures, notamment par la fabrication des sels de soude, par les procédés d'assainissement des ateliers de dorure et par la longue persistance qu'il a mise à préconiser la gélatine comme substance alimentaire, question qui, après avoir épuisé une partie considérable de sa vie, a fini par tromper ses espérances.

Nous essayerons de faire connaître, d'après le rapport du jury central, les industries qui se sont distinguées en 1819, par les conditions indiquées par le jury lui-même de produire un effet considérable sur le travail national, ou de mettre en activité une masse importante de travail. Ce sont, en effet, ces conditions qui constituent le progrès véritable, puisqu'elles témoignent que le produit qui y satisfait entre dans la consommation dans une grande proportion et sert, par conséquent, à l'utilité d'un grand nombre de consommateurs.

Nous n'indiquerons que par quelques mots, et seulement lorsque cela sera indispensable, les faits postérieurs à 1819, qui ont modifié, depuis cette époque, l'opinion que l'on avait alors et que le jury s'était faite avec raison, au moins dans l'état où étaient les choses, sur la valeur de quelques procédés, sur celle de quelques fabrications, ou sur l'importance commerciale de certains produits. Il ne faut pas oublier que nous rendons compte de l'exposition de 1819 ; nous suivrons donc le rapport du jury, et, dans les cas où il a lui-même modifié son opinion dans les expositions suivantes, ce sera en rendant compte de ces expositions, que nous ferons connaître les rectifications que le temps a amenées à ses opinions.

TISSUS.

ARTICLE 1. — LAINAGES.

NATURE DES LAINES. — « En 1806 (1), la grande et importante opération de l'amélioration des laines présentait déjà de très-beaux résultats. Le jury, à cette époque, remarqua que la laine des mérinos établis en France depuis plusieurs générations, égalait en finesse et en beauté celle des mérinos nés en Espagne, si même elle ne lui était supérieure, comme il avait des raisons de le penser. Il constata que plusieurs manufacturiers de draps superfins faisaient une partie considérable de leur fabrication avec des laines recueillies en France, et il annonça que l'on pouvait prévoir une époque où il ne serait plus nécessaire d'acheter des laines à l'étranger. Le temps a confirmé la justesse de cet aperçu ; des résultats saillants et incontestables marquent les pas que l'amélioration a faits depuis 1806. Malgré les circonstances défavorables qui, pendant quelques années, ont découragé les propriétaires de mérinos, les troupeaux de race pure ou de race améliorée se sont étendus. Il est constaté que la laine des mérinos gagne de la finesse par le séjour de cette race en France. La laine française est employée de préférence dans la fabrication des draps du premier degré de finesse, et la laine espagnole n'est plus admise que dans ceux du second degré. Il n'y a pas vingt ans (1819), que le plus grand nombre des fabricants de draps superfins montraient de la répugnance pour l'emploi des laines

(1) Rapport du jury central.

d'origine française ; ils soutenaient qu'elles ne pouvaient remplacer les laines espagnoles, parce que, disaient-ils, *la laine des mérinos français n'avait pas autant de nerf.* Cependant des draps fabriqués avec des laines françaises ayant été versés dans le commerce, les consommateurs les accueillirent avec une préférence marquée : dès lors les laines mérinos françaises furent généralement employées dans la fabrication des draps superfins ; et l'opinion est si bien fixée sur ce point maintenant, qu'une manufacture craindrait d'altérer sa réputation, si elle faisait entrer des laines d'Espagne dans ces sortes de draps. Les fabricants motivent aujourd'hui l'exclusion des laines espagnoles en disant qu'elles ont trop de roideur. Ces deux réponses ne sont opposées qu'en apparence : elles sont l'expression du même fait observé de deux points de vue différents. Tous les manufacturiers de l'Europe pensent aujourd'hui, avec les nôtres, que la laine des mérinos nourris en France, réussit mieux dans la fabrication des draps superfins que la plus belle laine espagnole. Ce fait généralement reconnu, a influé avantageusement sur notre commerce ; le prix courant de notre laine mérinos est supérieur à celui de la laine d'Espagne, et chaque année, la France en vend à l'étranger pour une valeur assez importante. La faveur dont nos laines jouissent est due, en premier lieu, à leur qualité ; mais le soin qu'on apporte à les laver et à en faire le triage y ajoute beaucoup. Il y a quinze ans (1819), il n'existait peut-être pas en France un seul lavoir pour les laines fines. Aujourd'hui ils sont nombreux, et peuvent satisfaire à tous les besoins ; on en compte plus de quarante autour de Pa-

ris. C'est M. Ternaux qui a donné le premier modèle
d'un établissement de ce genre. »

TRIAGE DES LAINES. — « Le triage des laines est l'opération par laquelle on sépare et on classe par sortes les
diverses qualités de laine que présente une même toison, de façon que chacune de ses parties peut être employée par le fabricant à l'usage auquel elle est le plus
propre. Cette opération, aussi bien que le lavage, s'exécute en France avec une grande perfection. On peut regarder le lavage et le triage des laines, comme une
branche d'industrie nouvellement acquise (1819). Cette
industrie est importante ; elle facilite la bonne fabrication au dedans, et fait rechercher nos laines au
dehors. »

DÉSUINTAGE DES LAINES. — « La laine des moutons (1) produit une matière graisseuse qui l'enduit de toutes parts,
et qui paraît destinée par sa nature autant à conserver la
laine elle-même qu'à préserver l'animal de l'action de
l'humidité ; cette matière se nomme le *suint* ; elle est
abondante chez les animaux en bonne santé ; elle diminue, au contraire, et la laine devient presque sèche chez
les animaux malades. Le rapport entre l'abondance du
suint et la bonne santé des animaux a fait penser que
sous notre climat généralement humide, ce devait être
une pratique dangereuse que le lavage des laines sur le
dos des animaux. La laine, lorsqu'elle est enlevée de des-
sus le corps des moutons, telle que la nature l'y a fait
croître, et celle des mérinos surtout, est extrêmement

---

(1) *Bulletin de la Société d'encouragement*, an XII, p. 124.

douce au toucher, et elle ne se feutre point, c'est-à-dire que les filaments restent séparés les uns des autres sans se mêler. S'il était possible de conserver à la laine cette douceur native sans nuire à ses autres qualités, ce serait certainement un bien précieux avantage ; mais comme il est fort présumable que la laine ne doit cette douceur qu'au suint, et qu'il est absolument indispensable de la désuinter complétement, si on veut lui donner par la teinture, des couleurs qui aient tout leur éclat, il en résulte qu'il est inévitable de faire perdre à la laine, pour la teindre, une partie de sa douceur.

« Il est vrai qu'en même temps le désuintage lui donne la propriété de se feutrer, qualité dont on retire de si grands avantages, surtout dans la fabrication des draps. La première opération que l'on fait subir aux laines après la tonte, et après les avoir nettoyées, c'est un lavage dans l'eau pure. On fait chauffer cette eau à cinquante degrés Réaumur ou environ, et on y laisse tremper la laine dans des paniers à claire-voie, en la remuant, mais doucement afin de ne pas la feutrer : par là, la laine perd une partie de son suint, mais elle en conserve assez pour la préserver des insectes ; et c'est pour qu'elle garde cette qualité conservatrice qu'on ne lui donne dans les fermes qu'un désuintage imparfait, pour qu'elle puisse circuler dans le commerce, sans risquer de s'avarier. Le désuintage complet n'a lieu que lorsque le fabricant veut livrer les laines au travail de la fabrication ; il s'opère au moyen d'un nouveau lavage dans des liqueurs alcalines, et généralement dans de l'urine corrompue. On ramasse ce liquide dans des tonneaux et on en fait usage lorsqu'il

s'est formé une suffisante quantité d'ammoniaque. On
peut employer également une dissolution de soude ou de
potasse, si c'est par la propriété qu'ont les alcalis de dis-
soudre les substances animales que l'urine agit sur le
suint; mais il devient extrêmement important alors de
bien proportionner le degré des liqueurs alcalines à l'état
des laines, pour éviter que l'alcali, après avoir porté
son action sur le suint, n'atteigne la laine elle-même
et ne vienne à l'altérer. C'est à cause de ce danger que
l'urine corrompue sera longtemps encore employée de
préférence aux autres liqueurs alcalines (1819), l'ammoniaque ayant sur les substances animales une action
beaucoup moins énergique que la potasse ou la soude, et
le désuintage étant ordinairement abandonné à des mains
assez ignorantes. Lorsque l'urine a produit la dissolution
complète du suint, on porte les paniers qui contiennent
la laine dans une eau courante et on la lave jusqu'à ce
que la matière savonneuse qui s'est formée par la combinaison du suint, soit dissoute et séparée de la laine.
Celle-ci doit sortir de ce lavage dans le plus grand état
de pureté. Dans toutes ces opérations, et plus on approche de leur terme, plus on doit apporter de précau-
tion à ne pas remuer vivement la laine, car plus elle est
privée de suint et plus elle est disposée à se feutrer, ce qui
nuirait beaucoup dans la plupart des usages auxquels on
la destine. Mais on se proposerait en vain de poser des
règles certaines de l'opération du désuintage, si l'on ne
connaît auparavant, d'une manière exacte, la nature du
suint. C'est, en effet, la connaissance des parties consti-
tutives de cette matière qui peut seule conduire au pro-

cédé le plus convenable pour en opérer la dissolution, ou justifier les procédés employés jusqu'ici. D'après les expériences de M. Vauquelin, le suint est composé d'un savon animal à base de potasse qui en fait la plus grande partie, d'une petite quantité de carbonate de potasse, d'une quantité notable d'acétate de potasse ; de chaux, dont l'état de combinaison n'a pas été reconnu, d'un atome de muriate de potasse, et enfin d'une matière animale à laquelle Vauquelin attribuait l'odeur particulière du suint. Le désuintage des laines n'est donc, en réalité, qu'un dégraissage, et l'emploi des alcalis ou de leurs composés est le moyen le plus efficace pour obtenir les meilleurs effets. »

Cardage et filature de la laine. — « La filature de la laine (1) présente deux problèmes très-distincts : la filature de la laine cardée et celle de la laine peignée. La laine cardée, qu'on appelle aussi *laine grasse*, parce qu'elle est huilée avant d'être soumise à l'action de la carde, sert à confectionner toutes les étoffes feutrées ou drapées ; ce sont celles dont on ne voit pas le grain ; tels sont, par exemple, les draps et les casimirs. La laine peignée est employée à la fabrication des étoffes rases, telles que les tissus mérinos pour châles et pour robes, les étamines, les burats, etc. Les machines à carder la laine et à filer la laine cardée ont commencé à être employées en France vers l'an XI. A cette époque, MM. Douglas et Cockerill établirent des ateliers pour construire ces machines, le premier à Paris, le second à Verviers et à Liége, et plus tard à Reims. Leurs machines

(1) Rapport du jury central de 1819.

ont successivement reçu quelques perfectionnements
par l'influence des manufacturiers qui en ont fait usage,
et par celle d'un concours qui fut ouvert sous le ministère de M. le comte Chaptal. On doit à M. Prosper Bellanger, mécanicien et filateur de laine à Darnetal, près
Rouen, d'avoir établi des machines à filer la laine cardée,
auxquelles on peut appliquer un moteur hydraulique ou
tout autre, ce qui a permis d'augmenter le nombre des
broches, et d'obtenir des produits plus considérables. A
cet avantage, le métier de M. Prosper Bellanger réunit
celui de régler à volonté et avec précision la finesse du fil
et le degré de torsion. La filature de la laine destinée à
fabriquer les étoffes rases doit être précédée du peignage ;
chacune de ces opérations présente, pour être exécutée
à la mécanique, plus de difficultés que les deux opérations réunies du cardage et de la filature de la laine grasse.
La laine soumise au peigne est complétement dégraissée ;
le but du peignage est d'extraire les filaments courts, et
de disposer les filaments longs parallèlement entre eux :
jusqu'à 1819, cette opération n'avait pu être faite qu'à la
main. Les premières recherches de M. Demaurey, d'In-
carville, près Louviers, et une annonce faite, vers cette
année, par M. Godard, d'Amiens, ont pu donner quelques
espérances ; mais il est exact de dire qu'on ne connaissait pas à cette époque, d'une manière certaine, aucune
machine qui ait exécuté le peignage en grand. La laine
peignée était remise à des fileuses au rouet, qui la con-
vertissaient en fil. Tel était, du moins jusqu'à ces dernières années (1819), l'état de cette industrie. Les châles
mérinos et tous les tissus ras qui furent présentés à l'ex-

position de 1806 étaient formés de fils faits à la main. La Société d'encouragement proposa en 1807, ainsi que nous l'avons vu, un prix de 3,000 francs pour une machine à filer la laine peignée; ce prix n'a été décerné qu'en 1815 à M. Dobo, de Paris. Cet artiste prouva que, dès 1811, ses machines à filer la laine peignée avaient été mises en activité dans la manufacture de M. Ternaux, à Bazancourt, près Reims, et que leurs produits avaient été employés à la fabrication des étoffes rases appelées alors *Tissus Ternaux*. La filature de la laine et la fabrication des étoffes, qui, jusqu'en 1819, avaient été réunies dans les mêmes mains, ont semblé vouloir se séparer pour former des branches distinctes. Cette séparation doit être vue avec faveur; elle influera avantageusement sur la perfection du travail, et elle augmentera l'énergie des moyens de production, en permettant à chaque fabricant de porter son capital et toute son attention sur un objet plus restreint (1). »

TISSAGE.

§ I. Etoffes drapées. — Le jury constata que la fabrication de la draperie avait fait des progrès véritables pendant les treize années qui s'étaient écoulées depuis l'exposition de 1806.

« Les fabriques (2), dit-il dans son rapport, se sont multipliées; des moyens d'exécution plus sûrs et plus expéditifs ont été adoptés; les produits ont gagné en

(1) Ce n'est pas ici le lieu de parler de la teinture des laines, le jury ne s'en est occupé qu'après avoir épuisé les chapitres des tissus.
(2) Rapport du jury de 1819.

qualité, et on les a variés avec beaucoup d'art. Depuis le commencement du siècle, il s'est fait dans cette branche importante de notre industrie une amélioration du premier ordre, c'est l'introduction des machines; cette opération, qui n'était que commencée, et pour ainsi dire ébauchée en 1806, est aujourd'hui entièrement consommée.

« L'adoption des machines est devenue si générale, que le petit nombre d'établissements qui sont demeurés en arrière, ne pourront bientôt plus soutenir la concurrence des autres fabriques; ils seront obligés d'adopter les mêmes moyens ou de cesser leurs travaux. On reconnaît déjà ces établissements à la cherté de leurs produits, et aux plaintes qu'ils font entendre sur la diminution des demandes. L'usage des machines introduit plus d'égalité dans la fabrication, de sorte que la qualité des draps ne dépend plus autant de l'habileté des fabricants, en ce qui concerne la partie mécanique du travail. Cette habileté n'a conservé toute son influence que pour les opérations, très-importantes à la vérité, du choix et de l'assortiment des laines, de la teinture, du dégraissage et des apprêts. Depuis longtemps il est reconnu qu'on ne fabrique rien en Europe qui égale les draps superfins de Sedan et de Louviers. Ceux que ces deux villes célèbres ont présentés à l'exposition de 1819, sont de la plus grande beauté. L'amélioration des laines a fourni le moyen d'ajouter à la souplesse du drap et à sa finesse, en même temps que les machines ajoutaient à la régularité de la fabrication. Tous ces draps sont d'une perfection presque uniforme, et ne diffèrent entre eux que par des nuances peu tranchées, en sorte qu'il a fallu beaucoup d'attention pour assigner des différences.

« La fabrique d'Elbeuf ne se borne pas à une seule qualité de draps ; elle opère sur une échelle étendue, de manière à fournir aux besoins d'une classe nombreuse de consommateurs. Les draperies qu'elle a présentées à l'exposition de 1819 sont toutes, quels que soient d'ailleurs leur destination et leur prix, remarquables par les qualités essentielles qui caractérisent une bonne fabrication. Dans les prix supérieurs, on trouve la souplesse à un degré qui rapproche ces draps de ceux de Louviers. On a vu à cette exposition des draps d'Abbeville, tout à fait dignes de la réputation distinguée dont la draperie de cette ville jouit depuis longtemps. Mais ce n'est pas seulement à Louviers, à Sedan, à Abbeville et à Elbeuf que l'on fait des draps fins ; il s'est formé à Beaumont-le-Roger, dans le département de l'Eure, une manufacture dont les produits se placent au premier rang avec ceux de Louviers. On a vu se développer, dans les départements de l'Aude, de l'Hérault, du Tarn et de l'Ariége, dans ceux de l'Isère, de l'Oise, de l'Eure, du Calvados, des manufactures qui donnent des produits supérieurs en perfection aux draps qu'on faisait jadis à Elbeuf, et qui égalent quelquefois les draperies fabriquées il y a trente ans à Louviers, à Sedan et à Abbeville. C'est principalement dans les départements de l'Aude, de l'Hérault et du Tarn, que l'on fabrique les draps destinés à être exportés dans le Levant, et qui sont connus sous le nom de Londrins, de Mahouts ou draps sérails. Le jury a vu avec une satisfaction particulière des draperies de ce genre

présentées à l'exposition par les fabriques de Carcassonne, de Saint-Pons, de Saint-Chinian, de Mazamet et
de Clermont (Hérault). Elles sont fabriquées avec intelligence et très-agréablement apprêtées. En soignant ainsi
la fabrication, et surtout en profitant de l'introduction
des machines et de l'amélioration des laines nationales
pour abaisser les prix sans altérer les qualités, ces villes
ne peuvent manquer de ressaisir la faveur dont elles ont
si longtemps joui dans les échelles du Levant. Le jury
de 1806 ne jugea pas convenable de décerner des médailles aux manufactures de draperies fines; ce n'est pas
qu'il méconnût l'importance de cette magnifique industrie, mais elle lui parut dans un état presque stationnaire et peu différent de celui où elle s'était montrée à
l'exposition précédente. Depuis 1806, la fabrication des
lainages a fait, dans toutes ses parties, des progrès si
considérables, qu'on peut regarder cette industrie comme
ayant subi un renouvellement presque total. Le jury a
cru devoir signaler ce mouvement avantageux, en décernant les distinctions qu'il était en son pouvoir de distribuer. La draperie moyenne forme une branche majeure
de l'industrie des lainages; ses produits sont assez variés
pour satisfaire à tous les besoins, et, par la modération
de leur prix, ils conviennent à un grand nombre de consommateurs. Le jury s'en est occupé avec un vif intérêt;
il a reconnu que les progrès de l'art de fabriquer s'y font
sentir d'une manière marquée. L'influence de l'amélioration de nos laines communes, par le croisement de la
race indigène des bêtes à laine avec les animaux de race
pure, est très-sensible. Le jury a voulu seconder ce mou-

vement, en décernant plusieurs distinctions. La fabrication de la draperie commune fournit le vêtement, non-seulement des classes pauvres ou peu aisées, mais encore de cette partie très-nombreuse de la population qui, sans être étrangère à quelque aisance, est placée immédiatement au-dessous de la classe moyenne; elle alimente donc une consommation très-considérable. C'est dans cette partie surtout que l'application des machines et des nouveaux procédés a les résultats les plus étendus; les modèles sont tellement répandus dans les diverses contrées de la France, qu'il n'est pas difficile de s'en procurer la connaissance. On peut prédire des succès aux établissements qui ne tarderont pas à les adopter, et une ruine certaine à ceux qui s'obstineront à n'en pas faire usage. »

Les machines dont le jury central recommande l'emploi aux fabricants, à peine de succomber dans la lutte industrielle, sont celles dont il a été parlé plus haut pour le cardage, la filature des laines et le tissage, et aussi celles pour le foulage, la tonte et le lainage des draps, opérations que nous allons indiquer, afin que nos lecteurs aient sous les yeux toutes les manipulations principales de la fabrication des draps.

Foulage des draps. — Les cheveux, les poils, la laine doivent leur disposition générale au feutrage, à leur conformation, qui paraît consister dans une suite de lamelles ou de zones écailleuses superposées, comme on l'observe dans les cornes des animaux : si, d'une main, l'on prend un cheveu par la pointe et qu'on le fasse glisser entre deux doigts de l'autre main, on éprouve une résistance, et il se produit un léger frémissement, sensible à l'oreille, qui prouve que l'organisation des cheveux est telle que nous venons de le dire; quoique l'on ne puisse s'en assurer, en examinant les cheveux, ni avec les lentilles les plus fortes, ni même au microscope solaire. Quelques expériences, indiquées par M. Monge(1), dans un mémoire qu'il a publié sur la texture du poil des animaux, ne laissent point de doute sur cette conformation de la laine, des cheveux, ou des poils, quelque nom qu'on leur donne. La surface de tous ces objets est donc formée de lamelles rigides, superposées ou tuilées de la racine à la pointe, qui permettent le mouvement progressif vers la racine et s'opposent à un pareil mouvement vers la pointe. D'après cela, il est facile d'expliquer la différence du contact sur la peau, des étoffes de laine ou des étoffes de chanvre ou de lin; de là vient la qualité malfaisante de la laine appliquée sur les plaies; de là vient aussi la disposition au feutrage qu'ont, en général, les poils des animaux. Le chapelier, en frappant avec la corde de son archet, les flocons de laine, détache et isole en l'air chacun des brins en particulier; ces brins retombent les uns sur les autres et dans toutes les directions sur la table, où ils forment une couche d'une certaine épaisseur; puis l'ouvrier les recouvre d'une toile qu'il presse avec les mains étendues, et en les agitant en différents sens. La pression rapproche les brins de laine les uns des autres et multiplie les points de contact; l'agitation donne à chaque brin un mouvement progressif dirigé vers la ra-

(1) Annales de Chimie, 1790.

cine; au moyen de ce mouvement, les brins s'entrelacent, et les lamelles de chacun d'eux, en s'accrochant à celles des autres brins qui se trouvent dirigées en sens contraire, maintiennent le tout dans la contexture serrée que la pression leur fait prendre; si les brins étaient droits comme des aiguilles, chacun d'eux, par suite de l'agitation, continuerait son mouvement progressif sans changer de direction, et l'effet de l'opération serait de les écarter tous du centre sans produire aucun tissu; mais les brins de laine étant naturellement tortillés, s'entrelacent tous les uns autour des autres en se serrant et en s'enchaînant mutuellement, et forment ce que l'on appelle un feutre. L'opération du foulage des étoffes de laine a un si grand rapport avec le feutrage, que nous avons dû commencer par donner une idée de celui-ci. Le foulage consiste, lorsque la pièce de drap est fabriquée, à la piler avec des maillets, de manière que la pression que les maillets exercent sur l'étoffe produise un effet analogue à celui de la pression des mains du chapelier : les brins de laine qui composent chaque fil prennent un mouvement progressif, s'introduisent entre deux des fils voisins, puis dans ceux qui les suivent, et bientôt tous les fils, tant de la chaîne que de la trame, sont feutrés ensemble. L'étoffe, après avoir subi un raccourcissement dans ses deux dimensions de largeur et de longueur, participe alors de la nature de la toile par son tissu, et de la nature du feutre par le foulage qu'elle a reçu; on peut la couper sans qu'elle soit exposée à se défiler, et l'on n'est pas obligé à ourler les différentes pièces qui entrent dans la composition ordinaire d'un

vêtement. Nous verrons dans la suite quel parti considérable l'industrie a tiré de l'opération du foulage pour la
fabrication de divers tissus, les draps, les casimirs, la
bonneterie drapée, etc.

Tonte des draps.— Les machines à tondre les draps ont
le double avantage d'économiser la main-d'œuvre et de
produire un travail plus régulier que celui que l'on obtenait par le travail des bras. Les machines épargnent les
quatre cinquièmes de la force qu'exige le travail à la main.
La première mécanique de cette espèce fut construite, en
1811, par M. Delarche, d'Amiens; quoique cette machine
fût imparfaite et ne pût servir qu'aux étoffes de laine
commune, la Société d'encouragement accorda, en
l'an XI, à cet artiste, une prime de 600 francs, ainsi que
nous l'avons constaté. D'un autre côté, M. Wathier, après
beaucoup d'essais et de peines, parvint à construire, pour
le compte de M. Ternaux, des machines à tondre le drap.
MM. Leblanc-Paroissien, de Reims, et Place, de la même
ville, sont parvenus depuis à faire de bonnes machines à
tondre. En l'an XI, M. Douglas prit un brevet d'invention pour les mêmes machines; mais c'est surtout à
l'exemple et à la persévérance de MM. Ternaux frères
que l'on doit le succès, maintenant bien constaté (1819),
de cette innovation.

Lainage des draps.— Le lainage des draps (1) est une
façon qu'on leur donne en les tirant en longueur, soit
avec des brosses dures ou des cardes, soit avec des
têtes de chardon. L'objet de cette façon est de recou-
vrir la corde ou le tissu de l'étoffe mis à nu par la tonte,

(1) Rapport du jury central.

et de donner, en même temps, une direction déterminée aux poils. Autrefois cette façon se donnait à la main. La pièce d'étoffe étant convenablement mouillée, passait successivement devant un ou plusieurs ouvriers, qui la frottaient le plus régulièrement possible, en tirant toujours de haut en bas, avec des brosses ou des chardons. Cette manipulation très-longue, très-fatigante, et par conséquent dispendieuse, et-qui ne pouvait être uniforme dans toute l'étendue de la pièce, a été heureusement remplacée par la machine inventée par M. Douglas, et qui a subi, depuis son invention, de nombreux perfectionnements.

On voit par ce qui précède, quels progrès considérables avait faits, depuis 1806, la fabrication des étoffes drapées. Dans presque toutes les opérations de cette fabrication, l'emploi des machines avait remplacé le travail à la main. Le cardage et la filature des laines, le tissage pour une partie, le foulage, la tonte et le lainage des draps se faisaient, en 1819, avec des machines, et le jury déclarait que le travail à la main ne pouvait en soutenir la concurrence; d'un autre côté, le triage des laines s'était non-seulement perfectionné, mais même introduit en France; le désuintage, la teinture, les apprêts avaient fait des progrès considérables. On peut dire que l'industrie des fabricants de draps s'était transformée du tout au tout, et à tel point que le mètre de drap, qui valait 32 à 35 fr. en 1806, ne valait plus, à qualité égale et même supérieure, que 24 à 27 fr. en 1819; indépendamment de la valeur de l'argent qui avait déjà décru dans une proportion assez importante, c'était une réduction de prix, résultant de l'abaissement des frais de fabrication, de 25 à 30 p. 0/0, quoique le prix des laines ne se fût pas abaissé dans ce période de temps. C'était un progrès industriel de la plus haute importance sur une marchandise on ne saurait plus usuelle, et ce progrès était, en 1819, à peu près complétement réalisé. Le Gouvernement, sur le rapport du jury central, plaça au premier rang de ceux qui concoururent à ce succès MM. Ternaux, Riboulleau et Jourdain, Gerdret, de Louviers; Bacot père et fils, de Sedan, et Poupart, de Neuflize, auxquels il décerna des médailles d'or; il accorda à la même industrie un grand nombre de médailles d'argent et de bronze, et parmi ceux qui les obtinrent, il en est plusieurs qui, aux expositions suivantes, ont obtenu des médailles d'or, pour les perfectionnements auxquels ils sont parvenus (1).

§ II. ÉTOFFES RASES. — La fabrication des tissus mérinos, des serges et des étamines mérita des récompenses à l'exposition de 1819; elle avait profité des perfectionnements qui avaient été apportés dans toutes les parties de la fabrication des étoffes de laine, et nous la verrons, dans les expositions suivantes, occuper une place très-considérable dans les produits de l'industrie.

§ III. ÉTOFFES DE FANTAISIE. — Il en est de même de la fabrication de ces étoffes qui n'affectent pas de genre particulier et qui doivent suivre les variations de la mode et souvent les devancer et les faire naître. Quelquefois elles sont rases, quelquefois elles appartiennent au genre drapé, selon le goût du moment. C'est à Reims

(1) Voyez Cartons d'apprêt.

que se fabriquent, avec le plus de succès, les étoffes de
fantaisie dans lesquelles entre la laine ; cette branche
d'industrie est importante, puisqu'elle entretient une
grande masse de travail ; elle est rarement stagnante à
cause de la variété de ses produits ; elle ne peut guère,
par sa nature, faire de grands progrès industriels qui lui
soient propres ; mais elle profite, en se les appliquant, des
progrès que font toutes les industries du tissage : deux
fabricants de Reims, MM. Jobert (Lucas) et Baligot (Remy)
ont obtenu des médailles d'argent à l'exposition de 1819.

ARTICLE 2. — DUVET DE CACHEMIRE.

Une industrie nouvelle, que nous verrons arriver à de
grands perfectionnements, se produisit à l'exposition de
1819. La fabrication des châles en laine de mérinos avait
fait naître le désir de travailler la matière même des
beaux tissus de cachemire. « M. Ternaux (1) se la procura par la voie de Cazan ; c'est par cette voie, qu'il a
ouverte le premier, que l'approvisionnement de nos manufactures s'opère, et continuera sans doute de s'opérer
jusqu'à ce que les chèvres qui produisent ce duvet soient
assez multipliées en France pour fournir à toutes les demandes.

« Dès 1819, l'agriculture française était en possession
de cette race de chèvres, grâce aux soins du Gouvernement et au zèle courageux et infatigable de M. Jaubert,
qui s'était dévoué à toutes les peines et à tous les dangers
d'un voyage dans des contrées lointaines et presque dé-

(1) Rapport du jury central.

sertes, pour procurer à sa patrie cette nouvelle source de richesses, et grâce surtout au patriotisme de M. Ternaux qui, le premier, a conçu l'idée de cette importation, qui a fourni les fonds pour l'exécuter et l'a entreprise à ses risques et périls.

« L'extrême lenteur du procédé indien pour la fabrication des châles est la cause principale de l'élévation de leur prix. En France, où la main-d'œuvre est beaucoup plus chère que dans l'Inde, il fallait, ou se contenter d'un travail qui présentât toute l'apparence extérieure, ou imaginer des moyens économiques d'exécution qui produisissent, à meilleur marché, des tissus semblables aux châles de cachemire. On a résolu le premier problème, en employant le procédé du *lancé*, depuis longtemps usité pour la fabrication des étoffes façonnées. L'autre problème présentait plus de difficultés; et ce n'est que depuis quelques années seulement qu'il a été résolu par M. Bauson, qui a imaginé un procédé facile et prompt, dont l'exécution est confié à des enfants, sous la direction d'une ouvrière exercée. Les châles, fabriqués par ce procédé, sont en tous points semblables aux vrais châles de cachemire, et peuvent être livrés au commerce à un prix inférieur. »

ARTICLE 3. — SOIES.

« Le travail de la soie est (1), depuis plusieurs siècles, une des branches les plus importantes de l'industrie française, par le commerce qu'il entretient, l'occupation qu'il fournit à une population très-nombreuse d'ouvriers

(1) Rapport du jury central.

intelligents, et par l'encouragement qu'il donne aux contrées où le climat permet la culture du mûrier et l'éducation des vers à soie.

« Parmi les manufactures de soie du monde entier, Lyon occupe le premier rang ; nulle part ailleurs on ne trouve un grand corps de fabrique qui réunisse un aussi bel ensemble de moyens divers. Le jury de 1819 constatait que, depuis dix ans, cette fabrique avait fait des progrès remarquables ; tout s'y était perfectionné : l'art de filer la soie, celui de la teindre et le mécanisme à l'aide duquel les étoffes sont tissues ; les machines qu'on employait autrefois étaient compliquées, chargées de cordages et de pédales : plusieurs individus étaient nécessaires pour les mettre en mouvement ; ils appartenaient au sexe le plus faible, et, souvent, à l'âge le plus tendre ; ces ouvrières, que l'on désignait sous le nom de *tireuses de lacs*, étaient obligées de conserver, pendant des journées entières, des attitudes forcées, qui déformaient leurs membres et abrégeaient leur vie. A cet appareil imparfait et compliqué, M. Jacquart a substitué une machine simple, au moyen de laquelle on exécute les tissus façonnés, sans avoir besoin du ministère des tireuses de lacs, et avec autant de facilité que si l'ouvrier fabriquait une toile unie. On doit aussi à cet artiste ingénieux d'avoir, en perfectionnant les moyens d'exécution, affranchi la population ouvrière d'un travail dont les suites étaient si déplorables. »

Nous verrons dans la suite que le métier Jacquart a reçu des applications dans toutes les industries du tissage.

L'exposition de 1819 ne faisait pas mention de l'importante fabrication des rubans et de la passementerie à Saint-Étienne et à Saint-Chamond : il n'en sera pas de même des expositions suivantes; mais déjà le jury constatait que la fabrique de soieries de Nîmes soutenait sa grande réputation et avait su y ajouter des perfectionnements nouveaux; elle fournissait au commerce des tissus en soie, ou mélangés de soie, de coton et de laine qu'elle établissait avec une grande perfection, remplissant ainsi, à l'égard de l'agglomération lyonnaise, à peu près le même rôle que Reims à l'égard de la fabrique des étoffes de laine.

La ville de Tours fabriquait toujours des étoffes de soie pour meubles, que faisait estimer un bon goût de dessin.

Avignon n'avait rien envoyé à l'exposition.

§ I. Soies gréges, nature des soies. — Les soies gréges exposées en 1819 présentaient deux variétés entièrement distinctes.

« La première (1) est la soie jaune ordinaire que nous possédons depuis plus de deux siècles ; l'autre se fait remarquer par sa couleur, qui est naturellement d'un blanc très-pur. Il n'y a pas longtemps que les Chinois étaient seuls en possession d'en mettre dans le commerce, où elle était connue sous le nom de *soie sina*. Sa blancheur et sa fermeté la font rechercher pour la fabrication des blondes, des tulles et des crêpes. Il existe, à la vérité, deux procédés pour blanchir notre soie ordinaire : celui qui est connu sous le nom de décreusage et celui du blanchiment par l'esprit-de-vin. Mais le décreusage, quoiqu'il

_____
(1) Rapport du jury central.

ait été perfectionné par M. Roard, en 1819, cause un déchet de 25 p. 0/0 et détruit la fermeté de la soie ; l'un et l'autre procédé entraînent des manipulations dispendieuses, et le blanc qu'ils produisent, moins durable que celui de la soie blanche native, tourne, en vieillissant, vers une nuance jaune. Il y a environ quarante ans (1819) que le Gouvernement, frappé des avantages qui résulteraient de l'introduction en France de l'éducation du ver à soie sina, en fit chercher de la graine en Chine ; il la confia à des propriétaires connus pour bien entendre la culture de la soie ordinaire. Cependant cette opération n'eut pas tout le succès qu'on avait espéré : on croyait même que la semence du ver à soie sina s'était perdue, lorsqu'en 1808 le comité consultatif des arts et manufactures apprit qu'elle avait été conservée à la France par le zèle éclairé de M. Rocheblave, d'Alais ; de M. Ratier, de Chouzy-sous-Blois (Cher) ; de M. Frachon-Rocoules, d'Annonay, et de M. Bouilloux, de Bourg-Argental (Ardèche). Dès que ce fait fut connu, l'administration s'appliqua à favoriser la propagation de ce ver précieux. Elle fit distribuer de la graine ; elle répandit dans les contrées où l'on récolte la soie, des instructions pour éclairer les propriétaires sur les avantages de la soie sina ; des primes furent promises pour exciter à la cultiver. La Société d'encouragement ouvrit, en même temps, un concours et proposa un prix de 2,000 francs pour les propriétaires qui auraient entrepris cette culture le plus en grand. Ces mesures ont atteint le but qu'on se proposait. Aujourd'hui (1819), l'éducation des vers à soie blanche de Chine est assez étendue pour qu'on puisse la regarder comme définitivement établie en France. Déjà elle fournit des produits de quelque importance à nos manufactures. On a des motifs raisonnables d'espérer que cette culture s'étendra de plus en plus. Cette espèce de soie est recherchée dans le commerce et payée un plus haut prix que la soie ordinaire : le ver qui la donne n'est pas plus délicat que l'autre; son éducation n'est pas plus difficile; seulement le tirage demande plus de propreté et quelques attentions pour conserver le blanc dans toute sa pureté. Les propriétaires qui pourraient avoir le projet d'entreprendre l'éducation du ver sina, doivent être prévenus qu'il faut mettre beaucoup de soin au choix de la graine. On produit, dans l'éducation du ver à soie ordinaire, un assez grand nombre de cocons blancs. Il ne faut pas confondre ces produits accidentels avec le cocon blanc sina; le mélange des deux races donne une race moyenne dont la soie ne vaut pas celle de la race pure. »

Filature de la soie. — La filature de la soie a été perfectionnée dans toutes ses parties. M. Gensoul obtint, en 1806, une médaille d'or pour l'invention d'un appareil au moyen duquel on chauffe par la vapeur l'eau des bassines où les cocons sont mis pour être filés. Cet appareil, qui donne de meilleures qualités à la soie et une plus grande propreté, devient d'un usage à peu près général. M. Bonnard, de Lyon, a imaginé un procédé de tirage qui lui permet de filer à un seul cocon. Cette soie serait trop fine pour être employée sans être doublée; mais c'est un exemple de la finesse qu'on peut obtenir; il prouve jusqu'à quel point de perfection les moyens de tirage sont parvenus.

Nous reviendrons, en 1823, sur les procédés inventés pour le filage de la soie par MM. Gensoul et Bonnard.

§ II. FIL DE BOURRE DE SOIE.—Les fabricants de Lyon (1) et ceux de Paris mettent en œuvre une grande quantité de bourre de soie filée : on en fabrique une grande partie de ces étoffes dites de goût ou de fantaisie, qui tiennent aujourd'hui une si grande place dans notre commerce de soieries. L'art de filer en fin et par mécanique la bourre de soie seule ou mélangée avec la laine, était, malgré son importance, demeuré étranger à la France, quoiqu'il y eût, dans d'autres pays, des établissements très-considérables où cet art était pratiqué.

La Société d'encouragement proposa un prix pour diriger sur ce point l'émulation des mécaniciens : enfin l'exposition de 1819 a fait connaître un établissement, celui de M. Pascal Eymieu, de Saillant (Drôme), où la bourre de soie est filée avec une perfection qui satisfait pleinement les fabricants de Lyon. Cependant, en 1819, la France en achetait encore à l'étranger pour des sommes importantes.

§ III. ÉTOFFES DE SOIE. — Le jury central (2) constatait, en 1819, que la fabrique de Lyon était dans un état florissant ; il s'est fait dans son système de travail un changement qui a eu des suites très-heureuses. Sans renoncer à la fabrication des étoffes riches, brochées et façonnées, qui ont rendu cette ville si célèbre dans le monde commerçant, le génie sans cesse actif des Lyonnais a su créer des genres nouveaux pour se conformer aux désirs et aux

(1) Rapport du jury central.
(2) Idem.

8

moyens de toutes les classes de consommateurs : ce sont des étoffes dites de goût et de fantaisie.

Le Gouvernement, sur la proposition du jury central, avait accordé, en 1806, la médaille d'or à MM. Mallié et fils, de Lyon, pour la beauté de leurs satins et velours. En 1819, le Roi conféra à M. Mallié la décoration de la Légion d'honneur.

A cette même exposition, il accorda la médaille d'or à MM. Grand frères, de Lyon, pour la perfection de leurs velours chinés et unis, et de leurs riches étoffes pour meubles.

A MM. Chuard et compagnie, de Lyon, pour leurs étoffes de soie, or et argent pour tentures.

A M. Depouilly et compagnie, de Lyon, et à M. Beauvais et compagnie, de Lyon, pour leurs étoffes dites nouveautés.

A MM. Bellanger et Dumas-Descombes, de Paris, pour leurs gazes de soie, robes en bourre de soie, châles où la soie est mariée soit avec la laine ou le duvet de cachemire et autres articles de fantaisie.

A M. Guerin-Philippon, de Lyon, pour la beauté de ses velours.

A MM. Seguin père et fils et Yemenis, de Lyon, pour 'eurs étoffes en dorure et leurs velours, or et argent.

A M. Raymond, teinturier à Lyon, pour les éminents services rendus à la teinture à Lyon, et notamment pour le bleu qui porte son nom.

A M. Gonin aîné, teinturier à Lyon, pour les découvertes et perfectionnements introduits par lui dans l'art de la teinture.

A M. Bonnard, mécanicien à Lyon, pour des moyens de filer la soie plus facilement et plus parfaitement qu'autrefois, et pour d'autres services rendus à la fabrication des soies.

Dès l'an IX, le Gouvernement avait accordé une médaille d'argent à M. Jacquart pour l'invention d'un métier à tisser perfectionné ; en 1819, il lui accorda la médaille d'or pour les perfectionnements apportés par lui à la machine à faire les étoffes façonnées, qui porte son nom et dont il est l'inventeur, et pour l'invention des métiers à faire des couvertures façonnées, des tapis de pied, des étoffes de crin, des tissus pour meubles, des mousselines façonnées, brochées à jour, des cachemires, des toiles damassées, des rubans façonnés, etc. Déjà, comme nous l'indiquions plus haut, la belle invention du métier Jacquart était utilisée par toutes les industries du tissage.

Le Roi conféra la décoration de la Légion d'honneur à MM. Depouilly, Beauvais, Raymond et Bonnard et à l'habile ouvrier Jacquart, qui était ce que l'on appelle à Lyon un chef d'atelier. Il est utile qu'à cette occasion nous disions quelques mots de l'organisation de la fabrique lyonnaise.

On appelle à Lyon fabricant d'étoffes de soie celui qui fournit aux chefs d'atelier la soie ou les autres matières premières du travail ; et chefs d'atelier, les ouvriers, propriétaires des métiers à tisser, qui exécutent chez eux les étoffes commandées par le fabricant.

La part qui doit revenir aux fabricants et aux chefs d'atelier dans la perfection du travail est plus ou moins considérable, selon l'espèce des étoffes.

S'il s'agit d'étoffes unies, soit la simple toile de soie (taffetas, gros de Naples, etc.), soit la toile de soie croisée (lévantines, etc.), soit la toile ouvrée (satins, etc.), la part du fabricant, dans la perfection de l'étoffe, se borne au bon assortiment des soies, à obtenir le plus de perfection possible dans la teinture et la filature, et aussi dans la meilleure surveillance des métiers pendant la fabrication : cette participation du fabricant d'étoffes unies à la perfection des étoffes est si considérable qu'il n'y a, pour chaque sorte d'étoffe unie, qu'une ou deux maisons à Lyon qui produisent des qualités tout à fait supérieures ; et cette participation du fabricant à la fabrication est si importante, qu'il y a tel fabricant qui n'a pas de rivaux qu'il ne dépasse dans la fabrication des étoffes noires unies.

S'il s'agit d'étoffes façonnées, la participation du fabricant à la perfection de l'œuvre consiste dans le choix du dessin qu'il fait exécuter et dans l'art de le monter, de manière à obtenir la plus belle étoffe au meilleur marché possible. Les combinaisons innombrables que l'on peut obtenir par le jeu des fils de la trame et de la chaîne produisent une variété infinie de dessins et même d'espèces d'étoffes dont le fabricant sait seul se rendre compte, dont il prévoit les effets plus ou moins heureux, et qui doivent entraîner plus ou moins de frais de fabrication, ou employer plus ou moins de soie, ou de soies plus ou moins belles.

C'est pour cela qu'un article nouveau qui a un grand succès fait quelquefois à Lyon, si ce n'est la fortune, au moins l'accroissement sensible de la fortune d'un fabricant.

La participation des chefs d'atelier, qui, sous ce nom, ne sont que des ouvriers tisseurs, à la perfection des étoffes ne consiste pas seulement dans la perfection du tissage, ce qui serait déjà beaucoup, mais aussi dans l'échantillonnage. C'est, en effet, une opération qui réalise sur le métier la pensée du dessinateur et du fabricant.

Cette organisation de la fabrique de Lyon, dans laquelle le fabricant à qui appartient la pensée première de l'œuvre, le choix des matières et la direction de la main-d'œuvre qui s'exécute hors de chez lui, sur des métiers qui ne lui appartiennent pas, offre assurément de très-grands avantages, surtout sous le rapport de l'économie du travail, et souvent de la rapidité avec laquelle il s'exécute ; mais elle a créé entre les fabricants et les ouvriers un antagonisme qui remonte déjà à des temps si reculés qu'on ne peut guère espérer de le voir cesser.

D'un autre côté, comme le chef d'atelier reste chargé de toute l'exécution d'une œuvre extrêmement complexe, c'est à lui que l'on doit la plupart des perfectionnements qui ont été apportés aux métiers, et, comme nous l'avons dit, Jacquart était un simple chef d'atelier.

ARTICLE 4. — ÉTOFFES DE CRIN.

La fabrique des étoffes de crin établie à Paris au commencement du XIXᵉ siècle par M. Bardel père, appellera l'attention du jury dans les expositions suivantes ; ces étoffes servent surtout à faire des meubles et des tamis.

ARTICLE 5. — CHANVRE ET LIN.

Le perfectionnement des tissus de chanvre et de lin
ne pouvait résulter, d'une manière considérable, que d'un
changement dans le mode de filage. Le jury constatait,
en 1819, que dans l'état où les choses étaient alors, ce
genre de produit était à peu près tout ce qu'on pouvait
désirer qu'il fût. Nous verrons dans la suite que le problème de la filature du chanvre et du lin à la mécanique
a enfin été résolu.

La fabrication du linge de table damassé a cependant
présenté un progrès remarquable qui résulte de l'introduction en France du métier à tisser en usage en Silésie. Le ministre de l'intérieur avait profité du séjour des
armées françaises en Silésie pour faire apporter en
France un modèle de métier silésien et pour faire venir,
en même temps, un ouvrier assez habile pour montrer à
le manœuvrer ; les échantillons de linge damassé, soit
en lin, soit en coton, produits à l'exposition de 1819, par
M. Pelletier, de Saint-Quentin, et M. Despiau, de Laval,
ont prouvé que cette industrie était parfaitement établie
en France.

ARTICLE 6. — COTON. — FILATURE ET TISSAGE.

Le jury central de 1819 constatait que l'industrie du
coton avait atteint une telle perfection dans l'art du tissage, qu'elle obtenait avec des fils étrangers toute la perfection qu'il était possible d'atteindre ; il encourageait les
filateurs à fournir aux fabriques françaises des fils des

numéros élevés que celles-ci trouveraient un grand avantage à employer et il leur faisait voir ainsi la perspective de très-beaux profits, à la condition d'apporter aux préparations du coton les soins les plus exacts, même les plus minutieux, parce que la qualité des fils en dépend essentiellement. Le jury constatait, en même temps, que la filature du coton avait fait, en France, d'assez beaux progrès depuis 1806. Les filatures françaises ne fournissaient assez généralement alors que des fils d'un degré de finesse qui ne dépassait pas le n° 60; et en 1819, les numéros ordinaires jusqu'à 80 et même jusqu'à 100, étaient arrivés à un point de perfection capable de satisfaire les fabricants de tissus les plus difficiles; et ils étaient assez abondants pour ne pas leur laisser le désir de recourir aux fils étrangers. Le jury ajoutait que, depuis 1806, plusieurs établissements de filature fournissaient des fils assez fins pour entrer dans la fabrication des mousselines de Tarare et de Saint-Quentin; que l'on avait vu à l'exposition de 1819 des échantillons nombreux de coton filés au-dessus du n° 120 et même allant jusqu'à 200, mais que parmi ces échantillons, il s'en trouvait qui paraissaient faits exprès pour l'exposition et en dehors des produits d'une fabrication habituelle : dans ces conditions le jury accorda la médaille d'or à M. Auguste Mille, de Lille, pour ses cotons filés du n° 180 au n° 200, et à M. Florin (Carlos), de Roubaix (Nord), pour ses cotons filés du n° 177 au n° 192.

Quant aux tissus de coton, le jury s'exprimait dans des termes qui doivent être rapportés. « Depuis longtemps, disait-il, la France excelle dans l'art du tissage ; la fabrication des soieries et celle des batistes, dans lesquelles nous ne connaissons pas de supérieurs, nous pouvons même dire d'égaux, supposent des ouvriers exercés à traiter les fils les plus délicats et les plus précieux. Il semble donc que la nation française aurait dû être des premières à fabriquer des percales fines et des mousselines ; cependant ce n'est que vers le commencement du siècle actuel, c'est-à-dire il y a moins de vingt ans (en 1819), que la fabrication de ces tissus, et même celle des calicots, a commencé à être établie en France avec une certaine étendue. On a remarqué, dans le rapport du jury de 1806, qu'il ne fut présenté à l'exposition de l'an IX qu'une pièce de mousseline. Elle fut envoyée d'Anvers. Il y avait plusieurs raisons de douter qu'elle eût été fabriquée en France. Ces raisons furent assez puissantes sur l'esprit du jury pour le déterminer à ne faire aucune mention de cet échantillon, quoiqu'il fût bien pénétré de l'utilité d'encourager ce genre de fabrication. En l'an XII, on commença à former à Saint-Quentin des établissements pour le tissage du coton ; cette ville avait été, avec Cambrai, Péronne et Valenciennes. le centre d'une fabrique de linons et de batistes qui avait flori pendant longtemps. La contrée adjacente était peuplée d'un grand nombre de tisserands exercés à exécuter les tissus les plus délicats. Cette fabrique paraît avoir atteint son plus haut degré de prospérité vers 1786. Peu de temps après cette époque, il se fit un changement dans le goût des consommateurs ; les demandes diminuèrent progressivement, et. avec elles le nombre des métiers en activité. Cet état de souffrance dura pen

dant quelques années. On sentit enfin que des tisserands
assez habiles pour faire le linon et la batiste pouvaient
être employés avec succès à la fabrication de tout autre
tissu, quelque délicat qu'il fût, et qu'on avait sous la
main tous les éléments nécessaires pour fabriquer, en
grand, les tissus de coton auxquels le public accordait le
plus de faveur. Cette idée mise en pratique a rendu la
vie et le mouvement à l'industrie de ces contrées. L'influence de ce changement a été si heureuse, que, de
1803 au 1er janvier 1818, la population de la ville de
Saint-Quentin a augmenté d'un quart. On commença
par fabriquer des basins, et ensuite des calicots pour
l'impression ; aujourd'hui on fabrique des percales, des
mousselines et des étoffes de coton d'une grande finesse,
façonnées et variées avec beaucoup d'art. Vers la même
époque, il se faisait un mouvement à peu près pareil
dans l'industrie de Tarare. On fabriquait depuis longtemps, dans cette ville et dans les environs, des toiles de
coton de qualité commune et des siamoises. A mesure
que les moyens de travail ont été mieux connus, les toiles
de coton ont été perfectionnées, leur finesse a été augmentée progressivement jusqu'à la mousseline la plus fine,
et jusqu'aux étoffes façonnées qui demandent le plus de délicatesse et de soins. Cette fabrication n'est pas circonscrite
dans les murs de Tarare; elle est disséminée dans les montagnes du Beaujolais; elle s'allie avec les soins de l'agriculture ; elle occupe les familles dans les intervalles que laissent les travaux des champs, ou lorsque le mauvais temps
ne permet pas d'y vaquer. Les fabriques de Tarare et de
Saint-Quentin figurèrent d'une manière remarquable à

l'exposition de 1806 ; elles y furent jugées dignes des distinctions les plus élevées; elles ont reparu à celle de 1819 avec de nouveaux avantages et avec toutes les améliorations que l'on devait attendre au bout de treize ans de travaux, dans deux contrées peuplées d'hommes industrieux, entretenus par la concurrence dans un état continu d'émulation, et sans relâche occupés de la recherche des moyens de faire mieux. »

Le jury rappela, en 1819, la médaille d'or qui avait été accordée, en 1806, à M. Matagrin aîné, de Tarare, et il accorda la médaille d'or à MM. Chatonay, Leutner et compagnie, de Tarare, pour leurs mousselines et jaconas, et à M. Arpin (Frédéric), de Saint-Quentin, pour ses percales et ses piqués.

Le Roi accorda, en outre, la décoration de la Légion d'honneur à M. Arpin père qui avait obtenu, en 1806, la médaille d'or pour ses calicots, percales et mousselines.

ARTICLE 7. — DENTELLES ET BLONDES. — BRODERIES SUR TULLE ET SUR MOUSSELINE.

Les centres de la fabrication des dentelles et des blondes sont, en France, Alençon, Valenciennes, Chantilly, Caen, Bayeux et le Puy dans la Haute-Loire. Le jury, tout en constatant, en 1819, que cette fabrication s'était beaucoup perfectionnée et que les dessins étaient de bon goût, regrettait cependant que la mode eût répudié ces produits, ce qui réduisait à la misère une foule d'ouvriers qui n'avaient que ce moyen d'existence. Aussi, accordait-il une médaille d'or à MM. Moreau, de Chantilly, pour leur zèle à perfectionner leur industrie et à former de bonnes ouvrières, et pour l'émulation qu'ils avaient su entretenir parmi celles-ci au nombre de quinze à seize cents.

ARTICLE 8. — BONNETERIE.

Le jury de l'exposition de 1819 ne jugea pas que la bonneterie eût fait en France d'autres progrès que ceux résultant de l'emploi de matières particulièrement perfectionnées. Il n'accorda à cette industrie que des médailles d'argent et de bronze.

Le Roi accorda la décoration de la Légion d'honneur à M. Detrey père, fabricant de fil de bonneterie à Besançon.

CHAPELLERIE.

Le jury constatait, en 1819, que l'on avait beaucoup de raisons de croire à une transformation complète de la chapellerie; qu'elle était prête à s'établir sur des principes nouveaux et à faire de grands progrès, soit en améliorant la qualité des chapeaux, soit en les produisant à des prix moins élevés. C'est ce que nous verrons dans les expositions suivantes.

TEINTURE. — APPRÊT. — BLANCHIMENT.

L'art de la teinture (1) n'avait pas fait en France moins de progrès, de 1806 à 1819, que celui de la filature et de la fabrication des tissus. L'exposition en fournit la preuve.

On avait réussi à remplacer par deux substances différentes, la cochenille dans la teinture sur laine. M. Gonin,

(1) Rapport du jury central.

fameux teinturier de Lyon, présenta à l'exposition des pièces de draps teintes en écarlate avec la seule garance ; cette belle couleur ne fut pas jugée inférieure à celle qu'on obtient par la cochenille ; mais exposée, comparativement à cette dernière, à l'action de l'atmosphère en plein air, pendant six semaines, l'écarlate de garance se passa peu à peu sans perdre toutefois le ton d'écarlate, tandis que celle de cochenille changea de ton, devint vineuse, mais conserva un grand fond de couleur. Le jury eût décerné à M. Gonin la médaille d'or, mais il l'avait obtenue en exécution de l'ordonnance du 9 avril 1819.

M. Beauvisage, teinturier à Paris, obtint du jury une médaille d'argent pour avoir, le premier, employé la laque-laque pour teindre la laine en écarlate.

La plus importante découverte faite de 1806 à 1819, dans la teinture des soies, fut l'emploi du bleu de Prusse en remplacement de l'indigo ; la couleur en est plus vive, plus agréable à l'œil, et l'on est parvenu à lui donner toutes les nuances désirables ; c'est à M. Raymond que l'on doit cette découverte qui lui a valu la médaille d'or, comme nous l'avons dit précédemment.

L'exposition de 1819 vit se produire une nouvelle couleur verte, solide, que l'on fixe sur les toiles de coton par l'impression, et qui se fait en une seule fois sans avoir besoin de combiner le jaune et le bleu : cette découverte, dont l'importance était tellement sentie qu'il avait été proposé, en Angleterre, un prix de 2,000 guinées pour celui qui la ferait, est due à M Widmer, de Jouy, et lui a mérité la médaille d'or, en exécution de l'ordonnance du 9 avril 1819; le Roi lui a, en outre, conféré la décoration de la Légion d'honneur.

On est parvenu à teindre en rouge d'Andrinople les toiles de coton en pièce, et on a donné à cette couleur une égalité et un éclat qu'on n'avait auparavant obtenus que sur le fil de coton. On a trouvé des agents chimiques qui ont le pouvoir de modifier la couleur, en la faisant tourner vers des nuances déterminées d'avance, ou de l'enlever tout à fait de manière à reproduire le blanc sans altérer la solidité de l'étoffe; ces agents, nommés en fabrique rongeurs, appliqués par le moyen de la planche ou du cylindre sur des toiles teintes à fond uni y déterminent des dessins nuancés de diverses couleurs. Le rouge d'Andrinople se refusait, par sa solidité, à subir cette opération; on doit à M. Daniel Kœchlin, de Mulhausen, la découverte des moyens qui l'y ont assujetti, et le Roi a récompensé ce service en le nommant chevalier de la Légion d'honneur.

On commençait, en 1819, à teindre le fil en rouge au moyen de la garance, de manière à obtenir une couleur unie, solide, et ayant même de l'éclat.

Enfin, on avait trouvé le moyen d'extraire et de rapprocher les principes colorants du carthame, de la cochenille, du kermès et des bois de teinture, de manière à les employer à l'état de tablette ou d'extrait; ce qui facilite les opérations, diminue la main-d'œuvre et produit des couleurs plus vives.

Aucune industrie, depuis le commencement du siècle, n'a plus profité des secours de la chimie que l'art de la teinture et de la préparation des couleurs pour l'impression des étoffes ; nous allons voir dans l'article suivant que la fabrication des toiles peintes a fait de tels progrès que l'on peut la considérer comme une industrie complétement régénérée.

Le célèbre Berthollet avait, depuis la fin du siècle dernier, fixé les principes de l'art du blanchiment des toiles ; les diverses applications de cet art étaient arrivées, dès 1819, à la plus haute perfection.

M. Julien Delarue, apprêteur à Rouen, reçut la médaille d'or, par application de l'ordonnance du 9 avril, pour les services multipliés qu'il a rendus au commerce de Rouen, par le talent avec lequel il est parvenu à donner l'apprêt aux nankins, calicots, mouchoirs, etc.

M. Vitalis, professeur de chimie à Rouen, par application de la même ordonnance du 9 avril 1849, reçut également une médaille d'or, sur la proposition du jury de la Seine-Inférieure, pour les éminents services qu'il avait rendus gratuitement à la fabrique de Rouen, et le Roi lui conféra, en outre, la décoration de la Légion d'honneur.

IMPRESSION SUR ÉTOFFES.

L'industrie qui a pour objet l'impression sur étoffes emprunte des procédés à la mécanique, à la chimie, et doit une grande partie de ses succès à l'art du dessin. Ses progrès, en 1819, ont été proportionnés à ceux des arts dont elle dépend.

L'impression sur toiles de coton, vulgairement nommée la fabrication des toiles peintes, a tellement mis à profit les progrès de la mécanique et ceux de l'application de la chimie à l'art de la teinture que, sous le rapport de la perfection des produits et de l'abaissement du prix des étoffes, elle avait fait, en 1819, des progrès plus considérables peut-être que ceux d'aucune autre industrie.

Nous avons vu quels moyens d'exécution l'art de la teinture lui avait fournis; les procédés mécaniques ne furent pas moins perfectionnés. A l'application lente, successive et souvent inexacte des planches, on substitua l'action rapide, continue et régulière du cylindre.

Le jury décerna sept médailles d'or à la seule industrie des toiles peintes.

A M. Émile Oberkampf fils, à qui le Roi donna, en outre, le titre de baron, pour avoir soutenu, avec le même éclat, la réputation de la célèbre manufacture de Jouy, fondée par son père vers le milieu du siècle dernier.

A MM. Gros-Davilliers, Roman et compagnie, à Wesserling, pour les succès que leur fabrique avait obtenus depuis plusieurs années, sur les marchés étrangers, où elle ne redoute que peu de concurrents.

A MM. Nicolas Kœchlin et frères, à Mulhausen, pour la beauté de leurs rouges d'Andrinople et leur procédé d'enlevage.

L'art d'imprimer les toiles de coton doit beaucoup de progrès à cette maison; la première manufacture de ce genre, qui fut établie à Mulhausen, eut pour fondateur l'aïeul de MM. Nicolas Kœchlin et frères.

A MM. Heilmann frères et compagnie, de Mulhausen.

Les châles fond blanc à impression en rouge d'Andrinople, les perses et les foulards à fond blanc et fond jaune, qu'ils ont présentés, ont paru au jury des modèles de la plus belle impression.

A MM. Haussmann frères, de Colmar, pour avoir appliqué les premiers, et avec un plein succès, la gravure lithographique à l'impression sur les étoffes de soie, de laine et de coton.

A MM. Dolfus, Meig et compagnie, de Mulhausen, pour la variété de leurs dessins, le bon goût des impressions et l'éclat des couleurs de leurs toiles peintes.

A MM. Jean Hofer et compagnie, de Mulhausen, pour de très-beaux châles, dont les fonds unis sont d'une grande perfection, mérite qui suppose un rare talent de fabrication.

CUIRS ET PEAUX.

Le jury de 1819 s'exprimait ainsi :

« Peu de tanneurs se sont présentés à l'exposition. Il est à regretter qu'une branche d'industrie aussi importante ait négligé d'exposer ses produits.

« L'art du tannage est fort avancé en France. Cependant il est vrai de dire que si cet art a reçu, depuis environ trente ans, des améliorations incontestables, elles sont antérieures à la dernière exposition. Les progrès n'ont pas été très-sensibles depuis 1806. »

Le jury faisait allusion à la découverte des nouveaux procédés de tannage faite en 1794 par M. Armand Séguin, et qui, quoique abandonnés depuis, ont néanmoins amené des progrès importants dans l'art du tannage.

Les observations du jury central sur le corroyage, la chamoiserie, la mégisserie et la ganterie étaient analogues à celles sur le tannage : il remarquait avec peine que Paris et Grenoble, où la chamoiserie, la mégisserie, la ganterie et la peausserie forment des branches importantes de fabrication, n'avaient rien envoyé à l'exposition.

La parcheminerie était déjà, en 1819, bien déchue de son ancienne importance.

La fabrication des maroquins appela, au contraire, l'attention du jury. Établie en France au commencement du xix° siècle par MM. Fauller, Kempff et compagnie, qui avaient placé leur manufacture à Choisy-le-Roi, elle soumit à l'exposition de l'an IX des produits qui, comparés aux plus beaux maroquins du Levant, leur furent trouvés supérieurs. MM. Fauller et Kempff reçurent alors la médaille d'or.

Depuis cette époque, la fabrication des maroquins s'est propagée.

M. Malter, à Paris, parut pour la première fois à l'exposition de 1806 : les produits qu'il exposa à celle de 1819 sont préférés, par les ouvriers et les artistes qui les emploient, à ce que le commerce étranger produit de plus beau ; et cependant ils sont vendus à des prix inférieurs. Le jury décerna, par ces motifs, une médaille d'or à M. Malter.

L'art de fabriquer les cuirs vernis remonte à la même époque que celui de fabriquer les maroquins. En 1819, cet art avait fait des progrès qu'il a poussés beaucoup plus loin dans les expositions suivantes.

PAPETERIE.

§ I. Papiers.—«De tous les pays de l'Europe (1), celui
où l'art de la papeterie avait le plus de moyens de se développer, était sans doute la France, où la matière première est abondante ; cependant les beaux papiers nécessaires à notre consommation ont été, pendant longtemps,
tirés du dehors.

« L'introduction en France des papiers superfins étrangers a excité l'émulation de nos fabricants : les prix très-
considérables auxquels les consommateurs ont consenti
de payer ces beaux produits, donnèrent aux chefs d'établissement l'assurance d'être indemnisés des frais d'une
fabrication qui demandait des soins extraordinaires. On
atteignit bientôt une perfection égale à celle des plus
beaux papiers étrangers. On y parvint d'abord, il est vrai,
en faisant des tours de force ; mais par l'effet de la pratique et de l'exercice, ces tours de force sont devenus une
fabrication habituelle et courante.

« L'art de la papeterie est évidemment dans un état de
progression ; chaque année, les papiers que les manufactures mettent dans le commerce, se font remarquer par
de meilleures qualités et les procédés du travail se perfectionnent de jour en jour. »

La première tentative de fabrication du papier par la
mécanique fut faite, en 1799, par Robert, ouvrier attaché
à la papeterie d'Essonne. Son moyen, d'abord imparfait,
fut rectifié par M. Didot Saint-Léger, qui passa en Angle-

(1) Rapport du jury central.

terre pour le faire mettre à exécution. C'est dans ce pays que la machine de Robert a reçu les derniers perfectionnements; c'est de là qu'elle nous est revenue en 1815.

« Les produits de la fabrication par machines n'ont pas encore atteint, pour les qualités superfines, la perfection des papiers faits à la main par les ouvriers les plus habiles (1819); cependant il est vrai de dire qu'ils sont constamment bons pour les qualités les plus usuelles. Une émulation favorable aux progrès de l'art semble devoir s'établir entre ces deux modes de travail. »

On voit, par ce qui précède, que l'art de la papeterie était, en 1819, dans une situation transitoire entre la fabrication à la forme par la main de l'homme et la fabrication par machines. Les expositions suivantes nous montreront la voie dans laquelle l'art de la papeterie est définitivement entré, surtout pour le papier destiné à la typographie.

Le jury rappela, en 1819, les médailles d'or qu'avaient obtenues aux expositions précédentes M. Mongolfier et M. Johannot, tous deux fabricants à Annonay; il décerna une médaille d'or à MM. Canson frères, aussi d'Annonay.

MM. Berte et Grevenich, fabricants à Sorel et à Saussay (Eure-et-Loir), avaient, les premiers, introduit en France la fabrication du papier à la mécanique, et ils étaient les seuls, en 1819, qui eussent encore établi ce genre de fabrication avec un certain développement : ils obtinrent une médaille d'argent.

§ II. CARTONS D'APPRÊT. — Les cartons, dits d'apprêt, servent pour donner le lustre au drap : on plie le drap de manière que chacune des parties de sa surface soit en contact avec celle du carton, et, à l'aide d'une forte pression donnée à un certain degré de température, le drap reçoit le lustre qui est le dernier apprêt et une opération essentielle, car c'est une des causes qui influent le plus sur la détermination de l'acheteur. Il n'y a pas plus d'un quart de siècle que nous tirions encore du dehors les cartons d'apprêt nécessaires à nos fabriques de drap.

M. Gentil (Philippe), de Vienne (Isère), a présenté des cartons d'apprêt en pâte verte, parfaitement fabriqués, et pour lesquels le jury lui a décerné la médaille d'argent.

TAPISSERIES. — TAPIS. — TENTURES.

§ I. TAPISSERIES, TAPIS. — Le prix des tapis ne résulte pas uniquement de la perfection du tissu, de la qualité des laines et de celle des teintures; ce qui forme la décoration d'un tapis, les peintures plus ou moins riches qu'il représente, augmentent considérablement les frais de fabrication, par les difficultés qu'elles apportent à l'exécution du tissage.

Depuis longtemps, la France a produit des tapis admirables par leur solidité, par l'éclat des couleurs et par la richesse des décorations; mais ils revenaient à des prix si élevés qu'ils ne pouvaient entrer dans la consommation. Le jury de 1819, tout en reconnaissant que l'industrie était parvenue à fabriquer des tapis qui convenaient aux fortunes particulières, n'accordait cependant aux fabricants que des médailles d'argent, en leur faisant connaître qu'il réservait la médaille d'or pour celui qui simplifierait le travail de la fabrication et parviendrait à exécuter plus rapidement les décorations du meilleur goût.

§ II. Papiers peints. — Le jury, tout en constatant que la fabrication des papiers peints était arrivée à un haut degré de perfection, lui donnait le conseil de se contenir dans les limites prescrites à son art, par les moyens mêmes dont il dispose, et de ne pas chercher à rivaliser avec les peintures : il lui recommandait, en outre, d'éviter d'entreprendre des décorations dont l'exécution exige des frais de main-d'œuvre hors de proportion avec la durée du produit.

ARTS MÉTALLURGIQUES.

De 1806 à 1819, les arts métallurgiques reçurent des améliorations sensibles : il va en être rendu compte en même temps que l'on indiquera quelles distinctions ont obtenues les hommes à qui sont dus des progrès aussi importants. Le souvenir de ces progrès, que l'exposition de 1819 a constatés, suffirait pour en faire une époque remarquable dans l'histoire de l'industrie française.

ARTICLE 1. — PRÉPARATION DES MÉTAUX.

§ I. Fer. — « Cette partie de la métallurgie (1), qui a pour objet le traitement et la préparation du fer, a fait des progrès marqués depuis la dernière exposition.

« En 1806, il n'existait qu'une seule usine, (celle du Creuzot,) où les minerais de fer fussent fondus par le moyen de la houille carbonisée, dite *coke;* et il n'en était

(1) Rapport du jury central.

aucune où l'on sût faire usage du fer *carbonaté terreux*, espèce de minerai qui se trouve dans les houillères, et auquel certaines usines étrangères doivent leur célébrité, l'abondance et le bas prix de leurs produits. Nulle part, en France, ce précieux minerai n'était l'objet d'une exploitation ni même d'une recherche sérieuse. On a vu, à l'exposition, de la fonte grise, obtenue en employant, parmi les minerais, du fer carbonaté sorti des houillères du département de la Loire. Cette méthode sera bientôt pratiquée avec plus de développement dans de grands établissements, qui se forment pour cet objet. Il est également très-probable que bientôt on exécutera en grand, et dans un cours réglé de fabrication, le procédé d'affinage, au fourneau de réverbère, avec la houille brute, et qui est connu sous la dénomination d'affinage anglais. Ces deux innovations sont au nombre des améliorations les plus avantageuses qu'on puisse espérer. D'autres faits, sans avoir la même importance, indiquent un mouvement sensible de perfectionnement dans le travail métallurgique du fer.

« Le jury départemental du Jura annonce que MM. Lemyre, maîtres de forges à Clairvaux, sont parvenus à obtenir constamment des fers très-doux en n'employant que des fontes aigres, par un procédé qui consiste à mêler avec la fonte une certaine quantité de minerai semblable à celui dont elle provient.

« Dans le département de l'Isère, les forges catalanes commencent à remplacer un mode vicieux d'affinage. Dans celui de l'Allier, M. Rambourg fabrique des fers qui résistent aux plus fortes épreuves, tant à froid qu'à

chaud. M. Aubertot, maître de forges à Vierzon, départe-
tement du Cher, a adapté à ses hauts fourneaux et à ses
affineries des fours à réverbères qui sont échauffés par le
calorique superflu. A l'aide de cette disposition, ce calorique, qui aurait été perdu, est employé à chauffer les
fers et les aciers pour d'autres manipulations.

« Dans un grand nombre de forges, les soufflets à piston ont remplacé les anciens soufflets ; mais de tous les
perfectionnements donnés aux moyens mécaniques, le
plus remarquable sans doute est celui qui a été introduit,
depuis deux ans, par M. Dufaud, ancien élève de l'École
polytechnique, dans les forges de Grossource, département du Cher.

« Au lieu de battre le fer au martinet pour le réduire
en barres, on étire la loupe entre des cylindres de laminoir cannelés, suivant la forme que l'on veut donner aux
barres. Cet appareil accélère considérablement le travail,
et donne une grande précision dans les formes. Mais le
procédé ne sera *au maximum* de son effet que lorsqu'on
y aura joint des moyens d'affinage dont la célérité réponde
à celle du travail mécanique, en sorte que les laminoirs
ne soient jamais dans le cas de chômer : l'affinage au
fourneau à réverbère, dont nous avons parlé ci-dessus,
peut satisfaire à ces conditions. D'après le mouvement
favorable qui se développe, de tous côtés, dans cette partie
de l'industrie, il est extrêmement probable que bientôt
nous aurons des forges où ces deux moyens puissants et
expéditifs de travail seront combinés l'un avec l'autre.

« Toute amélioration dans l'art qui a pour objet de
préparer le fer, même celle qui pourrait paraître la plus

légère, est nécessairement d'un grand intérêt. On compte
en France environ trois cent cinquante hauts fourneaux,
et quatre-vingt-dix-huit forges catalanes. Chaque année,
les hauts fourneaux produisent, en fonte moulée, à peu
près 145,000 quintaux métriques, et, en fer forgé, 640,000
quintaux métriques. Les forges catalanes donnent à peu
près 150,000 quintaux métriques de fer forgé. On comprend qu'une amélioration qui fait sentir ses effets dans
une aussi grande masse de produits, ne peut avoir que
des résultats très-importants.

« Des épreuves rigoureuses et multipliées convainqui-
rent le jury de 1806, que la France était plus riche en
bon fer qu'on ne l'avait cru jusqu'alors. L'exposition
de 1819 offre un résultat aussi satisfaisant. Il faut cependant avouer qu'on reproche à nos fers d'être d'un prix
beaucoup plus élevé que ceux des nations voisines ; c'est
un genre d'infériorité que nos maîtres de forges doivent
s'appliquer à faire disparaître. Les progrès des arts métallurgiques en fournissent les moyens, et tout fait espérer
que ce résultat ne se fera pas longtemps attendre. »

Le jury décerna une médaille d'or à MM. Paillot père
et fils et l'Abbé, aux forges de Grossource (Cher), et à
M. Dufaud, pour avoir établi et perfectionné en France
le travail des fers par les cylindres, au sortir de l'affinage
par le charbon de terre. Le Roi lui a, en outre, décerné la
décoration de la Légion d'honneur.

§ II. ACIER. — « Quoique l'art (1) de fabriquer
l'acier fût depuis longtemps pratiqué avec succès en Allemagne et en Angleterre, ce n'est, à proprement parler,

(1) Rapport du jury central.

qu'en 1786 qu'on a commencé à connaître la composition de l'acier, en quoi il diffère du fer, et ce qui constitue l'opération de la formation de l'acier. L'Europe dut cette connaissance à MM. *Berthollet, Monge et Vandermonde*, qui publièrent sur cette matière un travail important et qui a fait époque. La France fabriquait, à la vérité, de l'acier naturel ; mais jusqu'alors elle était demeurée à peu près étrangère à la fabrication de l'acier cémenté et de l'acier fondu. Depuis il a été fait, pour établir cette industrie parmi nous, des entreprises qui ont eu des succès plus ou moins heureux.

« On ne vit point d'échantillons d'acier, à l'exposition de l'an IX (1801) ; il en fut présenté, mais en petit nombre, à celle de l'an X (1802). Ils furent plus nombreux à l'exposition de 1806. Le jury les fit essayer par des artistes expérimentés dans l'art de la forge et dans l'emploi de l'acier ; il fut reconnu qu'ils étaient généralement de bonne qualité, et qu'il y en avait plusieurs d'excellente. On put remarquer que les fabriques d'acier se multipliaient et qu'elles n'affectaient pas de localité particulière ; car on en trouvait dans des départements qui appartenaient à des contrées éloignées les unes des autres, et faisant partie de l'ancien territoire de la France. On avait donc des motifs d'espérer que cette industrie ne tarderait pas à y être complétement établie ; mais elle avait encore d'importants progrès à faire. On désirait que l'art de raffiner l'acier naturel et l'acier cémenté et d'assortir constamment les différentes qualités pour les différents arts, devînt plus commun, plus sûr et plus économique. En examinant les aciers présentés par les

fabricants français, on regrettait de n'y voir aucun échantillon d'acier fondu. On n'a commencé à le fabriquer
avec quelque succès qu'en 1809; c'était dans le département de l'Ourthe, qui a cessé de faire partie de la
France.

« L'exposition de 1819 a appris au public que l'important problème de la fabrication de l'acier était enfin
complétement résolu par les fabricants français. Des
aciéries, établies dans vingt-un départements, ont envoyé à l'exposition des échantillons d'acier de toute
espèce. Le mérite de ces produits, aussi variés qu'abondants, est constaté par le suffrage et par les commandes
multipliées du commerce, aussi bien que par les épreuves
auxquelles le jury les a fait soumettre, et dont il n'a pas
cru devoir se dispenser, quoique sa conscience fût suffisamment éclairée par les savants rapports qui ont rendu
compte des essais déjà faits par les ordres de l'administration des mines.

« Aujourd'hui, ce ne sont plus de simples tentatives;
la fabrication est établie en grand et fournit abondamment aux besoins du commerce. Le jury aura occasion de rendre explicitement justice au mérite des différents établissements. Il en est cependant un qui mérite
de fixer particulièrement l'attention, c'est celui de la
Bérardière, près de Saint-Étienne, département de la
Loire, appartenant à M. Milleret. Cette fabrique, dont les
produits sont déjà célèbres sous le nom d'*aciers de la
Bérardière*, n'existe que depuis trois ans. Elle doit le
haut degré de perfection auquel elle est si rapidement
parvenue, aux directions de M. Beaunier, ingénieur en

chef des mines et directeur de l'École des mineurs établie à Saint-Etienne, qui a consacré à sa création une partie de son temps, et les ressources qui résultent d'une culture approfondie des sciences, réunie au talent d'observer et de bien faire exécuter.

« Le jury s'est félicité d'avoir un grand nombre de distinctions à décerner pour la fabrication des aciers et pour les arts qui en dépendent. L'industrie française présentait une lacune dans cette partie si importante; aujourd'hui cette lacune est remplie. »

Le jury décerna des médailles d'or à MM. Milleret et Beaunier, de la Bérardière, près Saint-Etienne (Loire); à MM. Irroy, à Arc, près Gray (Haute-Saône), et Montmouceau et Dequenne, à Orléans, pour leurs aciers et leurs limes; le Roi conféra, en outre, à M. Beaunier la décoration de la Légion d'honneur pour avoir établi en France, sur des principes sûrs, la fabrication de toutes les sortes d'acier.

§ III. LAITON ET ZINC. — « La fabrication (1) du laiton brut manquait totalement, en 1806, à l'ancien territoire de la France. Cet alliage s'obtient en combinant le cuivre rouge avec le zinc. Ce dernier métal, qui porte le nom de *calamine*, quand il est à l'état d'oxyde, était l'objet d'une grande exploitation dans les départements de la Roer et de l'Ourthe; mais, quoiqu'on connût dans l'ancienne France quelques gîtes de minerai de zinc, nulle part on n'avait songé à les exploiter.

« C'est vers l'année 1810 que la fabrication du laiton, s'est naturalisée sur l'ancien territoire de la France. Avant

(1) Rapport du jury central.

cette époque, il avait existé une fabrique de ce genre à Landrichamp, dans les Ardennes; mais elle était sans activité, lorsque celle de Fromelenne fut fondée par M. de Contamine. Dans celle-ci on faisait du laiton et on traitait le zinc même au laminoir et à la filière; mais on était obligé de faire venir ce métal de Liége.

« Aujourd'hui la fabrication du laiton brut est en activité dans plusieurs grandes usines. Néanmoins elle n'est pas encore assez étendue pour satisfaire à tous les besoins des arts français, et nous sommes encore obligés d'en tirer de l'étranger une quantité assez considérable.

« Il a été fait, en 1818, des essais pour parvenir à remplacer la calamine, dont la France ne possède plus aucune exploitation, par la blende ou zinc sulfuré, que nous possédons en abondance, et dont jusqu'ici on n'avait fait aucun emploi. Ces expériences, entreprises sous les auspices de l'administration des mines, ont eu d'heureux résultats. On a vu, à l'exposition, du laiton brut fabriqué avec la blende en remplacement de la calamine. »

Le jury a décerné, pour la fabrication du laiton, une médaille d'or à M. Boucher fils, de Rouen.

§ IV. PLATINE. — « Le platine (1) réunit plusieurs propriétés qui le font rechercher. De tous les métaux connus il est celui dont les changements de température font le moins varier les dimensions. Il s'oxyde très-difficilement et n'est pas attaquable par les acides le plus communément employés dans les arts. Ces qualités le rendent très-propre à être employé dans la construction des instruments de précision et à faire des vases et des creusets

_____
(1) Rapport du jury central.

pour les fabriques d'acide, et pour les laboratoires de chimie.

« Dans l'état où le platine nous est apporté par le commerce, il se trouve mêlé avec d'autres substances métalliques qui altèrent sa pureté et le rendent cassant et difficile à travailler.

« M. Jeannety est l'un des premiers qui aient mis dans le commerce des ustensiles de platine ; il présenta à l'exposition de l'an X (1802) des bijoux et des instruments de chimie faits de ce métal ; mais tous ces objets étaient dans des dimensions assez bornées.

« M. Bréant, vérificateur des essais à la Monnaie, en faisant des recherches sur ce métal, a trouvé un procédé de purification qui le rend facilement malléable. Cette découverte a tellement fait baisser le prix des ustensiles et des vases fabriqués en platine, qu'ils ont été mis à la portée des fabricants. En considération de ce service, M. Bréant a été placé par le jury aux nombre des artistes qui ont contribué aux progrès de l'industrie. »

§ V. Étain. — « L'exploitation de l'étain (1) est née, en France, depuis l'exposition de 1806 ; à cette époque, la France n'en possédait aucune mine. Sur quelques indices recueillis à Vaulry, dans le département de la Haute-Vienne, et, plus tard, à Piriac, dans celui de la Loire-Inférieure, le gouvernement y fit faire, à ses frais, par l'administration des mines, des recherches, dont le résultat a été l'ouverture de deux mines, qui donnent déjà quelques produits. Quand le minerai est traité avec soin,

_____

(1) Rapport du jury central.

l'étain français ne le cède en rien à ceux de Banca et de Malacca.

« Les produits des mines de Vaulry et de Piriac ont été présentés à l'exposition : à côté du minerai et du métal, on avait placé une glace étamée avec une feuille d'étain français ; elle était nette et brillante. »

L'étain est un métal dont l'usage est très-répandu, et dont les applications dans les arts sont très-nombreuses et très-importantes ; on devait regarder la découverte de ce métal, en France, comme une acquisition précieuse ; malheureusement, quoique les paroles du jury central, en 1819, et les espérances qu'on avait alors fussent telles que nous venons de les rappeler, nous verrons qu'en 1834 la France n'avait plus aucune mine d'étain en exploitation.

ARTICLE 2. — LAMINAGE DES MÉTAUX.

§ I. TôLES. — « La fabrication de la tôle (1) avait peu d'étendue en France en 1806 ; aujourd'hui (1819), elle est en grande activité dans plusieurs départements. On a vu, à l'exposition, des tôles envoyées par des établissements formés dans les départements de l'Aude, des Ardennes, de l'Isère, de la Nièvre, du Cher, du Doubs et de la Côte-d'Or. Dans plusieurs établissements de ce genre, l'usage du laminoir a été introduit avec le plus grand succès ; les progrès de cette fabrication ont été considérables. On estimait, il y a cinq ans (1814), que les usines françaises ne fournissaient pas le tiers de la tôle nécessaire à la France ; aujourd'hui, tout porte à croire que

(1) Rapport du jury central.

la France fabrique assez de tôle pour sa consommation, et ses produits de ce genre sont aussi recommandables par leur bonne qualité que par leur belle exécution. »

Le jury décerna une médaille d'or à MM. Boignes, Debladis et Guérin, directeurs de l'établissement d'Imphy (Nièvre), pour leur fabrication au laminoir des tôles noires, en feuilles fortes et en feuilles légères, ces dernières destinées à l'étamage; pour leurs tôles de grande dimension à l'usage de la guerre et de la marine et dont la feuille pèse 100 kilogrammes.

§ II. FERS-BLANCS. — « A l'époque de l'exposition de 1806, l'art de fabriquer le fer-blanc n'était pas aussi avancé en France, et surtout aussi répandu qu'on pouvait le désirer. Les plus beaux échantillons qui parurent à cette exposition avaient été envoyés par le département de l'Ourthe, qui ne fait plus partie de la France.

« Les nombreux échantillons de fer-blanc qu'a réunis l'exposition de 1819 prouve que cette industrie a fait de grands progrès. L'influence de la bonne fabrication de la tôle sur celle du fer-blanc s'y manifeste d'une manière évidente.

« Les fers-blancs mis à l'exposition ont été soumis à des examens comparatifs, sous le rapport du brillant, et à des épreuves difficiles à soutenir, sous le rapport de la ductilité. Le jury a reconnu que, sous tous ces rapports, ils sont d'excellente qualité, et que c'est, à juste titre, que nos manufactures de fer-blanc jouissent de la confiance du commerce.

« Cette fabrication a pris un tel développement qu'elle paraît, dès à présent, suffire aux besoins de la France. »

Le jury décerna une médaille d'or à MM. Mertian frères, à Montataire (Oise), pour la qualité de leurs fers-blancs exécutés au laminoir, dont la ductilité a été constatée par les épreuves les plus exactes.

La fabrique de Romilly (Eure) a obtenu une médaille d'or pour le laminage du cuivre, poussé, dans cette usine, à un haut degré de perfection.

Le laminage du zinc et celui du plomb n'ont pas autant fixé l'attention du jury de 1819 que celui des autres métaux. Il a donné une médaille d'argent à M. Saillard aîné, à Paris, pour les feuilles de zinc exposées par lui.

ARTICLE 3. — TRÉFILERIE.

« La fabrication des fils de fer est depuis longtemps établie en France : celle des fils d'acier n'y est pas aussi ancienne ; M. Mouchel, de l'Aigle, département de l'Orne, en présenta, pour la première fois, à l'exposition de 1806, un assortiment où l'on trouvait des fils gradués pour tous les besoins des arts.

« Les tréfileries françaises jouissent d'une grande réputation : les produits en fils de fer et en fils de laiton qu'elles ont envoyés à l'exposition de 1819, sont tout à fait dignes de cette réputation et propres à y ajouter. Les fils d'acier sont de bonne qualité et se perfectionnent tous les jours. La fabrication française, dans ce genre, excède les besoins de la consommation, et il s'en exporte à l'étranger. »

Le jury accorda une médaille d'or à M. Mouchel fils, à l'Aigle (Orne), pour ses fils de fer, d'acier, de cuivre, ses aiguilles et ses cordes de piano, le tout d'une belle exécution.

ARTICLE 4. — FABRICATION D'OUTILS, LIMES, FAUX, SCIES, OUTILS DIVERS.

§ I. LIMES. — La fabrication des limes n'est pas ancienne en France; il y avait moins de quarante ans, en 1819, qu'elle y était à peine connue, et nos produits dans ce genre étaient très-imparfaits. Des tentatives furent d'abord faites pour en établir des fabriques à Amboise et à Soupes, près Nemours; mais ces entreprises n'eurent que des succès incertains. Les limes qu'elles produisirent ne furent pas très-recherchées dans le commerce.

« M. Raoul (1) est le premier qui ait établi en France une fabrication suivie de limes, dont les produits aient joui d'une véritable estime. Il en présenta à l'exposition de l'an VI (1798), qui furent trouvées d'une excellente qualité; il parut aux expositions de l'an IX (1801), et de l'an X (1802), avec des produits d'une perfection toujours croissante.

« A l'exposition de 1806, des limes furent envoyées par les départements d'Indre-et-Loire, du Calvados, de l'Ourthe, et par l'École des arts et métiers, alors établie à Compiègne; elles étaient bien taillées et de bonne qualité. Cependant le jury se borna à les distinguer par une médaille d'argent, et par trois mentions honorables. En agissant avec cette réserve, il indiquait assez qu'il attendait de nouveaux progrès. Son attente n'a point été trompée : l'exposition de 1819 a prouvé que la fabrica-

(1) Rapport du jury central.

tion des limes a pris de grands accroissements, et qu'elle s'est perfectionnée. La qualité des limes.s'est améliorée en proportion des progrès que l'on a faits dans l'art de préparer l'acier, et la taille est devenue plus correcte.

« Les limes et les râpes, présentées à l'exposition de 1819, ont été envoyées par les départements de l'Isère, de la Haute-Saône, de l'Aude, du Loiret, de l'Ariége, de la Haute-Garonne, de la Côte-d'Or, d'Indre-et-Loire, de la Loire, de la Marne et de la Seine.

« Le jury fit soumettre toutes ces limes à des épreuves multipliées et il s'assura qu'il n'y en avait aucune qui ne fût de très-bonne qualité. »

Le jury décerna une médaille d'or à M. Saint-Bris, fabricant à Amboise (Indre-et-Loire). Le Roi lui conféra en outre la décoration de la Légion d'honneur.

§ II. FAUX. — « Depuis longtemps (1), on désirait voir s'établir en France la fabrication des faux. Quelques efforts pour obtenir ce résultat furent faits en 1794 et 1795, par la commission d'agriculture et des arts. Des faux furent présentées à l'exposition de l'an X (1802), par M. Bornèque l'aîné, fabricant à Bischwiller, qui fut honorablement mentionné. Insensiblement cette industrie prenait de l'essor, et la fabrication des faux, que plusieurs pays étrangers avaient longtemps regardée comme le patrimoine de leurs habitants, commença, en l'année 1806, à offrir des résultats satisfaisants. Les départements des Vosges, du Jura, du Haut-Rhin, de la Moselle, du Doubs et des Hautes-Alpes envoyèrent à l'exposition des produits en faux et faucilles, qui méritèrent d'être dis-

(1) Rapport du jury central.

tingués par des médailles d'or ou d'argent, et par des mentions honorables. Cependant on ne pouvait se dissimuler que les progrès de l'art de fabriquer les faux étaient subordonnés à ceux de l'art de faire l'acier. Nous voyons effectivement que ces deux industries sont presque toujours réunies dans les mêmes mains, et qu'elles se sont développées en même temps, pour se montrer ensemble à l'exposition de 1819, sous un aspect également florissant. Les faux et les faucilles qu'on y a vues ont été envoyées par les départements de l'Isère, du Calvados, de l'Ariége, de la Haute-Garonne, du Doubs et de la Haute-Saône.

« On peut se faire une idée de la rapidité et de la grandeur des accroissements de cette fabrication par le fait suivant : on estimait, en 1816 et 1817, qu'il ne se fabriquait dans toute la France que soixante-douze mille faux par an ; aujourd'hui la fabrique seule de MM. Garrigou, à Toulouse, en fabrique cinquante mille. L'état progressif de cette branche nouvelle d'industrie fait espérer que les fabriques françaises suffiront prochainement à nos besoins, et qu'elles feront bientôt cesser l'importation des faux étrangères. »

Le jury décerna une médaille d'or à MM. Garrigou, Sans et compagnie, fabricants à Toulouse.

§ III. SCIES ET OUTILS DE FER ET D'ACIER. — « On pouvait (1), en 1819, mettre la fabrication des scies au nombre des nouvelles acquisitions de l'industrie française. Comme la fabrication des limes et comme celle des faux, elle se ressentait de la perfection à laquelle on était par-

(1) Rapport du jury central.

venu, depuis quelques années, dans la préparation de l'acier. On vit alors la preuve des progrès que la fabrication des scies avait faits parmi nous, dans les articles de ce genre envoyés par les départements de la Haute-Saône, de la Loire et du Bas-Rhin.

« Il avait été formé, vers la fin de 1817, à Molsheim, dans le département du Bas-Rhin, par MM. Coulaux frères, entrepreneurs de la manufacture d'armes de Klingenthal, un établissement dans lequel la fabrication des outils de menuiserie, et d'autres outils en fer et en acier, était réunie à la fabrication des scies. Ils avaient appelé à Molsheim une colonie d'habitants des pays en possession de fournir, avec le plus de succès, tous ces objets au commerce. Cette compagnie comptait, dans son principe, trente-six maîtres et douze compagnons. Au 10 juillet 1819, elle avait déjà été augmentée de quatre-vingt-dix ouvriers français, précédemment employés dans les manufactures d'armes blanches de Mutzig et de Klingenthal, et qui étaient devenus inutiles par la réduction des commandes d'armes au pied de paix. C'est une opération très-judicieuse que l'établissement, dans le voisinage l'une de l'autre, de deux fabrications, entre les procédés desquelles il existe une grande analogie, dont l'une a sa plus grande activité dans les temps de guerre, et l'autre tire toute la sienne des arts que la paix fait fleurir. Si des changements de circonstances exigent que l'un des établissements augmente ou diminue le nombre de ses ouvriers, l'autre peut lui donner les renforts nécessaires ou recevoir son excédant. Ce n'est pas une idée moins heureuse que d'avoir établi une fabrique de coutellerie dans les bâtiments de Klingenthal, devenus vacants par la réduction de la fabrication des armes.

« Les outils de Molsheim, qu'on a vus à l'exposition, sont très-bien fabriqués, de bonne qualité, et livrés au commerce à des prix modérés. »

Le jury de 1819 décerna une médaille d'or à MM. Coulaux frères, qui exposèrent aussi des armes blanches d'une belle fabrication et d'une bonne qualité.

§ IV. Outils divers. — Le jury décerna des médailles d'argent à quatre fabricants pour les outils de très-bonne qualité qu'ils soumirent à l'exposition.

ARMES.

Lors de l'exposition de 1819, la fabrication des armes à feu commençait à se modifier par l'emploi du fulminate de mercure à la composition des amorces. Nous verrons, dans les expositions suivantes, les progrès considérables que cette invention a fait faire aux armes à feu.

Les armes blanches n'appelèrent pas, d'une manière particulière, l'attention du jury, à l'exception toutefois de celles exposées par MM. Coulaux frères, à Klingenthal (Bas-Rhin), qui obtinrent, comme nous venons de le voir, une médaille d'or.

QUINCAILLERIE.

Les diverses divisions de la quincaillerie ne se présentèrent pas à l'exposition de 1819 avec le succès qu'elles obtinrent depuis, et dès l'exposition de 1823 ; nous les passerons donc sous silence dans cet examen de l'exposition de 1819.

ORFÉVRERIE, ARGENTERIE,
PLAQUÉ D'OR ET D'ARGENT. — BRONZES CISELÉS ET DORURES.

Le jury ne considéra l'orfévrerie et l'argenterie que sous le rapport du goût et de la beauté de l'exécution, les procédés métallurgiques pour la préparation de l'or et de l'argent étant connus depuis longtemps, et la solidité du titre étant garantie par l'administration publique. C'est placé à ce point de vue, que le jury rappela, en 1819, la médaille d'or, donnée à l'exposition précédente, à M. Odiot, et décerna deux médailles d'or à M. Biennais et à M. Cahier, tous les trois orfévres à Paris.

« L'art du plaqué (1) a pour objet de fournir à bas prix une vaisselle qui fasse le même service que celle d'argent, et présente le même agrément.

« Les conditions à remplir par le fabricant du plaqué sont donc : 1° des prix accessibles aux fortunes moyennes ; 2° une exécution solide et soignée, de manière que l'usage des vases destinés à contenir les aliments ne laisse rien à craindre pour la santé ; 3° éviter le mat, les ciselures et tous les ornements dont le nettoyage serait difficile ou exigerait des frottements qui en auraient bientôt usé les parties saillantes, et préférer les surfaces lisses, dont le brillant et l'éclat sont faciles à entretenir ; 4° les formes doivent être choisies avec goût, et les objets doivent avoir toute la légèreté qui n'est pas incompatible avec leur solidité.

« Depuis la dernière exposition, la fabrication du pla-

(1) Rapport du jury central.

qué d'or et d'argent a fait quelques progrès. La Société d'encouragement avait proposé, pour l'amélioration de cet art, un prix qui fut adjugé, le 4 septembre 1811, à MM. Levrat et Papinaud.

« Le jury de 1819 leur décerna une médaille d'argent. »

Les bronzes et les ouvrages de dorure forment l'une des branches du commerce de Paris. Cette industrie exige que le bon goût se montre dans la composition des sujets, dans le dessin et dans la finesse du travail ; elle demande que le fabricant ne soit pas étranger à l'art du fondeur statuaire, et enfin, comme objets de fabrique, il faut que la composition des matières soit bonne, la fonte faite avec soin, les montures solides et bien agencées, et la dorure égale et durable.

Le jury a rappelé la médaille d'or, donnée en 1806 à M. Thomire, et a accordé cinq médailles d'argent à d'autres fabricants.

BIJOUTERIE ET TABLETTERIE.

Le jury de 1819 décerna une médaille d'or à madame Schey pour les articles de bijouterie d'acier qu'elle avait soumis à l'exposition. La fabrique fondée par son mari à une époque où le travail de l'acier était encore dans l'enfance, a pris un essor qui l'a placée au premier rang.

VERNIS SUR MÉTAUX.

Le jury décerna une médaille d'or à M. Allard pour l'invention et le perfectionnement du moiré métallique qui eut alors un si grand succès, et qui a donné, au moins momentanément, un mouvement extraordinaire à la ferblanterie.

MACHINES,

INSTRUMENTS ET USTENSILES D'AGRICULTURE; MACHINES MANUFACTURIÈRES ET MÉCANISMES DIVERS. — MACHINES HYDRAULIQUES.

Ce n'est qu'aux expositions suivantes que nous verrons la portion de l'exposition affectée aux machines, attirer les regards de tous les hommes qui suivent avec attention les progrès de l'industrie : nous retrouverons dans la suite portées à un plus haut degré de perfection les machines exposées en 1819, quoique *la Tondeuse* de M. John Collier s'y fît remarquer.

HORLOGERIE.

§ 1. HORLOGERIE DE FABRIQUE. — « La branche (1) d'industrie qui est désignée sous le nom d'*horlogerie de fabrique*, fournit des ébauches de mouvements pour montres et pendules, ou simplement des matériaux préparés pour le service des horlogers, comme ressorts, fils d'acier pour pignons, etc.; elle produit aussi des ouvrages finis, mais dans le genre commun, et les verse dans le commerce par assortiments plus ou moins nombreux.

« Les fabriques d'horlogerie qui ont envoyé leurs produits à l'exposition, sont situées dans les départements du Doubs, du Haut-Rhin et de la Seine-Inférieure. La plus étendue de toutes est celle de MM. Japy, à Beaucourt, département du Haut-Rhin. Elle fut fondée, vers 1780, par le père des propriétaires actuels. On y fabrique

(1) Rapport du jury central.

des ébauches de mouvements de montres par machines, avec une telle économie de main-d'œuvre, que les mouvements bruts, qui coûtaient autrefois 6 à 7 francs pièce, sont livrés aujourd'hui au commerce à des prix qui varient depuis 1 franc 40 centimes jusqu'à 2 francs : c'est une réduction de plus de 71 p. 0/0 sur les prix qui résultaient des anciens procédés. Cette intéressante manufacture fut détruite de fond en comble, le 1er juillet 1815, par un incendie qu'y allumèrent les troupes étrangères ; mais elle a été relevée de ses ruines. Dans son état actuel, elle emploie de neuf cents à mille ouvriers, qui fabriquent par mois quatorze à seize cents douzaines d'ébauches de montres. La dixième partie seulement de ces produits est employée en France ; le surplus est vendu à l'étranger.

Le département du Doubs possède un autre établissement où l'on fabrique par mécanique des ébauches de mouvements de montres. Il a été formé à Seloncourt, près Montbéliard, par MM. Beurnier frères. Il est moins étendu que celui de Beaucourt. Il produit environ trois cent quarante douzaines par mois : les prix varient depuis 19 francs 50 centimes la douzaine jusqu'à 20 francs 50 centimes, ou depuis 1 franc 63 centimes jusqu'à 1 fr. 71 centimes la pièce. La vingtième partie seulement de ces produits est vendue en France.

« En 1793, une colonie d'horlogers suisses, attirée par les encouragements du Gouvernement, s'établit à Besançon et y fonda une fabrique de montres, qui compte actuellement à peu près huit cents ouvriers des deux sexes. Cette population industrielle, subsistant encore après un laps de vingt-six ans, prouve que cette fabrication a pris racine, et qu'elle est définitivement établie. Les horlogers n'y sont pas réunis en un corps unique de fabrique ; les ouvriers des divers genres travaillent dans leurs habitations particulières, pour des établissements, ou pour des comptoirs qui reçoivent les produits et les versent dans le commerce : les ébauches sont tirées de Beaucourt ou de Seloncourt ; les montres sont finies à Besançon. On en fabrique annuellement environ trente mille avec leurs boîtes en or, en argent, en cuivre, ou en similor.

Quand on compare quelle facilité de mesurer le temps donne aujourd'hui une fabrication de montres aussi considérable, avec la difficulté qu'éprouvaient les anciens à suivre le cours des heures, on se fait déjà une idée de la différence de leurs mœurs aux nôtres, et on comprend que le temps consacré au travail soit mesuré chez nous avec une régularité qu'ils ne pouvaient atteindre. C'est là une grande cause de progrès dans les arts.

Le finissage est la partie du travail de l'horlogerie qui suppose l'industrie la plus distinguée, et qui est la plus lucrative. On voit avec regret que les fabriques de finissage soient si peu étendues, qu'elles sont à peine suffisantes pour employer la dixième partie des mouvements bruts qui se fabriquent en France. Il est à désirer que nos horlogers n'abandonnent pas plus longtemps une aussi grande masse de travail aux étrangers.

Nous avons aussi des fabriques pour ébauches de mouvements de pendules à la mécanique.

MM. Japy frères en ont établi une dans le département

du Doubs, à Badevel, près Montbéliard. On y fait annuellement (en 1819) quatre mille huit cents mouvements de
pendules, dont les trois quarts sont vendus aux horlogers
de Paris.

« Il y a environ un siècle (1) qu'une fabrique de mouvements bruts de pendules fut fondée à Saint-Nicolas-
d'Aliermont, dans le département de la Seine-Inférieure.
Elle occupait à peu près trois cents ouvriers. Leur industrie n'avait point participé aux progrès communs; elle
était demeurée au même état où elle se trouvait au moment de sa fondation. Les moyens de travail étaient si
imparfaits et les résultats si peu estimés, qu'ils ne pouvaient soutenir la concurrence étrangère, et leur vente
ne procurait plus aux ouvriers un salaire suffisant pour
leur subsistance : la fabrique était, en 1807, au moment
de s'éteindre, lorsqu'un administrateur éclairé, M. Savoye
de Rolin appela et fixa à Saint-Nicolas-d'Aliermont
M. Honoré Pons, habile horloger de Paris, qui avait mérité une médaille d'argent à l'exposition de 1806. M. Pons
a établi dans cette fabrique un autre système de travail :
des machines de son invention, au nombre de huit, sont
employées pour les différentes opérations qui, avant lui,
s'exécutaient péniblement à la main ou avec des instruments imparfaits. La dextérité des ouvriers, aidée par
ces nouveaux moyens, a donné des produits de meilleure
qualité, et, dans le plus grand nombre des ateliers, ils
ont été décuplés. Cette fabrique est aujourd'hui entièrement relevée. Les mouvements qu'elle fait sont vendus
aux premiers horlogers de Paris pour être finis.

(1) Rapport du jury central.

« M. Pons a été désigné par le jury, en exécution de l'ordonnance du 9 avril 1819, comme l'un des artistes qui ont concouru aux progrès de l'industrie, et il a reçu une médaille d'argent.

« L'horlogerie de fabrique est importante ; elle entretient une grande masse de travail, et particulièrement dans les campagnes, où ses ateliers sont presque toujours situés ; une branche assez considérable de commerce lui doit son existence.

Le jury a décerné une médaille d'or à MM. Japy.

§ II. HORLOGERIE FINE. — On comprend, sous cette dénomination, les pièces d'horlogerie d'un travail soigné, et qui sont employées soit comme pendules d'appartement, soit comme montres de poche. M. Bréguet avait obtenu une médaille d'or aux précédentes expositions. Il s'est mis hors de concours à celle de 1819, comme membre du jury.

§ III. HORLOGERIE ASTRONOMIQUE. — On ne comprend pas, sous cette dénomination, les machines par lesquelles on se propose de représenter les mouvements des corps qui composent le système solaire. Les plus parfaites de ces machines ne donnent qu'une idée incomplète et même souvent fausse de la marche des corps célestes : elles ne sont pas comprises par ceux qui ignorent l'astronomie, et elles n'attirent pas même les regards de ceux qui la savent.

Le véritable objet de l'horlogerie astronomique est de donner exactement la mesure du temps par des moyens tels que la marche de la machine ne soit pas troublée par les variations de température, par les changements de position et par le transport.

M. Bréguet et M. Berthoud présentèrent aux expositions de 1802 et de 1806 des horloges marines et des garde-temps d'une exactitude qui égalait celle des instruments les plus parfaits que l'on connût alors. Cet art, important pour la navigation et pour l'étude des sciences, a fait des progrès de 1806 à 1819. En seize mois, le retard diurne d'une montre de M. Bréguet n'a guère varié que d'une seconde et demie, et en huit mois consécutifs, du mois de mars 1818 au mois d'octobre de la même année, ce retard s'est maintenu entre 0'', 55 et 1'', 54.

Le parlement d'Angleterre par un *bill* relatif à la détermination des longitudes en mer, avait promis une récompense de dix mille livres sterling à l'artiste qui exécuterait des chronomètres assez parfaits pour donner la longitude au bout de six mois, avec une erreur moindre de deux minutes de temps. Les conditions de ce prix sont parfaitement remplies par le chronomètre de M. Bréguet, qui, dans les combinaisons les plus défavorables, ne donnerait guère, au bout de six mois, qu'une erreur d'une seule minute.

Le Roi accorda la décoration de la Légion d'honneur à M. Bréguet.

Le jury décerna des médailles d'argent à plusieurs artistes qui, aux expositions suivantes, ont obtenu les premières récompenses.

§ IV. Horloges publiques. — Le jury décerna une médaille d'argent à M. Wagner, horloger à Paris.

INSTRUMENTS DE MATHÉMATIQUES,

D'OPTIQUE ET DE PHYSIQUE.

« La nation française (1) a été longtemps dans une position d'infériorité pour cette branche d'industrie, qui en suppose tant d'autres. Le jury de 1819 s'est convaincu, par l'inspection des ouvrages qui ont été mis sous ses yeux, et par la connaissance qu'il a d'un grand nombre d'instruments de construction française employés avec succès par les astronomes, les géomètres et les physiciens, que, sous le rapport de la précision, sous celui de la perfection du travail et de la modération des prix, nous sommes aujourd'hui dans une position avantageuse. »

§ I. INSTRUMENTS A MESURER LES ANGLES. — « Il s'est fait, en France, depuis environ quarante ans, une révolution dans la construction des instruments à mesurer les angles; cette révolution a eu son principe dans l'invention des cercles répétiteurs, due aux travaux de Mayer et à ceux de Borda.

« M. Lenoir, ingénieur pour les instruments de mathématiques, qui a obtenu la médaille d'or à la première exposition et la distinction du premier ordre à toutes les suivantes, construisit le premier cercle répétiteur de Borda. Cet instrument est devenu d'un usage général. L'avantage qu'il a de donner une grande précision, quoique ses dimensions soient petites, le rend très-précieux, pour les observations qui exigent des voyages et le transport de l'instrument sur des points éloignés ou d'un accès

(1) Rapport du jury central.

difficile : son mérite est reconnu aujourd'hui même chez les nations qui s'étaient d'abord montrées les moins disposées à l'admettre.

« Les instruments qui ont servi à la dernière mesure du méridien, l'une des plus importantes opérations et des plus exactes qui aient été accomplies depuis l'origine de l'astronomie, ont tous été construits en France, par MM. Lenoir et Fortin. Ce dernier, plus spécialement adonné à la construction des instruments de physique, a secondé, par son talent, les travaux des physiciens français qui ont changé la face de la physique et créé la chimie moderne. Il a construit, avec une habileté rare, les instruments qui ont été employés à la plupart des expériences et des déterminations numériques qui servent aujourd'hui de base à ces sciences, déterminations qui ont demandé l'emploi d'instruments aussi précis que délicats. Il a aussi construit des instruments à mesurer les angles. »

Le Roi a accordé à M. Lenoir la décoration de la Légion d'honneur.

Le jury a décerné des médailles d'or à MM. Fortin et Gambey, tous deux ingénieurs mécaniciens à Paris :

Au premier, pour un cercle répétiteur construit pour MM. Biot et Arago, lorsqu'ils eurent à mesurer l'arc méridien de Barcelonne à Formentera ; pour une boussole, d'un travail achevé, destinée à l'observation des variations diurnes de l'aiguille aimantée ; pour une grande règle de platine, pour un baromètre portatif, etc., etc.

Au second, pour un cercle répétiteur astronomique, un théodolite, un cercle répétiteur à réflexion, une boussole destinée à l'observation des variations diurnes de l'aiguille aimantée, et pour un comparateur.

M. Gambey, quoique très-jeune encore, était déjà un artiste de premier ordre, que l'Académie des sciences a plus tard admis dans son sein, et qu'elle a eu la douleur de perdre trop prématurément.

§ II. OPTIQUE. — Le jury décerna une médaille d'or à M. Lerebours, opticien à Paris, et le Roi lui conféra la décoration de la Légion d'honneur pour les lunettes et instruments d'optique construits par lui et qui avaient donné lieu, de la part de l'Académie des sciences, à laquelle ils avaient été soumis, à un rapport dans lequel l'Académie s'exprimait en ces termes : « Après « les travaux dont nous avons rendu compte, nous de- « meurons persuadés qu'aucun astronome français n'é- « prouvera le besoin ni le désir de recourir à des artistes « étrangers. »

§ III. GLOBES CÉLESTES ET TERRESTRES. — Ceux exposés par M. Poirson ont paru au jury des modèles en ce genre.

§ IV. INSTRUMENTS DIVERS. — M. Bréguet a présenté un thermomètre métallique infiniment plus prompt que les thermomètres, à enveloppe vitreuse, à accuser les changements de température de peu de durée ; des expériences, faites avec soin, ont prouvé que ce thermomètre avait marqué une variation de température de 23 degrés centigrades, pendant que les thermomètres à mercure n'avaient indiqué, dans les mêmes circonstances, qu'une variation de deux degrés.

INSTRUMENTS DE MUSIQUE.

Le jury de 1819 constata une importante innovation apportée dans la construction des violons par M. Chanot, qui est parvenu à donner à ces instruments, par l'effet seul de la construction, les qualités que l'on croyait ne pouvoir être produites que par le temps. Il a décerné à cet artiste une médaille d'argent, et une médaille d'or à MM. Erard frères, pour la perfection de leurs harpes et de leurs pianos.

APPAREILS D'ÉCONOMIE DOMESTIQUE.

ÉCLAIRAGE. — CHAUFFAGE. — DISTILLATION.

Ces appareils n'avaient pas atteint en 1819 la perfection et n'ont pas tenu à l'exposition le rang auxquels ils sont parvenus depuis. Nous les retrouverons aux expositions suivantes.

ARTS ET PRODUITS CHIMIQUES.

« Les arts chimiques (1) ont presque entièrement été créés en France, depuis l'époque où la science dont ils dépendent a pris les grands développements dont la génération actuelle a été témoin. C'est entre les années 1780 et 1790 qu'ont eu lieu les travaux qui ont élevé cette science au rang des sciences exactes, en la plaçant sur des bases invariables et en lui donnant une langue méthodique et régulière.

« Avant cette époque, nous tirions presque entièrement de l'étranger les aluns si nécessaires aux teintures, les

(1) Rapport du jury central.

soudes indispensables pour les verreries et les savonne-
ries, les sulfates de cuivre, les sulfates de fer, l'acide
sulfurique, et une foule d'autres substances utiles aux
arts, comme agents ou comme ingrédients. Aujourd'hui
la France prépare tous ces objets en qualité supérieure, et
dans une telle abondance, qu'elle pourrait en fournir
aux autres nations. »

§ I. SOUDE. — Les procédés pour se procurer la soude
par la décomposition du sel marin, sont dus à feu M. Leblanc (en 1790), mais il n'avait pas donné au fourneau à
réverbère la forme la plus convenable ; il n'obtenait que
des résultats incomplets, et ne put parvenir à faire de ces
procédés la base d'une industrie avantageuse. M. d'Arcet
ayant remarqué que l'imperfection des résultats tenait à
la forme des fourneaux, la modifia avec le plus grand
succès. Depuis cette époque, la fabrication de la soude
artificielle est devenue une industrie courante. La soude
artificielle a été longtemps repoussée par des préjugés
que l'expérience a presque entièrement dissipés. A l'exposition de 1806, on remarqua que les glaces de Saint-
Gobain, les plus belles que l'on connaisse en Europe,
étaient fabriquées avec des soudes préparées en France et
extraites du sel marin : depuis lors, la fabrication de la
soude s'est agrandie. L'art de fabriquer cette substance
est poussé à un tel degré de perfection, qu'on la verse
dans le commerce préparée aux degrés convenables
pour les besoins de chaque art. Avant l'établissement de
cette nouvelle industrie, l'étranger fournissait la presque
totalité des soudes nécessaires à nos arts ; elles y étaient
importées sous le nom de *soude d'Alicante*, de *cendres*

de Sicile, ou de natron d'Égypte. Aujourd'hui la France n'en reçoit plus qu'une petite quantité. »

§ II. ALUN. — La fabrication de l'alun est une de celles qui ont reçu le plus de perfectionnements de 1806 à 1819. Cependant l'usage de ce produit rencontrait encore des obstacles à cause de la proportion plus ou moins grande de sulfate de fer qu'il retient, à moins qu'on ne le purifie par une cristallisation soignée.

§ III. ACIDE ACÉTIQUE RETIRÉ DU BOIS. — La préparation de l'acide acétique par la carbonisation du bois était encore, en 1819, une industrie nouvellement acquise. Plusieurs arts importants, tels que la teinture, l'impression des toiles, etc., etc., emploient l'acide acétique sous forme d'acétate de plomb, ou d'acétate de fer.

Le jury décerna une médaille d'or à MM. Chaptal fils, d'Arcet et Holker, qui avaient exposé un grand nombre de produits chimiques, pour l'abaissement du prix de ces produits qu'ils avaient amené, en les versant en abondance dans le commerce.

Il accorda aussi une médaille d'or à M. Mollerat à Pouilly (Côte-d'Or); pour avoir perfectionné l'art de retirer l'acide acétique du bois, par la carbonisation.

§ IV. COULEURS. — CÉRUSE. — Les étrangers étaient en possession de nous fournir la plus grande partie de la céruse nécessaire à nos besoins, lorsque la fabrique de Clichy s'est formée; la céruse qu'on y prépare est de première qualité; des expériences publiques suffisamment prolongées ont prouvé qu'elle l'emportait sur celle de Hollande.

Le jury décerna une médaille d'or à M. Roard, fondateur de cette manufacture.

§ V. SAVONS. — § VI. COLLE FORTE. — Le jury accorda des médailles d'argent à M. Roëlant et à M. Robert, tous deux fabricants à Paris, au premier pour ses savons, et au second pour sa fabrication de gélatine; l'un et l'autre avaient été dirigés, dans leur fabrication, par M. d'Arcet.

PRODUITS ALIMENTAIRES.

SUCRE. — GÉLATINE.

La fabrication du sucre de betterave, loin d'être parvenue en 1819 au degré de perfection qu'elle a atteint depuis, luttait avec peine alors et était près de succomber sous la concurrence du sucre de canne.

La gélatine, que M. d'Arcet avait cru longtemps une substance alimentaire, qu'il a passé une grande partie de sa vie à préconiser, a complétement perdu, sous ce rapport, la réputation que ce savant lui avait faite.

Nous ne nous occuperons donc ni du sucre de betterave ni de la gélatine, dans cet examen des produits de l'industrie de 1819.

POTERIES ET PORCELAINES.

CREUSETS ET TERRES CUITES. — FAÏENCES ET TERRES DE PIPE. — POTERIE-GRÈS. — PORCELAINES BLANCHES ET DÉCORÉES. — COULEURS A PEINDRE LA PORCELAINE.

A l'exception des porcelaines dont nous parlerons tout à l'heure, les seuls produits des arts céramiques qui appelèrent l'attention du jury de 1819 furent ceux de la manufacture de Sarreguemines, fondée par M. Utzschneider. Ces poteries, qui imitaient parfaitement le porphyre, le jaspe et l'agate, eurent une grande réputation à cette époque ; mais elles n'ont malheureusement pas pris dans la consommation toute la place qu'elles auraient dù y prendre. Le jury accorda la médaille d'or à M. Utzschneider et le Roi lui conféra la décoration de la Légion d'honneur.

La fabrication de la porcelaine a été naturalisée en France vers le milieu du xe siècle ; cet art s'établit à la faveur des encouragements du Gouvernement et il ne fut considéré d'abord par quelques personnes que comme un objet de luxe ; mais depuis il est devenu une branche assez importante de l'industrie nationale, et dès 1819, il entretenait un commerce déjà assez étendu.

La France a, dans ce genre, une supériorité décidée que soutient la manufacture de Sèvres par son exemple, par les procédés qu'elle travaille sans cesse à découvrir et à améliorer, et qu'elle s'empresse de faire connaître aux autres fabricants, et enfin par les ouvriers qu'elle forme.

Deux qualités sont nécessaires pour constituer de la bonne porcelaine :

1° La pâte doit être solide ; c'est-à-dire qu'elle doit résister aux changements de température et même aux chocs qui ont lieu dans l'usage domestique.

2° La couverte doit être exempte de ce défaut qu'on nomme *tressaillure* et qui se manifeste en ce que la couverte se fendille, au moindre changement de température.

Il est d'autres qualités, telles que la blancheur de la pàte, le parfait glacé de la couverte, la légèreté des pièces, la pureté des contours, la finesse et la correction des arêtes, qui sont les signes d'une fabrication distinguée. Elles augmentent l'agrément et la valeur de la porcelaine. Cependant leur absence peut être compensée par la diminution du prix, au lieu que rien! ne peut racheter les défauts qui résultent de la fragilité et de la tressaillure; toute porcelaine qui en est entachée est décidément de la mauvaise porcelaine, que les consommateurs doivent rejeter, et qui ne doit jamais sortir des ateliers d'un fabricant soigneux.

Les progrès que constata le jury de 1819 dans la fabrication de la porcelaine, ne se rapportaient pas aux procédés de fabrication, qui, dès 1806, étaient assez avancés pour qu'il fût difficile de les améliorer; mais il reconnut que les ouvriers, ayant acquis beaucoup plus d'habileté, avaient pu faire mieux et à meilleur marché; que le prix de la main-d'œuvre avait diminué pour beaucoup d'articles, notamment pour les assiettes, dont le prix avait baissé de deux cinquièmes.

Le combustible étant un des éléments de la valeur vénale de la porcelaine, les établissements qui existaient à Paris, en 1810, se sont successivement fermés; tandis que d'autres s'installaient au milieu des pays boisés. On entrevoyait, en 1819, l'époque où les porcelaines se fabriqueraient en blanc sur les points où le combustible est abondant, et seraient décorées à Paris.

Le jury décerna une médaille d'or à MM. Nast frères, fabricants à Paris.

La décoration de la porcelaine par la peinture n'a guère de limites que le goût et le talent de l'artiste : la matière n'est, dans ce cas, que la toile du tableau ; mais le résultat est alors une œuvre individuelle et non un produit de manufacture ; on ne doit compter comme produits industriels que ceux qui peuvent être obtenus par une classe nombreuse d'ouvriers, quelle que soit, d'ailleurs, la méthode rapide et économique qu'ils emploient.

M. Gonord avait présenté, en 1806, des pièces de porcelaine sur lesquelles des gravures en taille-douce avaient été transportées à l'aide de procédés mécaniques : il a reparu à l'exposition de 1819, et il a montré qu'il était parvenu à un résultat singulier et pourtant indubitable ; une planche gravée étant donnée, il la fait servir à décorer des pièces de dimensions différentes, il étend ou il réduit le dessin en proportion de la grandeur de la pièce et cela par un procédé mécanique et expéditif, sans avoir besoin de changer de planche. Une médaille d'or fut accordée à M. Gonord, aux termes de l'ordonnance du 9 avril.

Il y avait, du reste, déjà dix ans, en 1819, que M. Legros d'Anisy avait établi des ateliers où la porcelaine et la faïence étaient décorées par la gravure et l'impression.

La peinture sur porcelaine avait fait, en 1819, d'importants progrès qui remontaient à la fin du siècle dernier : M. Dihl a su composer de bonnes couleurs et il a apprécié l'effet de leurs mélanges, ce qui a donné à la peinture sur porcelaine une perfection de coloris, de nuances fines et de glacé qu'elle n'avait pas. M. Dihl avait obtenu la médaille d'or en 1806 : en 1819, le jury accorda la médaille d'argent à M. Legros d'Anisy, pour avoir appliqué par voie d'impression des ornements pleins en or sur porcelaine.

VERRERIE. — CRISTALLERIE.

GLACES. — CRISTAUX. — STRASS. — OBJETS DIVERS.

Le jury rappela la médaille d'or qu'avait obtenue, en 1806, la manufacture de glaces de Saint-Gobain pour la grande pureté du verre et la dimension extraordinaire des glaces qu'elle avait exposées.

La cristallerie appela son attention. « Pendant (1) longtemps la France tira de l'étranger les cristaux qu'elle consommait : aujourd'hui elle en fabrique au delà de ses besoins. Nos manufacturiers dans ce genre ne redoutent la concurrence d'aucune nation, ni pour la qualité des cristaux, ni pour le prix. L'art est si généralement connu, que le jury a pensé qu'il n'était pas nécessaire d'accorder des distinctions pour cette partie : mais il est un art qui se rattache à la cristallerie, qui mérite une attention particulière, et qui a besoin d'être encouragé, c'est celui de la taille des cristaux. Des milliers d'ouvriers sont occupés à donner à cette matière les nombreuses facettes et les ornements qui la rendent si précieuse et si belle, et qui la font rechercher. Sous le rapport du goût et de la beauté de l'exécution, cette industrie est très-avancée parmi nous : elle donne lieu à un commerce assez important. »

(1) Rapport du jury central.

Le jury décerna la médaille d'or à M. Chagot, propriétaire de la manufacture de Montcenis, et à madame veuve
Desarnaud-Charpentier, marchande de cristaux au Pa-
lais-Royal.

ÉBÉNISTERIE. — TRAVAIL DU BOIS.

L'ébénisterie est une des branches les plus importantes de l'industrie parisienne. C'est à ce titre que le jury l'en-
couragea en 1819, en rappelant la médaille d'or accordée
à M. Desmalter en 1806, et en donnant une médaille
d'argent à M. Werner pour les meubles qu'ils avaient
exposés ; le jury accorda aussi une médaille d'argent
à M. Lefèvre, mécanicien, qui était parvenu à refendre des
bois pour placage, jusqu'au nombre de dix-huit feuillets
dans un pouce d'épaisseur, sur vingt-deux pouces de largeur, ce qui est la plus grande dimension à l'usage de
l'ébénisterie. Les moyens employés par M. Lefèvre, en
exigeant moins de force que les moyens ordinaires, faisaient, en même temps, le double d'ouvrage.

DÉCORS D'ARCHITECTURE.

Nous retrouverons aux expositions suivantes les produits de cette industrie.

TYPOGRAPHIE. — CALCOGRAPHIE.

LITHOGRAPHIE. — RELIURE DES LIVRES.

Typographie. — « Les éditions (1) présentées par
MM. Didot frères, aux premières expositions, étaient si

(1) Rapport du jury central.

parfaitement belles, que les jurys ne balancèrent pas à les déclarer les plus belles productions typographiques de tous les pays et de tous les âges. A l'exposition de 1806, MM. Didot eurent pour concurrent le célèbre Bodoni. Le voisinage redoutable des œuvres de cet habile imprimeur ne fit qu'accroître l'estime que les connaisseurs portaient aux productions des deux typographes parisiens. Les éditions qu'ils ont publiées depuis l'exposition de 1806, et dont ils ont présenté des exemplaires à l'exposition de 1819, prouvent qu'ils ont su faire faire des progrès à un art que l'on croyait arrivé à son plus haut point de perfection. »

L'art typographique a aussi reçu des perfectionnements dans la partie qui a pour objet la gravure et la fonte des caractères : le jury de 1819 prit soin de les signaler, en décernant les distinctions méritées par les artistes à qui ces progrès étaient dus.

I. FONTE DE CARACTÈRES. — Le jury rappela les médailles d'or décernées aux expositions précédentes à M. Firmin Didot pour la grande perfection qu'il avait apportée dans la gravure des caractères ; à M. Pierre Didot pour son procédé de fonte des caractères au moyen d'un moule qui contient dix-neuf lettres différentes, ce qui permet à un ouvrier fondeur de faire autant de travail que cinq ouvriers ; et à M. Herhan pour son procédé de stéréotypage au moyen de caractères mobiles frappés en creux.

Il décerna une médaille d'or à M. Henri Didot pour l'invention d'une machine, dite moule à refouloir, qui fondait d'un seul jet cent à cent quarante caractères très-

corrects sur toutes les faces et sur tous les angles et
exactement calibrés dans toutes les dimensions.

§ II. — IMPRIMERIE. — Le Roi décora de l'ordre de la
Légion d'honneur M. Firmin Didot qui avait exposé un
Camoens, chef-d'œuvre de l'art, enrichi des plus belles
productions de la gravure en taille-douce : ce volume
mérita à M. Firmin Didot une médaille d'or.

CALCOGRAPHIE.

§ I. PROCÉDÉS DE GRAVURE. — La découverte faite
par M. Gonord, dont nous avons parlé tout à l'heure (1),
et qui consistait à se servir d'une planche gravée en
cuivre, pour en tirer des épreuves à telle échelle qu'on
le veut, prit particulièrement rang parmi les procédés de
la calcographie.

§ II. ÉDITION. — Le jury rappella la médaille d'or
décernée en 1806 aux enfants de M. Joubert pour la
publication de *la galerie de Florence*, entreprise achevée sous la direction de M. Masquelier.

LITHOGRAPHIE.

La découverte de la lithographie est due à M. Aloys
Sennefelder, chanteur du théâtre de Munich, qui observa,
le premier, la propriété qu'ont les pierres calcaires de retenir les traits tracés par une encre grasse, et de les transmettre, dans toute leur pureté, au papier appliqué par
une forte pression sur leur superficie. Il reconnut, en
outre, qu'on pouvait répéter le même effet en humec-
tant la pierre, et en chargeant les mêmes traits d'une

(1) Voir page 135.

nouvelle dose de noir d'impression. M. le comte de Lasteyrie, ayant saisi tous les avantages de ce procédé, l'importa en France, essaya de former à Paris un établissement de ce genre, et composa un traité dans lequel il
donna tous les détails de cet art. Cet ouvrage et les essais
de M. de Lasteyrie n'ont point été rendus publics. De
nombreuses difficultés ont retardé la naturalisation d'une
invention aussi éminemment utile ; mais enfin M. Engelmann, le premier, a surmonté tous les obstacles. L'idée
générale repose sur ce fait qu'un trait, tracé avec un
crayon ou une encre grasse sur la pierre, y adhère si fortement, que, pour l'enlever, il faut employer des moyens
mécaniques. Toutes les parties de la pierre non recouvertes
d'une couche grasse reçoivent, conservent et absorbent
l'eau. Si l'on passe sur cette pierre, ainsi préparée, une
matière grasse et colorée, elle ne s'attachera qu'aux traits
formés par l'encre grasse, tandis qu'elle sera repoussée
par les parties mouillées. En un mot, le procédé lithographique dépend de ce que la pierre imbibée d'eau refuse
l'encre, et de ce que cette même pierre graissée repousse
l'eau et happe l'encre. Ainsi en appliquant et pressant
une feuille de papier sur la pierre, les traits gras, rési-
neux et colorés seront seuls transmis à ce papier et y
offriront la contre-épreuve de ce qu'ils représentaient sur
la pierre. La pierre qui convient à la lithographie est un
carbonate de chaux presque pur ; mais toute pierre susceptible de se laisser pénétrer par une substance grasse
et de s'imbiber d'eau avec facilité, est propre à cet art ;
pourvu qu'elle soit compacte, et quelle puisse recevoir un
beau poli.

Le jury de 1819 n'accorda que des mentions honorables à MM. de Lasteygrie et Engelmann pour le service que l'un avait rendu en introduisant en France l'art lithographique, et pour la belle exécution des estampes lithographiques exposées par l'autre.

Ce n'était alors que l'enfance d'un art à qui de grands succès étaient si prochainement réservés.

––––––

Le jury de 1819 accorda une médaille d'or à l'École des arts et métiers de Châlons-sur-Marne, pour la variété des produits qu'elle avait exposés.

CHAPITRE IV.

Expositions de 1823, 1827 et 1834.

Avant d'aborder les expositions de 1823, de 1827 et de 1834, un aperçu récapitulatif des progrès qu'avait faits l'industrie en France, de 1806 à 1819, est peut-être nécessaire, pour établir le nouveau point de départ des pas que l'industrie va faire de 1819 à 1834.

Une invention dont on ne peut pas encore aujourd'hui mesurer tous les résultats était venue apporter à nos manufactures une puissance nouvelle d'une force infinie et d'une régularité parfaite : on voit que c'est de la machine à vapeur que nous voulons parler. Quoiqu'elle se fût à peine produite directement à l'exposition de 1819, par une machine d'un nouveau modèle, qui valut une médaille d'argent à MM. Cordier et Casalis, de Saint-Quentin, qui l'avaient inventée ; néanmoins c'était elle déjà qui vivifiait une partie de nos manufactures ; c'était elle qui permettait de porter dans nos ateliers de tissage et de cardage cette admirable uniformité de mouvement sans laquelle la perfection des œuvres délicates ne saurait être atteinte.

Deux artisans anglais, l'un forgeron, l'autre vitrier, Newcomen et Cawley, avaient inventé, dès les premières années du xviiᵉ siècle, une pompe d'épuisement dont la force oscillatoire résultait de la vapeur de l'eau bouillante soutenant un piston compris dans un cylindre, et laissant ce piston revenir à son point de départ, aussitôt que la vapeur était condensée dans le cylindre par un jet d'eau froide (1). L'inconvénient principal et fort grave de cette machine consistait dans les changements continuels de température qu'éprouvaient les parois du cylindre soumises alternativement à l'action de la vapeur et à celle de l'eau froide : ces parois formaient obstacle soit au jeu du piston quand elles étaient froides, en refroidissant la vapeur; soit à la condensation de la vapeur quand elles étaient échauffées, en échauffant l'eau de condensation. Watt avait, dès 1763, trouvé un perfectionnement considérable à cette première machine à vapeur par l'invention du condenseur. Le condenseur était un vase, un autre cylindre, mis en rapport avec le premier au moyen d'un conduit et d'un robinet ; pour opérer la condensation de la vapeur, on ouvrait ce robinet ; la vapeur se précipitait dans le second cylindre; elle y était condensée au moyen d'un jet d'eau froide et les parois du premier cylindre n'en éprouvaient pas de variations de température. La marche de la machine devenait ainsi plus sûre et, en outre, il y avait une économie de combustible considérable. Cependant, en 1773, Watt n'avait encore fait aucune application industrielle de son invention. A cette époque, il entra en relation avec M. Boulton qui dirigeait une grande manufacture de divers produits à Soho, près de Birmingham : il s'agissait de construire

(1) Cette machine, sauf d'importants détails de construction, est la même que celle proposée par Papin en 1690 et 1695.

des pompes d'épuisement pour les mines, d'après le système perfectionné par Watt ; mais la patente de quinze ans qu'il avait prise en 1769, ne permettait pas de fonder une vaste entreprise sur une jouissance aussi courte que celle qui restait devant eux ; il fallut obtenir un bill du parlement qui ajoutât une nouvelle durée de vingt-cinq ans à leur privilége ; cette demande rencontra une vive opposition ; mais enfin ils obtinrent la concession qui leur était nécessaire, et bientôt ils construisirent un grand nombre de pompes d'épuisement, de très-fortes dimensions, qui se répandirent dans tous les pays de mines et surtout dans le Cornouailles. L'expérience démontra que la pompe de Watt économisait les trois quarts du combustible consommé par celle de Newcomen ; MM. Boulton et Watt recevaient, de ceux qui utilisaient leur invention, le prix du tiers du charbon économisé, et l'on peut juger de l'importance commerciale du service qu'ils rendaient à l'industrie par ce fait, d'ailleurs authentique, que dans la seule mine de *Chace Water*, où l'on employait trois pompes d'épuisement, les propriétaires substituèrent un abonnement fixe de 60,000 francs, par an, à la redevance due à MM. Watt et Boulton, calculée d'après le prix du tiers du charbon économisé.

Watt n'en était encore cependant arrivé qu'à une pompe d'épuisement mue par la force de la vapeur : sans doute il aurait, dès lors, poussé son invention plus loin, si de nombreux procès qu'il eut à soutenir, avec son associé, contre ceux qui prétendaient se servir de leurs pompes d'épuisement, sans leur payer de redevance, n'eussent consommé plusieurs années de sa vie en pure

perte pour les progrès de la vapeur. Le perfectionnement
principal auquel il arriva, dès qu'il put se livrer à de
nouvelles études sur l'emploi de la vapeur, consista à
l'utiliser pour l'aller et le retour du piston dans le cylindre. Nous avons vu que, dans la pompe d'épuisement, la
vapeur soulevant le piston, celui-ci revenait par son poids
à son point de départ, lorsque la vapeur condencée ne
le soutenait plus par sa résistance. Watt imagina de placer la génération de la vapeur hors du cylindre et, au
moyen de conduits et de robinets, de la faire agir alternativement de l'un et de l'autre côté du piston. Ce fut le
principe de la machine à double effet : le piston séparait le cylindre en deux parties; lorsque la vapeur entrait
dans l'une, elle sortait sans résistance de l'autre, pour
entrer dans le condenseur, et le piston accomplissait sa
course dans l'étendue du cylindre : aussitôt qu'il était
parvenu à la limite de cette course, les robinets ouvraient
une marche inverse à la vapeur, elle entrait dans la partie du cylindre d'où elle était sortie tout à l'heure; l'autre
côté, au contraire, se vidait dans le condenseur et le
piston retournait à son point de départ par la même
combinaison de force qui l'avait d'abord fait jouer en sens
inverse. Nous n'avons pas à dire ici ce qu'il avait fallu
d'habileté et de précision dans la construction d'un tel
mécanisme, pour qu'il pût réaliser la pensée si simple
sur laquelle il est fondé; mais la machine une fois construite, il est facile de comprendre qu'elle devait mettre
à la disposition de l'industrie une force presque infinie,
d'une régularité d'action parfaite, et susceptible, par conséquent, de se prêter sans secousses et sans chocs à tous

les travaux auxquels on voudrait l'appliquer. Plus tard Watt parvint à régler exactement l'instant où la vapeur devait être introduite dans l'un ou dans l'autre côté du cylindre, selon l'impulsion que le piston avait reçue et la portion de sa course qu'il avait parcourue ; c'est ce qu'on appela l'effet de la *détente de la vapeur ;* le résultat fut de ménager la vapeur et, par conséquent, d'obtenir une nouvelle économie de combustible. Mais nous ne pouvons dire ici jusqu'où le génie de Watt porta l'invention tant dans le détail que dans la conception principale ; il n'est peut-être pas un des nombreux perfectionnements que la machine à vapeur a reçus depuis, que Watt n'ait mis en usage ou indiqués d'une manière plus ou moins complète.

Le principe de la détente de la vapeur fut mis en pratique à Soho en 1776 et 1778, et décrit complétement dans la patente prise par Watt en 1782.

M. Arago, le savant secrétaire perpétuel de l'Académie des sciences, à qui nous empruntons ce qui précède, a présenté sous une forme très-pittoresque la puissance de la découverte de Watt (1). Il calcule que le maximum du travail mécanique, dont un homme soit capable, est d'exécuter, en deux jours, l'ascension du mont Blanc, et qu'une machine à vapeur pourrait élever le poids d'un homme à la hauteur du sommet du mont Blanc en ne consommant que deux livres de houille.

Il faut convenir que la force matérielle que Dieu a

(1) Voir l'éloge de James Watt, par M. Arago, lu à l'Académie des sciences le 8 décembre 1834 (*Annuaire du Bureau des longitudes pour* 1839).

placée dans notre organisation physique est bien peu de chose en comparaison de celle que nous pouvons acquérir par notre intelligence; et qu'il y a là un argument sans réplique, même au point de vue matériel, contre la valeur des hommes qui ne savent utiliser que leurs forces physiques, et en faveur de ceux à qui la nature et l'éducation ont donné une véritable et utile intelligence applicable à la production des choses qui servent à l'humanité : quant à cette prétendue intelligence qui ne se répand qu'en paroles vaines, elle ressemble à la vapeur perdue de la machine de Watt; elle amuse tout au plus un moment par le reflet de la lumière qu'elle reçoit en se dissipant dans l'air.

Quels qu'aient été les travaux de Watt, il est deux phrases de lui que M. Arago nous a conservées et sur lesquelles il est bon de réfléchir, si l'on veut s'expliquer comment Watt étant parvenu, dès 1778, à construire la machine à double effet, ce n'est pourtant qu'en 1812 que l'Angleterre a vu la navigation à la vapeur s'établir sur la Clyde, pour les besoins du commerce et des voyageurs.

Watt, né en 1736, écrivait en 1783, c'est-à-dire quand il était dans toute la force et la maturité de son génie, ces paroles remarquables : *Rappelez-vous bien que je n'ai aucun désir d'entretenir le public des expériences que j'ai faites*; et il disait ailleurs : *Je ne connais que deux plaisirs : la paresse et le sommeil.*

Cette première tentative de navigation à la vapeur, faite en 1812, fut bientôt suivie d'autres essais; le nombre des machines à vapeur qui fonctionnaient en France, en 1819, était déjà fort considérable et elles fournissaient le mouvement à beaucoup d'établissements industriels;

ce n'est que plus tard cependant que nous les rencontrerons aux expositions de l'industrie.

M. Douglas, par qui avaient été établis, en grande partie, les ateliers mécaniques pour la fabrication des draps, était aussi l'un des constructeurs distingués de machines à vapeur, à cette époque, et un rapport de la Société d'encouragement de l'année 1817 constate le succès qu'il avait obtenu.

Nous avons vu que la fabrication des draps et des tissus de coton avait, dès 1819, complétement passé à l'état mécanique; la fabrication des tissus de cachemire venait de naître et son avenir semblait assuré : la filature du chanvre et du lin préoccupait vivement l'industrie; celle du coton, parfaite dans les numéros peu élevés, s'efforçait d'arriver à la perfection des fils fins anglais. Nos fabriques de soie, toujours si renommées en Europe, et celles de tous les tissus ouvrés s'étaient enrichies de la belle découverte du métier Jacquart; la teinture avait fait, conduite par la chimie, des progrès importants, soit par l'acquisition de couleurs nouvelles, soit par la fixité donnée à des couleurs jusque-là peu solides : telle était la situation avancée de nos fabriques de tissus en 1819.

Les fabriques de toiles peintes avaient fait des progrès analogues à ceux de la fabrication des tissus, en substituant, dans beaucoup de cas, l'impression mécanique par le cylindre, à l'impression à la planche et en augmentant les moyens de teinture.

L'industrie de la préparation des cuirs et peaux était restée à peu près stationnaire.

La papeterie était déjà fort avancée dans la substitution

des machines à fabriquer le papier au mode de fabrication
à la forme et par la main de l'homme : elle n'avait pas
encore atteint à un bon procédé de blanchiment des pâtes.

Les tapis de pied avaient pénétré dans la consommation par l'abaissement de leurs prix ; les papiers peints
pour tenture, arrivés à un haut degré de perfection, semblaient, au contraire, atteindre à des prix si élevés que des
étoffes leur feraient un jour une concurrence redoutable.

Les arts métallurgiques avaient fait des progrès considérables par l'emploi du cylindre et des machines dans
la fabrication des fers et des laitons.

Le platine avait été purifié et utilisé dans les arts.

La fabrication des aciers avait fait des progrès tels, que
la France ne craignait plus la concurrence étrangère
pour la fabrication de la plupart des outils d'acier.

Le laminage et la tréfilerie des métaux étaient devenus
des opérations toutes mécaniques, exercées par des forces
de beaucoup supérieures à celles qu'on avait employées
jusque-là.

La quincaillerie restait livrée à d'anciens procédés.

L'orfévrerie et la fabrication du plaqué empruntaient
aux beaux-arts, si généralement cultivés en France, les
éléments de leur supériorité sur les produits étrangers.

L'horlogerie, et surtout l'horlogerie de précision, de
même que la fabrication des instruments scientifiques,
étaient parvenues à un point d'exactitude qu'on ne pourra
plus dépasser.

La chimie, sortie de ses laborieuses bases à peine établies vers la fin du siècle dernier, construisait déjà les
vastes usines d'où les autres industries et l'agriculture, la

première de toutes par son utilité, tirent aujourd'hui les éléments de leurs opérations.

L'imprimerie se maintenait à la perfection qu'elle avait atteinte.

La lithographie, sa sœur, venait de naître et semblait promettre de devenir bientôt, pour les arts du dessin, ce que l'imprimerie a été pour la propagation des sciences.

On voit quels progrès immenses moins de quinze ans avaient fait faire à l'industrie. A aucune époque de l'histoire, le progrès n'avait été aussi général; le xv° siècle avait vu peut-être de plus grandes découvertes que celle de la vapeur et de la lithographie; mais jamais tous les arts industriels ne s'étaient avancés, en même temps, d'un pas aussi ferme et aussi rapide.

Les temps qui vont suivre n'arrêteront pas l'essor que l'industrie vient de prendre; car ses conquêtes ont ce double caractère d'être durables et de n'avoir pas de limites, tandis que les monuments des autres gloires sont fragiles et bornés.

L'exposition de 1823 eut lieu peu de temps après l'expédition de l'armée française en Espagne, mais cette promenade militaire n'avait pas altéré les relations commerciales en Europe, et l'industrie en France n'en avait éprouvé aucun contre-coup. Louis XVIII était mort, mais le gouvernement de son successeur n'avait pas encore éprouvé les difficultés qui, plus tard, se changèrent en discordes civiles : en 1834, Louis-Philippe était sur le trône, et les commotions politiques de 1830, qui agitaient encore sourdement le pays, éclataient trop fréquemment en émeutes, en conspirations ou en attentats contre la vie du Roi.

Cependant, si toutes ces circonstances portaient atteinte à la tranquillité publique, elles étaient loin d'arrêter l'essor de l'industrie, et l'on peut dire que les expositions de 1823, de 1827 et de 1834 eurent lieu à des époques très-favorables au progrès industriel.

Nous rendrons compte à la fois de ces trois expositions, afin d'embrasser, du même coup d'œil, un espace de temps assez considérable (quinze années), pour que les découvertes et les perfectionnements qui se produisirent alors puissent se développer entièrement à nos yeux et que nous ne les jugions pas à divers degrés d'avancement. Nous ferons auparavant connaître, en peu de mots, les faits généraux qui se rapportent à chacune d'elles.

En 1823, le jury central attestait que, malgré le peu d'années qui s'étaient écoulées depuis l'exposition précédente, l'industrie française avait fait néanmoins de notables progrès dans ce court période de temps.

« Des troupeaux, disait-il, susceptibles de produire les laines les plus fines, ont été formés sur divers points de la France, et s'y multiplient comme autant de centres générateurs, destinés à porter l'affinement dans les races de moutons indigènes. »

« La précieuse espèce de ver qui fournit la soie sina est propagée avec rapidité dans nos départements méridionaux et jusque sous les latitudes, où l'on ne pensait même pas que le ver indigène fût susceptible de prospérer. »

« A côté des belles étoffes de laine, de soie et de lin qui ont porté dans le monde entier la réputation de nos manufactures, on a vu figurer à l'exposition des châles

en duvet de chèvre aussi parfaits que ceux de cachemire ;
Paris, pour ces magnifiques tissus, est devenu le rival de
Sirynagor. »

« Le coton a été filé jusqu'à des degrés de finesse très-
élevés, et les habiles fabricants qui le mettent en œuvre,
à cet état, se sont eux-mêmes surpassés dans le tissage
de leurs étoffes légères. Nos mousselines fines, unies et
brodées peuvent maintenant, sans désavantage, être comparées à celles dont s'enorgueillit l'industrie étrangère. »

« L'exploitation des minéraux utiles devient, de plus en
plus, l'objet des spéculations de nos capitalistes. Des mines,
depuis longtemps délaissées, sont remises en valeur ;
d'autres, que le hasard ou des recherches raisonnées ont
fait découvrir, sont aménagées ou près de l'être. De toutes parts, de riches compagnies s'organisent pour nous
procurer les produits du règne minéral qui nous manquent, ou pour fabriquer plus abondamment ceux que
renferme notre sol. »

« Une mine inépuisable de sel gemme a été découverte
et presque aussitôt exploitée ; les produits en sont déjà
répandus dans le commerce. »

« Des marbrières sont ouvertes en divers points de nos
principales chaînes de montagnes ; elles fournissent des
marbres blancs statuaires aussi beaux que le marbre pentélique, et des marbres de couleur, comparables aux plus
renommés de la Belgique et de l'Italie. »

« Les usines destinées au traitement et à la résolution
des divers minerais ont à la fois augmenté de nombre et
d'importance. On a vu naître et se développer, comme
par enchantement, de nouvelles branches de l'industrie

métallurgique. Des procédés inusités dans nos forges pour obtenir, soit la fonte de fer, soit le fer lui-même, dont l'application exigeait un grand développement de moyens et l'affectation de capitaux considérables, ont été, pour ainsi dire, importés en France de toutes pièces, tantôt à l'aide d'ouvriers étrangers, tantôt avec le seul concours des moyens fournis par les localités. Le plein succès de ces procédés justifie les espérances qu'ils avaient fait concevoir. »

« Les fabriques secondaires, dans lesquelles les métaux reçoivent les préparations et les formes qui les rendent susceptibles d'emploi, ont été multipliées d'une manière vraiment prodigieuse ; elles fournissent à nos arts et à notre agriculture les outils essentiels que jusqu'ici nous avions tirés de l'Allemagne et de l'Angleterre. »

« Des machines puissantes, des mécanismes ingénieux suppléent, dans presque tous nos ateliers, à la force bornée et trop irrégulière des hommes et des autres moteurs animés. »

« D'habiles artistes ont introduit toute la précision des sciences mathématiques dans la construction des instruments propres à mesurer le cours du temps et à observer dans l'espace la marche des astres. »

« Les phares ont été perfectionnés par une savante combinaison des lois de l'optique et des moyens que fournissent la chimie et la physique pour augmenter l'intensité de la lumière. »

« Les théories chimiques ont reçu d'utiles applications dans la préparation de certains agents de teinture, dans le perfectionnement des procédés d'éclairage et de chauffage, et dans les moyens employés pour conserver longtemps les substances propres à la nourriture des hommes. »

« Des efforts, quelquefois heureux, ont été faits pour donner une sage direction aux diverses parties de l'industrie qui ont une relation immédiate avec les arts du dessin ; plusieurs objets d'agrément et de luxe ont offert l'union, jusqu'ici trop rare, de la richesse avec l'élégance et la grâce. »

Le jury se plaignit cependant encore, quoique l'exposition de 1823 eût surpassé toutes celles qui l'avaient précédée, par le nombre et par l'importance des objets, que soixante-seize départements seulement y eussent apporté leurs produits. L'industrie manufacturière n'est point en France, disait-il, l'apanage exclusif de quelques localités privilégiées, et parmi les départements qui n'ont pas pris part à l'exposition de 1823, il en est qui pourraient y paraître avec avantage.

Le jury de 1827, tout en reconnaissant que l'exposition de cette année ne le cédait en rien à la précédente, exprimait le regret que, retenus par la crainte d'exciter contre eux la concurrence, déjà redoutable, de leurs rivaux, un grand nombre de fabricants distingués eussent renoncé aux avantages d'un concours où ils eussent pu paraître avec éclat. Sur seize cent trente et un exposants, onze cent dix appartenaient au département de la Seine (1) ; les départements des Vosges, du Pas-

(1) Les documents officiels ne sont pas parfaitement d'accord sur le nombre des exposants aux diverses expositions. M. Charles Dupin, rapporteur général du jury central de 1834, dit, dans l'avant-propos

de-Calais, de la Côte-d'Or, de la Haute-Saône, de la Somme, de la Haute-Marne, de la Meuse et de l'Yonne ne comptaient que fort peu d'exposants ; vingt départements n'avaient rien envoyé.

Le jury répétait, à cette occasion, que les produits que réclame l'exposition de l'industrie, ce sont, avant tout, des objets commerciaux, susceptibles d'être fabriqués en grande quantité, et d'arriver à la consommation avec profit pour le manufacturier et le consommateur. C'était bien, comme l'on voit, les mêmes principes qui avaient animé les juges du concours industriel depuis la fondation des expositions.

Le jury central de 1834 nomma pour son rapporteur général M. Charles Dupin, membre de l'Institut; ce célèbre statisticien fit entrer dans son rapport le rapprochement, pour chaque genre d'industrie, soit des quantités, soit des évaluations des produits nationaux exportés, et des produits étrangers importés. Il mit également en parallèle les résultats des années 1823, 1827 et 1834, époques des trois dernières expositions. Il pensait donner ainsi le moyen facile de juger si les progrès de nos fabrications étaient apparents ou réels ; s'ils étaient plus rapides ou plus lents que ceux des nations concurrentes : quoique les rapporteurs des

de son rapport, que le nombre des exposants, à l'exposition de 1827, était de 1,631, le tableau produit dans le rapport de M. le Ministre du Commerce du 14 janvier 1849, imprimé en tête du compte rendu de l'exposition de 1849, porte le nombre des exposants de 1827 à 1,695. Au surplus ces chiffres différents n'ont que peu d'importance ; nous ne les relèverions pas, si nous n'avions cité indifféremment l'un et l'autre document officiel.

expositions suivantes n'aient pas toujours suivi, en cela, l'exemple donné par M. Charles Dupin, nous avons dû le mentionner, et nous ferons très-souvent usage des renseignements, ainsi fournis par lui, d'après le relevé des importations et des exportations, publié chaque année par l'administration des douanes.

L'exposition de 1834 compta deux mille quatre cent quarante-sept exposants ; c'était un tiers de plus qu'en 1827 ; et s'il n'en faut rien conclure en faveur du progrès de l'industrie, du moins l'indifférence de nos fabricants, dont se plaignait le jury de 1827, cessait-elle en 1834.

Les récompenses furent décernées dans les trois expositions de 1823, 1827 et 1834, comme dans les expositions antérieures, sur le rapport du jury central, qui forma lui-même son opinion sur les rapports des commissions spéciales chargées d'examiner les produits des diverses industries.

Voici d'abord la liste des fabricants à qui furent décernées des médailles d'or et la liste de ceux à qui le Roi conféra la décoration de la Légion d'honneur.

1823.

MM. AJAC, châles en bourre de soie imitant le cachemire.

BANSE et Cie, crêpes et gazes de différentes espèces et de diverses nuances.

BAUZON, châles cachemires à la manière de l'Inde.

BERNADAC père et fils, acier naturel et acier cémenté.

BONNAND, LAVERRIÈRE et BOUDOR, peigne sans ligature pour le tissage de la soie.

BRÉANT, traitement du platine et du palladium, acier damassé.

CAUCHOIX, lunettes de diverses grandeurs.

MM. CHAYAUX frères, draperie.

CHENAVARD, tapis en feutre verni.

COLLIER (John), machine à tondre les draps.

COULAUX et Cⁱᵉ, limes et râpes.

CUNIN (Laurent) et Cⁱᵉ, draperie.

DANET, draperie.

DAUTREMONT et DOYEN, laine peignée et filée à la mécanique, — étoffes mérinos.

DEBLADIS et Cⁱᵉ, tôles de fer.

—   —   fer-blanc.

DEFRENNES fils (madame veuve), cotons filés.

DEGALLOIS, fonte de fer.

DENIÈRE, ouvrages en bronze.

DIDOT (Firmin) fils, ouvrages typographiques.

DIDOT (Jules) aîné,   —

DUGAS, VIALIS, ESNAULT jeune et Cⁱᵉ, rubans de soie.

DUTILLEU, veloutés, étoffes figurées, satins gaufrés.

ERARD frères, harpes.

FAUCONNIER, orfèvrerie.

FORTIN, cercle mural.

FOUQUES, tôle fabriquée au laminoir.

FREMEAUX frères, cotons filés.

FRESNEL, phares lenticulaires.

FRICHOT, bijoux en acier poli.

GALLE, ouvrages en bronze.

GAMBEY, grand équatorial conduit par une horloge, nouvelle boussole, etc.

GERDRET (Anatole), draperie.

GIROD, PERRAULT, FABRY et MONTANIER, propriétaires du troupeau de Naz, laines mérinos.

GLAIZE et Cⁱᵉ, mousselines unies, brodées et brochées, etc.

GODARD père et fils, cristallerie.

GONFREVILLE, teinture sur fil de coton.

GUIRAL-VRAUTE (Anne), draperie.

HACHE-BOURGOIS, cardes fabriquées par procédés mécaniques.

HINDENLANG fils aîné, fils de duvet de cachemire et tissus de cachemire.

MM. Jackson père et fils, acier fondu.

Japy frères, mouvements d'horlogerie et produits de quincaillerie.

Jeffery-Horne, papiers de toutes sortes.

Labbé et Boigues frères, fer affiné à la houille et forgé au
laminoir.

Ladrière (veuve Ferdinand), calicots, percales et autres tissus
en coton.

Lerebours, lunettes de toutes grandeurs.

Maillé (Philippe), velours et satins.

Molé jeune, caractères d'imprimerie.

Moreau frères, blondes blanches et de couleur.

Pecqueur, système d'engrenage; diverses machines.

Pelletier (Henri), linge de table ouvré et damassé.

Pillet (Charles), étoffes pour tentures et pour meubles.

Poidebard, soie blanche, en cocons, en flottes et en mat-
teaux.

Polignac (le comte de), laine mérinos.

Pons, mouvements d'horlogerie.

Poupart (Abraham), machine à tondre les draps.

Poupart de Neuflize, laines cardées et laines peignées, filées
à la mécanique; draperie.

Quesné (Mathieu) et fils, draperie.

Rémond, limes.

Revilliod (Charles) et Cie, étoffes de soie diaphanes.

Rey, châles.

Risler frères et Dixon, pièces de machines coulées en fonte;
machines à éplucher le coton.

Rocheblave, soies en flottes.

Roswag fils, tissus métalliques.

Ruffié, aciers cémentés et aciers naturels.

Sabran, châles en bourre de soie imitant le cachemire.

Saint-Etienne (la Cie des mines de), fonte de fer.

Saint-Olive le jeune, gazes damassées avec bordures tissées en lames d'or, etc.

Samuel Joly et fils, cotons filés, percales, jaconas et autres
tissus.

Tonnelier et Cie, sel gemme.

MM. Tourrot, assortiment de plaqué en argent.

Viard, machines de filage et de tissage.

Wendel (de), fer affiné à la houille et forgé au laminoir.

1827.

MM. Appert, substances alimentaires et conservation de comestibles.

Arnaud et Fournier, mécanique pour le filage et cotons filés.

Balme et d'Hautencourt, châles en bourre de soie.

Boigues et fils, fer en barres.

Bréguet, horlogerie de précision.

Buyer (de) oncle et neveu, fer-blanc.

Calla, machines propres à la fabrication des tissus.

Carpentier (madame veuve), dentelles.

Cayla (madame la comtesse du), échantillons de laine lisse.

Clérembault et Lecoq-Guibé, mousselines diverses.

Collier (John), machine à peigner la laine.

Corderier et Lemire, damas et brocards pour meubles.

Coulaux et Cie, cuirasses.

Crespel-Dellisse, sucre de betterave.

Débladis, Auriacombe, Guérin jeune et Bronzac, cuivre rouge.

Denéirousse et Gaussen, châles en cachemire.

Derosne (Charles), calcination du sang des animaux.

Didot (Firmin) père et fils, gravure et fonte de caractères d'imprimerie.

Dollé (Alexandre), service damassé en fil.

Erard, pianos et harpes.

Fages (Jean-Louis), draperie.

Falatieu (le baron), fil de fer.

Flavigny (Louis-Robert) et fils, draperie.

Frère-Jean et fils, cuivre rouge, laiton et zinc.

Gambey, lunette méridienne.

Gréau aîné, coutils divers, futaine, finette.

Henriot frère, sœur et Cie, flanelles.

MM. Javal frères et Cie, mousselines et calicots imprimés.

Jessaint (le vicomte de), échantillon de laine ondée.

Laverrière et Gentelet, peignes pour le tissage des étoffes de soie.

Lelong oncle et neveu, étoffes diverses mélangées de coton.

Maisiat, tableaux en soie brochée.

Mamby et Wilson, fonte de fer.

Mercier père et fils, mousselines unies et brodées.

Musseau, limes en acier fondu.

Ollat et Desvernay, velours de soie.

Perrelet, horlogerie de précision.

Pleyel père et fils aîné, piano carré dit unicorde.

Pons, mouvements de pendules.

Pugens et Cie, marbre blanc statuaire et marbres de diverses couleurs.

Roux-Cardonnel, châles et fichus en bourre de soie.

Sabran père et fils, châles et mouchoirs en tissus Thibet.

Saint-Léger-Didot, modèles de machines à fabriquer le papier.

Schlumberger (Nicolas), coton filé.

Ternaux et fils, draps, casimirs, flanelles, tapis, lin filé à la mécanique et échantillons de blé conservé à l'aide de silos.

Turgis (Pierre), draperie.

Vicat et Cie, chaux hydraulique.

Le Roi accorda la décoration de la Légion d'honneur à

MM. Chayaux (Pierre), manufacturier de draps, à Sedan.

Aubertot père, maître de forge, à Vierzon (Cher).

Roux-Cardonnel, manufacturier d'étoffes de soie, à Nîmes.

Roze-Cartier (Raymond), manufacturier de draps et tapis à Tours.

Poidebard, filateur de soie, à Lyon.

Gambey, ingénieur, fabricant d'instruments de mathématiques, à Paris.

Turgis (Pierre), manufacturier de draps, à Elbeuf.

Guiral (David), manufacturier de draps, à Castres.

MM. DE SAINT-CRICQ-CAZEAUX (Edouard), manufacturier de
faïence, à Creil.

BELLANGE (Pierre-Louis), conseiller du Roi au conseil général des manufactures.

DENIÈRE, fabricant de bronzes, à Paris.

CAUTHION (Jacques), directeur des travaux de la manufacture
des glaces, à Paris.

MÉDAILLES D'OR EN 1834.

MM. ABADIE, mécanismes.

ADRIEN-JAPUIS, impressions.

ANDRÉ-KOECHLIN, machine à tisser.

AUBERT (Louis), tissus de laine ras et brochés.

AUZOU, anatomie plastique.

BAUMGARTNER et Cie, percales, jaconas.

BERTÈCHE-LAMBQUIN, draperie.

BERTHOUD frères, chronomètres.

BIETRY, fils de cachemire.

BORDIER-MARCET, appareils réflecteurs.

CAVÉ, machines à vapeur.

CHARTRON père et fils, soies ouvrées.

CHEFDRUE et CHAUVREULX, draperie.

CHEVALIER (Charles), instruments de physique.

COMPAGNIE DES FORGES ET FONDERIES D'ALAIS, fers.

COMPAGNIE DES VERRERIES DE SAINT-LOUIS, cristaux moulés.

DEROSNE (Charles), engrais.

DUPONT, finette de coton, futaine.

DURAND, BOUCHET et HAUVERT, tissus de soie.

ECHARCON (papeterie d'), papiers.

EGGLY, ROUX et Cie, mérinos, châles imprimés.

FAUQUET-LEMAITRE, cotons filés.

DIDOT (Firmin), papiers.

GIRARD, châles imitant l'indien.

GRANDIN (Victor et Auguste), draperie.

GRANGE, charrue.

GRIMPÉ (Emile), mécanismes divers.

GRIOLET, laine filée, mérinos.

MM. Gros-Jean Koechlin, impressions sur tissus.

Guibal (Julien), draperie.

Guimet, outre-mer.

Hartmann (Jacques), fils de coton.

Hartmann père et fils, impressions sur tissus.

Hebert (Frédéric), châles.

Henriot aîné et fils, flanelles, étoffes de fantaisie.

Lebas, grandes manœuvres d'architecture navale.

Leboeuf et Thibault, faïence dure.

Lemaire et J. Randouin, draperie.

Lerebours, instruments d'optique.

Lioud, soies filées.

Martin (Emile), lits en fer.

Mathevon et Bouvard, brocards d'or et d'argent.

Mathieu de Dombasle, charrue.

Motel, chronomètres.

Moulfarine, grandes machines.

Pape, pianos.

Philippe, modèles de machines.

Pihet, lits en fer.

Rattier et Guibal, caoutchouc.

Reverchon (Paul), châles bourre de soie.

Robert, armes à main.

Roller et Blanchet, pianos.

Rouvière-Cabanes, châles variés.

Saint-André, Poisat et Cie, affinage d'argent.

Saint-Cricq-Cazeaux (de), faïence dure.

Saint-Quirin (fabrique de), glaces.

Sallandrouze-Lamornais, tapis.

Saulnier, machines.

Schlumberger, Koechlin et Cie, impressions sur tissus.

Scrive frères, cardes.

Société d'Imphy, cuivre, tôle, bronze laminé.

Société des papeteries du Marais et de Sainte-Marie, papiers.

Sudds, Atkins et Baker, presses à huiles, machines à vapeur.

Talabot, faux, acier, limes.

MM. Taylor, appareils à air chaud.

Teyssier-Ducros, soies filées.

Thomas frères, tissus de soie.

Vantroyen, Cuvelier et Cie, cotons filés.

Wagner et Manson, orfévrerie.

Zuber et Cie, papiers peints.

Le Roi accorda la décoration de la Légion d'honneur à

MM. Bosquillon, fabricant de châles, à Paris.

Cauchoix, opticien, à Paris.

Cavé, mécanicien.

Chenavard (Henri), fabricant de tapis et de meubles.

Deblades, directeur des fonderies d'Imphy.

Delatouche, fabricant de papiers (Seine-et-Marne).

Derosne, fabricant de produits chimiques.

Dufaud (Achille), directeur des usines de Fourchambault.

Erard (Pierre), facteur de pianos et de harpes.

Fauquet-Lemaître, filateur de coton, à Bolbec.

Flavigny (Robert), fabricant de draps, à Elbeuf.

Grangé, inventeur de la charrue Grangé.

Gros-Jean Kœchlin, fabricant de toiles peintes, à Mulhouse,
(Haut-Rhin).

Guimet, inventeur du bleu d'outre-mer factice.

Hartmann (Jacques), filateur de coton, à Munster.

Heilmann (Josué), mécanicien.

Henriot (Isidore), manufacturier, à Reims.

Japy jeune, manufacturier, à Beaumont (Haut-Rhin).

Leutner, fabricant de mousselines, à Tarare.

Mouchel, manufacturier, à L'Aigle.

Patural, manufacturier, à Paris.

Pleyel (Camille), facteur de pianos.

Perrelet, horloger.

Revarchon, fabricant de châles, à Lyon.

Sallandrouze, fabricant de tapis.

Scrive, manufacturier, à Lille.

Thomire père, fabricant de bronzes, à Paris.

Zuber, fabricant de papiers peints.

On voit qu'en 1834 le roi Louis-Philippe accorda à l'industrie vingt-huit décorations de la Légion d'honneur, tandis qu'aux expositions précédentes le nombre des récompenses de cette nature avait été beaucoup plus restreint. S'il y avait en cela quelque prodigalité, elle était peu à craindre, puisque l'occasion ne devait s'en présenter qu'une fois en quatre ans aux époques de l'exposition. Les abus qu'il faut craindre surtout sont ceux dont l'occasion se renouvelle souvent.

TISSUS.

ARTICLE 1. — LAINAGES.

Nature des laines. — En ne considérant les laines qu'au point de vue de leur emploi dans la fabrication des étoffes, il est possible de les classer selon leurs qualités et de placer aux premiers rangs celles qui sont les plus propres aux différents emplois auxquels on les destine dans la fabrique; mais avant d'entrer comme matière première dans la fabrication des étoffes, la laine est, avant tout, une portion d'un produit agricole, et à ce point de vue, il est impossible de donner des récompenses aux producteurs, en ne considérant que la laine seulement : le mouton, y compris l'engrais qu'il procure, compose le produit agricole et il est certain que le prix qu'il y aurait lieu de donner aux producteurs de moutons devrait être attribué à celui qui, moyennant une dépense égale à celle de ses concurrents, obtiendrait, par l'éducation des moutons, le revient le plus considérable tant en viande, suif et laine, qu'en engrais.

Poser ainsi la question , c'est faire voir qu'elle est tellement complexe en elle-même et qu'elle se présente si diversement dans les différents pays, que l'on peut considérer comme absolument impossible que le Gouvernement donne des prix pour l'élève des moutons, au vu de la laine que leur toison fournit. Tel agriculteur aura plus de profit à élever les bestiaux propres à la boucherie, et le revient de la laine ne sera pour lui que la question secondaire ; tel autre devra considérer pour beaucoup la valeur de l'engrais, tandis que pour les troupeaux que l'on conduit l'été sur les montagnes incultes, cette portion du revient a bien moins d'importance : une multitude d'autres combinaisons empêchent qu'il soit possible de donner aux agriculteurs aucune récompense agricole en raison de la qualité de la laine de leurs troupeaux ; or, l'intérêt national se compose de la collection de ces intérêts particuliers ; ce qui profite le mieux à ceux-ci serait le plus digne de récompense dans le but d'indiquer l'exemple à suivre ; si cette récompense pouvait être donnée après un jugement certain (1).

Nous avons cru nécessaire de faire précéder de cette observation ce que nous allons dire sur les lainages pour

(1) M. Girod de l'Ain, rapporteur en 1844 de la commission d'amélioration des laines, a fort bien formulé la question dans les termes suivants : « Il serait fort à désirer que l'on pût se rendre un compte « plus exact qu'on ne l'a fait jusqu'ici, du prix de revient et du pro- « duit net de chacun des types de bêtes à laine que nourrit la France, « et qu'on pût dire, par exemple, combien, avec *une quantité* « *donnée de nourriture*, on peut entretenir de moutons, soit de *grande*, « soit de *moyenne*, soit de *petite taille* ; combien rapporte *cette quan-* « *tité donnée de nourriture* changée en laine, en viande, en suif et en « fumier, lorsqu'elle est consommée par telle race, ou par telle « autre. »

qu'il soit bien compris que le jury ne prononce sur le mérite des laines que comme matière première de fabrication; et cette observation explique aussi, en partie du moins, comment, avant 1823, aucun produit de toisons françaises ne figurait à l'exposition : et comment il y eut ensuite seulement d'exposés en 1823, 8 échantillons; en 1827, 15 échantillons; en 1834, 18 échantillons.

Ce dernier nombre est encore bien peu considérable, remarquait le jury central, pour l'importance d'une telle espèce de produits.

Indépendamment de l'observation que nous venons de faire, il faut remarquer encore que les laines des diverses espèces et des diverses qualités ont des emplois différents que nous allons faire connaître.

« La laine (1), considérée comme matière première, peut se diviser en trois espèces très-distinctes : 1° la laine commune ou laine indigène, qui sert principalement à la confection des matelas, des tapis, couvertures et objets de bonneterie et de passementerie; 2° la laine, dite de carde, plus ou moins affinée et améliorée par l'effet de l'introduction et de la multiplication des mérinos en France et spécialement destinée à la fabrication des étoffes foulées, c'est-à-dire de la draperie proprement dite; 3° enfin, la laine qui, aussi plus ou moins améliorée, est plus particulièrement destinée comme propre au peigne, à la fabrication des étoffes rases, c'est-à-dire non foulées; nous désignerons cette dernière sous le nom de laine de peigne. »

« La laine indigène ou laine à matelas, quoique pré-

(1) Rapport du jury central de 1849.

sentant différentes nuances de qualité et, par conséquent
de prix, n'exige pas que nous la subdivisions en sortes
distinctes ; c'est un produit indispensable, qui ne saurait
être remplacé par aucun autre, et dont l'emploi est
d'une très-grande importance. La France n'en produit
pas, à beaucoup près, autant qu'elle en consomme, et
les manufacturiers qui l'emploient demandent que la
production en soit encouragée ; mais, de toutes les espèces de lainages, c'est celles que l'agriculture a le moins
de profit à produire, quoique le prix en soit comparativement élevé, et qu'il soit, beaucoup moins que celui des
autres sortes, soumis à de grandes fluctuations de cours ;
les moutons qui produisent cette laine grossière coûtent,
il est vrai, moins à nourrir et à entretenir que les animaux
plus fins ; mais ils ne donnent ni plus de viande, ni plus
de suif, ni plus de fumier, et cependant leurs toisons légères et peu fournies ne valent que 3 ou 4 francs, tandis
que les toisons mérinos ou métisses pèsent et valent
trois ou quatre fois autant. On ne peut donc disconvenir
que, dans toutes les localités favorables à l'entretien des
races améliorées, il n'y ait pour l'agriculture un avantage
réel à les substituer aux races indigènes (1). »

« Pour les laines communes, le commerce ne paraît
solliciter aucune amélioration proprement dite ; il ne
demande que le *bon conditionnement* ; si on lui faisait
cette sorte de laine moins grossière, plus douce, plus
soyeuse, elle ne serait plus propre à la plupart des emplois auxquels il la destine. »

(1) Cette opinion du jury central peut paraître discutable au point
de vue que nous avons indiqué plus haut.

« Mais il n'en est pas de même de la laine employée à la confection des tissus dont l'homme a besoin pour se vêtir ; plus cette matière première, destinée à la draperie, et que nous avons appelée *laine de carde*, sera *fine, soyeuse, douce* et *élastique*, et meilleure sera l'étoffe qu'elle aura servi à fabriquer ; le problème à résoudre, le but à atteindre, c'est d'obtenir, au meilleur marché possible, la réunion de toutes ces qualités désirables pour satisfaire, non-seulement aux exigences de la classe riche, mais encore au bien-être des classes pauvres.»

« Il n'existe aucune raison de limiter la production de la laine fine, dite *de carde*, et c'est sans crainte, comme sans hésitation, qu'on doit encourager l'amélioration de cette sorte, indépendamment des motifs de haute prévoyance qui nous imposent l'obligation de nous préparer à soutenir, avec avantage, la concurrence des étrangers, dont les rapides progrès nous menacent sur notre propre marché de l'intérieur ; déjà nos fabriques commencent à goûter les laines d'Allemagne, qu'elles employaient, il y a peu de temps encore, en très-petite quantité, parce qu'elles ne savaient pas encore les traiter ; déjà l'importation en est considérable, elle tendra à augmenter indéfiniment, si notre agriculture ne se défend pas par la qualité de ses propres produits ; la meilleure des barrières pour elle, c'est l'*amélioration* (1). »

(1) Ceci était écrit en 1839 ; M. Girod de l'Ain ajoutait en 1844 :
« Déjà on a constaté que Sedan, qui employait annuellement pour
« une valeur de plus de 12 millions de laines françaises, n'en
« achète plus que pour moins de 500 mille francs ; tout le surplus
« de son approvisionnement est en laine d'Allemagne ; Elbeuf, qui
« consomme pour plus de 30 millions de laine chaque année,

« La laine de peigne, destinée à la fabrication des étoffes rases ou non foulées, voit son emploi prendre, chaque jour, plus d'importance. Cette laine se mêle, de mille façons diverses, à la soie, au cachemire et au coton; elle s'emploie pure dans la confection d'une foule d'articles nouveaux. Pour posséder toutes les qualités désirables, cette laine doit être *lisse, lustrée, fine, soyeuse* et *à longue mèche*. Les moutons anglais, à longue laine, produisent un lainage doué de ces qualités, qui les font particulièrement rechercher. On s'est efforcé, depuis plusieurs années, de multiplier ces animaux en France; mais un petit nombre d'essais ont réussi jusqu'à ce jour : la plupart, probablement mal conçus et mal dirigés, ont complétement échoué. Il est à regretter que, du moins, les éleveurs qui se sont particulièrement occupés de cette introduction, et qui ont vu le succès couronner leurs efforts, n'aient pas exposé quelques échantillons de leurs produits. »

« Faute de recevoir de l'agriculture et du commerce une assez grande quantité de laines lisses et lustrées, nos fabricants d'étoffes rases ont employé et emploient encore les laines mérinos ou métisses, plus ou moins fines, que nous avons rangées dans la seconde classe, et les beaux tissus qu'ils exposent montrent assez qu'ils savent en tirer parti; mais il est à croire qu'ils préféreraient des laines moins élastiques, moins feutrantes, et donnant,

« tiré la moitié de cette quantité de l'Allemage, qui, en 1839, ne lui
« fournissait que le cinquième environ de sa consommation. »
Le rapporteur du jury de 1849, M. Yvart, n'a point considéré la question des laines à ce point de vue de la concurrence étrangère. (Voir *Expositions de 1839, 1844 et 1849*.)

conséquemment, moins de déchets au peignage; et il est permis de penser que l'entretien des races qui les fournissent conviendrait, en France, à beaucoup de localités, et précisément à celles qui ne peuvent, sans désavantage, nourrir la race mérinos. »

On voit par ce qui précède, combien il importe à la fabrication des étoffes de laine, que le marché soit amplement fourni des laines les plus belles dans les diverses qualités propres au peigne ou à la carde, et comme, en définitive, la laine fait une partie considérable du produit de l'éducation des moutons, on voit aussi qu'il n'importe pas moins à l'agriculture d'élever des moutons qui, toutes choses égales d'ailleurs, leur donnent les plus belles laines qu'il leur sera possible d'obtenir, car le prix du kilogramme de laine en suint varie de 1 fr. 50 c. à 6 fr. Tous les gouvernements de l'Europe ont, depuis longtemps, fait de grands efforts, dont ils récoltent aujourd'hui les fruits, pour améliorer la race de leurs moutons. Colbert s'était occupé de ce soin, et il avait tenté d'introduire en France, la race des moutons espagnols ; mais il n'a pu vaincre les difficultés qu'il rencontra : malgré les essais qui furent continués après lui, ce ne sont réellement que ceux de 1752, faits par M. de Perce, au parc de Chambord, qui nous ont mis dans la voie d'amélioration où nous avons marché depuis. Daubenton, pour remplir les vues du ministre Trudaine, acheva de prouver la possibilité de naturaliser en France, avec de grands avantages, les moutons à laine fine d'Espagne; en 1786, l'établissement de Rambouillet fut fondé, et l'on sait les résultats qu'il a obtenus. La Suède avait, la première, dès 1723, et malgré la rigueur de son climat, naturalisé chez elle un troupeau de moutons espagnols. La Saxe, après la Suède, fut le pays qui obtint les succès les plus faciles; en 1765, l'Électeur procura à ses sujets cent béliers et deux cents brebis mérinos et un même nombre en 1778; il institua, en outre, plusieurs écoles de bergers; la propagation de ces animaux a été depuis si considérable que les laines de Saxe sont l'un des produits les plus considérables et l'une des sources de la prospérité de ce pays : l'Autriche dut, en 1775, à Marie-Thérèse ses premiers mérinos, et la plupart des petits princes allemands, sentant aussi l'avantage qu'ils retireraient de l'introduction dans leurs États de cette belle race de moutons, employèrent avec succès leurs efforts à s'en procurer des individus. Le Danemark, depuis le commencement du siècle, et la Norwège, trente ans plus tôt, avaient amélioré les races de leurs moutons indigènes par le croisement avec les races espagnoles : la Prusse s'en était enrichie dès 1786, et la Hollande elle-même, malgré l'humidité de son climat, n'avait pas moins réussi à acclimater les moutons espagnols sur son territoire, tout couvert qu'il est de brouillards et de marécages.

L'Angleterre, riche qu'elle était de ses belles races de moutons à laine fine et longue, avait toujours négligé l'amélioration des races à laine superfine; mais elle aussi a, plus tard, importé les races espagnoles.

Il y a, en Espagne, deux variétés dans les bêtes à laine: les *mérinos* ou moutons voyageurs, et les *estantes* ou moutons sédentaires. Les premiers, qui fournissent les laines *léonesses*, ou ségoviennes, jouissaient de la plus grande renommée.

Mais il ne faut pas oublier que si l'Espagne avait seule autrefois le privilége de fournir au monde les plus beaux, comme les meilleurs lainages, et si les races de ses moutons ont servi à améliorer toutes les races indigènes du nord de l'Europe, elle voit cependant aujourd'hui, pour avoir négligé chez elle les améliorations, les produits de ses nombreux troupeaux dépréciés, classés en ordre inférieur, et repoussés malgré leurs bas prix ; tandis que ceux de France, d'Allemagne, de Hongrie, de Crimée et de cent autres lieux leur sont de beaucoup préférés.

En 1834, le jury central constatait que la race mérinos était parfaitement acclimatée dans l'ouest, le centre et l'est du Royaume, et il pensait que l'on pourrait propager avec succès dans un grand nombre de départements, surtout dans ceux où les mérinos prospéraient avec le plus de difficultés, la race des moutons à laine longue, lisse et lustrée, si précieuse pour le peignage et qui sont un élément de richesse pour la Hollande et l'Angleterre.

En 1823, le jury décerna la médaille d'or à MM. Girod, Perrault, Fabry et Montanier, propriétaires du troupeau de Naz, fondé en 1798, dans l'arrondissement de Gex (Ain), par M. Girod de Lépineux. Ce troupeau était alors composé de 1,800 têtes de race pure. « Les individus de cette race, disait le jury central, ne sont pas distingués par la grandeur de leur taille ; mais ils sont remarquables par la beauté de leur toison. La laine qu'ils fournissent a paru à l'exposition de 1823, en suint et en échantillons lavés ; elle est, en général, courte, soyeuse, un peu frisée, et d'une rare égalité dans toutes ses parties. Elle possède à la fois la finesse et le nerf, la douceur et l'élasticité, qualités indispensables pour la fabrication des draps superfins, et qui, jusqu'alors, ne s'étaient point trouvées réunies dans les laines françaises. »

« Des expériences directes ont été faites, sous l'influence de la chambre consultative des arts et manufactures de Sedan, pour déterminer, d'une manière positive, le *rendement* de cette belle qualité de laine après le lavage complet, la proportion de *prime* qu'elle renferme et son produit absolu en fabrication. Sous ces trois principaux rapports, il a été constaté qu'elle soutenait avantageusement la concurrence avec les laines électorales de Saxe. Mise en œuvre dans les ateliers de MM. Frédéric Jourdain, à Louviers, et Cunin-Gridaine, à Sedan, elle a produit les beaux draps verts, bleus et noirs que ces habiles manufacturiers ont exposés. »

Ce troupeau de Naz comprenait, en 1834, 2,500 têtes.

Le jury de 1823 décerna une seconde médaille d'or à M. le comte de Polignac pour *la pile*, ou ensemble de troupeaux, qu'il avait depuis longtemps formée dans le Calvados.

« Un système d'administration (1) qui diffère du *faisant valoir* et du cheptel légal, est suivi avec succès par M. le comte de Polignac. Il consiste à placer temporairement les troupeaux chez différents fermiers, à charge d'une

(1) Rapport du jury central.

pension fixe, calculée par tête de bétail, et à les soumettre néanmoins à un régime uniforme de surveillance.
Les avantages particuliers de ce système paraissent être
de rendre la possession du bétail totalement indépen-
dante de celle des terres, et de se prêter conséquemment
à l'extension la plus illimitée des troupeaux, de permettre la dissémination des piles sur de grands espaces ;
par là, de rendre les épidémies plus rares et moins meurtrières ; enfin, de laisser toujours le propriétaire maître
du choix des pâturages, et de lui conserver sans cesse
un pouvoir absolu pour diriger le croisement des races,
l'éducation du croît annuel, et généralement tout ce qui
concerne l'exploitation et l'amélioration de ses troupeaux. »

« La pile entière était, en 1823, composée de 7,000 individus ; par l'accroissement naturel, il est vraisembla-
ble qu'elle sera portée, dans le courant de 1834, à
10,000, dont 3,000 brebis portières. Cette magnifique
réunion de troupeaux, à laquelle nulle autre en France
ne peut être comparée pour le nombre, n'admet que des
animaux choisis, de race pure, parfaitement appareillés
de nature et de taille, et provenant tous d'une seule et
même souche primitive. »

« Les laines qu'elle fournit sont remarquables par une
égalité parfaite et par une force qui n'exclut pas la
finesse. Le triage rigoureux auquel on les soumet sur
place, le lavage complet qu'elles supportent ensuite, au
chef-lieu même de l'établissement, donnent, en outre, à
ces laines une qualité soutenue et un degré constant de
blancheur. »

Le troupeau du Calvados comptait, en 1834, plus de 11,000 têtes.

Le jury de 1827, en rappelant les médailles d'or et d'argent obtenues par les propriétaires des troupeaux de Naz et du Calvados, accorda une médaille d'or à M. de Jessaint pour son troupeau de Beaulieu (Marne), formé de bêtes à laine provenant du croisement d'animaux provenant les uns de Rambouillet, les autres de Naz.

Le jury de 1827 accorda aussi une médaille d'or à madame la comtesse du Cayla, pour avoir puissamment contribué à l'introduction en France de la race des moutons qui produit la laine lisse.

Mais, dès 1834, le jury regrettait vivement que les riches propriétaires qui, par de nombreux sacrifices, avaient multiplié sur notre sol les bêtes à laines fines et lustrées, n'eussent point envoyé cette année d'échantillons de ces laines à l'exposition.

Le jury de 1834 se plaignait également de ce que les laines moyennes, provenant des moutons obtenus par le croisement des mérinos avec les races indigènes, manquaient à l'exposition ; aussi ne décerna-t-il aucune médaille d'or.

Telle était la situation de la production des laines en 1834, et l'on sait, en outre, qu'à cette époque l'importation des laines de Saxe et, en général, des laines allemandes sur notre marché, était fort considérable. Nous verrons aux expositions suivantes quelles ont été les phases de la production des laines en France.

§ I. **Filage des laines.** — « (1) Le filage de la laine offre deux arts bien distincts par leurs procédés et par les difficultés qu'ils ont à vaincre. »

« L'objet du premier est de filer la laine qui doit être cardée, pour fabriquer des étoffes garnies et fortifiées ensuite par le feutrage. »

« L'objet du second est de filer une laine qui doit, au préalable, avoir été peignée, pour fabriquer des tissus ras, où la chaîne et la trame conserveront leur apparence. »

« Le filage des laines cardées, qui sont les laines on-dées ou crépues, était beaucoup plus facile à pratiquer par des procédés mécaniques ; c'est aussi le premier que Douglas et Cockerill aient introduit avec succès, en 1803, dans les ateliers français et belges, par des moyens qui présentent beaucoup d'analogie avec le filage du coton. »

« Le filage des laines peignées réclamait des procédés entièrement nouveaux. »

« Lors de l'exposition de 1819, le jury central s'expri-mait ainsi : Il est exact de dire qu'on ne connaît, *quant à présent*, d'une manière certaine, aucune machine qui ait exécuté le peignage en grand. La laine peignée est remise à des fileuses au rouet, qui la convertissent en fil. »

« Cependant, dès 1811, M. Dobo mettait en activité dans la fabrique de M. Ternaux, à Bazancourt, la machine à filer la laine peignée, qui a remporté le prix de la So-ciété d'encouragement, en 1815, et la médaille d'argent en 1819. »

(1) Rapport du jury central.

« De 1819 à 1823, cet art fit des progrès sensibles. Des médailles d'or furent obtenues par MM. Dautremont et Doyen, qui présentaient déjà le numéro 60 pour la chaîne, et le numéro 100 pour la trame, dans leur grande filature de Villepreux (Seine-et-Oise); par MM. Lemoine-Desmarres, à Sedan, et Poupart de Neuflize, à Mouzon, Angelcourt et Neuflize (Ardennes). »

« En 1827, les établissements de M. Poupart de Neuflize offraient 9,000 broches, pouvant filer, par jour, 145 kilogrammes de laine peignée; ces fils, formés de laine mérinos, étaient, pour le jury central, un objet d'admiration. »

« Il est, en effet, incomparablement plus difficile de filer le mérinos peigné que la laine longue et lisse, telle que la fournissent les beaux troupeaux d'Angleterre; mais le nombre des animaux à longue laine, lisse et lustrée est encore, chez nous, extrêmement inférieur aux besoins de notre agriculture. »

« Voilà ce qui contraint notre industrie à peigner la laine mérinos, pour nos étoffes rases, telles que les tissus appelés spécialement mérinos, les serges, etc. »

« Pour une foule d'étoffes nouvelles, on a mis en usage la laine peignée. Il faut citer au premier rang nos tissus mérinos, dont la supériorité sur les mérinos anglais est aujourd'hui bien constatée.

« Aussi maintenant, sur 157,569 kilog. de tissus mérinos exportés, l'Angleterre seule en absorbe 52,743 kilog., qui se vendent avantageusement sur ses marchés.

« C'est avec les fils de laine peignée que nous fabriquons les cachemiriennes, les bombasins, les alépines, etc.;

c'est encore à la laine peignée que nous devons les tissus appelés *Thibet*, qui remplacent, avec une extrême économie, les fils de cachemire dans la fabrication des châles. »

« Pour exprimer en termes positifs les progrès du filage des laines peignées, nous dirons qu'en 1827, le numéro 80 paraissait le plus haut degré de finesse auquel on pût atteindre, et qu'à l'exposition de 1834, l'industrie s'est élevée jusqu'aux numéros 110 et 120, obtenus sans beaucoup de difficultés. Une plus longue expérience, une aptitude plus exercée ont permis aux ouvriers de produire davantage dans un temps donné ; il en résulte, depuis sept ans, une baisse graduelle dans le prix de la main-d'œuvre ; on porte jusqu'à 30 pour 0/0 cette baisse, et cependant la journée du fileur s'élève encore, suivant son habileté, depuis 3 francs jusqu'à 10 francs (1). »

Le jury de 1823 décerna deux médailles d'or à MM. Dautremont et Doyen de Villepreux qui avaient envoyé de la laine peignée et filée à la mécanique jusqu'au numéro 60, pour la chaîne, et jusqu'au numéro 100, pour la trame ; et à M. Poupart de Neuflize, pour leurs laines cardées et peignées, filées à la mécanique dans leurs établissements de Mouzon, d'Angelcourt, de la Moncelle et de Neuflize.

Le jury de 1827 n'accorda pas la médaille d'or, mais il décerna une médaille d'argent à M. Eugène Griolet, filateur à Paris, qui obtint la médaille d'or en 1834, et qui présenta cette année-là :

. 1° Une série de fils de laine peignée pour chaîne de

(1) Voir le paragraphe *De la laine peignée*, Exposition de 1849.

tissus mérinos, mousselines de laine, etc., depuis le numéro 30 jusqu'au numéro 75, c'est-à-dire depuis 42,000
jusqu'à 106,000 mètres par kilogramme ;

2° Une série de fils du mélange, 3 de laine et 2 de
soie, appelé *Thibet*, pour trame et pour chaîne ;

3° Des fils doublés et retors pour chaîne, d'une supériorité remarquable. Ces fils ont été le sujet de l'examen le plus scrupuleux ; ils sont produits par des métiers
de 320 broches, que M. Griolet a le premier adaptés à ce
genre de filature.

Le développement des travaux de ce fabricant en attestait le succès, comme il en accroissait l'importance. En
1827, M. Griolet, avec 20 ouvriers et des métiers pour
800 broches, ne livrait par jour à la consommation que
15 kilogrammes de fils ; en 1834, il employait 150 ouvriers, faisait agir 10,030 broches, et filait par jour
250 kilogrammes. Un fileur et deux rattacheurs lui suf-
fisaient pour conduire à la fois deux métiers ayant chacun
320 broches.

Supérieur peut-être aux Anglais pour la filature de la
laine fine, il livrait journellement à la consommation des
fils numéro 80 $^m/_m$; tandis que nos rivaux ne dépassent
pas leur numéro 60, qui correspond au 50 $^m/_m$ français.

§ II. TISSAGE, ÉTOFFES DE LAINE. — L'exposition de
1819 avait montré quels immenses progrès l'application
des procédés mécaniques avait fait faire, en France, à la
fabrication des tissus de laine, en général, et surtout à
celle des étoffes drapées. Le jury de 1827, et ensuite celui
de 1834 constataient, d'une part, que l'esprit d'imitation

et d'émulation qui régnait entre les nombreuses manufactures d'étoffes de laine formait entre elles une sorte de fonds commun de lumière et d'expérience qui faisait ressortir, d'un succès individuel, une foule d'améliorations.

D'une autre part, ils constataient une réduction sensible dans les prix.

Les expositions des étoffes de laine furent on ne saurait plus remarquables en 1823, 1827 et 1834. Elles montrèrent une industrie parvenue au plus haut point de perfection dans la plupart de ses produits. Aussi les jurys décernèrent-ils aux fabricants de nombreuses médailles d'or.

Pour les étoffes drapées ; en 1823, à MM. Guibal-Veaute (*Anne*), à Castres ; Danet, à Beaumont-le-Roger ; Quesné (*Mathieu*) et fils, à Elbeuf ; Cunin-Gridaine (*Laurent*), et Bernard, à Sedan ; Anatole Gerdret, à Louviers ; Chayaux frères, à Sedan ; et pour l'ensemble de leurs produits, à M. Poupart de Neuflize la médaille d'or que nous avons déjà mentionnée à la filature des laines. Le jury aurait aussi décerné la médaille d'or à M. Lemoine-Desmarres de Sedan, s'il n'eût été membre du jury et par cette raison mis hors de concours.

En 1827, une nouvelle médaille d'or fut décernée à MM. Ternaux et fils pour l'ensemble de leurs produits. Le jury accorda aussi la médaille d'or à MM. Flavigny (*Louis-Robert*) et fils, d'Elbeuf ; à M. Fagès (*Jean-Louis*), de Carcassonne.

Le roi Charles X nomma, en outre, chevaliers de la Légion d'honneur : MM. Guibal (*David*), de Castres, Turgis

(*Pierre*), d'Elbeuf; Chayaux (*Pierre*), de Sedan, et Roze-Cartier (*Raymond*), fabricant de draps et de tapis à Tours.

En 1834, le jury honora de la médaille d'or les produits de MM. Bertèche, Lambquin et fils, de Sedan; Chefvrue et Chauvreulx, d'Elbeuf; Victor et Auguste Grandin, d'Elbeuf; Lemaire et Randoing, d'Abbeville; Julien Guibal jeune et compagnie, de Castres.

Le roi Louis-Philippe décora, en outre, de l'ordre de la Légion d'honneur M. Flavigny (*Robert*), d'Elbeuf.

Pour les étoffes rases, la médaille d'or fut accordée, en 1823, à MM. Dautremont et Doyen pour l'ensemble de leurs produits, ainsi que nous l'avons mentionné à la filature des laines;

En 1827, à MM. Henriot frère, sœur et compagnie, à Reims;

En 1834, à MM. Henriot aîné et fils, à Reims.

Le Roi décora, en outre, M. Henriot (*Isidore*), de Reims.

Pour les étoffes de fantaisie et autres, la médaille d'or fut accordée, en 1834, à MM. Eggly, Roux et compagnie, à Paris, pour des produits de diverses sortes qui réunissaient au goût qui séduit les yeux, la science de la fabrication; à M. Louis Aubert, à Rouen, qui s'était placé au premier rang par l'art avec lequel il avait su mettre en œuvre la laine longue et lustrée pour la fabrication des étoffes brochées pour robes damassées, pour meubles, ou côtelées pour pantalons.

Le jury de 1834 aurait décerné la médaille d'or à la maison de Paris, Paturle, Lupin et compagnie, si le chef de cette manufacture ne s'était mis hors de concours en faisant partie du jury. Le roi Louis-Philippe le nomma chevalier de la Légion d'honneur. L'important établissement de MM. Paturle, Lupin et compagnie, établi au Cateau vers 1820, lorsque la fabrication des batistes perdait de son activité dans l'arrondissement de Cambrai, avait pris une telle importance, en 1834, qu'elle employait par an 400,000 kilogrammes de laine lavée, et qu'elle occupait 6 à 7,000 ouvriers, dont 1,000 dans l'intérieur de la fabrique.

ARTICLE 2. — DUVET DE CACHEMIRE.

§ I. ÉDUCATION ET CROISEMENT DES CHÈVRES CACHEMIRES. — Le jury de 1827 annonçait que les essais tendant à naturaliser en France les chèvres à duvet de cachemire étaient suivis avec persévérance. Déjà il était certain que ces chèvres pourraient se naturaliser sur notre sol et qu'elles y conserveraient le duvet délicat dont la nature les a revêtues sous leur climat natal. Dès avant 1823, le gouvernement avait formé lui-même, à Perpignan, un troupeau de chèvres de la race kirghize. Quelques chèvres thibétaines qu'il avait achetées étaient soignées à l'école vétérinaire d'Alfort; enfin un troupeau, composé déjà de 40 têtes, avait été formé à Montmartre, et il provenait de deux chèvres de race indienne, accouplées avec le bouc indien de Calcutta et avec celui de la Haute-Égypte existant à la ménagerie du Roi. M. Polonceau, ingénieur des ponts et chaussées à Versailles, qui obtint, en 1827, une médaille d'argent, avait été conduit à penser, par des observations fort judicieuses, que le jarre ou poil grossier, sous lequel se trouve le duvet des chèvres du Kirghize, pouvait, par des améliorations et des croisements de races, se trouver converti en duvet. Dans ce but, il croisa une chèvre kirghize, de l'importation Ternaux, avec un bouc d'Angora : il composa successivement ainsi un troupeau de 25 individus, tous de cette race croisée qui fournissent, chaque année, 10 ou 12 onces de duvet avec fort peu de jarre.

L'exposition de 1834 ne fit pas connaître si les essais précédemment entrepris, ou les essais nouveaux, permettaient d'espérer que la France produirait elle-même les 75 à 77 mille kilogrammes de duvet de cachemire, qu'elle importe chaque année, au prix de 7 à 9 francs le kilogramme.

Et, arrivés en 1855, nous ne constatons guère quel était l'état de ces essais, en 1827, que pour conserver le souvenir d'une expérience dont l'avenir est, à cette heure, au moins fort compromis (1).

§ II. FILAGE DU DUVET DE CACHEMIRE. — De 1819 à 1834, le filage du duvet de cachemire a fait exactement les mêmes progrès que le filage de la toison des bêtes à laine. Non-seulement, en 1834, on filait des numéros beaucoup plus élevés même qu'en 1827, mais on parvenait à une diminution de prix de 25 à 30 p. 0/0.

M. Biétry, de Villepreux, obtint, en 1834, une médaille d'or pour la filature du duvet de cachemire.

§ III. CHALES. — « (2) La fabrication des châles appelés *cachemires français* offre deux divisions essen-

(1) Voir en 1849 l'article *Filage du duvet de cachemire.*
(2) Rapport du jury central.

tiellement distinctes : l'une marquée par la nature du travail, l'autre par celle de la matière. »

« Par le procédé des Indiens, tous les reliefs se font au fuseau, à l'époulin, d'où provient le nom d'*époulinage*. Le châle français se fait avec la navette, au *lancé* de cet instrument. »

« Tous nos fabricants de premier ordre savent faire, tous ont fait le châle indien par l'époulinage. Mais il restait à remplir une condition, celle de l'économie dans la main-d'œuvre ; cette condition avait suffi pour motiver l'abandon de cette méthode : un fabricant lyonnais conçut l'heureuse idée d'unir à l'époulinage les effets du métier Jacquart ; ses châles, imités en cela du vrai cachemire, n'ont pas besoin d'être découpés à l'envers. Mais il existe une grande différence entre les deux procédés. Dans le travail indien, la fleur et le fond se font au fuseau, par le moyen d'un crochetage qui les rend pour ainsi dire indépendants de la chaîne. Dans le travail lyonnais, la mécanique lève les fils de la chaîne, le fuseau broche et la fleur est liée à la chaîne par les coups de trame lancés dans toute la largeur. On épargne ainsi beaucoup de main-d'œuvre ; on fait illusion à l'œil, et les châles qu'on obtient ne coûtent guère plus cher qu'au lancé. Ce procédé cependant est borné dans les effets qu'il peut produire ; mais c'est un premier pas dans une voie où l'on doit espérer de grandes améliorations. »

« Quant aux châles faits au lancé, par l'application de la mécanique au découpage des fils superflus de la trame, qui constituent l'envers du broché, l'on donne à ce genre de tissus une souplesse, une légèreté toutes nouvelles : un tel perfectionnement en a multiplié l'usage. »

« Considérés relativement à la matière, les châles français offrent trois classes bien distinctes, appartenant aux fabriques spéciales de Paris, de Lyon et de Nîmes. »

« Paris confectionne le cachemire français proprement dit, celui dont la chaîne et la trame sont en pur fil de cachemire. Ce châle reproduit avec fidélité les dessins et les nuances du châle indien sur lequel il est calqué : l'illusion serait complète si la vue de l'envers découpé ne la faisait cesser. Quels que soient la richesse du dessin oriental, la variété, l'éclat, les oppositions des couleurs, l'ouvrier parisien peut tout essayer et réussir à tout. S'il ne connaît plus de bornes à ses succès, comme à ses tentatives, c'est que la fabrication a reçu, depuis quelques années, des perfectionnements essentiels. D'heureuses innovations dans la disposition des métiers et l'application du système de Jacquart, une mise en carte mieux entendue, ont permis de réduire la moitié sur les coups de trame et les trois quarts sur le jeu des fils de chaîne, de manière à pouvoir exécuter des dessins d'une seule répétition, ayant 130 centimètres, sans plus de frais qu'il n'en avait coûté précédemment pour un dessin de 26 centimètres. »

« Le châle hindou, qui se fabrique également à Paris, ne se distingue du cachemire français que par la chaîne qui est en fil bourre de soie, matière plus facile à travailler et plus économique. On ajoute à cette économie en diminuant le nombre des couleurs et en donnant une moindre réduction au tissu. Les résultats de ce bon marché sont une préférence générale, en France, sur le châle de laine, qui n'a plus guère que la ressource de l'exportation : cette exportation surpasse annuellement la valeur de 2,500,000 francs. »

« Lyon a fait les plus grands progrès dans la fabrication des châles. Cette ville a créé les châles bourre de soie ; elle excelle dans le tissu des châles Thibet, où la trame est un mélange de laine et de bourre de soie ; elle exécute aussi le châle hindou, qu'elle imite directement.»

« Nîmes a fait d'autres progrès non moins dignes d'éloges. On ne saurait pousser plus loin l'art de produire des effets avec des moyens simples et peu coûteux : c'est cet art ingénieux qui rend les produits de Nîmes si propres à des exportations chaque année plus considérables. En même temps, cette ville rivalise avec Lyon et Paris pour la consommation intérieure, tantôt par des genres simples et de bon goût, tantôt par des genres à effets heureusement combinés. Mais son caractère et son grand moyen de séduction seront toujours le bon marché. Elle emploie pour ses châles la bourre de soie pure, le thibet et le coton ; un petit nombre de ses fabricants a fait encore des châles en laine pour l'étranger, et quelques départements. »

Le jury central a décerné la médaille d'or, en 1823, 1827 et 1834, à un assez grand nombre des habiles fabricants qui ont fondé, développé ou conduit à la plus haute perfection la belle industrie de la fabrication des châles :

En 1823, MM. Bauzon, à Paris ; Lagorce aîné et Cie, à Paris ; Bosquillon, à Paris ; Rey, à Paris ;

En 1827, MM. Deneirouse et Gaussen, successeurs de M. Lagorce, à Paris;

En 1834, MM. Girard, à Sèvres ; Frédéric Hébert, à Paris.

Le roi Louis-Philippe nomma, en 1834, chevalier de la Légion d'honneur, M. Bosquillon, fabricant de châles à Paris.

ARTICLE 3. — SOIES.

§ I. SOIES GRÈGES. — 1° *Nature des soies.* Quelque lents que soient nécessairement les progrès qui dépendent de l'amélioration des races d'animaux, ainsi que nous avons eu occasion de le voir, lorsqu'il s'est agi de la laine des moutons et du duvet des chèvres kirghizes, l'éducation des vers à soie *sina* avait fait cependant de remarquables progrès de 1819 à 1834.

Dès 1823, le jury central constatait que la soie blanche naturelle, ou *soie sina*, était à l'exposition, dans une proportion plus forte que la soie jaune. On pouvait douter, toutefois, que la proportion de la production en France, entre l'une et l'autre, fût la même que celle constatée à l'exposition. Le jury ajoutait, il est vrai, que la race de ver qui la produit est non-seulement bien acclimatée en France, mais qu'elle tend encore à s'y multiplier de plus en plus. Le ver sina, mieux étudié, et par conséquent mieux connu, a triomphé des préventions dont il était l'objet. Nos cultivateurs sont maintenant bien convaincus, 1° qu'il n'est pas plus sujet à mortalité que le ver à cocons jaunes, qu'il est même plus robuste et file plus nerveux; 2° qu'il monte plus vite à la bruyère, qu'il peut conséquemment échapper à l'influence des vents brûlants du sud qui soufflent, dans le bassin du Rhône et sur les bords de la Méditerranée, à l'époque où l'autre ver se dispose à faire sa coque; 3° enfin, qu'il fournit une soie dont le blanc est inaltérable, et sur laquelle on obtient des couleurs plus vives.

Le jury ajoutait que la culture de la soie continuait à prospérer dans les départements du Gard, de l'Ardèche, de la Drôme, de la Loire, de l'Hérault, de la Haute-Garonne et des Bouches-du-Rhône; qu'elle reprenait son essor dans les Pyrénées-Orientales, où elle était restée en souffrance, et qu'elle s'introduisait dans les environs de Lyon, y compris le département de l'Ain.

Le jury de 1827 allait plus loin : « On croit, disait-il, que nos départements les plus méridionaux sont les seuls qui soient propres au parfait développement du mûrier, conséquemment les seuls aussi où l'éducation du ver à soie puisse devenir l'objet d'une spéculation avantageuse. Non-seulement plusieurs auteurs judicieux ont écrit pour combattre ce préjugé; mais nous annonçons avec plaisir que leurs efforts n'ont pas été vains. Depuis 1812, le mûrier prospère dans les environs de Lyon par les soins de M. Poidebard, à qui le jury de 1823 a donné une médaille d'or rappelée en 1827, mais même il fleurit maintenant et donne déjà des produits à Dôle (Jura); enfin on a vu, à l'exposition de 1827, des soies grèges récoltées à Moulins, à Strasbourg et à Paris. »

Le jury de 1834 semble n'avoir pas confirmé toutes les espérances que le jury de 1827 invitait à concevoir : tout en reconnaissant que la soie blanche augmente ses produits avec rapidité, et que bientôt les soies de Nankin et de Novi ne pourront plus soutenir la concurrence avec cette espèce de produits, de plus en plus améliorée par l'industrie française, il ne peut cependant s'empêcher de remarquer que les soies étaient bien loin d'être représentées à l'exposition avec la richesse qu'elles poûvaient déployer ; son regret est d'autant plus vif que l'on avait vu aux expositions précédentes des produits des départements de l'Allier, du Jura et même du Bas-Rhin, et que de tels faits prouvent que les trois quarts du sol français peuvent admettre la culture du mûrier et l'éducation du ver à soie, quoique cette culture doive toujours être plus avantageuse dans la moitié méridionale du royaume.

Peut-être viendra-t-il un jour où toutes les causes qui s'opposent encore aux progrès de l'agriculture et des arts industriels, en Corse, se seront assez amoindries pour que les projets des premiers possesseurs de cette île, puissent s'y réaliser, et pour que la culture du mûrier y prenne toute l'importance qu'elle pourrait y avoir.

2° *Filature de la soie.* Dès 1823, le jury constatait que le tirage des cocons ou le filage de la soie, était exécuté, presque partout, à l'aide de bassines dont l'eau est chauffée à la vapeur. Ce procédé, dont l'invention est due à M. Gensoul, de Lyon, diminue la consommation du combustible, régularise le travail des fileuses, permet de porter, en peu de temps, l'eau des bassines à la température voulue, et, par un renouvellement continuel, la tient sans cesse dans un état de propreté qui rend la soie plus pure et donne au filage plus de netteté.

Dans le bel établissement de M. Bonnard, à Lyon, le

travail des tourneuses a été remplacé par un mécanisme
ingénieux que fait mouvoir un seul moteur. Ce changement, depuis longtemps désiré, diminue les frais de main-
d'œuvre et permet de placer les filatures dans des locaux
moins étendus. En 1827, le jury reconnaissait que l'usage
plus répandu des appareils à la vapeur avait sensiblement
amélioré la qualité des soies françaises et qu'on leur trouvait, en général, une pureté plus grande et un filage plus
net; mais que le moulinage, quoique mieux entendu
dans quelques usines, laissait beaucoup à désirer dans le
plus grand nombre.

Nous suivons avec soin cette série de progrès de la
filature des soies, parce que c'est, en grande partie, à la
filature que nous pouvons devoir les succès de l'industrie
des soieries.

En 1834, le jury s'exprimait ainsi : « L'usage des appareils à la vapeur n'a point encore fait disparaître complétement les anciens procédés plus coûteux et moins
parfaits; cela se remarque surtout dans les pays de petite
culture, où les propriétés sont très-morcelées : là chacun
exploite sa récolte et file ses cocons, dont la masse est
trop peu de chose pour permettre la dépense d'un appareil à la vapeur. L'imperfection des soies filées, avec l'aide
de fourneaux isolés, produit un défaut inhérent aux pa-
cotilles ; c'est l'irrégularité qu'on reproche si justement
à beaucoup de nos soies méridionales. »

« Pour remédier à cet inconvénient, il faudrait, dans
les pays de petite culture, où le mûrier est généralement
planté, des appareils publics à la vapeur qui fileraient
successivement les cocons des particuliers, avec l'unifor-

mité et la perfection qui sont si fort à désirer, et qui
donneraient une valeur nouvelle aux soies des petits producteurs : c'est une idée que nous recommandons à la
philanthropie des citoyens éclairés. »

« Si nous avouons avec sincérité ces imperfections qui
nuisent encore à la production de nos soies en beaucoup
de localités, nous proclamons avec une vive satisfaction
la supériorité d'un grand nombre de filatures françaises.
Nous citerons, dans le Gard, Alais, Ganges, Anduze et
Saint-Jean ; dans l'Ardèche, Privas, Aubenas ; dans la
Drôme, Saint-Vallier et Romans ; dans Vaucluse, Lisle-
Cavaillon, Bollène, Orange, Valréas ; dans les Bouches-
du-Rhône, Salon, Pelissanne et Roquevaire. Dans tous
ces lieux, on trouve des établissements qui, chaque année, mettent en usage des perfectionnements nouveaux ;
beaucoup de filateurs adoptent les procédés depuis peu
découverts pour faire disparaître le mariage des bouts et
renouer ceux qui cassent à la roue. Avec ces moyens, on
parvient à ne laisser au moulinage qu'un déchet d'un 1/2
à 1 p. 0/0.

« L'organsinage a reçu des améliorations importantes
en quelques localités ; dans l'Ardèche, il est supérieur à
celui du Piémont ; les filateurs de France à Dieu-le-Fit, à
Cavaillon, à Lisle, à Orange, ne connaissent pas de rivaux
en Italie. »

« Renouvelons notre vœu pour que les soies françaises,
améliorées encore, figurent avec toutes leurs variétés et
leurs perfectionnements aux expositions prochaines. »

Le jury de 1823 décerna deux médailles d'or, l'une,
dont nous venons de parler, à M. Poidebard, pour l'im-

portante magnanerie fondée par lui à Saint-Alban ; l'autre, à M. Rocheblave, d'Alais, l'un des conservateurs de la soie *sina* en France, et l'un des plus ardents propagateurs du ver qui la produit. Le jury de 1827, en rappelant ces médailles, ne crut pas devoir en accorder de nouvelles ; mais M. Poidebard fut l'une des personnes que le roi Charles X décora, en 1827, de l'ordre de la Légion d'honneur. Le jury de 1834 accorda des médailles d'or à MM. Chartron père et fils, à Saint-Vallier; Teyssier-Ducros, à Valleranque (Gard), et à M. Lioud, d'Annonay. Le jury remarqua, au sujet des soies exposées par M. Lioud, « qu'elles réunissaient à la bonté de la soie l'éclat de la plus belle couleur; elles surpassent en blancheur la soie type de Nankin ; elles ont tout le nerf, toute la régularité qu'il est possible de souhaiter. Sans doute, les cocons, d'où proviennent ces soies, ont une grande part à cette perfection, à laquelle contribuent le choix de la graine ainsi que les soins et la propreté de l'éleveur; mais le climat, le sol qui produit la feuille, la pureté de l'eau qui sert au filage sont les causes principales de cette admirable supériorité. Tels sont les avantages des localités d'Annonay, de Bourg-Argental, de Roquemaure, de Montfaucon, de Sauveterre, etc. Dans ces localités, la graine ne s'abâtardit jamais ; elle conserve sa pureté native, et, de tous les pays à culture de mûriers, on vient y chercher des graines pour améliorer ou créer la production des soies blanches. »

§ II. FIL DE BOURRE DE SOIE. — A l'exposition de 1819, l'industrie du filage de la bourre de soie, due en grande partie à l'impulsion que lui a donnée la Société d'encouragement, ne fournissait encore que peu de produits ; mais le jury de 1834 constatait, au contraire, que le filage des déchets, frisons ou bourre de soie pure ou mélangée, avait pris un grand développement. On le doit à l'emploi des fils tirés de ces matières pour la confection des châles et des chapeaux. Cette industrie, pratiquée aujourd'hui dans un grand nombre d'ateliers, rivalise heureusement avec les produits étrangers ; cependant, il reste beaucoup à faire pour obtenir un filage également parfait de numéros de plus en plus élevés. On augmentera, par ces progrès, la valeur de la matière première, et, par conséquent, on encouragera l'éducation des vers à soie.

§ III. ÉTOFFES DE SOIE. — Aucune ville manufacturière n'est supérieure à celle de Lyon pour l'étendue et la renommée de son industrie : richesse des matières premières, beauté du tissage, magnificence et bon goût dans les dessins, éclat et vivacité dans les couleurs, telles sont les précieuses qualités qui distinguent les étoffes de cette ville célèbre et qui les font rechercher dans toutes les parties du monde. Malheureusement de terribles discordes et de sanglantes luttes, dont il ne faut que le moins possible rappeler le souvenir, troublèrent en 1831 et 1834 cette ville de l'ordre et du travail, cette ruche d'or et de soie. Le jury de cette dernière année, trop près de ces déplorables événements pour les passer sous silence, en chercha la cause dans la prodigalité des dépenses municipales, qui, faites sans prévoyance de l'avenir, avaient obligé à aggraver beaucoup les droits d'octroi et rendu ainsi la vie et les dépenses de l'ouvrier disproportionnées au salaire que le fabricant lui donne et ne peut dépasser sans se heurter contre la concurrence étrangère. Ce n'est pas ici qu'il peut être utile d'examiner ce qu'il y a de fondé dans ces remarques, nous chercherons l'occasion de constater dans la suite les solides institutions que le commerce de Lyon, suivant de nobles inspirations, a établies en faveur des ouvriers en soie (1). Quant à présent, nous suivrons le jury dans ses observations sur les produits de l'industrie des soies. Nous avons vu l'art du tissage des laines et du coton faire un progrès immense par l'emploi de la mécanique substituée à la main de l'homme; nous avons vu l'art du tissage de toutes les étoffes ouvrées, quelle qu'en soit la matière, s'ouvrir des voies nouvelles et de la plus vaste étendue par l'invention du métier Jacquart; mais l'art de tisser les étoffes de soie n'a pas encore, en 1834, substitué la force mécanique à celle de la main de l'homme, et les progrès dans la fabrication des étoffes de soie sont des améliorations, des perfectionnements, des découvertes de procédés secondaires et non une révolution complète comme celle qu'a subie la fabrication des draps.

Le jury de 1834 énumère ainsi les progrès de l'industrie des soies depuis 1819 :

« La fabrication des peluches pour chapeaux, inconnue il y a cinq ou six ans, et depuis empruntée à l'Allemagne, occupe actuellement un grand nombre de bras. »

« Une autre industrie présente, à Lyon, des ressources croissantes. Le velours léger, qui rivalise avec celui de

(1) Société de Secours mutuels et Caisse de retraite, fondée pour les ouvriers en soie de Lyon et des villes suburbaines, par décret du 9 avril 1850.

Hollande, sans l'imiter complétement, est devenu l'objet d'une fabrication très-importante. Il y a quinze ans, l'on ne comptait que 1,500 à 2,000 métiers consacrés au velours, on en compte aujourd'hui 4,500, mais beaucoup sont établis hors de la ville. »

« Une extension considérable est donnée à la confection des étoffes à gilet, façonnées et brochées suivant une grande variété de genres; ces produits, qui jouissent aujourd'hui d'une extrême faveur, mettent en activité beaucoup de métiers. »

« C'est surtout l'impression qui procure aux ouvriers un accroissement de travail. L'activité la plus remarquable anime cette branche d'industrie. Les fabricants lyonnais se sont adressés d'abord aux usines de l'Isère; bientôt devenues insuffisantes, il s'est élevé de nombreux ateliers d'impression dans la ville et dans son voisinage. Les produits que nous signalons ont mérité leurs succès par une exécution hardie, par un dessin large, à effet, à couleurs vives, habilement tranchées et savamment opposées. »

« La fabrication des tissus façonnés a fait d'heureux efforts pour étendre le cercle de ses débouchés : loin de se borner aux produits de luxe et d'exportation, elle a profité de la mode, qui dédaigne aujourd'hui en France, le simple et l'uni, pour faire entrer ses beaux produits dans la consommation générale. A chaque saison d'automne, elle sait varier habilement ses armures, pour donner à ses produits l'attrait de la nouveauté. »

Sans dissimuler les dangers d'une concurrence étrangère, chaque jour plus habile et plus active, il ne faut pas fermer les yeux sur les ressources immenses de la fabrique lyonnaise, sur l'imagination fertile et le bon goût de ses artistes, sur l'art qu'ils ont de devancer ou de satisfaire la mode. L'ouvrier lyonnais est d'une habileté, d'une adresse et d'une intelligence incomparables : né, pour ainsi dire, sur le métier, il en connaît toutes les ressources ; il n'est pas de fabrique où l'homme ait plus de valeur par lui-même, il n'en est pas où la capacité de l'ouvrier soit plus appréciable et mieux appréciée qu'à Lyon.

La fabrique d'Avignon, contente de la part qu'elle s'est faite, s'occupe peu d'innover ; elle borne son industrie au tissage du florence et de la marceline, en y joignant le foulard écru pour l'impression ; mais elle n'a pas de rivale en France dans le genre qu'elle a choisi. L'étranger ne lui fait de concurrence redoutable que dans les bas prix ; car, pour les qualités moyennes et fines, elle conserve la supériorité. Deux fabricants que nous aurons à signaler ont tenté l'imitation des velours de Crevelt.

Nîmes confectionne peu d'étoffes de soie pure, en aunage, mais beaucoup pour foulards et pour cravates, qui sont l'objet d'une exportation considérable ; ce qui prouve qu'à cet égard nous soutenons avantageusement la concurrence avec l'Angleterre. La fabrique de Nîmes excelle surtout à mélanger la soie pure avec la bourre de soie et le coton, d'où résultent des produits peu coûteux et très-apparents. Elle rivalise avec Lyon pour les soieries imprimées, ouvrées, à bas prix et à effet. En 1827, elle ne comptait qu'un atelier pour l'impression : maintenant elle en compte dix, qui prospèrent par le bon goût du dessin et par le talent de varier les fabrications.

Aujourd'hui la fabrique de Nîmes occupe 8,000 métiers et 25,000 travailleurs pour les seuls objets du tissage et de l'impression.

Le jury de 1823 a décerné la médaille d'or, à MM. Dutilleu de Lyon, pour l'invention d'une multitude de procédés ingénieux, notamment du régulateur; Banse et Cie, de Lyon, pour leurs crêpes; Ajac, de Lyon, pour ses châles de bourre de soie; Philippe Maillé, de Lyon, velours et satins; Olive jeune, de Lyon, nouveautés; Charles Revilliod et Cie, gazes et tissus transparents; Charles Pillet, de Tours, damas et gros de Tours; Sabran, à Nîmes, châles en bourre de soie.

Le jury de 1827 n'eut pas moins de récompenses à donner que celui de 1823; il décerna la médaille d'or à MM. Maisiat (*Etienne*), professeur de fabrique à l'École spéciale de Lyon, pour deux tableaux en étoffe de soie brochée, représentant le testament du roi Louis XVI et la lettre de Marie-Antoinette à Madame Élisabeth; Olliat et Desvernay, de Lyon, velours d'Allemagne; Corderier et Lemire, de Lyon, damas et brocarts; Sabran père et fils, à Lyon, tissu nommé Thibet; Balme et d'Hautancourt, à Lyon, châles en bourre de soie; Roux, Cardonnel, de Nîmes, châles et fichus en bourre de soie.

Le roi Charles X nomma, en outre, M. Roux-Cardonnel chevalier de la Légion d'honneur.

Le jury de 1834 ne décerna qu'une seule médaille d'or à la fabrique d'étoffes de soie, plusieurs fabricants très-habiles n'ayant pu faire parvenir leurs produits à l'exposition que trop tardivement : cette médaille fut attribuée à MM. Mathevon et Bouvard pour leurs brocarts d'or et d'argent. Le jury rappela la médaille d'or décernée à MM. Sabran pour leurs châles bourre de soie, et étendit ce rappel à M. Curnier, de Lyon, qui, en 1823, était associé de M. Sabran.

Le roi Louis-Philippe nomma chevalier de la Légion d'honneur M. Paul Reverchon, de Lyon, chef de la maison Reverchon et frères, qui obtint, en 1834, la médaille d'or pour ses châles bourre de soie.

§ IV. RUBANS ET PASSEMENTERIE. — La fabrication des rubans est d'une importance majeure dans le commerce français; on évaluait, en 1823, à plus de 30 millions la valeur des rubans fabriqués dans les deux villes de Saint-Étienne et de Saint-Chamond. La valeur des rubans exportés, en 1832, s'est élevée à 23 millions et à plus de 30 millions l'année suivante: la passementerie de soie n'a qu'une importance à l'exportation de 2 à 3 millions par an.

Le jury de 1823 constatait que les mécanismes propres à la fabrication des rubans, venaient d'être modifiés par une heureuse application du métier Jacquart, qui paraît, disait-il, destiné à changer la face de tous les ateliers de tissage en soie.

Le jury de 1823 décerna une médaille d'or à MM. Dugas-Vialis, Esnault jeune et Cie à Saint-Chamond.

ARTICLE 4. — ÉTOFFES DE CRIN ET DE PAILLE.

La fabrication des tissus de crin a été portée en France, de 1819 à 1834, à un degré remarquable de perfection. A cette dernière époque, l'industrie s'était beaucoup occupée, depuis plusieurs années, d'introduire dans les tissus de nouvelles matières premières. Les tissus de crin, simples ou mélangés, nous offrent des progrès de ce genre. « Les étoffes, destinées à faire des meubles, ont le double avantage de la durée et de l'économie. On croyait d'abord qu'elles ne pouvaient recevoir que de petits dessins ; elles sont maintenant ornées de grands dessins damassés, de fleurs, de rosaces. Nous sommes devenus supérieurs aux Anglais, dans ce genre, qu'ils ont exploité si longtemps. »

« Un fabricant a tiré le plus heureux parti d'une plante filamenteuse qui croît aux îles Philippines, et dont il parvient à faire de jolies étoffes pour meubles, en les tramant sur chaîne de soie. »

« Enfin nos tissus de paille commencent à prendre rang à côté des plus beaux produits de la fabrique de Toscane. Les départements de l'Ain et de l'Isère semblent, en effet, avoir rivalisé d'efforts pour l'importation de ce genre d'industrie, que des essais en général peu satisfaisants tendaient à faire regarder comme n'étant pas susceptible de prospérer en France (1). »

On connaît maintenant fort bien l'espèce de blé dont la paille sert à la fabrication des chapeaux fins d'Italie. Tout le secret de la culture de cette plante à laquelle on donne, en Toscane, le nom de *Marzola* ou *Marzolo*, consiste à faire avorter la végétation ; mais la perte du grain est bien compensée par le produit de la paille. Ce précieux gramen peut être recueilli dans les terrains montagneux et stériles.

Un seul fabricant, M. Dupré de Lagnieu (Ain), à qui le jury a décerné, en 1827, une médaille d'argent, occu-

(1) Rapport du jury central.

pait à cette époque 1,500 ouvriers à fabriquer 50,000 à 60,000 chapeaux de paille. L'on ne voit cependant pas aux expositions suivantes que les résultats heureux que le jury constatait, en 1827, se soient confirmés d'une manière à jamais durable.

ARTICLE 5. — CHANVRE ET LIN.

§ I. FILATURE. — Le jury de 1823 constatait que le filage du lin, par un procédé mécanique, était alors un des plus importants perfectionnements qui pussent être introduits dans nos arts manufacturiers. Le jury de 1827 encourageait les fabricants en disant que plusieurs d'entre eux avaient prouvé qu'ils s'occupaient avec zèle de l'avancement d'un art encore dans l'enfance, et dont le perfectionnement était vivement désiré : ces paroles encourageantes n'avaient encore produit que peu de résultat en 1834. « (1) Dans la période de 1827 à 1834, l'industrie qui met en valeur le chanvre et le lin n'offre que de faibles progrès. Elle ne peut espérer de perfectionnements que par une application plus habile et plus heureuse de la mécanique au filage, pour obtenir, avec une économie plus grande, des fils d'une égalité parfaite et d'une force considérable, proportionnellement à la grosseur de ces fils. Napoléon, pénétré de l'importance que présentait la solution d'un tel problème, en avait fait l'objet d'un prix digne de lui : un million devait être la récompense de l'inventeur d'une machine qui pût produire des fils de lin tels que les réclament les plus beaux tissus. »

« Les Anglais ont peut-être actuellement trouvé cette

(1) Rapport du jury central.

solution. Ils comptent aujourd'hui trois grandes filatures mécaniques, dont une, celle de M. Marshalt, est citée
comme admirable par ses résultats, non-seulement
dans l'emploi du lin, mais en donnant une valeur nouvelle à l'étoupe que cet établissement file à un degré
de finesse inconnu, dit-on, jusqu'à ce jour. Déjà nos
fabriques du Nord et de l'Ouest font un usage considérable de ces fils qu'on s'est procurés pour suppléer à
l'insuffisance de la dernière récolte en France. La fabrique de Laval s'en est servie pour tisser des coutils,
soit écrus, soit blancs, aussi parfaits que ceux qui
nous viennent d'Angleterre. »

« Depuis très-peu de temps, des filatures mécaniques
nouvelles se sont élevées dans notre pays, notamment
dans le département du Haut-Rhin. Le département du
Nord voit en ce moment créer un grand établissement
de ce genre, où l'on veut réunir les machines les plus
perfectionnées que possède l'Angleterre. Nous appelons
de tous nos vœux le succès d'une telle entreprise. »

§ II. TISSAGE. — Le tissage de la toile ordinaire, dis-
séminé dans toute la France, se borne, en général, à
satisfaire aux besoins des localités. Les toiles de Beauvais, demi-Hollande, si brillantes et si fines, soutenaient
leur supériorité en 1834, mais sans obtenir une consommation plus étendue.

« (1) Les batistes françaises, qui ne connaissaient
alors nulle concurrence au dehors, continuaient d'être
un objet d'exportation de 14, 15 et 16 millions par
an. L'art de l'impression est venu donner l'attrait de

_____

(1) Rapport du jury central.

la mode à ces magnifiques tissus, ce qui contribue à maintenir les ventes à l'étranger ; celles de l'intérieur sont restées à peu près stationnaires. Il faut en dire autant de la fabrication du linge de table, malgré les droits établis pour le protéger contre la concurrence étrangère. Il est juste d'ajouter que l'usage du linge de corps et de table en coton, nuit considérablement, par son bas prix, aux tissus de chanvre et de lin, destinés au même usage. »

De 1819 à 1834, aucune médaille d'or ne fut donnée à l'industrie du lin et du chanvre.

ARTICLE 6. — COTON, FILS ET TISSUS.

§ I. FILS. — Le degré le plus élevé de finesse que nos filateurs de coton étaient parvenus à obtenir en 1819, ne surpassait pas le n° 200 (1) ; en 1823 on était allé jusqu'à 291 (2). Cette ténuité n'avait été atteinte, il est vrai, que par un seul établissement : cependant pour entrer en concurrence avec les tissus étrangers, tant pour la finesse que pour la régularité, il fallait obtenir couramment des cotons dans ces numéros élevés ; c'est ce à quoi étaient parvenus plusieurs filateurs en 1827 : cependant le jury constatait qu'il leur restait encore à faire de grands progrès pour donner à leurs fils une

(1) On sait que le numéro de filature d'un fil indique combien il faut de fois mille mètres de ce fil pour peser un kilogramme.

(2) On a vu à l'exposition universelle de Londres des fils anglais et des fils français, numéro 600, mais ce n'était pas là une fabrication courante : dans l'Inde, mais avec les cotons du pays, qui par leur qualité ne se prêteraient pas à la filature mécanique, les femmes filent à la main du numéro 540 anglais ; c'est avec ce fil que l'on fait ces mousselines indiennes qui ont tant de réputation.

force et une régularité qui les rendissent propres à être employés comme chaînes.

La situation, pour lutter favorablement avec l'industrie étrangère, n'était donc pas encore acquise en 1827, lorsque, vers la fin de cette année, commença pour les manufactures qui mettent en œuvre le coton, l'une des crises commerciales les plus désastreuses et les plus prolongées : « (1) Une foule de filatures s'étaient simultanément établies. Il s'ensuivit une baisse rapide dans les prix de tous les produits, dont le coton est la matière première. Le crédit se retira des industries les plus souffrantes, ce qui doubla leur détresse : beaucoup d'ateliers fermés soudainement occasionnèrent des pertes immenses. Ajoutez les orages politiques de 1830, la fatale épidémie de 1831, et les troubles civils en plusieurs départements. C'est depuis dix-huit mois, au plus, que l'industrie du coton a repris une marche prospère. »

« De tels malheurs ont donné de graves leçons. Les filateurs ont été contraints de chercher, en tout, la plus stricte économie, de perfectionner, de simplifier leurs procédés, et d'améliorer leurs produits, pour ne plus travailler à perte, et mériter en tout la préférence des acheteurs. Ainsi les souffrances sont devenues le stimulant des progrès. »

« On a considérablement accéléré la vitesse des métiers à filer, pour en accroître le produit, la main-d'œuvre restant la même. L'usage des bancs de broches a procuré plus de perfection dans le filage. »

(1) Rapport du jury central.

« En 1827, le jury trouvait que les fils supérieurs au n° 120 laissaient à désirer plus de nerf et de régularité ; aujourd'hui (1834) les meilleures filatures françaises produisent avec perfection des numéros beaucoup plus élevés. »

« Dans ce laps de temps, lorsque l'industrie des cotons éprouvait d'extrêmes souffances, elle exportait en Suisse et dans l'Allemagne beaucoup de cotons filés en Alsace, qui soutenaient la concurrence avec les produits anglais et se vendaient aux mêmes prix. »

« Le seul département du Haut-Rhin compte environ 540,000 broches pour filer annuellement 6,500,000 kilogrammes de matière brute, qui donnent 6,000,000 de kilogrammes filés à tous les degrés de finesse. On évalue à 18,000,000 de francs le coton brut, et cette matière prend, par le filage, un surplus de valeur égal à 17,000,000 de francs, moitié pour frais généraux et moitié pour frais de main-d'œuvre, laquelle occupe 18,000 ouvriers de tout âge et de tout sexe. En quintuplant tous ces nombres, on a la valeur approximative des produits du filage, en fin, du coton, pour toute la France; valeur doublée depuis quinze ans. »

« Depuis deux années, il s'est formé, surtout dans le nord de la France, beaucoup de filatures perfectionnées, pour filer les numéros superfins nécessaires à la fabrication des tulles et des mousselines, qui ne s'opère plus exclusivement avec des fils anglais introduits en contrebande : c'est un progrès remarquable. »

« La pierre de touche d'une industrie se trouve dans l'augmentation ou le décroissement de ses ventes sur

le marché libre de l'étranger. Nous allons comparer les
quantités exportées et les valeurs données par les comptes officiels du Gouvernement pour 1822 et 1832. »

TISSUS DE COTON EXPORTÉS.

Années.	Poids des marchandises.	Valeur des marchandises.
1822	812,173 kilog.	14,468,638 fr.
1832	2,293,836	53,047,556

« Ainsi les quantités ont presque triplé ; mais les tissus les plus chers ayant le plus augmenté dans les exportations, savoir : les mousselines, les gazes, les tulles,
les châles et tissus imprimés, les prix comparables ont
presque quadruplé dans l'intervalle de dix ans. Il s'en
faut de beaucoup que l'industrie des lainages présente
d'aussi beaux progrès : ses exportations se sont accrues
d'un cinquième seulement dans cette même période de
dix années. »

Le jury de 1823 décerna la médaille d'or à MM. Samuel, Joly et fils, de Saint-Quentin ; V. Defrennes fils,
à Roubaix ; Fremeaux frères, à Lille ;

Celui de 1827, à MM. Nicolas Schlumberger, de
Guebwiller (Haut-Rhin) ; Arnaud et Fournier, à Paris ;

Celui de 1834, à MM. Jacques Hartmann, à Munster
(Haut-Rhin) ; Fauquet-Lemaître, à Bolbec (Seine-Inférieure) ; Vantroyen, Cuvelier et Cⁱᵉ, à Lille (Nord).

Le roi Louis-Philippe nomma M. Fauquet-Lemaître,
de Bolbec, chevalier de la Légion d'honneur.

En 1834, M. Nicolas Schlumberger filait jusqu'au
n° 300 (300 mille mètres au kilogramme). Sa filature
faisait marcher 55,000 broches, en fin. M. Hartmann,
filait jusqu'au n° 341 (50,000 broches). L'industrie de

la filature était à cette époque arrivée à peu près au même degré de perfectionnement que les manufactures anglaises, si ce n'est dans les numéros les plus élevés.

§ II. Tissus de coton. — 1° *Tulle de coton.* En 1819, le tulle de coton manquait dans la série de nos produits industriels ; peu de temps avant l'exposition de 1823, quatre établissements, munis de mécanismes importés d'Angleterre, s'étaient fondés à Rouen, à Douai et à Beuvron (Nord) ; en 1827, cette fabrication occupait un grand nombre d'établissements et le prix du tulle s'était abaissé de 20 à 7 dans les 4/4 et de 40 à 18 dans les 6/4.

En 1834, cette industrie avait encore fait les plus grands progrès depuis la dernière exposition. Aussi, l'exportation des tulles français qui n'avait été, en valeur, que de 961,000 francs, en 1827, s'était élevée à 2,087,000 francs, en 1833.

2° *Mousselines.* Le jury de 1823, en remarquant que la fabrication des tissus de coton ne remonte, en France, qu'aux premières années du siècle, constatait que tels avaient été les progrès de cette industrie que les mousselines de Tarare pouvaient être comparées, pour la finesse, aux plus beaux produits étrangers. On estimait alors à 20 millions la valeur de sa fabrication annuelle : l'exportation des mousselines semblerait ne pas répondre à ces progrès de la fabrication, puisque de 515,610 fr., chiffre de 1826, elle ne s'élevait encore, en 1833, qu'à 1,688,160 fr. si la prohibition des mousselines suisses n'avait laissé, dans la consommation française, un vide que la fabrique d'Alençon et ensuite celle de Tarare avaient rempli avec un plein succès.

Le jury de 1823 décerna la médaille d'or à MM. Glaize et Cie, de Tarare,

Celui de 1827, à MM. Clérembault et Le Cocq-Guibé, à Alençon, et Mercier père et fils, à Alençon.

Celui de 1834 rappela la médaille d'or accordée, en 1819, à MM. Leutner et Cie, de Tarare, et le Roi le nomma chevalier de la Légion d'honneur.

3° *Percales, jaconas et calicots.* Cette fabrication la plus étendue et la plus riche parmi celles qui mettent le coton en œuvre, a toujours reçu du jury des récompenses proportionnées à son importance.

Le jury de 1823 décerna la médaille d'or à madame veuve Ferdinand Ladrière, à Saint-Quentin;

Celui de 1834, à MM. Baumgartner et Cie, de Mulhausen (Haut-Rhin).

4° *Guingans et cotonnades.* Les tissus de couleur appelés Guingans qui étaient presque inconnus quelques années auparavant, étaient devenus, dès 1827, d'une consommation très-importante et d'une concurrence redoutable pour l'indienne. Cet article, qui se fabrique à Rouen, Saint-Quentin, Ribeauvillé et Sainte-Marie-aux-Mines, ne redoute en rien la concurrence étrangère.

5° *Coutils et satins de coton, piqués, basins et velvantines.* Le jury de 1827 décerna une médaille d'or à M. Gréaux aîné; à Troyes, pour les progrès remarquables qu'il avait faits, depuis 1823, dans la fabrication des tissus de ces différentes sortes.

Le jury de 1834 décerna aussi une médaille d'or à M. Dupont, de Troyes, pour le même article.

6° *Étoffes mélangées de coton, mouchoirs façon ma-*

dras, calicots en couleur, etc. La plupart de ces articles sont destinés pour l'exportation au Sénégal et au Mexique.

Le jury de 1827 décerna la médaille d'or à MM. Lelong oncle et neveu à Rouen.

7° *Linge de table ouvré et damassé.* Depuis que les métiers de Silésie avaient été introduits en France, ainsi que nous l'avons vu, la fabrication du linge ouvré et damassé, fabriqué en lin et en coton, avait atteint une grande perfection : dès 1823, il pouvait être comparé avec les plus beaux produits étrangers et le jury de cette année décerna la médaille d'or à M. Henry Pelletier, de Saint-Quentin, qui avait, un des premiers, introduit, en France, ce genre de fabrication ; le jury de 1827 accorda, pour le même article, la médaille d'or à M. Alexandre Dollé, aussi à Saint-Quentin.

ARTICLE 7. — DENTELLES, BLONDES, BRODERIES.

Les jurys de 1823 et de 1827 constataient que l'industrie des dentelles, quoiqu'elle eût souffert sur quelques points par l'usage des tulles brodés que la modicité de leur prix avait mis à la portée de toutes les fortunes, avait conservé cependant une activité soutenue ; elle occupait soixante à soixante-dix mille individus dans le département du Calvados seulement, pour la fabrication des dentelles et des blondes.

La médaille d'or fut décernée, en 1823, à MM. Moreau frères à Chantilly, et, en 1827, à madame veuve Carpentier à Bayeux.

ARTICLE 8. — BONNETERIE.

§ I. BONNETERIE ORDINAIRE. — La bonneterie ordinaire n'avait fait d'autres progrès en France, de 1819 à 1834, que ceux résultant de la perfection du filage ; elle paraissait alors, quant aux procédés qui lui sont propres, parvenue à de beaux résultats. Les jurys de 1827 et de 1834 lui recommandaient l'emploi des soies *sina* pour la bonneterie destinée à l'exportation.

§ II. BONNETERIE ORIENTALE. — La bonneterie orientale, ainsi nommée parce qu'elle est uniquement à l'usage des Orientaux, n'est fabriquée, en France, que depuis 1758. Cet article, qui rivalise avec les produits de la fabrique de Tunis et qui même leur est préféré, donne lieu à une exportation assez considérable.

ARTICLE 9. — COUVERTURES DE LAINE ET DE COTON.

Cette industrie qui, de 1819 à 1834, a conservé la supériorité qu'elle avait précédemment acquise, ne pouvait guère espérer de progrès que de l'emploi de nouvelles matières ou par une réduction dans les prix de la main-d'œuvre.

ARTICLE 10. — FILAGE ET TISSAGE DU CAOUTCHOUC.

Cette industrie, qui était toute nouvelle en 1834, valut une médaille d'or à MM. Rattier et Guibal à Paris.

Le jury de 1834 s'exprimait ainsi à ce sujet : « Il y a peu d'années, le caoutchouc n'offrait qu'un petit nombre d'usages et d'une faible importance. MM. Rattier et

Guibal en ont fait l'objet d'un travail ingénieux et d'un commerce étendu.

« Avant 1831, l'importation du caoutchouc formait un article trop peu considérable pour être mentionnée dans les états officiels. Il n'en est plus ainsi :

IMPORTATIONS POUR LA CONSOMMATION FRANÇAISE.

En 1831..............	39,337 fr.
1832..............	165,382

« MM. Rattier et Guibal prennent le caoutchouc tel qu'il arrive, en poire, des colonies ; ils l'aplatissent en disque par la pression. Ce disque est fixé par son centre sur un support armé d'une pointe de fer ; dans cette position, des couteaux de forme circulaire le taillent en lanières qu'on subdivise en filaments. Ces filaments sont soudés bout à bout, puis étirés régulièrement, puis enroulés sur un dévidoir, et laissés en cet état pendant sept à huit jours : le caoutchouc semble alors avoir perdu toute élasticité. »

« Les fils très-fins obtenus de la sorte sont placés sur un métier à lacets, ou pour mieux dire à cravaches, et recouverts de soie, de fil ou de coton. Ces nouveaux fils garnis sont tissés immédiatement comme du fil ordinaire, en rubans, en bretelles, en sous-pieds, en ceintures, en étoffes pour corsets, etc. Ces tissus peuvent reprendre l'élasticité du caoutchouc, par l'action de la chaleur ; il suffit pour cela de les repasser avec un fer chaud. »

« Cette industrie a fait des progrès si rapides qu'en 1833, ses produits ont surpassé 700,000 francs, et ses exportations à l'étranger 400,000 francs. »

« MM. Rattier et Guibal emploient plus de 200 ouvriers dans leurs ateliers à Saint-Denis près Paris. De
très-nombreux contrefacteurs, qu'ils ont cessé de pour-
suivre, démontrent les profits que procure ce genre de
fabrication. »

Nous retrouverons aux expositions suivantes, complétement modifiée, cette industrie dont nous avons
cru devoir rappeler les premiers pas vers les résultats
où elle est maintenant parvenue.

FLEURS ARTIFICIELLES.

L'Italie était seule autrefois en possession de fabriquer
des fleurs artificielles ; mais c'est en France, à Paris
surtout, que cet art a été porté à ce haut point de perfection où nous le voyons parvenu.

Aujourd'hui et depuis longtemps, nos fleurs artificielles sont sans rivales sur les marchés étrangers ;
partout on les recherche pour la décoration des appartements et des temples ; partout elles jouissent du privilége d'être pour les dames un objet de parure que le
goût ne cesse de conseiller et que la mode respecte même
dans ses caprices les plus bizarres.

Un genre de fabrication ancien, complet dans ses procédés, et qui occupe une population nombreuse, ne
comporte plus guère de perfectionnements notables.

CHAPELLERIE.

Nous avons vu, à l'article des *Tissus de soie*, exposition de 1834, que depuis cinq ou six ans, la chapelle-

rie avait substitué, en grande partie, la peluche de soie
au feutre pour la confection des chapeaux : cette substitution de la peluche de soie au feutre de poils a été pour
la chapellerie une époque de transition : les jurys des
trois expositions de 1823, 1827 et 1834 reconnais-
saient cependant les efforts qu'elle avait faits pour perfectionner ses produits, et, en constatant qu'elle y était
parvenue, ils lui donnaient des éloges et des encouragements.

TAPIS.—TAPISSERIES. — TENTURES.—TISSUS VERNIS.

La manufacture des Gobelins, fondation toute royale,
n'avait jamais destiné ses produits à l'usage des particuliers : c'était cependant une industrie dont les produits pouvaient entrer dans la consommation générale
que celle des tapis de pied en laine ou en d'autres matières premières analogues, et que celle des tapisseries
pour tentures.

Dès 1823, l'exposition fut riche en tapis de toute espèce ; on remarquait dans quelques-uns l'emploi de
moyens nouveaux de travail ; d'autres se distinguaient
par la modicité des prix ; presque tous annonçaient une
fabrication florissante et perfectionnée.

MM. Chenavard à Paris obtinrent la médaille d'or. Ils
avaient présenté à l'exposition :

1° Des tentures et tapisseries en feutre, avec ornements en soie, en laine, etc., imitant les plus riches
broderies. Plusieurs établissements publics sont décorés
avec ces tentures ; la solidité en est bien constatée ;
elles coûtent 15 francs la toise carrée ;

2° Des tapisseries et tapis en feutre verni, rendus imperméables à l'humidité par le moyen du bitume. Ces étoffes sont susceptibles de recevoir les ornements les plus élégants ; on les emploie avec succès dans les salles à manger et dans les salles de bain ;

3° Des tapis vernis sur toile, imités de ceux d'Angleterre, et d'un prix inférieur à celui de ces derniers. Ils ont valu à l'auteur, en 1820, le prix qui avait été proposé par la Société d'encouragement ;

4° Des tapis de table, du même genre que les précédents, mais dont le vernis est plus souple, les dessins olus précieux et les impressions plus soignées. Ces tapis sont d'un prix extrêmement modique : ils ne se gercent pas par le froissement : on peut les laver avec une éponge, et ils résistent bien aux acides ;

5° Des tapis en velours très-serrés, très-épais, et d'un joli goût ;

6° Des tapis en poil de vache, au prix de 35 à 60 centimes le pied carré ;

7° Des impressions sur soie, propres à remplacer les bordures d'étoffes pour robes, draperies, rideaux, etc., dans les prix de 50 centimes à 2 francs l'aune. L'Académie royale de musique les a adoptées pour ses costumes et décors.

Cette variété de produits, la grande consommation qui en est faite et qui ne peut que s'accroître, leur qualité, leur bas prix, placent MM. Chenavard au rang des fabricants les plus distingués et les plus utiles.

L'exposition de 1827 ne le céda pas, quant à l'article des tapis, à celle de 1823. MM. Chenavard toutefois ne s'y présentèrent pas ; mais, en 1834, la médaille d'or qui leur avait été accordée, en 1823, fut rappelée, et M. Sallandrouze-Lamornaix, fabricant à Aubusson, obtint une médaille d'or nouvelle pour ses tapis dits d'Aubusson et pour une grande diversité d'autres produits qui sont entrés avec succès et d'une manière fort importante dans la consommation.

Le Roi conféra la décoration de la Légion d'honneur à M. Chenavard et à M. Sallandrouze-Lamornaix.

On sait la part importante que celui-ci a prise depuis à l'exposition universelle de Londres et la gratitude que lui doit l'industrie pour les services qu'il lui a rendus dans cette circonstance.

Les toiles vernies et les taffetas cirés pour stores, pour mesures et pour d'autres usages, avaient pris, à l'exposition de 1834, une importance notable ; c'est une nouvelle branche de fabrication qui s'est naturalisée en France.

PAPIERS PEINTS POUR TENTURES.

La fabrication des papiers peints, dans laquelle la France craint peu la rivalité des industries étrangères, avait atteint, en 1834, à des résultats qu'on n'espérait pas quelques années auparavant. Non-seulement les arts du dessin et de la peinture assuraient à nos papiers peints la supériorité, sous le rapport du goût ; mais on avait trouvé le secret d'y appliquer soit avec la brosse, soit par l'impression, des teintes dégradées et fondues insensiblement les unes dans les autres ; et, ce qui était encore un progrès plus essentiel, on était parvenu à employer le papier continu à la fabrication du papier peint et à l'imprimer, comme les toiles peintes, au moyen du cylindre.

Ces perfectionnements ont valu à M. Zuber, de Mulhausen, la médaille d'or, et le Roi y a ajouté la décoration de la Légion d'honneur.

TEINTURES ET IMPRESSIONS.

L'art de colorer les étoffes se divise en deux sections bien tranchées. L'une, la coloration par immersion des étoffes dans la chaudière de la cuve, l'autre, la coloration sur l'étoffe au moyen de couleurs fixées à la vapeur ; ce sont, pour rendre cette division facilement sensible à tout le monde,. les toiles teintes et les toiles peintes ; mais nous nous hâtons d'ajouter pour éviter qu'on ne s'y trompe, que l'on obtient des teintures et des impressions sur toutes sortes d'étoffes et avec une diversité infinie d'effets et de résultats.

L'art de la teinture donne aux couleurs des étoffes unies ou imprimées une solidité que n'ont pas, pour la plupart, les couleurs simplement appliquées et fixées à la vapeur. C'est ce qui faisait dire au jury de 1834 que ce second mode de coloration ne pouvait être mis sur la même ligne que le premier, qui demande la connaissance des agents chimiques et la réunion des procédés à la fois les plus difficiles et les plus ingénieux : faut-il toutefois ajouter, comme observation à cette opinion, que la préparation des couleurs et des mordants pour l'impression des toiles peintes exige aussi la connaissance des agents chimiques et que ce sont des procédés très-ingénieux et dont le mécanisme offre beaucoup de difficultés, que ceux au moyen desquels on imprime à plusieurs couleurs au moyen du cylindre.

Ces deux arts de la teinture et de l'impression sur étoffes ont une importance considérable tous les deux, puisque la plupart des étoffes sont livrées à la consomma-tion revêtues de couleurs artificielles ; mais il n'est pas possible que nous en fassions ici suffisamment connaître les procédés et les difficultés, pour en mesurer pas à pas tous les progrès.

De 1823 à 1834, l'art de la teinture, proprement dite, n'a guère fait d'autre progrès spécial que la découverte, par M. Raymond fils, de Saint-Vallier, de l'art de teindre la laine au moyen du bleu de Prusse. Nous verrons, en 1839, les progrès de cette industrie devenir dignes d'une médaille d'or.

IMPRESSIONS SUR TISSUS.

L'art d'imprimer sur tissus se divise en impressions sur la soie et sur la laine et en impressions sur étoffes de coton et de fil. Cette division résulte de la nature des ma-tières textiles qui ne se prêtent pas aux mêmes procédés mécaniques d'impression.

§ I. Impressions sur laine et soie. — Les Anglais ont les premiers fixé les couleurs à la vapeur : les Fran-çais ont poussé cet art à la perfection et l'impression sur laine, sur soie, sur cachemire est devenue une branche d'industrie importante : le jury de 1834, sans accorder aucune médaille d'or à cette industrie, donna à plusieurs industriels les plus honorables éloges.

§ II. Impressions sur tissus de coton. — Le jury

de 1834, pour faire juger de l'importance de la fabrication des toiles peintes en France, faisait remarquer que le nombre de pièces imprimées, cette année-là, en calicots, percales, mousselines, etc., s'était élevé à 720,000, dont la valeur était de 43 millions.

Les tissus entraient dans ce prix pour 18 millions.

Et l'impression, avec ses matières tinctoriales, sa main-d'œuvre, ses frais généraux et ses bénéfices, représentait une valeur annuelle de 25 millions.

« (1) On appréciera mieux encore la grandeur de ce résultat par les observations suivantes :

« On doit diviser en deux branches bien distinctes les impressions sur tissus de coton, qui prennent le nom générique d'indiennes, savoir : les indiennes fines et les indiennes communes. L'Alsace fabrique principalement les premières, et la Normandie, les secondes. Les indiennes fines, qui conviennent aux consommateurs les plus aisés, valent au moins 43 millions ; on peut juger par là de la valeur des indiennes communes, appropriées aux besoins de l'immense majorité des consommateurs. »

« Considérée dans son ensemble, notre impression sur étoffes ne doit rien envier à celle de nos voisins. Loin de là, les autres nations viennent dans nos ateliers chercher des coloristes et des ouvriers formés aux diverses professions qu'exige cette industrie. »

« Nos impressions au rouleau ne le cèdent nullement à ce que l'Angleterre peut produire de plus exquis : c'est en majeure partie aux perfectionnements apportés dans

(1) Rapport du jury central.

la gravure des rouleaux, depuis quelques années, qu'est due notre supériorité. »

« Les impressions riches sur le calicot et sur la mousseline, qui se fabriquent presque exclusivement en Alsace, ont fait des progrès immenses, et pour l'éclat et pour la solidité des couleurs. L'élégance des dessins, la netteté de l'impression, la délicatesse des nuances, tout révèle aux yeux du connaisseur, la sollicitude éclairée, les soins assidus, minutieux même de la fabrication, depuis la première esquisse du dessinateur jusqu'au dernier terme de la longue série des opérations qu'exige cette industrie. »

Les jurys des années 1823, 1827 et 1834 rappelèrent la plupart des médailles d'or décernées dans les expositions précédentes; celui de 1827 conféra la médaille d'or à MM. Javal frères et Cie, à Saint-Denis, qui occupaient constamment 500 ouvriers et imprimaient 40 à 50,000 pièces, tant calicot que mousseline. Le jury de 1834 décerna la médaille d'or à MM. Hartmann père et fils, de Munster (Haut-Rhin), qui se présentaient au concours pour la première fois, mais avec une ancienne et solide réputation; à M. Gros-Jean Kœchlin, de Mulhausen; à M. Schlumberger Kœchlin et Cie, de Mulhausen; et à M. Adrien Japuis, de Claye (Seine-et-Marne). Le jury mentionnait le soin scrupuleux de M. Adrien Japuis à ne produire que des couleurs de bon teint, éloge que ne méritaient pas, disait le jury, tous nos industriels.

Le roi Louis-Philippe nomma, en outre, MM. Hartmann et Gros-Jean Kœchlin, chevaliers de la Légion d'honneur.

CUIRS ET PEAUX.

L'ensemble des industries renfermées dans ce chapitre est d'une grande importance pour la consommation intérieure et pour le commerce extérieur ; on en jugera par ce simple rapprochement qu'offre l'année 1833 :

Valeur totale des peaux et pelleteries, soit brutes, soit préparées à divers degrés, importées en France. . . . . 15,002,727 fr.

Valeur totale des peaux et pelleteries ouvrées en France et livrées à l'étranger. 23,767,508 fr.

§ I. TANNAGE. — § II. CORROYAGE. — § III. MÉGISSERIE. — § IV. GANTERIE. — Les jurys de 1823, 1827 et 1834, tout en reconnaissant que les arts du tannage et du corroyage s'étaient soutenus au niveau des connaissances générales et que ces industries n'avaient point déchu, n'ont eu cependant à mentionner aucun progrès. Ils ont signalé l'essai fait par M. Tournal, chimiste à Narbonne, d'une nouvelle substance propre au tannage ; mais il ne paraît pas que ces essais aient été suivis d'un résultat commercial. Le jury de 1834 constata la supériorité de la ganterie française sur ses produits similaires étrangers et l'importance des exportations de cette industrie qui s'étaient élevées, en 1833, à 9,856,840 francs.

§ V. PEAUSSERIE. — § VI. BUFFLETERIE. — § VII. MAROQUINAGE. — L'industrie du maroquinage continuait, en 1834, d'obtenir le succès qui lui avait valu des médailles d'or en 1819 : supérieure aux travaux de l'étranger, non-seulement elle en écarte la concurrence sur le sol national ; mais elle permet une exportation croissante qui, pour 1833, s'est élevée à 1,225,654 francs. Cette exportation s'est principalement faite en Belgique, en Italie, en Suisse et en Amérique.

§ VIII. CUIRS VERNIS. — C'est vers 1802 qu'on commença de vernir les cuirs en France, industrie pour laquelle M. Didier se fit une réputation qu'il conserva toute sa vie. Cependant, en 1827, nous étions encore visiblement au-dessous des Anglais. Nos cuirs vernis alors se rayaient aisément : lorsqu'on y faisait un pli, la marque en restait et le vernis s'écaillait. Aujourd'hui, en 1834, cette industrie avait fait des progrès remarquables.

§ IX. PEAUX TEINTES. — § X. FOURRURES ET DUVETS. Le jury de 1834 remarquait que dans les produits de ce genre, il n'avait pas été fait de progrès comparables à ceux des autres industries parisiennes. Il regrettait surtout qu'on n'eût pas fait plus d'efforts, à Paris, pour rendre les chaussures moins coûteuses.

PAPETERIE.

§ I. PAPIER. — Le jury de 1834 constatait que la France ne craignait plus, pour la fabrication du papier, la concurrence étrangère, et il en trouvait la preuve dans les exportations de cette industrie dont il donnait ainsi le détail :

EXPORTATIONS (1) EN 1833, 1827 ET 1823.

Cartons lustrés, pour presser le drap..............	18,922 fr.
Cartons en feuilles.............................	6,352
Carton moulé, dit *papier mâché*.................	215,376
A reporter.	240,650

(1) Rapport du jury central.

Report.	240,650 fr.
Cartons coupés et assemblés......................	54,184
Papier d'enveloppe............................	178,544
Papier blanc ou rayé pour musique..............	2,903,075
Papier colorié, en rames......................	58,541
Papiers peints, en rouleaux....................	1,885,387
Papier de soie................................	3,240
Total pour 1833..................	5,323,621
Total pour 1827..................	4,256,400
Total pour 1823..................	3,665,343

« Les progrès de la fabrication du papier, considérables entre les expositions de 1823 et 1827, ne se sont pas ralentis de 1827 à 1834. »

« Jusqu'en 1823, une seule fabrique en France (1) avait adopté les mécanismes ingénieux propres à produire les papiers continus. En 1827, il en existait quatre ; l'exposition actuelle (1834) en a fait connaître douze, et nous savons qu'il en existe un plus grand nombre. Ce moyen plus économique, plus rapide et plus puissant deviendra bientôt le seul qui puisse être pratiqué sans perte. Alors disparaîtra l'ancien système de fabrication à la main, qui présentait, en outre, les inconvénients, les dangers même de coalitions d'ouvriers, dangers qui n'existeront plus. »

« Les papiers faits à la mécanique offrent d'autres avantages : ils peuvent recevoir des dimensions d'une grandeur pour ainsi dire illimitée, et conserver une épaisseur parfaitement égale dans toutes les parties ; on peut les fabriquer en quelque saison que ce soit ; les moyens nouveaux dispensent du triage, des apprêts et de l'éten-

(1) Voir Exposition de 1819, aux noms de MM. Berte et Grevenich, page 99.

dage ; enfin, l'on épargne la perte des papiers cassés, perte d'une feuille défectueuse sur cinq, d'après l'ancien système. Ces avantages sont immenses et font plus que compenser quelques inconvénients dont il reste à triompher, savoir : l'engorgement de la toile métallique et l'embarras d'un fréquent nettoyage ; la trop prompte destruction des feutres et le brisement trop facile des papiers dans l'étendue de leurs plis, brisement occasionné par la forte pression à laquelle ils sont assujettis. »

« Un autre inconvénient existait encore. On reprochait au papier *continu* de garder l'empreinte de la toile métallique sur le côté qu'on appelle l'*envers*. Un appareil de pression de M. Donkin, récemment importé d'Angleterre par M. Delatouche, a fait disparaître ce défaut. »

Le jury de 1823 décerna la médaille d'or à M. Jeffery-Horne, à Hallines (Pas-de-Calais), Anglais d'origine, principalement pour ses papiers formats *grand aigle* et *grand colombier*.

Le jury de 1827 regrettait de ne pouvoir décerner la médaille d'or à M. Mongolfier (François-Michel), d'Annonay, et à M. Canson, de la même ville, parce qu'ils avaient négligé la formalité de présentation de leurs produits au jury local. Il décernait la médaille d'or à M. Saint-Léger-Didot, à Jendheure (Meuse), pour les produits de la belle papeterie mécanique établie à Jendheure, et il rappela, au profit de M. Horne fils, la médaille d'or décernée l'année précédente à son père.

Ce même jury, en rappelant que MM. Berte et Grevenich avaient installé, les premiers en France, une papeterie mécanique, qu'ils avaient tenue depuis au courant de toutes les améliorations, rappela la médaille d'argent qu'ils avaient alors obtenue.

Le jury de 1834, en rappelant les médailles d'or obtenues aux expositions précédentes par MM. Canson, Johannot et par la papeterie de Jendheure, dont la direction avait passé des mains de M. Saint-Léger-Didot dans celles de M. Delaplace, accorda une médaille d'or aux papeteries du Marais et de Sainte-Marie (Seine-et-Marne), dirigées par M. Delatouche, à celle d'Écharcon, près Mennecy (Seine-et-Oise), et à M. Firmin Didot, au Mesnil-sur-Estrée (Eure).

Le Roi nomma M. Delatouche chevalier de la Légion d'honneur.

§ II. PAPIERS DE FANTAISIE. — § III. PAPIERS DE VERRE. L'on désigne, sous ce dernier nom, des papiers auxquels on fait adhérer, au moyen d'un encollage, une couche de poussière de verre pilé plus ou moins fine, selon la destination de ces papiers. Les papiers de verre exposés, en 1834, par M. Barbier, fabricant à Belleville, étaient de très-bonne qualité, d'un grain plus régulier que celui des papiers de grès, que l'on livrait communément au commerce sous le nom de papiers de verre. Ce perfectionnement a paru un service rendu aux arts industriels, principalement à ceux qui travaillent le bois.

GRANITS ET PORPHYRES. — MARBRES. — ALBATRE. — PIERRES GRAPHIQUES. — CIMENTS.

§ I. GRANITS ET PORPHYRES. — La France possède de très-beaux granits en Bretagne, dans les Alpes, dans les Pyrénées et en Corse : on trouve dans ce dernier département des granits orbiculaires et des porphyres qu'on regrette de ne point voir aux expositions de l'industrie française.

§ II. MARBRES. — « (1) Peu de contrées sont, en réalité, plus riches que notre pays en substances minérales propres aux grands travaux de sculpture et d'architecture. Dans les beaux monuments que les Romains ont érigés sur notre sol, on retrouve nos marbres indigènes, dont ils connaissaient le prix et qu'ils savaient exploiter. Mais quand fut arrivée la chute de l'empire, dans le moyen âge, et même après la renaissance des arts, la pensée de mettre à profit ces richesses naturelles, tombée dans l'oubli, n'en fut tirée ni par le sentiment patriotique, ni par un juste espoir de bénéfices suffisants pour compenser d'inévitables sacrifices. On aima mieux demander à l'Italie, à l'Espagne, à l'Orient leurs marbres, riches en couleurs, pour l'ornement des édifices. Chaque année, l'or de la France, en quantités toujours croissantes, dut payer ces importations. »

Sous François Ier, on commença quelques recherches de marbres indigènes, elles furent plus multipliées et plus fructueuses vers la fin du règne d'Henri IV (2).

(1) Rapport du jury central.

(2) La lettre suivante, que le lecteur nous saura sans doute gré de rapporter, fournit une preuve non équivoque de l'intérêt que Henri IV attachait à se procurer des marbres français ; elle fut écrite par ce grand roi lui-même au connétable Bonne de Lesdiguières, gouverneur du Dauphiné.

« Mon compère,

« Celui qui vous rendra la présente est un marbrier que j'ai fait « venir expressément de Paris, pour visiter les lieux où il y aura des « marbres beaux et faciles à transporter à Paris, pour l'enrichisse-

Le grand siècle de Louis XIV a montré, dans les décorations intérieures du Louvre et des Tuileries, l'heureux emploi que nos artistes peuvent faire des marbres français. Le siècle suivant négligea ces exemples. Mais, depuis les premières années du XIXᵉ siècle, on s'est appliqué, sur un grand nombre de points, à la recherche et à l'exploitation de nos richesses minérales. Déjà plus de soixante départements peuvent fournir des marbres, variés de couleur et de beauté, propres à tous les usages, même aux plus précieux. Ainsi le marbre blanc des Pyrénées est pour le moins égal en qualité, en éclat, aux meilleurs marbres de Carrare : les artistes ont été frappés de l'analogie qu'il présente avec les marbres de Paros ; et dans quelques carrières, avec le marbre pentélique.

Valeur des marbres étrangers importés en France :

Années.	Entrées.
1823.	1,726,114 fr.
1827.	1,655,141
1833.	368,701

Ces trois nombres suffisent pour montrer que, depuis

« ment de mes maisons des Tuileries, Saint-Germain-en-Laye et Fon-
« tainebleau, en mes provinces de Languedoc, Provence et Dauphiné:
« et pour ce qu'il pourra avoir besoin de votre assistance, tant pour
« visiter les marbres qui sont en votre gouvernement, que les faire
« transporter, comme je lui ai commandé, je vous prie de le favori-
« ser en ce qu'il aura besoin de vous. Vous savez comme c'est chose
« que j'affectionne, qui me fait croire que vous l'affectionnerez aussi,
« et qu'il y va de mon contentement.

« Sur ce, Dieu vous ait, mon compère, en sa garde.

« HENRY.

« Le 3 octobre, à Chambéri. »

1823, les richesses minérales de la France nous ont permis de réduire, de plus en plus, l'achat des marbres étrangers.

§ III. Pierres lithographiques. — Des pierres lithographiques provenant de Savignac (Dordogne), de Châteauroux (Indre), des carrières de Tonnerre et de Passy (Yonne), et de celles de Marchamp et Nantua (Ain), on été produites à l'exposition de 1834.

SEL GEMME, HOUILLE ET BITUMES.

§ I. Houille. — « (1) La houille est exploitée dans trente-deux départements ; mais dans quatre seulement, l'Aveyron, la Loire, Saône-et-Loire et le Nord, cette exploitation donne les quatre cinquièmes du produit total. Quatorze départements fournissent la lignite, et quatre autres l'anthracite. Voici les produits de ces substances minéralogiques pour l'année 1833-1834.

	Quantités.	Valeurs.
Houille...................	1,574,143,000 kil.	15,009,741 fr.
Lignite...................	70,230,200	557,849
Anthracite...............	38,930,000	512,080
Totaux pour 1833-1834...	1,683,303,200	16,079,670
Importations en 1833.....	699,457,178 kil.	10,477,398 fr.
1827.......	540,448,917	
1823......	328,659,603	

§ II. Sel gemme. — « Une société formée il y a quelques années pour rechercher de la houille, fit opérer des sondages dans les environs de Vic (Moselle). La grande sonde du mineur, dont on fit usage dans ces recherches, ne traversa d'abord qu'une suite de roches argileuses,

(1) Rapport du jury central.

calcaires et gypseuses ; mais étant arrivée à 195 pieds de profondeur, elle rapporta, le 14 mai 1819, du sel gemme très-blanc et très-pur ; d'autres sondages exécutés depuis dans diverses directions, et en partant du premier comme point central, firent reconnaître que le gîte salifère était sensiblement horizontal, et qu'il s'étendait sous un espace de trente lieues carrées environ. Sa puissance, estimée d'abord par le même moyen, parut excéder cent pieds : maintenant, on a la certitude qu'il existe neuf couches les unes au-dessous des autres, dont les six - premières composeraient ensemble une masse de 130 pieds de sel, et qui sont séparées par des lits terreux de 3 à 4 pieds d'épaisseur ; la neuvième couche n'a été reconnue qu'en partie ; la sonde y a pénétré de 9 pieds sans la traverser entièrement. »

« Des travaux préparatoires, bientôt suivis de travaux d'exploitation, furent immédiatement entrepris d'après un plan méthodique discuté en conseil général des mines ; ils sont conduits actuellement (1823) par M. Clère, ingénieur en chef des mines, que M. le directeur général a placé sur l'établissement en qualité de directeur, et qui a su vaincre, avec une grande habileté, tous les obstacles que les eaux ont opposés à l'approfondissement des puits. »

« Le sel gemme de Vic présente quatre variétés. La première est blanche et limpide ; la seconde est légèrement grise ; la troisième est d'un gris cendré ; la quatrième est d'un rouge plus ou moins intense. »

« Il résulte d'un rapport fait à l'Académie des sciences, le 15 décembre 1823, par M. d'Arcet, 1° que ces quatre variétés de sel ne contiennent pas sensiblement d'eau ; 2° que la première ne renferme que du muriate de soude très-pur ; 3° que les trois dernières doivent leur coloration à de l'argile bitumineuse ou à de l'oxyde de fer ; 4° que les échantillons les moins purs ne contiennent jamais au delà de 5 p. 0/0 de matières étrangères, et qu'ils ont ainsi un degré de pureté supérieur à celui des sels qui proviennent des marais salants. »

« La mine de Vic est comparable, pour sa richesse et la beauté de ses produits, aux célèbres mines de Cardonne et de Wiéliczka ; la découverte qui vient d'en être faite (1823), est un événement d'une importance majeure, qui peut influer puissamment sur la prospérité de notre agriculture, de notre industrie et de notre commerce. »

Le jury a décerné une médaille d'or aux inventeurs.

§ III. Bitumes. — « (1) L'asphalte ou bitume minéral était employé par les anciens dans leurs constructions souterraines, et nous trouvons décrit, dans divers auteurs, l'usage qu'on en faisait comme enduit en plusieurs contrées. »

«Ce n'est guère que depuis vingt-cinq ans au plus qu'on a commencé à employer le bitume dans nos constructions ; mais le succès qu'on a obtenu en a promptement répandu l'usage, et nous le voyons aujourd'hui également employé dans les édifices publics et dans les travaux particuliers. »

ARTS MÉTALLURGIQUES.

§ I. Plomb. — En 1834, selon les relevés les plus exacts, l'extraction du plomb dans les mines de France ne

(1) Rapport du jury central de 1827.

s'élevait qu'à 500,000 kilog., tandis que la consommation du plomb brut étranger surpassait 12,200,000 kilog.
Ainsi, la production nationale ne suffisait pas au vingt-
cinquième de nos besoins annuels. Trois exploitations
des mines de plomb d'ailleurs assez nombreuses, mais la
plupart non exploitées, qui existent en France, fournissaient ces 500,000 kilog., dont la valeur est d'environ
350,000 fr.; ce sont les établissements de Poallaouen
(Finistère), Vialas (Lozère) et Pontgibaud (Puy-de-Dôme).

§ II. Cuivre. — La consommation du cuivre, en 1834,
surpassait en France 6 millions de kilogrammes, tandis
que nos usines n'en fournissaient guère que 2 millions
à 2 millions et demi de kilogrammes : le reste venait
de l'étranger.

Le jury reconnaissait, d'ailleurs, que nos grandes usines
continuaient à soutenir leur réputation ; elles ont porté
la mise en œuvre de ce métal au plus haut degré de
perfection, pour le réduire en planches laminées ou
martelées, en fonds de chaudières plats ou sphériques,
en feuilles à doublage, en barres, en fils, en objets de
toutes espèces.

Le jury de 1834, en rappelant la médaille d'or décernée,
en 1819, à la fonderie de Romilly (Eure), décerna une
médaille d'or à la société anonyme d'Imphy (Nièvre);
le jury de 1827 avait décerné la médaille d'or à M. Frèrejean de Pont-Lévêque, à Vienne (Isère). Cet habile métallurgiste exploite à Lunas, département de l'Hérault, une
mine de cuivre sulfuré; il en retire 33 p. 0/0 de cuivre
noir et de celui-ci 80 p. 0/0 de cuivre rosette.

Le Roi a nommé, en 1834, M. Debladis, directeur de l'établissement d'Imphy, chevalier de la Légion d'honneur.

§ III. LAITON. — La grande manufacture d'épingles de MM. Fouquet frères, à Rugles (Eure), occupait, en 1834, plus de 4,000 personnes. MM. Fouquet, outre leur manufacture d'épingles, avaient établi une fonderie de cuivre à Neaufle, une usine pour le laminage du zinc près de Bernay, une tréfilerie pour les fils de fer et de laiton, et une clouterie mécanique.

§ IV. ZINC. — Le jury constatait, dès 1834, les rapides progrès de la consommation du zinc en France, progrès qui se sont encore accrus depuis cette époque. L'importation du zinc qui n'était, en 1824, que de près d'un million de kilogrammes s'était élevée à près de 6 millions, en 1833. L'application la plus considérable de ce métal aux arts industriels était son emploi dans les bâtiments, surtout pour la couverture des édifices. Malgré cet avenir qui aurait dû stimuler les grandes entreprises métallurgiques, il n'y avait encore en exploitation, en 1834, que les mines de Clairac et Robiac, département du Gard.

§ V. ÉTAIN. — La France ne possède aucune mine d'étain en exploitation. Elle tire de l'étranger tout l'étain qu'elle consomme pour l'étamage du fer et du cuivre, pour l'étamage des glaces, la fabrication des ustensiles de ménage, etc.; l'importation de ce métal, qui avait été, en 1822, de 622,842 kilogrammes, s'était élevée, en 1833, à 1,523,900 kilogrammes.

§ VI. PALLADIUM ET PLATINE. — M. Bréant obtint, en 1823, la médaille d'or et le Roi le nomma chevalier de la Légion d'honneur, pour avoir découvert les procédés de la purification, en grand, du platine et l'art de fabriquer

l'acier dit de Damas. A l'exposition de 1827, il présenta
une coupe de palladium de 45 centimètres de diamètre
sur 12 centimètres de profondeur au relevé ; on sait que
ce métal est extrait du minerai de platine dont 1,000 parties n'en contiennent qu'une demie de palladium. A cette
coupe, M. Bréant avait joint un lingot de palladium du
poids de 1 kilogramme.

La consommation du platine en France était évaluée,
en 1826, à 129 kilogrammes qui, à raison de 900 francs
environ le kilogramme, représentaient une valeur de
116,000 francs.

MM. Cuoq, Couturier et C¹ᵉ exposèrent, en 1827, un
lingot de platine purifié et dégrossi au laminoir de 1 mètre 109 millimètres de longueur, sur 351 millimètres de
largeur et 112 millimètres d'épaisseur ; il pesait 89 kilogrammes et sa valeur était de 80,000 francs.

Le jury leur décerna une médaille d'argent.

§ VII. FONTE ET LAMINAGE DU BRONZE. — On appelle
bronze, dans les arts, un alliage composé de cuivre et
d'étain, dans lequel interviennent, presque toujours, quelques faibles quantités d'autres métaux : l'invention du
doublage des navires en bronze ayant fait reconnaître que
la durée du bronze était plus que double de celle du cuivre, il devenait fort important de parvenir à laminer le
bronze pour obtenir des feuilles de doublage : c'est ce
problème qu'a résolu, en 1834, la société anonyme
d'Imphy, par les soins de son directeur, M. Adolphe
Guérin. Le jury lui a décerné la médaille d'or pour
avoir doté la France de cette nouvelle industrie.

§ VIII. MANGANÈSE. — Il n'existe en France que cinq

mines de manganèse, à l'état d'exploitation. « (1) Elles produisent par an, environ 10,500 kilogrammes de ce métal à l'état d'oxyde. Les besoins de notre industrie surpassent à tel point cette faible ressource, que l'importation de la même substance, pour la seule année 1833, s'est élevée à 336,309 francs. On voit par là combien il est à désirer qu'on perfectionne et qu'on développe l'exploitation de nos mines de manganèse. »

§ IX. PRODUCTION DE LA FONTE, DU FER, DE L'ACIER, etc. — « La production et les transformations du fer offrent, à proprement parler, la seule grande richesse métallurgique exploitée en France. Il est d'une haute importance de montrer comment le secours du travail développe cette richesse. Les faits qui vont nous servir de base sont puisés dans le compte rendu des travaux surveillés par les ingénieurs des mines en 1834. »

Travaux de l'année minéralogique 1833 à 1834.

Prix des minerais bruts au sortir de la mine...		3,606,308 fr.
Plus value donnée par {	le grillage............	136,536
	le lavage............	1,551,673
	le transport.........	4,075,097
Valeur créée par la production de la fonte....		32,437,551
Valeur créée par des secondes fusions de la fonte.		3,564,382
Valeur créée par la production et les transformations du fer..........................		36,724,539
Valeur créée par la production de l'affinage et la transformation de l'acier		5,156,039
	TOTAL....	87,252,125

« Telle est donc l'admirable puissance du travail, que moins d'un million, valeur représentative du minerai non tiré de la terre, par ses transformations successives en

(1) Rapport du jury central de 1834.

fonte, en fer, en acier, produit une valeur qui surpasse 87 millions. Mais là ne se borne pas la puissance productive de l'industrie. Pour fabriquer ces 87 millions de fonte, de fer et d'acier, il n'a guère fallu plus de 60,000 ouvriers effectifs de toutes professions. »

Nous avons dû citer textuellement ce passage du savant rapporteur du jury de 1834, quoique l'on eût mieux fait juger de l'étendue du travail appliqué à la fabrication du fer en donnant simplement le poids du minerai extrait et celui de la fonte, du fer et de l'acier fabriqués. Il ajoute que, si l'on évalue, en prenant pour base les états officiels du recrutement militaire, quelle est la portion de la population employée aux arts, dont le fer est la matière première, on trouve que cette portion est du vingt-cinquième, soit 1,320,000 individus. On ne peut pas estimer leur travail à moins de 300 millions de francs. C'est le million du minerai multiplié par 300.

Ces considérations suffisent pour montrer quelle haute importance les hommes d'État doivent attacher à la production ainsi qu'au travail du fer en France.

1. *Fonte de fer.* — Parmi les produits en fonte de fer qui figurèrent à l'exposition de 1823, on distingua surtout ceux qui provenaient de l'établissement de Janon, près Saint-Étienne (Loire); ils offraient un exemple récent et jusqu'alors unique en France de la fusion du minerai de fer de houillères, traité sans addition d'autre minerai, par le moyen de la houille.

Le jury décerna une médaille d'or à la compagnie des mines de fer de Saint-Étienne ou Janon.

De 1823 à 1827, la consommation de la fonte de fer

s'accrut en France de 64,000 quintaux métriques, et le jury constatait que les usines de France rivalisaient avec celles d'Angleterre pour la bonne qualité des produits.

Le Roi accorda, en 1827, la décoration de la Légion d'honneur à M. Aubertot, chef de la maison Aubertot père et fils, de Vierzon, qui avait obtenu, en 1823, la médaille d'argent rappelée en 1827.

Produit de la fonte par le soufflage à l'air chaud. — C'est en 1834, que le procédé du soufflage à l'air chaud prit rang dans l'industrie de la production de la fonte. M. Taylor (Charles), ingénieur civil, à Beaugrenelle (Seine), s'était particulièrement occupé d'établir, dans nos usines à fer, les appareils nécessaires à l'emploi de l'air chaud, pour la soufflerie des hauts fourneaux. « (1) Cette grande et récente innovation doit produire des résultats d'une haute importance, lorsqu'elle sera généralement appréciée et mise en pratique. Plus le combustible est coûteux en France, plus nous trouvons d'avantage à l'emploi de méthodes qui peuvent en diminuer la consommation. Tel est, en premier lieu, le caractère de la substitution de l'air chaud à l'air froid, dans la soufflerie des hauts fourneaux. Quoique dans ce système la dépense de combustible soit moindre, cependant on élève généralement, et surtout moins inégalement, la température dans l'intérieur des fourneaux. Cela permet de diminuer la quantité de castine nécessaire pour déterminer la fusion du métal. Ce métal, ainsi qu'on vient de le dire, moins inégalement échauffé, coule en fonte de qualité plus uniforme et beaucoup plus propre à tous les travaux

(1) Rapport du jury central.

ultérieurs de moulerie. Enfin, l'injection de l'air chaud dans le haut fourneau nécessite une moindre force motrice que l'injection de l'air froid. »

Pour avoir contribué très-activement à propager une méthode si féconde en résultats précieux, le jury décerna la médaille d'or à M. Charles Taylor (1).

2. *Moulage en fonte de fer.* — « (2) L'art du moulage en fonte de fer avait fait, en 1827 et en 1834, de très-grands progrès, soit sous le rapport de la perfection du moulage, soit sous celui des dimensions des pièces obtenues. »

« MM. Mauby et Wilson à Charenton, près Paris, et au Creuzot (Saône-et-Loire), exposèrent en 1827 :

« 1° Le moyeu d'une grande roue d'engrenage, laquelle doit avoir 16 pieds de diamètre et 16 pouces de largeur sur la circonférence garnie de dents. Ce moyeu pèse 35 quintaux métriques. L'exécution d'une telle pièce, coulée en fonte de fer, présentait de grandes difficultés, à cause de son poids et du nombre de noyaux qui la traversent en différentes directions.

« 2° Le piston en fonte d'une machine soufflante, laquelle aura la force de cent chevaux ; ce piston a 9 pieds de diamètre ; il est traversé par une tige en fer forgé. La machine soufflante est déjà montée à l'usine à fer du Creuzot ; elle y procurera l'air à quatre hauts fourneaux alimentés par le coke, et elle fournira 12,000 pieds cubes d'air par minute. »

« L'usine de Charenton, qui n'est en activité que de-

(1) V. l'article *Fer* à l'exposition de 1849.
(2) Rapport du jury central.

puis cinq ans, a fourni de grands attirails en fonte moulée aux principaux ateliers métallurgiques de la France ; elle fabrique, par année, trente à quarante machines à vapeur qui représentent la force de 1,000 à 1,200 chevaux ; elle a fourni des bateaux à vapeur pour le service de plusieurs points maritimes de la France, pour Cayenne et pour le Sénégal. »

Le jury leur décerna la médaille d'or.

En 1834, le jury décerna la médaille d'argent à M. Tremeau-Soulmé à Vanderusse (Nièvre), et à madame veuve Dietrich et fils à Niederbronn (Bas-Rhin) pour la beauté des fontes d'art, pour les pièces de mécanique sorties de leurs usines et pour la régularité de la forme des projectiles qu'ils avaient livrés à l'administration de la guerre.

§ X. FER. — Le jury de 1834 s'exprimait dans les termes suivants sur la production du fer : « (1) Le progrès général de l'industrie française exige un emploi du fer qui s'accroît avec une régularité pour ainsi géométrique, à raison d'à peu près 3 1/2 p. 0/0 par année. D'après cette progression, la quantité du fer consommée en France double en vingt années. »

Année moyenne.	Quantités produites.	Importations.	Rapports.
1818 à 1820	79,000,000	12,360,133	100 : 15 2/3
1831 à 1833	133,870,700	6,553,719	100 : 5

« Ainsi, depuis l'exposition de 1819, afin de suffire aux besoins de la consommation française, les fers étrangers, au lieu d'empiéter sur la production des fers nationaux, dans la proportion de 16 p. 0/0, n'empiètent plus que dans la proportion de 5 p. 0/0. »

(1) Rapport du jury central.

« Pendant les seize années accomplies depuis 1819, des progrès immenses ont été faits dans presque toutes les fabrications du fer. En exhaussant les hauts fourneaux, on les a rendus susceptibles de produire, dans un temps donné, plus de fer avec une moindre quantité de combustible. »

« Grâce à l'emploi de la houille, soit isolée (méthode anglaise), soit combinée avec le charbon de bois (méthode champenoise), on a considérablement accru la fabrication du fer, qu'on a rendu plus économique. »

« On a complété ces moyens par l'usage des laminoirs pour remplacer les martinets, et corroyer le fer par voie d'étirage. »

« Aujourd'hui la France compte dans ses établissements, propres à fabriquer le fer :

	Ouvriers.	Feux et ateliers.
1° Avec le bois......................	4,204	815
2° Avec le bois et la houille..........	890	160
3° Avec la houille et le coke........	1,055	155

Valeur créée par la transformation de la fonte en fer : 29,312,449 francs.

| Élaboration du gros fer............. | 3,287 | 1,556 |

Valeur créée : 7,492,095 francs.

« Nous avons pensé qu'il fallait présenter ces résultats pour donner une juste idée de l'importance qu'a prise la fabrication spéciale du fer (1). »

Le jury de 1823 récompensa, par plusieurs médailles d'or, l'établissement alors récent en France des forges dites à l'anglaise, dans lesquelles le fer est affiné dans des fourneaux à réverbère, par le moyen de la

_____

(1) Sur quatre-vingt-six départements, soixante-quatorze concourent à ces travaux métallurgiques.

houille, et étiré à l'aide du laminoir à cylindres cannelés.

L'exposition de 1819 présentait, à cet égard, de premiers essais qui promettaient d'importantes améliorations; mais, à cette époque, on n'avait encore affiné la fonte de fer au fourneau à réverbère, avec la houille brute, que dans le département de l'Isère, à l'usine de Vienne; et l'on n'avait fabriqué le fer en barres, par le moyen de laminoirs diversement cannelés, que dans le département du Cher, aux forges de Grossouvre.

En 1823, le territoire français possédait près de vingt établissements où le nouveau procédé d'affinage et d'étirage du fer était en pleine exécution. Le jury de cette année décerna la médaille d'or à M. de Wendel, maître de forges à Moyœuvre et à Hayange (Moselle); à MM. Labbé et Boigues frères, à Fourchambault (Nièvre), et à MM. Mertian frères, à Montataire (Oise).

De 1823 à 1827, de nouveaux établissements se formèrent pour l'affinage et l'étirage du fer par le procédé dit *anglais;* une grande partie des produits, exposés en 1827, provenaient de ces établissements nouveaux.

Le jury de 1827 décerna la médaille d'or à MM. Boigues et fils, de Fourchambault (Nièvre), qui fabriquaient annuellement 55,000 quintaux métriques de fer.

Le jury de 1834 confirma cette médaille d'or; non-seulement MM. Boigues avaient augmenté leur production qu'ils étaient près de porter à 80,000 quintaux métriques; mais ils avaient amélioré la qualité de leurs fers et de leur fonte. Ils avaient obtenu ce résultat par l'application de l'air chaud à la soufflerie de leurs hauts fourneaux. Les fontes qu'ils produisaient ainsi étaient éminemment propres au moulage; elles permettaient de diminuer la quantité de la matière, sans que les ouvrages eussent moins de force et de durée. Cette nouvelle qualité des fontes se prêtait au coulage de plaques de fonte de grande dimension assez minces pour qu'on les nommât, avec MM. de Boigues, *tôles de fontes*, et on les obtenait cependant de première fusion.

Le Roi conféra la décoration de la Légion d'honneur à M. Achille Dufaud, directeur de l'usine de Fourchambault.

Le jury de 1834 décerna aussi la médaille d'or à M. Emile Martin, à Fourchambault, pour d'importants travaux et d'habiles perfectionnements dans le moulage de la fonte et dans l'emploi du fer en barres à la construction des ponts suspendus. Enfin le même jury décerna la médaille d'or à la compagnie des forges d'Alais (Gard) pour l'importance de ses produits.

§ XI. ACIER. — La fabrication de l'acier s'était considérablement accrue en France en 1827; elle produisait alors 5,485,300 kilog.; elle augmenta peu ses produits de 1827 à 1834; ils ne s'élevaient alors qu'à 6,264,900 kilog.; mais la qualité des aciers s'était beaucoup améliorée. Parmi les produits de la fabrication de l'acier on distingue l'acier naturel, l'acier cémenté et l'acier fondu. L'acier naturel est raffiné pour des broches de filatures, coins, matrices et burins, dans le département de la Côte-d'Or; pour faux et limes, dans le département de l'Ariége; pour outils et armes blanches, dans le Bas-Rhin; pour ressorts de voitures, dans le département de l'Isère et ailleurs; pour limes, outils et coutellerie, dans le département de la Haute-Saône; pour la fabrication des filières, dans le département de l'Orne.

L'acier fondu est employé dans le département du Bas-Rhin pour la fabrication des faux, des limes et des ressorts. Le département de la Seine a présenté aussi de l'acier fondu qui provient des ateliers de Bercy et de Bougival.

Les jurys de 1823, 1827 et 1834 ont accordé la médaille d'or aux producteurs d'acier, de manière à encourager une industrie qui fournit à tant d'autres leurs moyens de succès.

En 1823, la médaille d'or fut décernée à MM. Jackson père et fils, à Entrefurens (Loire), pour des barres et des lingots d'acier fondu, remarquables par leur grosseur.

A MM. Ruffié, à Foix (Ariége), pour l'excellente qualité des aciers naturels et des aciers cémentés fabriqués dans leur établissement et prouvée par celle des faux et des limes qui sortent également de leur usine.

A MM. Bernadac père et fils, à Sahorre et à Ria (Pyrénées-Orientales), pour avoir perfectionné la méthode catalane de fabrication de l'acier naturel.

Le jury rappela, en outre, les médailles d'or, décernées en 1819, à MM. Garrigou, Sans et Cie, à Toulouse; Beaunier, à la Bérardière (Loire); Montmouceau père et fils, à Orléans (Loiret); Saint-Bris, à Amboise (Indre-et-Loire); et Dequenne, à Raveau (Nièvre).

Le jury de 1827 rappela également les médailles d'or décernées à MM. Ruffié, Montmouceau et Dequenne; et celui de 1834, en les rappelant de nouveau, et particu-

lièrement sous le nom de M. Leclerc (Pierre-Armand),
celle qui avait été accordée en 1819, en 1823 et en 1827
à l'usine de la Bérardière, attribua une nouvelle médaille d'or à MM. Talabot et Cⁱᵉ, à Saint-Juery-Saut-du-
Tarn, près Alby.

Nous transcrivons ici la mention que le jury de 1834
faisait de l'usine du Saut-du-Tarn :

« A une lieue au-dessus d'Alby, le Tarn entier se pré-
cipite d'une hauteur considérable. C'est en aval de cette
chute, sur la rive droite du Tarn, qu'on a fondé la magnifique usine que dirige aujourd'hui M. Talabot; elle a
pour moteur une dérivation de la rivière, au moyen d'un
aqueduc taillé dans le roc, et conduisant à l'usine 12 mètres cubes d'eau par seconde. Pour défendre les établissements contre les inondations, lors des crues de la
rivière, on a construit un mur d'enceinte ayant 12 mètres
de hauteur, 7 mètres d'épaisseur à sa base et 1 mètre
et demi d'épaisseur au sommet. »

« Trois cents ouvriers peuvent être logés dans un vaste
corps de bâtiment construit exprès pour cette destination. »

« Dans un édifice particulier, on a placé deux grands
fours à cémentation; l'un pouvant recevoir 100,000 kilogrammes de fer, l'autre 150,000. Ces deux fourneaux
peuvent donner annuellement 1,500,000 kilogrammes
d'acier. »

« Une autre série d'ateliers sert à convertir l'acier en
faux et en ressorts de voiture. Il a fallu longtemps poin-
çonner les ressorts aux marques de l'Allemagne, pour
qu'on crût à leur bonté. Maintenant le commerce admet

la supériorité des ressorts fabriqués au Saut-du-Tarn, dont il réclame la marque spéciale. »

« Pour éviter de morceler ce qui concerne la même usine, et de lui retirer ainsi tout l'intérêt qu'elle inspire par son ensemble, nous achèverons ici sa description en ce qui concerne la fabrication des faux et des ressorts. »

« Pour fabriquer une faux, on entremêle quinze lames, les unes de fer, les autres d'acier ; on corroie le tout en le faisant chauffer et passer au martinet. Les barres ainsi produites sont taillées en portions auxquelles on donne le volume et le poids précis d'une faux, par une méthode hydrostatique ingénieuse. On n'a plus ensuite qu'à passer chaque pièce au fourneau, puis au martinet, pour lui donner la forme de la faux. »

« Il y a quelques années, les ateliers étaient établis déjà pour faire agir un laminoir propre à réduire l'acier en barres de dimensions convenables et vingt et un marteaux étaient destinés au travail des faux. On pouvait alors fabriquer 1,200,000 kilog. d'acier livrable au commerce ; 300,000 faux et 150,000 paquets de limes de 7/4, 6/4 et 1/2 kilog. »

« Dans l'origine tous les travaux étaient faits avec des ouvriers allemands tirés du pays de Berg. Aujourd'hui, tous les ouvriers sont français ; la plupart ont été des enfants sans ressources, recueillis dans les rues de Toulouse. »

« Dans les grands ateliers de cette ville, établis au Basacle, on fabrique les faux, les ressorts et les limes, suivant le même système de travail qu'au Saut-du-Tarn. »

« Les ateliers de Toulouse, et subséquemment ceux

du Saut-du-Tarn, ont obtenu sous le nom de MM. Garrigou, Sans et Cie, pour les aciers, la mention honorable en 1819, et la médaille d'or pour les faux ; en 1823, la médaille d'or pour l'ensemble des produits, aciers, limes et faux ; en 1827, la confirmation de cette médaille pour les faux seulement, sous les noms de Garrigou, Massenet et Cie. M. Massenet fut le premier directeur de l'usine du Saut-du-Tarn. »

§ XII. TÔLES ET FERS NOIRS. — Le jury de 1823 décerna la médaille d'or à MM. Debladis, Auriacombe, Guérin jeune, et Bronzac, à Imphy (Nièvre), pour l'ensemble des produits de l'usine de ce nom où l'on lamine particulièrement le cuivre ; mais où l'on avait aussi fabriqué de très-belles tôles de fer, et à M. Fouques, à Pont-Saint-Ours (Nièvre), pour la fabrication également au laminoir de tôle très-ductile et d'excellente qualité.

Le jury de 1834, en rappelant la médaille d'or obtenue par l'usine de Pont-Saint-Ours, qui, après trois ans d'inactivité, venait d'être rachetée par une société anonyme, émettait l'opinion que les tôles françaises, exposées en 1834, par leur force, leur égalité et leur beauté, ne laissaient plus rien à désirer.

A cette époque nos fabriques produisaient annuellement pour 7 millions en tôle de fer et 350,000 francs en tôle d'acier.

§ XIII. FERS ÉTAMÉS ET FERS-BLANCS. — Depuis la paix de 1814, la France avait fait les plus grands efforts pour accroître et perfectionner la fabrication du fer-blanc ; déjà, en 1819, nous avons vu les premiers résultats qui avaient été obtenus ; en 1834, les succès que l'on avait

réalisés ne laissaient plus rien à désirer. Les importations qui étaient, en 1820, de 419,000 kilog. n'étaient
plus que de 15,000 kilog. en 1833. Dans cette dernière
année, la production s'élevait, en France, à 2,531,900
kilog. représentant une valeur de plus de 2 millions
600,000 francs.

Le jury de 1823 décerna la médaille d'or, pour leurs
fers-blancs, à M. de Wendel, de Hayange (Moselle), que
nous avons cité tout à l'heure à l'article des *Fers*. Il rappela aussi la médaille d'or obtenue par MM. Mertian frères,
de Montataire.

Le jury de 1827, en rappelant la médaille d'or décernée
à M. Fouques fils, de Pont-Saint-Ours, dont nous venons
de parler, attribua une nouvelle médaille d'or à MM. de
Buyer oncle et neveu, à la Chaudeau (Haute-Saône), pour
des fers-blancs réunissant toutes les qualités que l'on peut
désirer.

Le jury de 1834 rappela ces diverses récompenses que
ceux qui les avaient obtenues continuaient de mériter.

§ XIV. TRÉFILERIE D'ACIER, DE FER, DE CUIVRE, DE LAI-
TON. — M. Mouchel fils, à l'Aigle (Orne), a obtenu dans
cette industrie un degré de perfection que les jurys de
1823, 1827 et 1834 ont constaté en rappelant tous, dans
les termes les plus flatteurs, la médaille d'or obtenue,
en 1819, par M. Mouchel.

Le Roi lui accorda la décoration de la Légion d'honneur.

Le jury de 1827 accorda à M. le baron Falatieu, à
Bains (Vosges) une médaille d'or, que le jury rappela
en 1834.

OUTILS, INSTRUMENTS DIVERS EN FER ET EN ACIER.

§ I. FAUX. — Nous avons vu en 1819, que la fabrication des faux, qui n'était en France que de 72,000, en 1816, avait pris déjà un accroissement considérable. En 1834, la fabrication française s'élevait à 300,000 faux. L'importation des faux étrangères, qui était de 352,094 kilog. en 1818, s'était réduite, en 1833, à 236,659 kilog., environ 310 ou 320,000 faulx.

Le jury de 1823 décerna la médaille d'or à M. Ruffié, à Foix, et à MM. Garrigou, Sans et Cie, à Toulouse, ainsi que nous l'avons déjà dit : le jury de 1827 rappela la médaille d'or donnée à une maison de Toulouse dont la raison sociale était devenue Garrigou, Massenet et Cie, et le jury de 1834, en rappelant la médaille d'or attribuée à M. Ruffié, décerna à M. Talabot (Léon) et Cie, de Toulouse, la médaille d'or que nous avons mentionnée à l'article *Aciers*.

§ II. LIMES ET RAPES. — Le jury de 1834 donnait ainsi le chiffre des importations en 1833 :

	Poids.	Valeur.
1° Limes et rapes à grosses tailles....	247,670 k.	619,175 fr.
2° Limes intermédiaires............	33,980	135,920
3° Limes fines....................	14,496	57,984
TOTAL.......		813,079 fr.

Il faisait remarquer que la production des limes françaises s'élevait à une valeur de 1,719,976 fr. et il en concluait que si l'industrie nationale faisait de plus grands progrès, elle pourrait immédiatement tiercer sa fabrication de limes. Ce résultat lui paraissait devoir être obtenu surtout par une fabrication, à plus bas prix, des limes communes.

Le jury de 1823 avait décerné la médaille d'or à M. Rémond à Versailles, et à MM. Coulaux et Cie, à Molsheim (Bas-Rhin); il avait rappelé la médaille d'or accordée à MM. Saint-Bris, à Amboise; le jury de 1827 rappela de nouveau cette médaille d'or en faisant connaître qu'il était sorti, en 1826, de cette fabrique, fondée en 1784, 200,000 paquets de limes d'Allemagne, 50,000 douzaines de limes, façon anglaise, 2,000 paquets de limes, dites façon de Nuremberg, et 6,000 carreaux. Le même jury décerna la médaille d'or à M. Musseau, à Paris.

Le jury de 1834 rappela ces diverses médailles d'or et accorda à M. Talabot, pour l'ensemble de ses produits, la nouvelle médaille d'or dont nous avons parlé.

§ III. Scies et ressorts. — Le jury de 1834 faisait remarquer que la fabrication des scies était une branche importante d'industrie qui commençait à se répandre en France à tel point que, depuis 1827, leur importation s'était réduite de 140,000 à 50,000 fr., et que leur exportation s'était, au contraire, élevée de 12 à 20,000 fr. Le jury signalait à l'attention publique les nouvelles scies circulaires si favorables, ajoutait-il, à la rapidité et à la précision des travaux de menuiserie et même de charpente.

§ IV. Aiguilles. — La fabrication des aiguilles ne date guère en France que de 1820; elle avait fait, dès 1834, de rapides progrès et pris de grands développements; mais cependant l'importation étrangère, toujours très-considérable, nuisait beaucoup à l'extension de cette fabrication.

§ V. ALÈNES. — Notre pays commence à s'affranchir du tribut qu'il payait autrefois à l'Angleterre ainsi qu'à l'Allemagne, au sujet des alènes que ces deux contrées nous fournissaient. Nous égalons nos rivaux pour la qualité des produits ; il reste à les égaler pour le bon marché.

§ VI. TISSUS ET TOILES MÉTALLIQUES. — Les nombreuses applications qu'on fait de ces tissus dans toutes les manufactures ont donné à cette industrie une véritable importance. On emploie avec succès les toiles métalliques pour en faire des tamis qui remplacent ceux de crin dans les fonderies, les moulins à farine, les verreries, les fabriques de cristaux, etc. M. Roswag fils, à Schelestadt, exposa, en 1823, des tissus métalliques d'un fini précieux ; l'un de ces échantillons contenait 128 fils par pouce sur la largeur et sur la longueur, par conséquent 16,384 mailles au pouce carré. Le jury lui décerna la médaille d'or ; à l'exposition de 1827, il exposa une gaze métallique contenant 25,600 mailles au pouce carré, soit 3,436 mailles par centimètre carré ; en 1834, il exposa une gaze contenant 4,915 mailles pour la même superficie. Il avait, en outre, construit des machines propres à confectionner des toiles sans fin pour la fabrication des papiers à la mécanique. Les jurys de 1827 et de 1834 rappelèrent la médaille d'or qu'il avait obtenue en 1823.

§ VII. CLOUTERIE. — § VIII. SERRURERIE DE PRÉCISION ET QUINCAILLERIE. — Les expositions de 1823, 1827 et 1834 ont prouvé que les arts de la clouterie et de la serrurerie s'étaient tenus au niveau des autres industries qui travaillent le fer. Les jurys décernèrent des médailles d'argent à plusieurs fabricants qui avaient exposé de très-bons produits.

§ IX. QUINCAILLERIE DE FER. — La quincaillerie n'appela pas spécialement l'attention du jury de 1823. Il n'en fut pas de même aux expositions de 1827 et de 1834. La fabrication de la quincaillerie s'était améliorée dans toutes ses parties, par suite des perfectionnements apportés dans le travail des métaux. Les outils à l'usage des selliers, des bourreliers, des menuisiers, des ébénistes, des horlogers, des bijoutiers, des graveurs, avaient reçu de nombreuses modifications qui offraient de grands avantages.

Le jury de 1834, en rappelant la médaille d'or décernée à MM. Japy frères, à Beaucourt (Haut-Rhin), pour l'ensemble de leur fabrication qui comprend celle des vis à bois, outils et instruments de toute espèce, et la médaille d'or décernée à M. Coulaux et Cⁱᵉ, de Molsheim (Bas-Rhin), qui fabriquent aussi toutes sortes d'outils, attribua en outre une médaille d'argent à l'École royale des arts et métiers de Châlons (Marne), à MM. Poulignot, à Montecheroux (Doubs), pour la confection de leurs outils de toute espèce, et à M. de Guaita et Cⁱᵉ, à Zornhoff (Haut-Rhin).

§ X. LITS EN FER. — Le jury constata également les rapides progrès que l'industrie encore nouvelle des lits en fer avait faits, depuis l'exposition de 1827, où elle avait semblé prendre naissance. Les lits étaient mieux construits, quoique encore trop surchargés d'ornements de mauvais goût.

Le jury décerna une médaille d'or, pour l'ensemble de leurs travaux, à MM. Pihet frères, à Paris, que nous re-

trouverons à l'article des *Machines*, et à M. Martin
(Emile), à Fourchambault, dont nous avons déjà parlé
au sujet du moulage des fontes. Ils avaient présenté, l'un
et l'autre, des lits fort bien exécutés.

§ XI. COUTELLERIE. 1. *Coutellerie fine et moyenne.* —
Pour la coutellerie, comme pour beaucoup d'autres articles exposés par le commerce de Paris, les jurys éprouvent d'assez grandes difficultés à faire la part qui revient au commerçant dans le mérite des objets qu'il
soumet à l'exposition, et la part qui revient au fabricant qui les a exécutés et qui reste ignoré. C'est
ainsi que l'on n'a vu figurer parmi les exposants de
coutellerie aucun ou presque aucun fabricant de coutellerie de Nogent-le-Roi (Haute-Marne), tandis que
chacun sait que c'est sur ce point que se fabrique aujourd'hui la majeure partie de la coutellerie fine qui se
vend en France. Nous reviendrons sur ce sujet en rendant compte des expositions de 1839, 1844 et 1849.
Mais le jury du département de la Haute-Marne, en re-
grettant, en 1834, que les principaux fabricants de Nogent n'eussent rien envoyé à l'exposition, a fait connaître
que leurs correspondants de Paris exigeaient que la coutellerie qu'ils commandaient à Nogent, fût marquée à
leurs noms; cette complaisance des fabricants de Nogent
envers les couteliers de Paris, à laquelle la concurrence
qu'ils se font les empêche de se soustraire, les prive
de la juste récompense que mériteraient leurs travaux.

2. *Coutellerie très-commune, eustaches.* — A la suite
des économistes qui ont, pour la plupart, rapporté l'anec-
dote de Fox, assistant à l'exposition de 1804, nous avons

aussi rappelé le jugement que portait cet homme célèbre sur la coutellerie à bon marché. Le jury départemental de la Loire a donné, en 1834, d'intéressants détails sur le prix de revient de la coutellerie très-commune, dite *eustaches*.

MM. Renaudier père et fils, à Saint-Étienne (Loire), fabriquent ces *eustaches* dont le prix varie de *trois centimes deux tiers* à *huit centimes et demi* la pièce.

« (1) Depuis le commencement du siècle actuel, la fabrication des *eustaches* ne comprend guère que les qualités dites *petit*, *très-petit*, *passe-petit*, et autres, bonnes seulement pour les enfants. Les gros *eustaches* pour hommes, ne se fabriquent presque plus; la faible quantité qu'on en fait passe en Espagne, en Portugal et quelque peu dans la basse Bretagne. Ils ont été remplacés graduellement par les couteaux de Thiers, mieux confectionnés, plus solides et, par conséquent, un peu plus chers. Ainsi le paysan qui se contentait, il y a quarante ans, d'eustaches en bois de six liards, s'élève aux couteaux de corne à quatre sous; il doit en être de même pour les autres objets de consommation populaire ; dans ce genre de besoins, tout marche de front. »

« Néanmoins, la fabrication des eustaches n'a pas diminué sensiblement. Si les enfants en consomment seuls, ils en consomment beaucoup plus qu'autrefois; l'augmentation réunie de quantité et de qualité se trouve ainsi transportée dans la consommation des adultes. »

« Il importe d'apprendre comment le prix de *trois centimes deux tiers* d'un eustache, se répartit entre les

(1) Rapport du jury central.

branches nombreuses de cette singulière fabrication. »

« Le manche est en bois. Il arrive tout fait de Saint-Claude (Jura), il coûte 1 franc la grosse de douze douzaines. »

« La lame est en acier de Rivet, choisi pour cet emploi ; elle est successivement étirée, forgée, percée, coupée, marquée, dressée, trempée, réchauffée, replanée, puis aiguisée ; c'est-à-dire ébourrée, effilée, rognée, polie et enfin ajustée, clouée et rivée. Il y a là *seize* opérations, sans compter celles qui sont relatives au manche et à l'emballage de l'eustache, qui est successivement empaqueté, ficelé, étiqueté et emballé : le total présente au moins vingt-huit opérations faites par une quinzaine d'ouvriers différents. »

Prix de l'eustache :

L'acier coûte.........................	0f. 007m.
Travail de forge......................	« 006
L'aiguisage...........................	« 006
Le manche.............................	« 007
Le montage............................	« 004
Emballage, frais généraux, intérêt des capitaux et bénéfices...............	« 007
TOTAL.................	0f. 037m.

§ XII. INSTRUMENTS DE CHIRURGIE. — Les chefs de cette industrie ont compris que pour répondre aux besoins de l'art de guérir ils devaient les étudier, et suivre pour cela les opérations chirurgicales dans les hôpitaux. Aussi ne peut-on plus confondre leur profession, devenue savante, avec les travaux ordinaires de la coutellerie. Elle intéresse essentiellement la vie humaine ; souvent le succès d'une opération chirurgicale ne dépend pas moins

de la forme et de la bonté des instruments, que du talent et de l'habileté du chirurgien. Aujourd'hui l'art de
guérir est si parfaitement secondé par les sir Henry, les
Charrière, les Montmirel et les Landray, que nos plus
célèbres chirurgiens se partagent sur la préférence qu'on
peut donner à ces excellents artistes (1).

§ XIII. Armes a main. — 1. *Armes blanches.* — L'exposition de 1823 vit paraître une nouvelle préparation
d'acier semblable à l'acier dit de Damas; on obtient
celui-ci, chez les Orientaux, par le traitement direct d'un
minerai de fer, qu'on appelle aussi minerai d'acier; il se
distingue de tous les autres par sa dureté, par sa résistance sous la lime, et par une surface moirée ou parsemée
de veines fines d'un gris cendré que l'on nomme *le
damassé.*

On a longtemps cherché, en France, à imiter le
damassé oriental par le moyen de divers mélanges de fer
et d'acier, qui sont connus sous le nom d'*étoffes.*

Par une longue série d'expériences, M. Bréant, dont
nous avons déjà parlé au sujet de l'épuration du platine,
a démontré que la matière du damas oriental est un acier
fondu, qui est plus chargé de carbone que nos aciers
d'Europe, et dans lequel, par l'effet d'un refroidissement
convenablement ménagé, il s'est opéré une cristallisation
ou une séparation de deux combinaisons distinctes de fer
et de carbone. Le même savant a trouvé le moyen de
convertir directement, par une seule opération facile et
peu dispendieuse, la fonte et le fer en acier fondu, et il

(1) V. exposition de 1849, M. Samson y obtint une médaille d'or.

obtient de l'acier damassé, directement, par le moyen de
la fonte de fer.

Le jury de 1823 décerna à M. Bréant une médaille
d'or (1).

Celui de 1827 décerna aussi une médaille d'or à
MM. Coulaux et Cⁱᵉ, à Molsheim et Klinginthal (Bas-Rhin),
pour leur fabrique d'armes blanches et particulièrement
de cuirasses. Dans les épreuves qui ont été ordonnées par
le ministre de la guerre, ces cuirasses ont très-bien ré-
sisté au choc des balles de calibre, à une distance de
40 et même de 30 mètres. Chacun des plastrons a été
frappé de cinq coups de balle, et aucun n'a été traversé.

2. *Armes à feu.* — Les armes à feu n'appelèrent pas
l'attention du jury en 1823 et en 1827, à l'exception
toutefois de celles exposées par M. Lepage, qui obtint
une médaille d'argent pour une carabine tournante, à
brisure sur frottements en platine, et pour une paire de
pistolets dont les canons étaient en acier fondu, produit
nouveau qui avait pour objet de retarder la détérioration
de la rayure intérieure des canons.

Mais à l'exposition de 1834, on compta la fabrication
des armes à feu parmi les industries dont les progrès
furent les plus remarquables.

« (2) Tandis que l'administration de la guerre réfléchit
encore officiellement, disait le jury de cette époque, sur
la convenance d'abandonner plus ou moins tard ses anciens fusils à pierre, pour des armes plus faciles et plus
promptes à charger, d'un tir plus sûr et d'une plus ample

(1) Voir, à l'exposition de 1849, l'article *Aciers.*
(2) Rapport du jury central.

portée, l'intelligence individuelle des simples citoyens prend largement l'avance. L'usage du fusil à piston est devenu familier à tous les chasseurs, et chaque jour cette arme reçoit de nouveaux perfectionnements. »

« A cette innovation, qui déjà remonte à quelques années, vient s'ajouter une invention nouvelle qui paraît ne laisser plus rien à désirer pour le chargement des fusils par la culasse. »

« Entre toutes les combinaisons imaginées pour charger les fusils par la culasse, le système de M. Robert est sans comparaison le plus simple et le meilleur, pour les armes de chasse, et *surtout pour les armes de guerre*. Dans ce système, une pièce unique faisant l'office de grand ressort et de marteau, remplace les nombreuses parties des platines ordinaires. Des expériences multipliées ont permis de constater authentiquement la supériorité de cette invention dont l'importance vitale pour l'armement des troupes décida le jury à décerner à M. Robert une médaille d'or. »

ORFÉVRERIE. — PLAQUÉ D'OR ET D'ARGENT.

BRONZES CISELÉS ET DORURES.

§ I. ORFÉVRERIE. — Les jurys de 1823 et 1827 reconnurent que si notre orfévrerie était depuis longtemps en possession d'une faveur méritée en France et à l'étranger, elle le devait surtout à la reproduction des belles formes dans les vases, coupes antiques et dans les divers objets de luxe destinés à décorer nos services de table.

MM. Cahier et Fauconnier, de Paris, obtinrent chacun, en 1823, une médaille d'or.

Le premier pour plusieurs produits très-remarquables de ses ateliers d'orfévrerie; entre autres, un reliquaire pour la sainte ampoule.

Le second pour avoir exposé la belle aiguière qui a servi pour le baptême de Mgr le duc de Bordeaux, et trois vases, dont un forme une fontaine à thé.

Le jury rappela les médailles d'or décernées aux expositions précédentes à MM. Odiot et Cahier.

Le jury de 1834 vit « avec un profond sentiment de douleur, les artistes s'humilier à suivre servilement une mode éphémère et bizarre, jusqu'à adopter des formes anglaises pesantes, prétentieuses et sans grâce. Certes, dit-il, nous ne voudrons jamais arrêter la marche des inventeurs et l'heureuse audace des innovations; mais il y a parfois plus de routine à copier certaines étrangetés, qu'à suivre, avec une fidélité intelligente, les traditions du bon goût. »

« L'orfévrerie anglaise n'est, selon nous, qu'une alliance maladroite de la prodigalité d'ornements qu'affectait la renaissance, avec les *tortillements* du genre Louis XV. Au lieu d'accepter cette combinaison monstrueuse, si l'on veut à toute force imiter, pourquoi ne pas remonter aux types primitifs? Voilà ce qu'ont fait seuls MM. Wagner et Mansion. »

« En examinant avec attention les produits de ces artistes, leur coffret à bijoux, leurs coupes rehaussées de pierreries, et cette assiette embellie de gracieux dessins empruntés aux maîtres allemands, nous avons découvert autre chose qu'une recherche d'opulence, autre chose qu'une dextérité manuelle. Là se trouve une ressource

PLAQUÉ D'OR ET D'ARGENT.

offerte à l'artiste, une route nouvelle à l'industrie ; c'est l'art de *nieller* qui, passé d'Orient en Italie, y brilla d'un vif éclat au xv° siècle. Depuis ce temps, les Russes seuls l'ont cultivé, mais à leur manière, et par d'informes ébauches qu'on regardait, en Europe, comme de simples objets de curiosité. MM. Wagner et Mansion jugèrent avec raison qu'il fallait, pour assurer le succès de cette heureuse restitution, la faire descendre au niveau d'un grand nombre de fortunes. Ils ont eu recours aux procédés de gravure à la mécanique ; par ce moyen facile, économique et rapide, ils ont indéfiniment répété la copie des dessins donnés par l'artiste. Les couteaux, les couverts de table, les tabatières que nous avons examinés, sont dus à ce moyen peu coûteux ; ces objets obtiendront certainement un grand succès par leur bon goût et leur fini surprenant. Les pièces qui figuraient à l'exposition ne sont qu'un commencement d'application à l'orfévrerie de l'art du nielleur, qui doit y produire une vraie révolution. Il est aisé de concevoir quelles immenses ressources d'effets les orfévres trouveront dans ces parties noires et brillantes, larges ou déliées, qui se marient si heureusement à la dorure repoussée ou ciselée. MM. Wagner et Mansion, ayant porté cette industrie à un haut degré de perfection, le jury leur a décerné une médaille d'or.»

§ II. PLAQUÉ. — Les jurys de 1823 et 1827 constatèrent que la fabrication du plaqué d'or et d'argent avait pris une très-grande extension. « Elle produit des objets remarquables, tantôt par leur délicatesse, tantôt par le développement de leurs dimensions, et dans lesquels on

admire toujours un parfait accord de jointure et un poli
très-brillant. »

Le jury de 1823 décerna une médaille d'or à M. Tourrot, de Paris, pour avoir exposé un ornement à jour
ajusté à un surtout de table.

§ III. Bronzes. — 1. *Fondeurs en bronze.* — 2. *Fabricants de bronzes.* — Les expositions de 1823, 1827
et 1834 présentèrent toutes trois une réunion de bronzes
extrêmement remarquables et quoique le rapporteur
de 1834 eût fait remarquer que l'exportation totale des
bronzes français fût assez peu considérable (1), nous con-
serverons, néanmoins, les observations faites par les jurys des expositions de 1823 et 1827, parce qu'elles n'ont
pas cessé de conserver, au moins en partie, la même
valeur qu'elles avaient.

« La fabrication d'une foule d'objets d'ornement en
bronze vernis et dorés est une des industries parisiennes
dont les succès se fondent principalement sur le bon
goût et la pureté des formes : nos plus habiles manufacturiers en ce genre puisent leurs inspirations dans les
belles et nombreuses compositions de nos grands peintres et de nos spirituels dessinateurs. Aussi vient-on
chercher à Paris, parmi ces riches collections de plus en
plus variées, ce que l'on ne saurait trouver nulle part ailleurs. On peut dire que nos ateliers ne comptent point de

---

(1) Exposition des bronzes en 1833.

Dorés...............................	719,790 fr.
Argentés...............................	21,978
Autres...............................	844,932
TOTAL...............	1,586,700 fr.

rivaux en Europe : ils ont cependant encore quelques pas à faire pour paraître dignement à la suite de notre école de sculpture. Les bronzes qui proviennent de nos ateliers, se font surtout admirer par un choix heureux de sujets, un emploi convenable d'ornements, un fini précieux d'exécution ; mais on y désire quelquefois plus de grandiose dans les conceptions, de style dans les figures, de naturel dans les poses, d'exactitude et de sévérité dans les formes. Le jury est porté à penser que le Gouvernement pourrait accélérer les progrès de cette brillante partie de notre industrie, s'il réunissait dans une collection particulière les objets remarquables qu'elle a produits et ceux qu'elle pourra produire encore. Cette sorte de musée aurait le double avantage d'offrir sans cesse à nos artistes de bons modèles à imiter, et d'indiquer aux chefs des maisons renommées les hommes qu'ils doivent attacher de préférence à leurs ateliers. »

M. Galle, de Paris, fut jugé digne de la médaille d'or en 1823, pour avoir exposé deux figures faisant pendants, le *Gladiateur* et un *Achille*, exécutées en bronze avec beaucoup de pureté ; une très-belle pendule en jaspe fleuri, et un vase orné de bronzes dorés ; dont la monture est appliquée par des agrafes qui ne percent pas le vase.

Le jury accorda aussi la médaille d'or à M. Denière, de Paris, qui, en 1819, avait obtenu une médaille d'argent, pour sa dorure mate.

Le Roi lui conféra, en outre, en 1827, ainsi qu'à M. Thomire, en 1834, la décoration de la Légion d'honneur. Le jury de 1834, en rappelant la médaille d'or que MM. Thomire, Denière et Galle avaient reçue aux expositions précédentes, faisait remarquer que, dès 1806, M. Thomire avait obtenu cette récompense et qu'il était glorieux de rester, pendant vingt-huit ans, à la tête d'une industrie magnifique (1).

Le jury de 1834 décerna une médaille d'argent à MM. Richard et Quesnel, de Paris, pour avoir présenté des pièces de fonte brute obtenues par le sable et le procédé de la cire perdue; mais il se plaignit, avec quelque sévérité, du peu de progrès que les fabricants de bronzes avaient fait depuis la dernière exposition.

« (2) Malgré les beaux résultats obtenus par les fondeurs, la mise en œuvre du bronze n'a fait, pour ainsi dire, aucun progrès assignable depuis la dernière exposition; nous sommes affligés de le dire, un trop petit nombre des produits que nous avons examinés sont dignes d'obtenir des éloges sans restrictions. Chez plusieurs fabricants de bronzes, les vases, les lustres, les pendules surtout, offrent des sujets incessamment reproduits, et trop souvent sans résultats heureux. Nous blâmerons en particulier ces lourdes branches dont on surcharge disgracieusement les sveltes candélabres antiques. Nous citerons aussi ces surtouts de table, où l'on retrouve éternellement la même donnée : de mesquines corbeilles de fleurs, supportées par des figures plus mesquines encore. Il est temps que les fabricants de bronzes quittent des

---

(1) Nous avons dû dans plus d'une circonstance, et surtout au sujet des objets d'art, mentionner les jugements des jurys sans les accompagner d'observations critiques. Il suffit de rapprocher les opinions émises à diverses époques, pour provoquer la discussion ; c'est ce que nous nous sommes borné à faire.

(2) Rapport du jury central.

sentiers trop battus, s'ils ne veulent pas concourir à nous faire perdre la suprématie que cette industrie française a conquise en Europe. »

BIJOUTERIE. — JOAILLERIE. — STRASS.

PERLES FACTICES. — TABLETTERIE ET NÉCESSAIRES.

§ I. BIJOUTERIE. — 1. *Bijouterie d'acier.* — La bijouterie d'acier prit aux expositions de 1823, 1827 et 1834 un assez grand développement.

Ce que l'on estime dans la bijouterie d'acier, c'est un certain éclat net et limpide, au sein duquel toute lumière environnante semble se noyer. Ce que l'on y cherche le plus, c'est un assemblage brillant et solide des pièces ou grains d'acier dont se composent les bijoux, un jeu vif de lumière, un goût qui soit sanctionné par la mode.

La taille des bijoux d'acier a été récemment perfectionnée ; chaque facette est formée au moyen d'une seule opération, tandis qu'auparavant, elle en exigeait deux.

M. Frichot, de Paris, obtint, en 1823, une médaille d'or pour avoir exposé un bouquet de fleurs artificielles, une écharpe imitant le tulle et d'autres ouvrages en acier poli, exécutés à l'emporte-pièce.

2. *Joaillerie en pierres fines.* — M. Douault-Wiedland reçut, en 1827, une médaille d'argent pour avoir tellement perfectionné la fabrication du strass, qu'il a mis la France presque entièrement en possession du commerce que l'Allemagne faisait autrefois sur cette matière. En 1819, cette industrie, déjà complète sous le rapport des procédés, n'avait encore acquis que peu de développement.

La préparation du strass comprend, comme celle du

cristal, deux parties assez distinctes pour être quelquefois l'objet de deux fabrications particulières : l'une est la
production de la matière blanche ou colorée, imitant le
diamant ou les pierres gemmes ; l'autre est l'art de tailler
cette matière et de la monter en bijoux.

3. *Tabletterie.* — La tabletterie transforme en petits
meubles, en jouets d'enfants et en bijoux, des substances,
tantôt rares, telles que la nacre de perle, l'ivoire, l'écaille,
certains bois précieux, tantôt de peu de valeur, comme
l'os, la corne, les bois ordinaires ; elle est *fine* ou *commune* en raison de la qualité de la matière qu'elle met en
œuvre, et dont elle augmente beaucoup le prix par les
procédés qui lui sont propres. La tabletterie fine est fabriquée à Paris avec beaucoup de recherche et même de
luxe ; elle procure au riche des jouissances variées comme
ses caprices, et, dans plusieurs quartiers de cette immense
capitale, elle est, pour la classe ouvrière, une occupation
constante et lucrative.

Les jurys de 1823, 1827 et 1834 ne crurent pas devoir décerner de médaille d'or ou d'argent à ce genre
d'industrie, dont la fabrication avait été récompensée, aux
précédentes expositions, en la personne de M. Lemaire,
de Paris, auquel une médaille d'argent avait été décernée.

MACHINES ET INSTRUMENTS PROPRES A L'INDUSTRIE.

« Depuis quinze années, disait le jury de 1834, la
fabrication des machines a pris en France un haut degré
d'importance. Non-seulement les ateliers de constructions se sont multipliés avec une rapidité toujours croissante, mais on les a munis de moyens producteurs con-

stamment améliorés. Le sentiment de la précision a sans cesse conduit à perfectionner l'exécution des travaux. Des ouvrages classiques, publiés sur l'application de la géométrie et de la mécanique aux arts et métiers, ont propagé les connaissances théoriques indispensables pour éclairer la pratique. On a communiqué ces lumières aux chefs, aux sous-chefs d'ateliers et de manufactures, ainsi qu'aux simples ouvriers. Plusieurs de ces ouvriers, aidés par les secours scientifiques nouvellement enseignés, ont fait un chemin rapide : tel est l'admirable progrès que nous avons à constater et qui met mieux en lumière les résultats du commerce des machines. »

Années.	Importations.	Exportations.
1820	357,500 fr.	216,500 fr.
1823	842,486	566,436
1827	1,045,293	1,319,303
1833	797,876	1,668,376

« Ainsi, par un double succès, quoique nos besoins en machines de tous genres soient à peu près doublés depuis vingt ans, il n'est pas même nécessaire d'en acheter aujourd'hui chez l'étranger pour une aussi grande somme qu'en 1823. Quand les importations diminuent ainsi, dans un espace de quinze années seulement, la valeur de nos exportations est devenue huit fois plus considérable; et nous avons obtenu cet admirable résultat malgré la cherté des matières prem....res, tels que le fer et le combustible, éléments principaux de la construction des machines. »

§ I. CHARRUES, SCARIFICATEURS, EXTIRPATEURS, HERSES ET SARCLOIRS. — « Si l'on réfléchit que la charrue est la

principale des machines qui concourent à la production
des céréales, pour *deux milliards de francs* chaque année, on appréciera toute l'importance des perfectionnements apportés à sa construction.

« La charrue dite de Grangé, du nom de son inventeur, est conçue d'après une idée simple, mais féconde;
elle a pour double avantage d'exiger une force motrice
qui n'est pas considérable, et de pouvoir être gouvernée
par le laboureur le moins exercé. »

« Grangé, garçon de ferme dans le département des
Vosges, avait étudié, en laboureur, la cause des fatigues
et des inconvénients que la charrue qu'il employait lui
faisait éprouver. Il chercha le moyen d'éviter les secousses violentes et les efforts perpétuels qu'exige le ma-
niement de la charrue, dans les terres inégales, fortes
et pierreuses. A force d'essais et de réflexions, il parvint
à trouver un système simple, dans lequel réside le plus
grand mérite des perfectionnements qui lui sont dus ;
c'est un levier régulateur élastique, qui prend son point
d'appui sous l'essieu de l'avant-train. Ce levier a l'extrémité de son petit bras fixée sous la flèche de cet avant-
train, et l'extrémité de son grand bras attachée par une
chaine au simple mancheron qui remplacera désormais
le double mancheron ou fourche employée précédemment pour gouverner la charrue. »

« Par cette seule disposition, le tirage des animaux
est rendu moins pénible du quart au sixième, le travail
du soc dans la terre est régularisé, les mouvements brus-
ques sont neutralisés; enfin, la conduite de la charrue
est rendue si facile, qu'on peut, sans apprentissage, avec

une force musculaire très-médiocre, ouvrir un sillon parfaitement droit. »

« Le laboureur Grangé, simple et modeste, s'était contenté d'inventer ; il n'avait pas envoyé sa charrue à l'exposition, tandis qu'on y voyait figurer vingt charrues dites à la Grangé, c'est-à-dire imitées de la sienne ; mais le jury central a saisi sa découverte à travers les variantes des imitateurs, et lui a décerné la médaille d'or. Le Roi, en y ajoutant la décoration de la Légion d'honneur, a donné au premier des arts une juste récompense. »

Le jury de 1834 a également donné une médaille d'or à M. Mathieu de Dombasle, à Roville (Meurthe), pour l'établissement, à côté de la ferme-modèle de ce nom, d'une fabrique d'instruments aratoires d'où il était sorti, depuis dix ans, plus de 6,000 grands instruments, charrues, houes à cheval, extirpateurs, semoirs, herses, etc.

§ II. Semoirs. — Le jury de 1834 faisait remarquer que la semaille des terres, opération d'une si haute importance pour le succès de la récolte, était pourtant abandonnée à la routine des paysans laboureurs, quoique l'on perdît ainsi communément près des deux tiers de la semence. Ces observations donnaient à penser combien il serait intéressant de posséder un semoir mécanique dont les résultats fussent constants et certains.

Le jury récompensa par une médaille d'argent M. Hugues, avocat et propriétaire cultivateur à Bordeaux, qui avait exposé un semoir dont l'usage s'était assez répandu.

§ III. Machines a battre et a égrener. — Toute machine de ce genre doit être simple, il faut qu'elle ne brise point la paille et qu'elle crible et ventile à la fois avec économie et conservation du grain. Nous verrons dans la suite que ces conditions ont été remplies et que les machines à battre et à égrener sont devenues communes même dans les petites exploitations agricoles.

§ IV. Machines a écraser, moudre, pulvériser, féculiser.

§ V. Pétrins mécaniques ou machines a pétrir.

§ VI. Pressoirs et machines a presser.

Nous retrouverons avec plus de perfection aux expositions suivantes les machines indiquées sous les §§ IV et V.

MM. Sudds, Atkins et Baker, à Rouen, à qui le jury de 1834 attribua la médaille d'or, pour l'ensemble de leurs travaux, exposèrent une presse pour les graines oléagineuses et les substances végétales, dont la pression est évaluée à 400,000 kilogrammes à chaque bout. Cette presse, d'ailleurs l'un des moindres titres des exposants, dont nous ne manquerons pas de reparler, coûte 7,500 fr.

MACHINES ET MÉCANIQUES

EMPLOYÉES POUR LES TRANSPORTS ET POUR LES CONSTRUCTIONS CIVILES, HYDRAULIQUES ET NAVALES.

§ I. Mécanismes propres aux transports, aux mouvements, au pesage des fardeaux, aux échafaudages. — Le Gouvernement ayant résolu de faire dresser, sur une place publique de Paris, le principal obélisque de l'ancienne ville de Thèbes, cette opération fut confiée, en 1830, à M. Lebas, ancien élève de l'École polytechnique. C'était un beau et grand problème de mécanique pratique que l'abattage, l'embarquement et le débarquement de

ce monolithe, dont le poids n'est pas moindre que
230,000 kilogrammes. La solution de M. Lebas est un
modèle d'invention et de simplicité. « (1) Pour faire
passer cet obélisque de la position verticale à la position
inclinée, sur le plan qui devait conduire cette masse jusqu'au navire, il a décomposé les mouvements en plusieurs rotations successivement opérées sur des axes différents ; de telle sorte que le centre de gravité du
monolithe restât toujours peu distant du plan vertical
mené par l'axe de rotation, et qu'une force modérée pût
retenir cette énorme masse dans toutes ses positions.
Deux groupes de forces furent appliquées à des systèmes
funiculaires, savoir : un système d'impulsion, pour abat-
tre; un système de retenue, pour maîtriser et régulariser
les mouvements. On multipliait les forces d'impulsion
par des cabestans, et les forces de retenue par des mouffles. M. Lebas avait conçu l'idée ingénieuse : 1° de retenir l'obélisque comme un mât de vaisseau, par un
ensemble de cordages déployés en éventail et symétri-
quement de chaque côté du plan, dans lequel devait
graduellement s'incliner l'axe de l'obélisque ; 2° de rendre mobile une base horizontale ou chevalet, sur lequel
seraient solidement attachés les haubans ou cordes de
retenue. A l'arête horizontale et saillante de ce chevalet,
il avait fixé huit de ces cordes dont la force était multi-
pliée par des mouffles. Enfin huit hommes, un par
corde, en tenaient à la main l'extrémité libre. Tel est
l'art et le calcul de cette combinaison, que ces *huit*
hommes ont suffi, pendant toute l'opération, pour rete-

(1) Rapport du jury central.

nir l'obélisque et modérer, au gré de l'ingénieur, la descente graduelle de 230,000 kilogrammes, poids qui représente celui de *trois mille quatre cents hommes.* »

« Les dispositions primitives pour descendre l'obélisque, du plan incliné jusqu'au navire, et pour l'introduire de ce plan dans le navire ; les dispositions inverses pour l'extraire de cette carène, et le remonter suivant un nouveau plan incliné, jusque sur la place de la Concorde, où il se trouve aujourd'hui, sont par leur simplicité ingénieuse dignes d'une aussi belle opération. »

Le jury de 1834 décerna à M. Lebas la médaille d'or, en récompense de ses travaux.

On remarqua à l'exposition de 1834 les modèles des échafaudages mobiles inventés par M. Journet, de Paris, qui sont devenus d'un usage à peu près général et qui préservent les ouvriers qui travaillent aux façades des édifices, des dangers auxquels ils étaient précédemment exposés.

Le jury décerna un assez grand nombre de médailles d'argent et de bronze, pour des inventions dont nous verrons la plupart se reproduire, avec un entier succès, aux expositions suivantes.

§ II. Machines funiculaires. — C'est en 1817 que furent apportés en France, les quatre premiers câbles en fer achetés à Londres, pour le compte de la marine française, puis installés par M. Charles Dupin, avec leurs appendices, à bord d'un bâtiment de l'État. En même temps fut donnée la description des procédés employés en Angleterre pour les fabriquer, procédés adoptés peu, d'années après, dans nos arsenaux et surtout à Guérigny (Nièvre), aux forges de la Chaussade.

« Cet établissement est seul en possession de fabriquer les chaînes-câbles pour les grands bâtiments de guerre, et ses produits, éprouvés avec l'attention la plus minutieuse, sont comparables aux plus beaux câbles fabriqués pour la marine anglaise. »

MM. Babonneau, à Nantes, et de Raffin jeune et Cⁱᵉ, fabriquent aussi des chaînes-câbles et le jury de 1834 les a récompensés l'un et l'autre par la médaille d'argent.

§ III. Constructions hydrauliques, portes d'écluses. —« (1) Les bois de grandes dimensions propres aux constructions civiles et navales deviennent chaque année plus rares. Par une conséquence naturelle, le prix de ces bois s'élève de plus en plus, et par un progrès opposé, le prix du fer et de la fonte de fer diminue graduellement; depuis quinze ans, il est réduit d'au moins un quart. Le résultat de ces faits est qu'il y a chaque année plus d'avantage à remplacer le bois par le fer, dans les grandes constructions. Déjà nous voyons des navires entiers construits en fer, et dans les autres navires, des mécanismes fort importants, jadis en bois, ne présentent plus qu'une combinaison de fonte et de fer. Les travaux des ponts et chaussées ont dû suivre une marche analogue; à des ponts, en bois ou en pierre, on a substitué des ponts, les uns massifs et les autres suspendus, construits avec la fonte et le fer. Il y a plus de vingt ans que M. Bruyère, inspecteur général des ponts et chaussées, proposait, pour les canaux, des portes d'écluses à châssis en fer forgé recouvert, sur les deux faces, avec des madriers à joints

(1) Rapport du jury central.

croisés; une porte de ce genre fut exécutée au canal de Saint-Quentin. »

« En 1830, M. Accolas prit un brevet d'invention pour de nouvelles portes d'écluses en fonte de fer, coulées d'une seule pièce, suivant un système dont il est l'inventeur : vingt portes furent fondues d'après ce système, à Paris, par MM. Davidson et Robertson, et posées en 1832. Ces portes, exécutées avec des améliorations très-sensibles de M. Accolas même, ont réussi nonobstant quelques légères imperfections. »

Le 25 mars 1832, M. Émile Martin obtint de faire six nouvelles portes-écluses, à membrures de fonte, bordées ou revêtues en tôle de fer.

M. Poirée, par un troisième système, s'est rapproché de celui qu'a décrit l'auteur des *Voyages dans la Grande-Bretagne*, en y portant seulement des modifications d'exécution judicieusement conçues. MM. Fuzelier et Le Laurin, de Nevers, ont fondu ces portes : ce système est le meilleur des trois.

§ IV. MACHINES HYDRAULIQUES. — Le jury de 1823, à l'occasion de machines hydrauliques exposées, rappela la médaille d'or obtenue, en 1806, par M. Gensoul, de Lyon, pour le chauffage à la vapeur de l'eau des bassines dans lesquelles on opère le tirage des cocons.

Celui de 1834 exprima son regret de n'avoir pas vu figurer à l'exposition la roue hydraulique inventée par M. Poncelet : « Elle eût, dit le jury, mérité la récompense du premier ordre, à raison de l'économie si notable, de 20 à 25 p. 0/0, qu'elle apporte dans l'application de la force hydraulique aux travaux de l'industrie. C'est un très-bel exemple de la supériorité des conceptions théoriques, pour résoudre les problèmes où l'on recherche les plus grands avantages possibles dans la transmission des forces motrices. Déjà nos manufactures et nos usines possèdent un grand nombre de roues *à la Poncelet;* les étrangers s'empressent d'en construire à notre imitation.

MACHINES PROPRES A LA FABRICATION DES TISSUS..

§ I. MACHINES A FILER ET A TISSER. — 1. *Machine à peigner la laine.* — Cette machine exposée, en 1827, par M. John Collier, déjà si connu par sa tondeuse dont nous reparlerons tout à l'heure, lui a valu, avec une machine à filer la laine, objet de l'article suivant, une nouvelle médaille d'or.

« (1) Cette machine à peigner consiste dans l'emploi de deux peignes circulaires placés près l'un de l'autre, et de telle sorte que les broches de chacun de ces peignes se présentent en sens opposés. »

« Cette machine peut être soignée par deux enfants, lorsqu'un moteur y est appliqué; elle produit l'effet de cinq peigneurs à la main. »

« L'expérience apprend que le peignage opéré mécaniquement n'occasionne pas un déchet aussi considérable que celui qui résulte du peignage à la main. Il n'exige, d'ailleurs, qu'une très-petite quantité d'huile et un degré très-modéré de chaleur; de sorte qu'il n'altère que très-peu la blancheur et l'éclat de la laine. »

« L'invention de la machine à peigner est due à M. Go-

(1) Rapport du jury central.

dart ; mais M. Collier a le mérite d'y avoir ajouté plusieurs perfectionnements et d'en avoir répandu l'usage dans nos manufactures. »

M. John Collier reproduisit cette machine à l'exposition de 1834, mais beaucoup perfectionnée. Le pied des peignes y était chauffé avec de la vapeur introduite dans un canal circulaire inhérent à la roue ; par ce moyen la laine est maintenue à un degré de chaleur convenable, tant que dure le peignage.

2. *Machine à filer la laine cardée.* — Dans cette machine, M. John Collier est parvenu à reproduire les mouvements variés des meilleurs fileurs à la main : le tirage des fils peut y être opéré avec plus ou moins de vivacité, et l'on peut également en varier le tors à volonté, suivant le degré de force que l'on veut obtenir.

Au moyen d'un mécanisme très-simple ajouté à la machine, l'envidage à la main se trouve régularisé de telle sorte que les fusées de trame peuvent être placées immédiatement dans les navettes des métiers à tisser, ce qui dispense de former des canettes, et produit conséquemment une économie de main-d'œuvre et de matière.

3. *Machines à éplucher et à filer le coton.* — MM. Risler frères et Dixon, à Cernay (Haut-Rhin), obtinrent la médaille d'or, en 1823, pour une machine à éplucher le coton dont l'usage était déjà répandu dans un très-grand nombre de manufactures.

M. Viard, à Rouen, obtint aussi la médaille d'or à la même exposition, pour un très-grand nombre de machines de son invention, appliquées au perfectionnement de la filature et de la fabrication des tissus.

M. Calla, qui avait déjà obtenu une médaille d'or, en 1806, en obtint une nouvelle, en 1827, pour des métiers mécaniques à tisser la laine dont nous allons parler tout à l'heure, et pour un banc de broches pour la préparation du coton et des autres matières filamenteuses. Cet appareil, qui remplit bien toutes les conditions auxquelles il doit satisfaire, donne à la mèche une grosseur uniforme et une torsion toujours bien proportionnée.

MM. Arnaud et Fournier reçurent aussi la médaille d'or pour plusieurs mécanismes de filage perfectionnés par eux et qui dénotaient dans leurs auteurs une connaissance approfondie du filage et des ressources que la mécanique peut lui offrir.

MM. André Kœchlin et Cie, de Mulhausen, obtinrent aussi en 1834 la médaille d'or pour une série de machines fabriquées dans leurs ateliers, où s'approvisionnent les manufacturiers de l'Alsace; parmi ces appareils, ou remarquait la machine à broder et la machine à auner, dues toutes deux à l'invention de M. Josué Heilmann, que le Roi récompensa par la décoration de la Légion d'honneur.

4. *Machines à tisser.* — M. Calla exposa, en 1827, ainsi que nous venons de le dire, deux métiers à tisser. Le premier, au moyen d'un simple mouvement de rotation, opérait le jeu des tisses, le lancement de la navette dans les deux sens, le coup du battant et la marche progressive de l'étoffe à mesure qu'elle est fabriquée. Le second est destiné à remplacer le premier lorsque l'on ne fait pas usage d'un moteur inanimé : les chaînes y sont mises en mouvement par un tisserand, comme dans les métiers ordinaires, mais l'enroulage successif de l'étoffe

est déterminé par un mécanisme particulier très-simple.

M. Calla est le premier, après Vaucanson, qui ait établi des métiers à tisser mécaniques; les arts lui sont aussi redevables du premier modèle construit en France de la machine à vapeur, à double effet, de Watt.

M. John Collier exposa aussi, en 1827, un métier à tisser les draps de la plus grande largeur, au moyen d'un moteur continu de rotation.

L'exécution d'un tel métier présentait des difficultés très-grandes, eu égard au poids considérable de la navette et à la longueur de course qu'elle doit fournir. Ces difficultés ont été levées par l'auteur, au moyen d'un procédé aussi simple qu'il est ingénieux. MM. Chayaux frères ont exécuté sur le métier à moteur continu de rotation une des pièces de drap qu'ils ont présentées à l'exposition.

Tondeuses. On n'a pas oublié qu'à l'exposition de 1819, MM. Poupart de Neuflize, Sevenne et John Collier obtinrent la médaille d'or pour leur machine à tondre les draps.

M. Abraham Poupart, à Sedan, exposa, en 1823, une machine à tondre les draps sur la largeur et d'une lisière à l'autre, pour laquelle il obtint une médaille d'or. Cette machine, nommée par l'auteur tondeuse à mouvement oscillatoire et à double effet, coupe le poil en allant et en venant par l'effet de la mobilité de la lame.

M. John Collier obtint à la même exposition une nouvelle médaille d'or pour une tondeuse transversale dans laquelle le drap se présente à l'action des lames de la même manière qu'aux forces ou ciseaux ordinaires, c'est-à-dire d'une lisière à l'autre.

Le jury de 1827 rappela la médaille d'or, décernée

en 1823 à M. Abraham Poupart, qui avait déjà installé dans les fabriques de draps plus de deux cents de ses tondeuses et il n'apprécia pas moins la machine dite *finisseuse* exposée par M. John Collier, et qui était établie d'après le même principe que la tondeuse transversale. Cette finisseuse, destinée à achever la tonte des draps les plus fins, était plus large que la première et munie d'un cylindre armé de dix-huit lames très-rapprochées les unes des autres.

En 1834, M. John Collier soumit au jury une machine destinée à découper l'envers des châles. Il ne s'agissait plus ici de couper des filaments très-courts, qui se présentent par le bout et sous un angle oblique ; il faut, au contraire, découper des fils très-longs, à direction transversale, et fixés des deux bouts dans l'étoffe. En même temps les lames tranchantes, ne rencontrant plus une résistance à peu près égale dans toute la longueur, qui peut aller jusqu'à 1ᵐ 30ᶜ et même 1ᵐ 70ᶜ, il faut vaincre de nouvelles difficultés pour empêcher ces lames d'éprouver des flexions locales, qui ne manqueraient pas de faire mordre l'outil sur l'étoffe. M. John Collier a triomphé de toutes ces difficultés avec son talent accoutumé.

§ II. CARDES. — Le jury de 1823 accorda la médaille d'or à M. Hache-Bourgeois, à Louviers (Eure), qui avait obtenu la médaille d'argent en 1806. Son établissement, qui avait été encouragé par Louis XVI, occupait plus de 1,000 ouvriers. Dans un ruban de carde, dit *numéro* 28, il plaçait sur chaque pouce carré 360 dents de fil de fer.

Le jury de 1834, en rappelant la médaille d'or décernée, en 1823, à M. Hache-Bourgeois, en accorda une du même ordre à MM. Scrive frères, à Lille. Ils présentaient un assortiment complet de cardes exécutées avec la plus grande perfection. Leur établissement comptait plus de cent machines, soit à plaques, soit à rubans. Le Roi décora M. Scrive de la croix de la Légion d'honneur.

§ III. Rots et peignes. — Le jury de 1823 et celui de 1827 accordèrent la médaille d'or pour la fabrication des peignes ou rots à MM. Bonnand, Laverrière et Boudot, à Lyon, qui avaient exposé un peigne sans ligature, offrant sur une longueur de 19 pouces 3 lignes, 105 dents par pouce courant, et par conséquent 2,021 dents dans toute son étendue.

A MM. Japy frères, à Beaucourt (Haut-Rhin), fabricants si connus pour les instruments les plus délicats, et que nous avons souvent mentionnés.

A MM. Laverrière et Gentelet, à Lyon, pour des peignes propres au tissage des soies, dont l'un, sans aucun fil de ligature, contenait 156 dents au pouce courant.

MACHINES A VAPEUR ET GRANDS MÉCANISMES.

Le jury de 1834 récompensa par la médaille d'or tous les chefs des établissements où se fabriquaient en grand des machines à vapeur ou des appareils de mécanique importants. Le genre d'invention, le mérite d'exécution et l'importance des résultats pour les travaux des arts utiles furent les considérations qui le déterminèrent dans ses décisions. Il attribua aussi la médaille d'or à M. John Collier, dont nous avons parlé à l'article des machines

à tisser, et qui occupait un rang distingué, comme
constructeur de machines à vapeur; à M. Cavé qui,
d'ouvrier dans les ateliers de M. John Collier, était devenu,
à force d'économie, d'ordre et d'intelligence, chef d'un
atelier considérable, et que le Roi, sur le rapport du jury,
décora de la croix de la Légion d'honneur; à MM. Pihet,
constructeurs de machines et d'armes; à M. Moulfarine,
distingué surtout par la fertilité de son esprit inventif; à
MM. Sudds, Alkins et Baker, dont nous avons déjà parlé;
à M. Saulnier aîné, à Paris, et à M. Philippe qui avait
présenté la plus intéressante série de modèles pour la
collection du Conservatoire des arts et métiers. Les jurys
des expositions de 1823, 1827 et 1834 récompensèrent
encore, par des médailles d'argent ou de bronze, une foule
de machines ou de mécanismes extrêmement précieux
pour les arts industriels, comme les divers appareils pour
l'évaporation du jus de betterave, les machines à frapper
la monnaie inventées en Allemagne, et reproduites en
France; des presses typographiques à mouvement continu; ce sont ces machines et ces appareils, et bien d'autres que nous ne saurions faire connaître ici, qui ont
permis à nos établissements industriels d'arriver à de si
grands succès.

INSTRUMENTS D'ASTRONOMIE, DE PHYSIQUE
ET DE MATHÉMATIQUES.

§. I. INSTRUMENTS D'ASTRONOMIE ET DE PHYSIQUE. — Le
jury de 1823 décerna la médaille d'or : 1° à M. Fortin pour
le cercle mural dont le duc d'Angoulême avait fait présent
à l'Observatoire de Paris. Ce cercle est le plus grand

instrument d'astronomie qui soit sorti jamais des ateliers français; 2° à M. Gambey pour un héliostat dont la construction savante prouvait dans l'auteur des connaissances mathématiques fort étendues, un grand esprit d'invention et une habileté peu commune; pour une boussole qui permet de déterminer la déclinaison de l'aiguille aimantée jusqu'à la précision des secondes de degré ; et pour un équatorial dans lequel les cercles de déclinaison et d'ascension droite ont chacun 3 pieds de diamètre. Le jury ne pensait pas qu'il y eût alors, en Europe, un artiste supérieur à M. Gambey.

Le jury de 1827 décerna une nouvelle médaille d'or à M. Gambey pour une lunette méridienne à laquelle est adapté un cercle de déclinaison. La lunette a 2 mètres 382 millimètres de longueur et 162 millimètres d'ouverture. Le Roi le nomma chevalier de la Légion d'honneur.

Le jury de 1834 attribua la médaille d'or à MM. Cauchois et Lerebours, opticiens, qui déjà l'avaient obtenue en 1823, et à M. Charles Chevalier.

M. Cauchois s'était placé tout à fait hors ligne, en exécutant des lunettes avec lesquelles on découvre dans le ciel à une profondeur où n'avait encore pu atteindre aucun instrument. L'une de ces lunettes portait 534 millimètres d'ouverture réelle et 7 mètres 80 de distance focale. Le Roi décora, en 1834, M. Cauchois de la croix de la Légion d'honneur.

M. Lerebours avait aussi fabriqué des lunettes d'une grande puissance et M. Charles Chevalier des microscopes plus puissants que celui d'Amici, considéré comme le meilleur que l'on possédât à Paris.

Beaucoup d'autres artistes avaient exposé, en 1823, 1827 et 1834, une foule d'instruments qui témoignaient hautement de la perfection à laquelle est maintenant portée, en France, la construction de tous les instruments propres à l'étude des sciences.

§ II. PHARES. — Le jury de 1823 décerna la médaille d'or à M. Fresnel, célèbre dans le monde savant pour un phare lenticulaire et à rotation.

HORLOGERIE.

§ I. HORLOGERIE ASTRONOMIQUE ET NAUTIQUE. — Le jury de 1823 décerna la médaille d'or à M. Pecqueur, pour avoir résolu un problème d'engrenage qui jusque-là n'avait point paru susceptible d'une solution rigoureuse. « (1) Ce problème consistait à établir un rapport donné entre les vitesses angulaires de deux roues, lorsque le numérateur et le dénominateur de la fraction exprimant ce rapport sont, ensemble ou séparément, des nombres premiers, et qu'ils surpassent le nombre de dents qu'il est possible de tailler sur la circonférence d'une même roue, en conservant à ces dents la force qui leur est nécessaire. M. Pecqueur est parvenu à ce beau résultat, en introduisant très-ingénieusement dans son mécanisme, des roues dentées dont les centres se déplacent. »

Une pendule à temps sidéral et à temps moyen, présentée à l'exposition par M. Pecqueur, offre une application de son système d'engrenage. Dans cette pendule, chacun des temps a son moteur, son rouage et son régu-

(1) Rapport du jury central.

lateur par ticuliers; les deux systèmes seulement sont réunis par un rouage correcteur, qui est construit d'après la nouvelle théorie, et qui ne leur permet pas de s'écarter du rapport que l'on a fixé en exécutant la denture.

Le jury de 1827 décerna la médaille d'or à M. Breguet pour un grand nombre de pièces de précision et surtout pour ses chronomètres, dignes du nom illustre qu'il porte, et à M. Perrelet pour un compteur entièrement neuf, de la construction la plus ingénieuse et propre à évaluer les dixièmes de seconde dans les observations astronomiques et pour un nouveau balancier de chronomètre à compensation, beaucoup moins susceptible que les balanciers employés jusqu'ici de se déformer par la force centrifuge. Le Roi décora M. Perrelet de la croix de la Légion d'honneur.

En 1834, le jury rappela les médailles d'or que M. Breguet et M. Perrelet avaient obtenues aux expositions précédentes et il en accorda de nouvelles à MM. Berthoud frères, dont le nom est célèbre dans l'horlogerie astronomique et nautique, qui avaient construit un chronomètre qui, dans les trois premiers mois d'épreuve à l'Observatoire de Paris, n'avait éprouvé qu'une perturbation *de trois dixièmes de seconde*, résultat digne d'admiration.

Et à M. Motel, à Paris, pour la construction d'un grand nombre de chronomètres, parfaitement exacts, et de pendules d'une structure qui rend leur transport et leur installation également faciles.

§ II. HORLOGES PUBLIQUES, GRANDS MÉCANISMES D'HORLOGERIE. — M. Lepaute fils et M. Wagner (Henri-Bernard), à Paris, ont exposé des horloges publiques qui leur ont mérité, à l'un et à l'autre, une médaille d'argent. Ils ont poussé leur art à la perfection, ainsi que le témoigne la belle horloge du palais de la Bourse, celle de l'administration des postes, et celles installées dans les monuments publics de l'Algérie.

§ III. Horlogerie domestique, pendules. — L'horlogerie française offre un ensemble de progrès qui lui permet de soutenir avantageusement au dehors la concurrence de l'Angleterre et même celle de la Suisse, pour une certaine sorte de produits. Le tableau des exportations de l'horlogerie française, présenté par le rapporteur du jury, en 1834, avait pour but de montrer la situation favorable dans laquelle se trouvait cette belle industrie.

Exportations d'horlogerie française, à l'époque des trois dernières expositions.

	1823	1827	1833
Ouvrages montés.	3,115,925 fr.	4,176,125 fr.	6,891,273 fr.
Fournitures......	292,320	72,220	109,900
Horloges en bois..	10,236	2,352	2,658
Total.....	3,418,481	4,250,697	7,003,831

Par conséquent, en dix années, les exportations ont plus que doublé. C'est principalement à la vente des pendules qu'il faut attribuer ce progrès, ainsi qu'on le voit par le détail suivant pour les exportations de 1833.

Pendules..		6,134,592 fr.
Montres de cuivre et d'argent.	706,980 fr.	756,681
Montres d'or.................	49,701	

L'usage des montres et des pendules n'a pas fait de

moindres progrès en France qu'à l'étranger ; c'est un résultat du bien-être, graduellement augmenté, de la population.

Le jury de 1823, en rappelant la médaille d'or qu'avait obtenue M. Janvier, à l'exposition de 1819, rendit le compte le plus favorable de trois pendules que cet habile artiste avait exposées, et surtout des nombreux services qu'il rendait à l'horlogerie par l'appui, les conseils et les enseignements que ses jeunes confrères trouvaient auprès de lui. Personne, disait le jury, n'a plus contribué que M. Janvier à porter l'horlogerie française au degré de prospérité où elle est parvenue.

Le même jury accordait, pour la seconde fois, la médaille d'argent à M. Pons, à Saint-Nicolas-d'Aliermont (Seine-Inférieure), non-seulement pour les produits exposés par lui, quoiqu'ils présentassent encore des améliorations sur ceux qui lui avaient valu la médaille d'argent en 1819 ; mais surtout pour les services importants qu'il avait rendus à la fabrique d'horlogerie de Saint-Nicolas, en y introduisant l'usage des machines et la division du travail. La fabrique de Saint-Nicolas, dont M. Pons est le directeur, fournit chaque année au commerce 5 à 6,000 mouvements de pendules. Le jury de 1827 lui décernait la médaille d'or pour la persistance de ses efforts et ses succès. Le jury de 1834 confirmait cette récompense.

§ IV. Horlogerie domestique. Montres. — Le jury de 1834, en rappelant la médaille d'or obtenue pour la fabrication des principales pièces des montres, par MM. Japy frères, à Beaucourt (Haut-Rhin), dont nous avons vu si souvent le nom proclamé, jugea utile de présenter, dans leur ensemble, les industries auxquelles est destiné l'important établissement qu'ils dirigent.

Dès 1806, M. Japy père méritait la mention la plus honorable pour la manufacture qu'il a fondée vers 1780, afin de fabriquer par des moyens mécaniques, rapides et peu coûteux, les principales pièces des montres. Ses deux fils ont agrandi cette manufacture ; ils ont tellement perfectionné les moyens de confection, qu'ils peuvent aujourd'hui livrer un mouvement de montre pour 1 fr. 25 cent.

Ils procurent du travail aux habitants de toutes les communes, dans un rayon de deux à quatre lieues. En 1833, ils livraient au commerce 16,000 douzaines de mouvements de montre bruts, dont 12,000 environ destinées à l'exportation. Ils fabriquent aussi la grosse horlogerie pour les campagnes. Ils font par année 13,000 mouvements de pendules, envoyés presque tous à Paris.

Brevetés d'invention pour les procédés mécaniques ingénieux qu'ils appliquent à la fabrication des vis à bois, ils en produisent par an des quantités énormes : 6 millions de vis de toute espèce, plus de 150,000 charnières, etc. Ils fabriquent aussi des peignes à tisser ou rots à dents métalliques. Ces rots, très-perfectionnés, sont livrés à des prix tellement réduits, que les cinq portées, ou les cent dents, qui coûtaient 80 centimes, en 1827, n'en coûtaient plus que 30, en 1833. MM. Japy confectionnent, toujours par des procédés mécaniques de leur invention, des serrures, des cadenas et d'autres fermetures à pênes circulaires, extrêmement remarquables. En 1833, ils livraient au commerce 24,000 serrures ou cadenas. Nous avons cité, page 60, leur fabrication de casseroles et d'ustensiles de cuisine et de ménage en fer étamé; ils produisent, en ce genre, 180,000 pièces par an.

L'ensemble des manufactures de MM. Japy fait travailler, suivant les saisons et les demandes du commerce, 2,000 à 3,000 ouvriers.

Ces grands fabricants, déjà mentionnés pour la plus haute récompense au sujet de leurs outils, de leurs vis à bois, de leurs instruments et de leurs ustensiles de ménage, comptent leur fabrique d'horlogerie parmi les titres les plus honorables qui leur méritent le rappel de la médaille d'or.

Le Roi conféra à M. Japy la décoration de la Légion d'honneur.

INSTRUMENTS DE MUSIQUE.

L'habile rapporteur du jury de l'exposition de 1834, afin sans doute de montrer avec quel soin particulier avaient été examinés les pianos admis à l'exposition, rappelait l'importance que les législateurs anciens attribuaient à la musique et l'influence qu'ils lui supposaient sur le caractère et la civilisation des peuples : il ajoutait qu'après la révolution française, le gouvernement de cette époque s'était efforcé de rendre cet art populaire en France, par la création d'un Conservatoire de musique.

Pour bien juger les instruments de musique, il faut les considérer relativement à leur structure et relativement à la pureté des sons. Le jury de 1834, pour comparer avec équité les pianos soumis à son jugement, les divisa en trois classes : les pianos à queue, qui occupent le premier rang par la puissance des sons qu'ils émettent, les pianos carrés et les pianos verticaux. 48 concurrents présentèrent à l'exposition 86 pianos ; nous ne suivrons point le rapport du jury de 1834, dans le classement des exposants récompensés selon l'espèce des pianos exposés par eux et le mérite de ces instruments ; le jury rappela les médailles d'or obtenues aux expositions précédentes par MM. Erard (Pierre) et Pleyel et Cⁱᵉ. Le roi Louis-Philippe leur conféra la décoration de la Légion d'honneur. Le jury décerna de nouvelles médailles d'or à MM. Pope, Roller et Blanchet.

La fabrication des harpes ne devait pas moins de progrès à l'habileté et aux talents de MM. Erard et Pleyel et Dizi, et celle des violons à M. Vuillaume.

Nous verrons aux expositions suivantes se développer les progrès des instruments de cuivre.

ÉCONOMIE DOMESTIQUE.

§ I. 1. ÉCLAIRAGE PAR COMBUSTION DES LIQUIDES. 2. ÉCLAIRAGE PAR COMBUSTION DES SOLIDES. — La construction des appareils et la préparation des combustibles propres à l'éclairage appartiennent à une industrie fort importante, dont le siége principal est à Paris. Cette industrie donne lieu à un commerce très-considérable ; elle vivifie plusieurs industries secondaires qui s'y rattachent d'une manière plus ou moins directe et elle détermine l'emploi d'un grand nombre de substances qui restaient autrefois sans application.

En 1834, elle subissait une grande transformation : la bougie stéarique, qui s'était montrée pour la première fois à l'exposition de 1827, où elle avait été présentée par MM. Cambacères et Cⁱᵉ, tendait à remplacer, dans l'éclairage privé, la bougie de cire et celle de blanc de baleine, que l'on ne connaissait que depuis 1823, et même à faire en partie disparaître l'usage de la chandelle dans les maisons des villes. L'éclairage au gaz s'apprêtait, par la fondation de grandes usines, à remplacer l'éclairage à l'huile, d'abord dans les rues et les places de la capitale, bientôt dans tous les établissements publics de Paris et dans la plupart des villes de premier et de deuxième ordre des départements.

1. *Appareils d'éclairage.* — M. Bordier-Marcet, à Paris, obtint, en 1834, la médaille d'or pour l'ensemble de ses travaux, tous consacrés à la fabrication des appareils d'éclairage.

2. *Bougies de blanc de baleine. Bougies stéariques.* — Dès 1819, le jury signalait la fabrication, dans deux ateliers, de bougies faites avec le blanc de baleine. Madame Mougniard, à Paris, est la première qui ait fait de la bougie de cette sorte, avec un produit provenant de la pêche de la baleine ; mais, peu d'années après, la bougie stéarique, c'est-à-dire faite au moyen du suif des animaux dont on avait éliminé les substances fluides, vint faire à la bougie de blanc de baleine une concurrence qu'elle n'a pu soutenir. La cire a également trouvé d'autres emplois et la bougie stéarique devint, à peu près et peu à peu, la seule bougie dont on fit usage.

MM. Demilly et Motard, qui fabriquaient déjà annuelle-
mant, vers 1834, 60,000 kilog. de cette bougie, qu'ils
nommaient bougie d'acide margarique, obtinrent, cette
année, une médaille d'argent ; nous les retrouverons à
l'exposition de 1839.

§ II. CHAUFFAGE. — Quoique l'art de fabriquer les appareils de chauffage eût fait d'assez remarquables progrès, surtout dans les détails des appareils, les juges des
trois expositions de 1823, 1827 et 1834 n'eurent pas
de motifs suffisants de décerner à cette industrie aucune
récompense de premier ordre.

§ III. DISTILLATION. — Le jury de 1823 avait attribué la
médaille d'or à M. Charles Derosne, pour un appareil
à distillation continue qui avait déjà valu à son auteur
une médaille d'argent ; le jury de 1834 rappela cette
médaille d'or et le Roi donna à M. Derosne la décoration
de la Légion d'honneur.

« (1) M. Charles Derosne, disait le jury, s'est acquis
une juste célébrité par de nombreuses recherches et par
ses succès dans l'art de combiner et d'exécuter les appareils distillatoires. Cet ingénieux artiste se présente à
l'exposition de 1834 avec des titres nouveaux ; nous ne
pouvons en donner ici que l'indication : »

« 1° Appareil de distillation continue porté maintenant au plus haut degré de perfection. L'usage en est
très-répandu en France et chez l'étranger ; dans les colonies, il sert à la fabrication du rhum. Avec le plus
grand appareil, exposé en 1834, on peut distiller, par

(1) Rapport du jury central.

vingt-quatre heures, jusqu'à 12,000 litres de vin. »

« 2° Appareil de distillation continue, monté sur un fourneau portatif, à l'usage des petits cultivateurs; il n'occupe pas plus de place qu'un poêle, et peut être établi partout sans dispositions extraordinaires. »

« 3° Plans et coupes d'un appareil pour la distillation continue des matières pâteuses : il est appliqué de la manière la plus avantageuse à la distillation des pommes de terre, dont les résidus servent à nourrir les troupeaux. »

« 4° Appareil pour concentrer les sirops dans le vide, au moyen d'un condensateur à grandes surfaces et par évaporation : on l'emploie avantageusement dans les raffineries de sucre. M. Derosne présente un condensateur remarquable pour l'économie qu'il apporte dans l'emploi de l'eau de condensation. »

« 5° Colonne évaporatoire, appliquée avec succès à la concentration du jus de betterave et du sirop de dextrine. »

« M. Derosne ajoutait d'ailleurs à ces titres par un véritable service rendu à l'agriculture; c'est à lui que l'on doit d'avoir utilisé le sang des animaux provenant des abattoirs, à composer un engrais dont nous parlerons tout à l'heure; cet engrais aurait suffi pour mériter à son auteur une haute récompense. N'oublions pas enfin que c'est à M. Derosne que le raffinage du sucre doit l'importante application du noir animal. »

Le jury de 1827 lui avait décerné une médaille d'or pour l'invention de cet engrais, et le jury de 1834 l'a rappelée avec de nouveaux éloges.

§ IV. Substances alimentaires. — 1. *Substances animales.* — Le jury de 1834, au milieu des richesses industrielles qui se développaient autour de lui, crut cependant reconnaître un fait d'une nature attristante : « Nos concitoyens, disait-il, n'ont pas encore à consommer, terme moyen, la moitié du poids assez exigu de la viande accordée aux soldats pour leur ration journalière; quant à la nourriture fondamentale de la population, les céréales, de vastes parties du royaume se nourrissent encore de grains d'espèces inférieures, qu'une meilleure culture échangerait pour les grains de la plus belle espèce ou remplacerait par des végétaux préférables. »

. Cette phrase, sur un sujet qui aurait dû appeler, si elle eût été complétement exacte, les plus graves méditations du jury de l'exposition semble avoir été écrite dans le but de rendre général, dans l'alimentation, l'emploi de la gélatine extraite des os, que M. d'Arcet, après de longs travaux, avait cru aussi nutritive que la chair même des animaux. Quelques années plus tard, cette illusion s'était évanouie devant une enquête très-complète que l'Académie des sciences entreprit, et comme substance alimentaire, la gélatine a perdu toute la valeur que le savant membre du jury des expositions, depuis 1806, avait cherché à lui donner.

2. *Sucre de betterave.* — Aucune industrie n'a jamais surmonté autant de difficultés et n'a réalisé de plus grands progrès que la fabrication du sucre de betterave. La perte de nos colonies et l'interruption de toutes communications commerciales avec l'Angleterre et les pays d'outre-mer avait élevé, en 1812, le prix du sucre, cette substance si utile dans l'alimentation qu'elle est presque indispensable, au prix de 12 fr. le kilogramme. Le Gou-

vernement, pressé par la nécessité, fit étudier toutes les substances qui pouvaient contenir du sucre; on essaya d'en extraire des fruits, notamment du raisin, de la séve de l'érable, de la tige du blé de Turquie et de la betterave, qui en contient environ le dixième de son poids. La fabrication du sucre de betterave parvint seule à s'établir sur une assez grande échelle, et lorsque les événements de 1814 rétablirent les relations entre la France et les colonies, il existait quelques fabriques, particulièrement à Anvers, qui fournissaient à la consommation des sucres, ou plutôt des cassonades, à des prix qui s'abaissèrent de plus des deux tiers le jour même où la paix fut proclamée.

La grande difficulté de la fabrication du sucre de betterave, à un prix de revient qui lui permît de soutenir la concurrence du sucre de canne, ne résidait pas dans le prix de production de la betterave comme élément du sucre. La récolte d'un hectare de terre cultivé en betteraves donne autant de sucre, pris dans la betterave, qu'un hectare cultivé en cannes à sucre donne de sucre, pris dans la canne : le prix élevé de la production du sucre indigène résultait de la difficulté et de la cherté de l'extraction. D'abord la canne à sucre fournissait en elle-même, dans ses débris, après l'extraction du sucre, le combustible nécessaire au chauffage des chaudières; en second lieu, et c'était le point difficile, le sucre de betterave contenu dans les cellules d'une pulpe très-chargée d'eau de végétation ne pouvait en être séparé que par des procédés rapides, qui ne permissent pas à la fermentation de priver le sucre de la propriété de se former en cristaux;

enfin cette opération devait avoir lieu au moyen d'un degré de chaleur si parfaitement réglé qu'aucune portion de sucre ne pût se convertir en mélasse par l'action du feu.

Nous n'entrerons pas ici dans les détails techniques de cette belle fabrication; nous en indiquerons seulement quelques points principaux. C'est par des procédés mécaniques très-parfaits que l'on est parvenu d'abord à réduire la pulpe de la betterave à un tel état de division qu'on a pu en extraire tout le jus, à l'aide de presses hydrauliques de la plus haute puissance.

Au moyen de filtres chargés de charbon animal, dont la propriété est de décolorer les substances végétales, et par la saturation du jus par la chaux, on est parvenu à clarifier le jus de la betterave et à en séparer les substances qui pouvaient l'altérer pendant la cuisson.

Pour concentrer ce jus de betterave, on a employé divers procédés tous extrêmement ingénieux et que pouvaient seuls pratiquer des hommes fort habiles dans les arts industriels. Les uns, profitant de la facilité avec laquelle l'eau s'évapore dans le vide à une température peu élevée, ont construit des appareils où l'on opère le vide avec facilité et ils ont condensé ou cuit le jus de la betterave dans ces sortes d'appareils, sans le soumettre à une température qui aurait pu en altérer les qualités. Les autres ont construit des chaudières à vastes surfaces, relativement à leur profondeur, et ils les ont échauffées au moyen de conduits placés sur leurs fonds et dans lesquels ils ont introduit la vapeur.

Combien de fabriques de sucre de betterave avons-nous vues succomber d'abord sous l'abaissement du prix des sucres que la paix avait amené? et combien d'autres ont péri ensuite, lorsqu'a dû cesser, en peu d'années, la protection de 49 fr. 50 c. par 100 kilogrammes que les sucres de betterave trouvaient dans l'impôt auquel étaient soumis les sucres coloniaux, par l'application d'une taxe uniforme aux sucres indigènes et aux sucres de nos colonies.

Mais aussi combien d'autres fabriques, mettant à profit toutes les ressources des sciences et de l'industrie, n'ont-elles pas continué de subsister, tantôt avec des chances prospères, tantôt en luttant contre les difficultés, et c'est à elles que nous devons aujourd'hui non-seulement la solution d'un des problèmes industriels les plus difficiles, et par conséquent un grand progrès dans plusieurs arts, mais l'établissement sur le continent français d'une industrie puissante et qu'on peut mettre en parallèle, pour le nord de la France, avec la production du vin dans nos contrées méridionales.

M. Crespel de Lisse, à Arras, est de tous les fabricants français le seul qui n'ait cessé de lutter contre les difficultés et qui les ait toutes surmontées. Il fabriquait, en 1842, 140,000 kilogrammes de sucre; il obtenait sur cent parties de betterave cinq parties de sucre brut et quatre de mélasse, et il retirait 1,500 kilogrammes de sucre d'un hectare cultivé en betteraves.

Le jury lui décerna, en 1823, une médaille d'argent, et, en 1827, une médaille d'or. On évaluait alors à un million de kilogrammes la fabrication annuelle du sucre indigène.

De 1827 à 1834, la production du sucre de betterave se développa avec une rapidité, une régularité remarquables, de manière à soutenir, contre les sucres exotiques, une concurrence dans laquelle les sucres indigènes étaient protégés par le droit de 49 fr. 50 c. par 100 kilogrammes, qui frappait les sucres coloniaux. On comptait alors vingt-neuf sucreries dans les seuls arrondissements de Valenciennes, Lille, Douai et Cambrai; d'autres s'établissaient sur beaucoup d'autres points; les années 1833 à 1839 ont été celles où les fabricants de sucre indigène ont réalisé les plus beaux bénéfices. La fabrication était parvenue à un aplomb manufacturier déjà complet, et les prix de vente étaient très-favorables.

3. *Conservation des substances alimentaires.* — Conserver pendant un temps fort long les aliments susceptibles de se corrompre naturellement avec rapidité, ce n'est pas seulement prolonger les jouissances du riche au delà des limites posées par les saisons ou resserrées en des espaces plus étroits encore, c'est multiplier, pour un grand nombre de classes de citoyens, les facilités de vivre sainement en des circonstances auparavant les plus fâcheuses.

Tout le monde connaît les succès obtenus par M. Appert dans l'art de conserver les comestibles et l'influence favorable qu'ils ont eue sur la santé des marins.

Le jury de 1827 lui décerna la médaille d'or.

§ V. FABRICATION D'ENGRAIS POUR L'AGRICULTURE. — Le résidu noir des raffineries de sucre, provenant du charbon animal qui ne pouvait plus être employé, ne fut pas plutôt reconnu pour être un engrais fort puissant, qu'il se vendit 10 et 12 francs l'hectolitre. M. Charles Derosne, adjudicataire de tout le sang des abattoirs de

Paris et propriétaire des mines de schiste bitumineux de Ménat, employa ces matières à fabriquer un engrais pareil au résidu noir des raffineries. Il livra bientôt au commerce de grandes quantités de son nouvel engrais, qu'il appela noir de sang, et qu'il vendit 6 francs l'hectolitre.

Nous avons vu que le jury lui avait accordé une médaille d'or.

FABRICATION DE PRODUITS CHIMIQUES.

« (1) Les arts chimiques sont la gloire de l'industrie française. Depuis les Lavoisier, les Berthollet, les Guyton, les Chaptal, les Vauquelin et les Fourcroy jusqu'à leurs célèbres et dignes successeurs, les chimistes ont fait naître par leurs découvertes fécondes, une foule d'arts inconnus à nos pères, et qui sont aujourd'hui pour nous une source de richesse et de puissance. »

1. *Chaux hydraulique.* — La chaux hydraulique n'était obtenue, jusque vers 1825, que par la calcination des pierres calcaires contenant, dans une certaine proportion, de la silice et de l'alumine; et comme ces sortes de pierres ne se trouvent que dans peu d'endroits, les constructeurs manquaient souvent des matériaux nécessaires pour assurer le succès des constructions hydrauliques et souterraines qui leur étaient commandées. On s'était, il est vrai, occupé à plusieurs reprises de cet objet, et l'on avait déjà réuni un assez grand nombre de données; mais rien n'avait été mis en pratique. M. Vicat se livra à cet im-

(1) Rapport du jury central.

portant travail; il coordonna ce qui avait été fait avant lui, en déduisit les principes généraux et parvint enfin à créer l'art qui jusque-là n'existait pas. A l'aide de ses procédés, dont l'application peut être faite par tous les ouvriers, on obtient de la chaux hydraulique factice partout où l'on a les moyens de fabriquer de la chaux grasse. Cette chaux avait déjà été employée dans de vastes entreprises, lorsque le jury central décerna, en 1827, la médaille d'or à M. Vicat; depuis il reçut de la Société d'encouragement le prix décennal de 10,000 francs.

2. *Bleu d'outremer factice.* — La couleur d'outremer que l'on extrayait à grand'peine et par grain du *lapis-lazuli* était devenue tellement chère que littéralement elle se payait au poids de l'or. M. Vauquelin fut conduit, par une remarque pleine de sagacité, à deviner, pour ainsi dire, quelle pouvait être la composition de l'outremer et, sur sa proposition, la Société d'encouragement offrit un prix considérable à celui qui composerait un bleu réunissant toutes les qualités de l'outremer. Ce prix fut remporté par M. Guimet, de Lyon, qui, bientôt après, produisit en abondance un bleu aussi inaltérable que l'outremer tiré du *lapis-lazuli,* et qu'il vendit deux cents fois moins cher. Le jury de 1834 lui décerna une médaille d'or, et le Roi lui conféra la décoration de la Légion d'honneur.

3. *Affinage des métaux précieux.* — Le jury de 1834 accorda également une médaille d'or à MM. Saint-André, Poizat et Cie pour avoir établi un atelier d'affinage d'argent sur des bases si bien conçues, qu'il devenait possible de retirer d'une masse d'argent un demi-mil-

lième d'or qui s'y trouvait allié, sans que les frais d'affinage dépassassent la valeur de l'or obtenu.

4. *Salicine.* — M. Leroux, pharmacien à Vitry (Seine), est parvenu, dès 1829, à extraire de l'écorce du saule le principe médical et à le produire à l'état pur, séparé de toute fibre ligneuse. Il a nommé *Salicine* cette substance pour laquelle l'Académie des sciences lui avait accordé un des grands prix Monthyon et le jury de 1834 l'a récompensé par une médaille d'argent. Si quelque circonstance venait à élever le prix du quinquina, on pourrait le remplacer par la *salicine.*

5. *Conservation des bois.* — On voit, au premier coup d'œil, quels immenses avantages résulteraient de la découverte de bons procédés de conservation des bois. Le jury de 1834 s'étonnait que la chimie, qui avait depuis un demi-siècle résolu des problèmes si difficiles et avec tant de succès, n'eût pas encore étudié sérieusement la question de la conservation des bois, dont toutes les données étaient connues, et toutes les difficultés appréciables. M. Bréant (1), honoré plusieurs fois, dans les expositions précédentes, par des récompenses du premier ordre, a tenté de résoudre ce beau problème. Il a fait établir de grands appareils avec lesquels il peut introduire jusque dans le cœur des bois de fortes dimensions, les liquides conservateurs les mieux appropriés.

Il a soumis à l'exposition, des bois de diverses épaisseurs, parmi lesquels était un mât d'un mètre de circonférence. Tous ces bois étaient entièrement pénétrés d'huile de lin ; ils ont donné l'idée la plus favorable du

(1) V. *Platine*, exposition de 1823.

procédé de M. Bréant, mais il faut attendre la sanction suprême de l'expérience et les résultats du temps. Nous verrons, aux expositions suivantes, que les travaux de M. Bréant, dont le jury fit une mention extraordinaire, ont été repris et poussés jusqu'à un degré de succès constaté par le jury de 1849.

6. *Vermillon*. — M. Lange-Desmoulins, à Paris, avait exposé, dès 1827, des vermillons égaux au moins en beauté à ceux de la Chine, et des carmins du plus vif éclat. Le jury, en lui décernant une médaille d'argent, avait placé la production de ces couleurs au rang des conquêtes industrielles.

ARTS CÉRAMIQUES.

§ I. TERRES CUITES, BRIQUES, TUILES ET CARREAUX. — § II. CREUSETS. — § III. POTERIES COMMUNES. — § IV. FAÏENCES. — 1. *Faïences communes.* — Le jury de 1834 ne constatait aucun progrès dans la fabrication des terres cuites ; les anciens avaient cependant poussé cet art si loin, sous le nom d'art plastique, que non-seulement ils l'étendaient aux constructions de l'architecture, mais même à la statuaire : le jury faisait remarquer, quant aux faïences communes, qu'elles étaient trop chères pour faire concurrence aux poteries et trop inférieures en qualité pour supporter celle des faïences fines.

2. *Faïence fine, dite terre de pipe; cailloutage.* — Le jury de 1834 pressentait déjà que l'usage de cette sorte de faïence était près d'être abandonné en France. Il donnait toutefois des éloges flatteurs et une médaille d'argent à MM. Fouque, Arnoux et Cⁱᵉ, à Valentine (Haute-Ga-

ronne), pour l'ensemble de leurs produits, depuis la brique jusqu'à la porcelaine, dont les matières premières étaient du *kaolin* et du *feld-spath*, extraits dans le voisinage de Tarascon.

Le jury rappela aussi la médaille d'or que MM. Utzschneider et Fabry avaient méritée et obtenue à toutes les expositions pour l'ensemble des produits de leur belle usine de Sarreguemines.

§ V. FAÏENCE DURE DITE PORCELAINE OPAQUE. — Le jury de 1834 s'exprimait ainsi au sujet de ce nouveau produit : « Il s'agit d'une sorte de porcelaine nouvelle pour nous ; elle règne actuellement presque seule en Angleterre, où depuis longtemps elle a paru sous le nom de *iron-stone-china*, littéralement porcelaine de fer, pour en exprimer la résistance et la dureté. On commence à l'introduire en France. Nos fabricants la désignent sous les noms un peu ambitieux de porcelaine opaque ou demi-porcelaine, ce qui tend à confondre deux genres de poterie tout à fait distincts. Sans doute la poterie nouvelle renferme aussi dans sa pâte du *kaolin* et du *feld-spath ;* mais elle diffère essentiellement de la porcelaine par l'absence d'une qualité précieuse, *la translucidité.* L'importance des produits n'est pas fondée sur cette demi-transparence, mais sur une liaison nécessaire, intime entre la transludité d'une part, et de l'autre, l'homogénéité de la pâte, le parfait mélange et l'agrégation compacte des matières premières, la dureté du vernis et son adhérence avec ce qu'on appelle le biscuit. On sent quels avantages, dans tout emploi des poteries, dérivent de ces propriétés. Dès lors, on apprécie la supériorité que la porcelaine proprement dite, qui les possède toutes, aura toujours sur les poteries qui ne les réunissent pas. »

« Que le nom n'en impose donc à personne : la prétendue porcelaine opaque ou soi-disant demi-porcelaine, est une faïence fine, à biscuit plus dur, à vernis moins attaquable que celui des faïences fines, dites terres de pipe ; mais son prix étant de beaucoup inférieur à celui des porcelaines, se rapprochant déjà de celui des faïences et pouvant encore diminuer, il est présumable que celles-ci disparaîtront totalement par la redoutable concurrence que nous signalons ici. »

« La découverte de la nouvelle faïence est donc un grand progrès de l'art céramique. Mais nous croyons devoir dire qu'elle n'est pas due, au moins entièrement, aux exposants de cette poterie ; son introduction en France ne leur appartient même pas complétement. Cette belle faïence, ou du moins une poterie semblable par toutes les qualités extérieures, était fabriquée en Angleterre, par Spode surtout, il y a plus de vingt ans, sous le nom déjà rappelé de *iron-stone*, nom donné d'ailleurs à quelques autres espèces de poteries. M. de Saint-Amand, qui séjourna longtemps en Angleterre, dont il visita plusieurs faïenceries, a rapporté la plupart des procédés suivis pour les diverses sortes de fabrications céramiques, si variées et si multipliées dans ce pays. Il les a pratiquées à Sèvres, sous les yeux de M. Brongniard, le savant et célèbre directeur de cet établissement royal. Nous avons connaissance certaine qu'il a pratiqué ces procédés à Creil et même à Montereau. La collection céramique de Sèvres possède des échantillons de cette faïence fine et dure, tout à fait semblable à celle qui sera l'objet de nos récompenses, et que MM. Louis Lebœuf et Thibault livrent au commerce depuis trois ou quatre ans ; échantillons fabriqués, les uns à la manufacture de Sèvres et les autres à Creil. Ces derniers portent la marque particulière de la fabrique de Creil. C'est donc aux idées répandues par M. de Saint-Amand, c'est aux procédés communiqués et même publiés par lui, quelque inexacts qu'on les suppose, qu'est due la première idée de fabriquer, en France, de la faïence dure, une partie des procédés, et l'élan qu'a pris cette fabrication. Une telle impulsion a mis en mouvement plusieurs manufactures de France : celles de Creil, de Montereau, de Choisy, de Valentine, près Toulouse, qui font déjà, plus ou moins bien, de la faïence fine dure. »

Sous le mérite de ces observations, la médaille d'or fut décernée à MM. Louis Lebœuf et Thibault, de Montereau, et à M. Saint-Cricq–Cazeaux, à Creil.

Le Roi conféra, en outre, à M. Saint-Cricq-Cazeaux, directeur de la fabrique de Creil, la décoration de la Légion d'honneur.

§ VI. Grès cérame ou poterie de grès. — « (1) Ce genre de poterie, fait avec des ornements si riches à la Chine il y a déjà tant d'années, reproduit par les Allemands des bords du Rhin aux xvii° et xviii° siècles, offre deux variétés bien distinctes : l'une qui présente des ustensiles et des vases grossiers, mais remarquables par la dureté, par l'imperméabilité de la pâte ; l'autre qui souvent est agréablement colorée, dont la pâte fine, et très-

(1) Rapport du jury central.

facile à travailler, reçoit et conserve avec une grande netteté les reliefs les plus délicats ; elle porte le nom de grès fin et s'applique à des objets d'ornement. »

« Si déjà nous n'avions cité MM. Utzschneider, Lebœuf et Saint-Cricq, au sujet des faïences fines, nous aurions à louer les charmantes pièces de ce genre qui sortent de leurs fabriques. »

§ VII. PORCELAINE DURE. — Le jury de 1834 s'exprimait dans les termes suivants au sujet de la fabrication de la porcelaine dure :

« La supériorité des Français, pour la fabrication des belles porcelaines dures, est incontestable : ils doivent tout faire pour la conserver. Mais ce n'est pas dans la vue d'abaisser le prix en rendant, sous tous les rapports, l'exécution moins parfaite, qu'ils mériteront de conserver la préférence ; c'est en s'efforçant d'approcher du bon marché par des procédés qui simplifient, qui expédient sans rien détériorer, et qui surtout économisent le combustible sans altérer la solidité de la pâte. Trop de fabricants français se sont égarés, en oubliant la sagesse de ces préceptes. »

Le jury rappelait la médaille d'or dès longtemps obtenue par MM. Nast frères, de Paris, et déjà rappelée en 1823 et 1827.

§ VIII. PORCELAINE TENDRE. — La fabrique de Tournai était en possession de fabriquer la porcelaine tendre, à pâte frittée, et à couverte plombifère ; depuis que Tournai n'appartient plus à la France, deux fabriques de cette porcelaine tendre se sont établies à Saint-Amand-les-Eaux. Le jury de 1834 les a citées favorablement l'une et l'autre.

VERRERIE.

L'industrie de la verrerie est importante en France. Le judicieux rapporteur du jury de 1834 donnait, pour la faire apprécier, le détail des exportations de 1833, savoir :

Glaces et grands miroirs.............	712,699 fr.
Petits miroirs......................	196,298
Bouteilles pleines, valeur. 2,395,302	mémoire.
Bouteilles vides....................	548,225
Cristaux...........................	776,068
Verrerie ordinaire..................	2,019,780
Verres pour lunettes et cadrans.......	61,341

en moyenne, depuis 1827, plus de 4 millions par an.

§ I. GLACES. — Le jury rappela la médaille d'or précédemment obtenue par la manufacture de glaces de Saint-Gobain et décerna une nouvelle médaille d'or à la manufacture de Saint-Quirin. Sous le rapport de la dimension (plus de 4 mètres sur 2 mètres et demi), et sous le rapport de la pureté de la matière, il n'est pas possible d'atteindre à plus de perfection. Il ne reste à ces grands établissements qu'un progrès à faire, l'abaissement du prix de leurs produits. Le roi Charles X accorda, en 1827, la décoration de la Légion d'honneur à M. Cauthion, directeur de la manufacture de Saint-Gobain.

§ II. VERRERIE, CRISTALLERIE, GOBLETTERIE. — Les jurys de 1823 et de 1827 constatèrent que l'art de la cristallerie avait fait en France, depuis 1819, de très-grands progrès. « Désormais, disaient-ils, il peut se passer de la protection des douanes, parce que les produits qui en résultent ne craignent aucune concurrence, soit pour la qualité, soit pour les prix. »

En 1834, un nouveau progrès s'était encore accompli, celui du moulage des cristaux pour les pièces dont les ornements sont en relief et dont les vives arêtes sont produites par une forte pression. Par ce moyen, on donne à ces ornements la netteté, la pureté des arêtes qu'auparavant la taille seule parvenait à produire.

En suivant ce procédé, véritablement industriel, on fait des pièces de service et d'ornement en cristal qui n'étonnent pas moins par la richesse, l'éclat et la netteté des reliefs, que par la modicité des prix (1).

Le jury décerna des médailles d'or, en 1823, à MM. Godard père et fils, de Baccarat, pour leurs magnifiques cristaux homogènes, de taille bien soignée, et, en 1834, aux manufactures de Saint-Quirin et de Saint-Louis (Moselle), pour leurs cristaux, et à cette dernière, pour ses cristaux à vives arêtes que, la première, elle a fabriqués en France.

DÉCORS D'ARCHITECTURE MOULÉS.

CARTON-PIERRE. — « (2) L'art d'exécuter, en carton, des ornements de décor était florissant, en France, au XVIe siècle. La perfection où il était parvenu, dès cette époque, est attestée par les beaux plafonds qui décoraient au Louvre les appartements du roi Henri II. »

« Cet art se perdit, ou du moins resta dans l'oubli pendant près de trois siècles. On en vit reparaître, à l'exposition de 1806, quelques produits qui furent présentés

(1) Ce procédé a perdu, depuis 1834, une grande partie des avantages qu'il paraissait présenter.
(2) Rapport du jury central.

par M. Gardeur. Ils étaient exécutés avec une pâte à laquelle on donna le nom de carton-pierre. En 1819, M. Hirsch reçut une médaille de bronze pour de nouvelles applications de cette substance; mais, jusque-là, tout se bornait encore à d'heureux essais. En 1827, au contraire, nos artistes étaient parvenus à mouler le carton-pierre avec une telle perfection, qu'ils obtenaient de suite, et *sans réparage*, les contours les plus nets et les surfaces les plus unies. »

Cette industrie, qui se développe chaque jour, offre d'immenses ressources à nos architectes, et les jurys de 1823, 1827 et 1834 lui donnèrent de grands encouragements, en conférant plusieurs médailles d'argent à ceux qui l'exerçaient avec le plus de succès.

ÉBÉNISTERIE. — MENUISERIE.

Aux expositions de 1823, 1827 et 1834 l'ébénisterie se soutint au rang où elle s'était depuis longtemps placée. Dans le système général de notre industrie, elle était toujours, pour la nombreuse population ouvrière de notre capitale, une cause puissante de travail et une source féconde de profits.

A l'acajou, dont quelques personnes trouvent la couleur un peu sombre, des fabricants habiles avaient substitué avec succès des bois indigènes, tels que le frêne rosé, l'aune, l'orme, le cerisier de vigne, l'érable, le platane, le saule, le peuplier, qui sont tous très-faciles à travailler, et dont les nuances, plus ou moins délicates, sont bien en harmonie avec certaines étoffes de tenture et d'ameublement.

Les jurys ne décernèrent cependant que des médailles d'argent.

TYPOGRAPHIE.

La perfection est une limite infranchissable; l'art typographique l'avait déjà presque atteinte en 1819, pour la beauté des caractères, le choix des papiers, la propreté du tirage et l'extrême correction des textes ; il ne dépendait plus que du consommateur, soit de maintenir cet art à son apogée, en récompensant dignement ses services, soit, au contraire, d'abaisser ses produits par une recherche du bon marché incompatible avec la perfection.

C'était au Gouvernement qu'il appartenait de soutenir, par ses encouragements, l'art typographique au point élevé où il était parvenu : l'imprimerie, si elle rend de nombreux et importants services aux particuliers, sert encore bien davantage aux intérêts des nations elles-mêmes dont elle maintient l'esprit public, qu'elle soumet aux mêmes principes et aux mêmes lois, qu'elle pénètre des mêmes sentiments. La perfection de cet art, le premier des arts de la civilisation, importe beaucoup plus qu'on ne pense à la régularité du progrès social, et si les philosophes anciens ont pensé que la musique et les beaux-arts adoucissaient les mœurs des nations encore barbares, avec combien plus de raison ne doit-on pas penser que la recherche et le culte de la perfection, dans toutes les parties d'un art qui est le propagateur de la pensée humaine, influent sur la pureté de cette pensée même? Quel a été le sort des peuples anciens lorsque l'art de la parole n'a plus eu la morale pour principe? et quel ne serait pas l'avenir de

la civilisation, s'il était possible que l'imprimerie, par
une puissance surnaturelle, ne se prêtât qu'à des œuvres
utiles? Le seul moyen qu'aient les gouvernements de la
diriger vers ce but, c'est de la placer au premier rang
des arts industriels; c'est de la considérer comme un art
public, plutôt que comme une spéculation privée (1);
c'est de la conduire et de la maintenir à la perfection par
de continuels encouragements. Dès la renaissance des
lettres, et un siècle après l'invention de Guttemberg, nos
rois les plus illustres ont suivi ces principes. François Iᵉʳ
fonda à Paris l'imprimerie royale (2); Richelieu l'installa
aux galeries du Louvre; Louis XIV l'enrichit des poin-
çons, matrices et caractères de presque tous les peuples
du monde; Napoléon l'établit, en 1809, auprès des archives de la France, dans le magnifique hôtel des princes
de Soubise; les noms des Étienne (3), des Cramoisi vivent
encore au milieu de ces types, monuments de la munificence éclairée de nos rois; cependant, à toutes les expositions des produits de l'industrie, depuis celle de l'an VI
jusqu'à 1834, quoique la manufacture des porcelaines de
Sèvres et celle des tapisseries des Gobelins eussent exposé
leurs chefs-d'œuvre, l'imprimerie royale n'exposa pas
les siens (4). Ce n'est pas, qu'en dehors des masses énor-

(1) « L'imprimerie est à la fois une institution littéraire, commerciale et politique. » (Firmin Didot.)
(2) En 1531.
(3) Au mérite typographique des éditions de Robert et de Henry
Étienne s'est joint le savoir personnel de ces imprimeurs, dont la
gloire est immortelle. (Ambroise-Firmin Didot, Rapport sur l'exposition universelle de Londres, 1851.)
(4) Elle a paru à l'exposition universelle de Londres en 1851.

mes d'impressions, qui n'ont rien de commun avec l'art, que l'imprimerie impériale fabrique pour des services publics, elle n'ait aussi imprimé des livres d'une perfection achevée : il est sorti de ses presses et de ses ateliers des œuvres typographiques et calcographiques que nous ne croyons pas avoir été dépassées chez aucune nation ; mais nous regrettons que ces œuvres n'aient pas été jugées publiquement, n'aient pas été produites aux expositions et aient peu servi à répandre le goût du beau dans l'art typographique, tandis que les porcelaines de Sèvres ont amené le progrès dans les arts céramiques.

Mais si, sous le rapport de la perfection des œuvres typographiques, l'imprimerie n'avait plus de progrès à faire en 1834, elle approchait, au contraire, d'une époque de transformation, sous le rapport des procédés d'exécution et sous celui de l'appui que devaient bientôt lui prêter plusieurs arts tout nouveaux. La presse typographique à cylindre, mue par la vapeur, les machines à composer mécaniques, tous les arts issus de la découverte de la galvanoplastie, allaient à l'envi ouvrir à l'imprimerie, soit des moyens de production d'une puissance merveilleuse, soit de nouveaux procédés pour obtenir les images des choses que les arts de la gravure et du dessin avaient seuls produites jusque-là.

Nous verrons ces progrès apparaître aux expositions de 1844 et de 1849. Nous verrons, en même temps, la lithographie parvenir, en peu d'années, ainsi que l'avait fait l'imprimerie, à des succès voisins de la perfection.

C'est donc en rendant compte des expositions de 1839 et des années suivantes que nous examinerons plus profondément la situation de tous les arts qui font groupe autour de la typographie, ainsi que de la typographie elle-même.

ARTS DIVERS.

Sous le titre d'arts divers, les comptes rendus des expositions ont classé tous les menus produits de l'industrie qui, réunis, ont sans doute une grande importance mercantile, surtout pour Paris, mais dont aucun ne touche particulièrement aux progrès généraux de l'industrie. Ces produits ne sont presque tous que le résultat de l'application de quelques procédés des principaux arts industriels à la fabrication d'une foule d'objets plus ou moins utiles; ce sont, en quelque sorte, les détails de l'industrie, et peut-être faudrait-il, pour qu'ils pussent être admis aux expositions de l'industrie française, qu'ils présentassent ou l'importance d'une main-d'œuvre considérable, ou l'intérêt d'une consommation nouvelle.

L'invention du docteur Auzou est dans ce second cas; il a produit à l'exposition de 1834, des pièces moulées pour faciliter l'étude de l'anatomie, qui présentent le sujet anatomique d'une manière complète. Dans son ensemble, le sujet est présenté dépouillé de la peau et du tissu cellulaire. Les muscles, les cartilages, les nerfs, les vaisseaux sanguins apparaissent avec leurs formes, leurs positions naturelles. Dans le détail, chaque pièce, retenue par deux goupilles, peut s'enlever et présenter isolément le membre, l'organe, le viscère, le muscle que l'on désire étudier. On ouvre à volonté, par le milieu, le cœur et le cerveau, qui révèlent alors leur structure intérieure. Les Académies des sciences et de médecine ont donné les plus grands éloges à cette invention, et le jury de 1834 a décerné à M. Auzou une médaille d'or.

Mais parmi les arts divers, à côté de l'ingénieuse et utile invention de M. Auzou, nous trouvons les évantails, les lacets ferrés à la mécanique, les œillets métalliques, les agrafes pour robes de femme, les boutons, les bourrelets, les bretelles et les jarretières, les cols, les corsets, les peignes et les perruques, toutes choses fort utiles assurément, mais qui, dans l'état d'avancement où est parvenue l'industrie générale, ne peuvent manquer de se produire, dès que le consommateur en éprouve le besoin. Ces industries réunies ne laissent pas de donner lieu à un mouvement d'argent fort important; on en peut juger par un mémoire publié par un marchand de cheveux, dans lequel on a cherché à faire voir qu'à Paris *seulement* la valeur des cheveux livrés au commerce s'élève à 3 millions de francs par an; le duc de Bourgogne Philippe le Bon ne se doutait guère, s'il est vrai, comme les historiens l'assurent, que ce soit lui qui le premier ait porté de faux cheveux, qu'il donnait naissance à un commerce aussi considérable. Chacun sait que ce prince, amoureux d'une dame flamande, dont la magnifique chevelure brillait de cet éclat doré en honneur chez les Grecs, qui se connaissaient en beauté, créa l'ordre de la Toison d'or, pour imposer silence à quelques seigneurs de sa cour, qui trouvaient les cheveux de la dame d'une couleur trop éclatante. C'était alors le beau temps de la chevalerie, et l'ordre de la Jarretière, institué vers la même époque par Edouard III, dut de même son

origine à une scène de galanterie, s'il faut croire à toutes ces historiettes gravement racontées. On ajoute que
tandis que Philippe le Bon faisait des cheveux de sa maîtresse le symbole du premier ordre de chevalerie, lui-
même avait perdu les siens par suite d'une maladie longue et dangereuse dont il sortait à peine; il paraît que,
dans tous les temps, les dames ont trouvé peu de séduction à un visage qui n'est point orné de chevelure, témoin les barbes d'aujourd'hui; et, si les musulmans se
tiennent la tête exactement rasée, c'est une marque certaine de l'oppression dans laquelle vivent les dames dans
ce pays-là; César à Rome, devenu chauve à force de travaux, se fit autoriser par une loi à porter une couronne
de laurier, ce qui devait être assez beau, mais assez peu
commode; le duc de Bourgogne, après avoir, d'ailleurs,
consulté ses médecins avant d'obéir à sa passion amou-
reuse et au goût des dames, se fit faire une perruque et
les historiens les plus véridiques assurent que cinq cents
gentilshommes suivirent, dès le lendemain, cette mode
nouvelle.

On voit que les perruques remontent au milieu
du xive siècle; la basse flatterie était déjà dans toute
sa fleur et descendait sans doute de temps plus éloignés. L'histoire, tandis que de son burin immortel elle
gravait tant de souvenirs, laissait échapper les noms
précieux de plus d'un bienfaiteur de l'humanité. Elle n'a
pas conservé, que je sache, le nom de l'artiste capillaire
qui fabriqua la première perruque et qui donna, en peu
de jours, assez d'étendue à cet art nouveau pour faire les
cinq cents perruques des gentilshommes bourguignons

ou flamands (1). Si l'on cherchait bien, on trouverait plus facilement les noms de ces fabricants habiles qui coiffèrent depuis Louis XIV et sa cour et qui, par la magnifique ampleur des perruques, alors à la mode, donnaient au premier coup d'œil, dans les portraits des grands hommes de ce beau siècle, une juste et puissante idée de la majesté humaine à cette époque glorieuse. Quant aux artistes de notre temps, les rapports des jurys ont inscrit leurs noms à côté de ceux des Watt et des Ternaux.

RÉCOMPENSES DÉCERNÉES PAR LE JURY CENTRAL AUX ARTISTES QUI NE SONT PAS EXPOSANTS, EN EXÉCUTION DE L'ORDONNANCE DU 4 OCTOBRE 1833.

Ainsi que cela avait eu lieu pour les expositions précédentes, une ordonnance du 4 octobre 1833 avait prévu le cas où des artistes auraient rendu à l'industrie des services signalés, sans qu'ils pussent cependant exposer aucun produit ou aucun appareil sortis de leurs mains. Le jury de 1834, faisant application des dispositions de cette ordonnance qui lui permettait d'attribuer à ces artistes les distinctions des diverses classes, décerna la médaille d'or :

1° A M. Holker, à Paris, pour avoir dignement poursuivi les travaux de son aïeul, à qui la France doit l'emploi des chambres de plomb pour fabriquer l'acide sulfurique, et avoir coopéré très-habilement au progrès des manufactures de produits chimiques.

2° A M. Abadie, à Toulouse, pour les progrès qu'il avait

(1) V. Guillaume Coquillart, Paris, 1725, in-8.

fait faire à la construction des machines et à la grosse horlogerie, notamment pour les belles machines hydrauliques qu'il avait construites pour l'alimentation des fontaines de Toulouse et de Carcassonne.

3° A M. Grimpé, à Paris, pour de nouveaux procédés de gravure des cylindres à imprimer les toiles.

CHAPITRE V.

Expositions de 1839, 1844 et 1849. — Berlin, Vienne et Londres en 1844, 1845 et 1851.

Si nous jetons un coup d'œil d'ensemble sur la situation où se trouvait l'industrie en France au moment où allait s'ouvrir l'exposition de 1839, nous sommes frappés du mouvement qui s'était manifesté dans les esprits au sujet des expositions des produits de l'industrie. Cette institution avait tellement grandi, s'était tellement nationalisée en France que le danger n'était pas, à beaucoup près, que les fabricants montrassent de la froideur à y porter les fruits de leur travail et de leur intelligence. Le jury central de 1827 s'était encore plaint, comme ses devanciers, que la France industrielle ne se présentait pas toute entière aux expositions, que sur seize cent trente et un exposants plus de onze cents appartinssent au département de la Seine : en 1839, douze ans plus tard, ce qu'il y avait plutôt à redouter, c'était que l'encombrement des objets exposés, la difficulté de les classer, d'en distinguer le mérite et d'en rendre un compte judicieux ne jetassent une sorte de désordre dans cette œuvre devenue trop difficile et trop compliquée. Il n'y avait plus à craindre qu'elle pérît avant de sortir des liens du passé et des résistances que rencontre toujours une institution nouvelle ; elle avait atteint à toute sa force, et il ne restait plus qu'à la diriger et à en régler les effets. Si l'homme d'État l'avait conçue, le tour de l'administrateur était arrivé, et c'était à lui qu'il appartenait de la rendre féconde. On pouvait appréhender, et cet inconvénient a toujours été en croissant depuis 1839, que l'esprit mercantile ne cherchât à s'emparer des expositions; que le jury trop nombreux ne perdît de sa force d'ensemble et ne manquât de direction, que ses commissions, trop chargées de travail, ne faiblissent devant des intérêts particuliers, que les récompenses ne fussent recherchées plutôt comme des enseignes de boutique que comme des titres d'honneur industriel, et que la cupidité ou l'amour-propre des individus ne parvinssent, au milieu de la confusion que l'administration publique n'aurait pu prévenir, à obtenir par des moyens peu honorables les prix qui ne doivent être décernés qu'à l'intelligence fécondée par le travail. C'est le sort de toutes les choses puissantes de périr par leur excès. Les récompenses données publiquement à l'industrie ont fait naître entre les fabricants une utile et noble émulation; aucune institution ne pouvait donner aux arts une impulsion plus énergique que les expositions des produits des manufactures, suivies d'un jugement éclairé et impartial sur le mérite de ces divers produits; mais si ce jugement a tant d'importance pour le pays, puisqu'il est le nerf de l'émulation industrielle, n'est-ce pas de la sagesse, de la maturité, de l'impartialité qui le dictent, que dépend l'avenir des expositions? si les récompenses pouvaient devenir le prix d'une autre habileté que celle du fabricant, si même le jury, par une condescendance trop facile envers les intérêts privés, multipliait trop les récompenses, ne pourrait-on pas

craindre que le discrédit n'atteignit ses jugements et que
les expositions, après avoir jeté tant d'éclat, ne se rédui-
sissent à ce qu'étaient les foires au moyen âge? Il ne faut
pas espérer que l'industrie qui, comme tout commerce,
a pour but le profit, se dégage jamais des idées de lucre
et de bénéfice; ce serait lui demander de mentir à son
essence; ce ne serait pas l'anoblir, ce serait simplement
s'en faire une fausse idée : le manufacturier, le commerçant d'un esprit élevé, comme il y en a tant en
France, car c'est dans cette classe de la société française
qu'il y a aujourd'hui le plus de valeur intellectuelle,
n'obéissent pas à des pensées mesquines et égoïstes, mais
à l'idée la plus juste de la mesure des choses, lorsqu'ils
évaluent en profits le résultat de leur travail : ils savent
fort bien que les hommes n'échangent volontairement
aucun service que contre un service équivalent, et Watt
faisait la chose la plus sensée en pesant les services immenses qu'il avait rendus à l'espèce humaine, au poids
de l'or qui s'était accumulé dans sa caisse. Honneur au
fabricant, au marchand qui acquièrent une grande fortune par une fabrication ou par un commerce faits avec
loyauté et exempts de toute fraude; mais la pente est
glissante, la concurrence est effrénée; ce que l'habileté,
le travail, la sage conduite, le crédit, la réputation,
le génie même de l'un lui apportent d'honorables profits, fait l'envie, le désespoir de l'autre moins habile,
moins laborieux ou moins bien placé : ce dernier sup-
plée à ce qui lui manque de bonnes conditions par des
moyens à sa portée : la fraude et l'intrigue deviennent
ses armes, tout lui est bon pour réussir, et s'il réussit,

il étale son or en preuve de sa noblesse industrielle, comme s'il était Watt ou Ternaux.

C'est là l'écueil des expositions ; le jour où la mauvaise concurrence viendrait à miner le jury, c'en serait fait de la plus belle institution de ce siècle ; et lorsque nous disons la plus belle, nous ne craignons pas de nous tromper, car nous ne faisons que répéter la pensée de l'illustre président du jury central de 1839 (1).

« Quelles sont les causes, disait-il, qui ont produit les merveilleux résultats où sont parvenus les arts industriels ? La paix, qui est l'âme de l'industrie ; les sciences, qui jettent la plus vive lumière sur les arts et les préservent des erreurs d'une routine toujours aveugle et mensongère ; mais indépendamment de ces causes puissantes, il en est une qui ne l'est pas moins : c'est l'impulsion donnée par les expositions publiques. Comment en méconnaître les effets ? Cette affluence de citoyens qui se pressent et se renouvellent sans cesse sous les portiques où se déploient les richesses nationales ; ces récompenses, ces médailles d'ordres divers, noble héritage à transmettre à ses enfants ; le signe de l'honneur donné aux plus dignes parmi les dignes ; les noms des vainqueurs hautement proclamés dans le palais des Rois et signalés à la confiance et à la reconnaissance publiques, ne sont-ce pas des motifs qui doivent exciter la plus vive émulation ? et même, lorsqu'on succombe dans une lutte si solennelle, où se trouvent, au milieu de la foule des

_____

(1) M. le baron Thénard, pour qui nous professons tant de respect et de dévouement, que nous n'osons payer ici le tribut d'éloge qui est dû à son caractère et aux services qu'il a rendus à la France.

spectateurs, les hommes les plus éclairés, les sommités sociales, les princes, le souverain de la nation, des étrangers de haut mérite, qui, en redisant bientôt à leurs concitoyens ce qu'ils auront vu, feront encore grandir le nom français, n'est-on pas fier de le porter, et ne se relève-t-on pas avec la ferme volonté de rentrer de nouveau dans la lice et de triompher à son tour ? Aussi le nombre de ceux qui aspirent à l'honneur de concourir s'accroît-il sans cesse, et la France, depuis quarante ans, s'est-elle bien plus avancée dans la voie du progrès, proportionnellement au point de départ, que l'Angleterre elle-même. »

A l'appui des réflexions qui précèdent, nous croyons devoir placer ici le tableau publié par M. le Ministre du commerce, dans son rapport du 14 janvier 1849, sous le titre de *Relevé général des expositions de l'industrie.*

ANNÉES.	LIEUX DES EXPOSITIONS.	NOMBRE	
		DES EXPOSANTS.	DES RÉCOMPENSES.
1798 (an VI)....	Champ de Mars........	110	23
1801 (an IX)....	Louvre................	229	80
1802 (an X)....	Idem.................	540	254
1806 (an XIV)..	Esplanade des Invalides.	1,422	610
1819...........	Louvre	1,062	869
1823...........	Idem.................	1,642	1,091
1827...........	Idem.................	1,695	1,254
1834...........	Place de la Concorde....	2,447	1,785
1839...........	Champs-Élysées........	3,281	2,305
1844...........	Idem	3,960	3,253

Ainsi, en 1798, lorsqu'il fallait attirer les exposants par l'attrait des récompenses, le nombre des fabricants qui en ont obtenu était à celui des exposants comme 1 est à 5 ; en 1801, comme 1 est à 2,8 ; en 1802, comme 1 à 2 ; en 1806, comme 1 à 2, 3 ; en 1819, comme 1 à 1, 9 ; en 1823, comme 1 à 1, 5 ; en 1827, comme 1 à 1, 35 ; en 1834, comme 1 à 1, 4 ; en 1839, comme 1 à 1, 4 ; en 1844, où le nombre des exposants s'est élevé à 3,960, il a été décerné 3,253 récompenses de divers ordres, c'est-à-dire que la proportion des fabricants récompensés aux exposants a été comme 1 est à 1, 2 ; ou plus simplement, que, sur 12 exposants, 10 ont reçu des récompenses. Le rapport du jury central de 1849 ne fait pas connaître le nombre des exposants de cette année ; on ne peut donc établir la proportion entre ce nombre et celui des récompenses accordées, mais le rapport du jury central publie la récapitulation générale du nombre des récompenses décernées ; savoir :

Médailles d'or.......	nouvelles 21 rappelées 150 médailles 162	333 médailles d'or.
Médailles d'argent...	nouvelles 99 rappelées 173 médailles 450	722 médailles d'argent.
Médailles de bronze.	nouvelles 84 rappelées 182 médailles 851	1,117 médailles de bronze.
Mentions honorables.	nouvelles 9 rappelées 36 médailles 934	979 mentions honorables.
Citations favorables..	nouvelles 3 rappelées 1 médailles 583	587 citations favorables.

Total général des récompenses de 1849 : 3,738.

Parmi les membres de l'industrie qui reçurent ces 3,738 récompenses, cinquante et un furent décorés de la croix de la Légion d'honneur.

Les progrès que l'industrie avait faits depuis quinze ans, de 1823 à 1839, étaient très-considérables sans doute, mais ils étaient, pour la plupart, plutôt le développement des inventions antérieures que le résultat d'inventions nouvelles : c'était partout des applications de la vapeur comme force motrice, ou de nouveaux perfectionnements de la mécanique : tout s'améliorait par la paix et le travail; mais il ne s'était pas produit de grandes créations nouvelles, et l'invention de quelques arts secondaires avait seule signalé cette époque d'accroissement et de perfectionnement plutôt que de création, si l'on en excepte pourtant :

1° La filature mécanique du lin, qui, après la mort de son inventeur (1), et après s'être implantée en Angleterre, s'était introduite en France avant 1834, mais avec si peu de succès, qu'à cette époque, selon les paroles du jury de 1839, « tout espoir de l'établir avantageusement en France semblait perdu. »

2° La fabrication de la chaux hydraulique, par les nouveaux procédés inventés par M. Vicat.

3° L'invention des phares lenticulaires par M. Fresnel.

Les chemins de fer n'apparaîtront, ainsi que la télégraphie électrique et l'invention de Niepce et de Daguerre (l'*héliographie*), qu'après 1839.

Les circonstances dans lesquelles eurent lieu les expositions de 1839 et de 1844 étaient on ne saurait plus fa-

(1) De Girard inventa la filature du lin en 1810.

vorables : la France jouissait d'une paix profonde et rien ne devait nuire aux progrès de l'industrie, à moins que ce ne fût une disposition trop générale à jouir dans le repos du bien-être matériel ; on a vu cependant que cette disposition n'avait pas arrêté le génie de Watt.

En 1849, les circonstances où se trouvait le pays étaient bien différentes ; nous ne les rappellerons pas, elles sont encore présentes à tous les esprits ; mais certainement, si défavorables qu'elles fussent au commerce, elles auraient été propices, au contraire, à l'avénement de quelque découverte nouvelle, s'il se fût trouvé un Franklin, un Jacquart, un Gambey (1), dans la tête de qui eût mûri alors une invention utile.

Les rapports du jury central se présentent, à partir de 1839, sous une forme nouvelle qui nous semble devoir appeler l'attention. Ce n'est plus un rapporteur général qui centralise entre ses mains, comme M. Charles Dupin l'avait fait en 1834, tout le travail du jury et en rend un compte sommaire et le plus méthodique possible ; ce sont les rapporteurs spéciaux des commissions et des sous-commissions qui se sont formées dans le sein du jury central, qui, dans une suite de rapports particuliers, rendent successivement compte du mérite des produits soumis à l'exposition.

On aperçoit sans peine la différence considérable qui existe entre les deux systèmes. Dans le premier, c'est *le jury central tout entier faisant en corps une revue de l'exposition ;* ce sont *tous les manufacturiers et les artis-*

(1) Franklin avait été ouvrier imprimeur ; Jacquart, ouvrier en soie, et Gambey, ouvrier constructeur d'instruments de précision.

tes qui, avertis à cet effet, peuvent lui adresser leurs ob-
servations ; ce sont les commissions qui appellent son
attention sur les objets qu'elles ont trouvés dignes de dis-
tinction (1); c'est un seul rapporteur général qui, chargé
d'exprimer la pensée du jury central, l'harmonise en
quelque sorte, fait cadrer toutes ses décisions et contient
toutes les parties de cette grande œuvre, non-seulement
dans les proportions convenables à chacune d'elles, mais
dans les proportions respectivement convenables entre
elles : la confusion ne peut pas naître ; chaque exposition,
au contraire, doit amener plus d'ordre et de méthode ; les
influences privées, de même que les opinions particulières,
disparaissent dans l'expression de la pensée générale.

Il est vrai que peut-être il y a moins de perfection dans
les détails, moins de précision dans les exposés techniques, moins de variété dans les diverses parties de l'œuvre.

Dans le premier système, c'est un tableau complet de
l'exposition qui se présente au pays, et même au monde
industriel : il peut ne pas satisfaire dans tous ses détails ;
mais il frappe par son ensemble ; il prend, sous une forme
arrêtée, sa place dans l'histoire de l'industrie. Il est l'exposition de telle année ; c'est une figure historique qui
apparaît et à qui un peintre donnerait la vie en l'ornant
des attributs qui la distinguent.

Dans le second système, c'est une suite de rapports
destinés à être lus dans une assemblée délibérante, rem-
plis, pour la plupart, de détails techniques pleins d'intérêt,
écrits avec cette clarté qui convient à l'exposé des faits
scientifiques, dans lesquels perce parfois une pensée pré-

(1) Voir p. 48.

conçue ; c'est, en un mot, une collection d'œuvres particulières, où l'on retrouve tout entier et quelquefois tout
seul celui qui les a conçues et livrées à sa plume.

Nous ne dirons pas notre opinion sur l'un et l'autre de
ces deux systèmes : le premier devoir de l'historien est
d'être véridique, et nous le remplissons à défaut des qualités qui nous manquent ; notre opinion se lit, pour ainsi
dire, avant que nous l'ayons écrite, comme il arrive aux
gens sincères que l'on devine à l'expression de leur visage
avant qu'ils aient parlé.

L'exposition de 1849 a présenté un développement
considérable des produits de l'agriculture qui n'avaient
jusque-là pris place aux expositions que d'une manière
fort restreinte, soit dans les salles d'exposition des machines, où avaient figuré quelques instruments d'agriculture, soit parmi les matières premières, entre lesquelles la
laine et la soie s'étaient introduites, plutôt comme bases
de la fabrication des tissus, que comme produits agricoles. Cette grande innovation ne peut qu'être approuvée,
car il n'en peut résulter que des avantages pour l'agriculture : cette partie de l'exposition sera pour la France
ce que sont les comices agricoles pour les différents points
du territoire ; c'est d'ailleurs un acte de justice à l'égard
de la première de nos industries, de celle où le progrès
rencontre le plus d'obstacles.

Mais cependant il ne faut pas perdre de vue que les récompenses du pays doivent être décernées aux œuvres
industrielles qui peuvent servir d'exemples, qui doivent
enrichir le pays en augmentant ses consommations ; non
pas, comme le disait M. Thiers, à ces objets qui, bons à

être montrés une fois, ne sont ensuite d'aucune utilité réelle, mais à de bons articles tels qu'ils se livrent journellement au commerce (1).

Ceci revient à dire qu'il ne faut récompenser et même admettre aux expositions que des objets qui peuvent se présenter à la consommation au prix du marché, avec profit pour le producteur.

Dans l'industrie manufacturière, il est facile de juger si un produit que présente un fabricant est par lui versé sur le marché dans de fortes proportions : le jury central mentionne, même fort souvent, les quantités que tel ou tel exposant fabrique chaque année. Les inventaires annuels que tout commerçant ne peut se dispenser de faire, une fois au moins par an, aux termes de la loi commerciale, sont une garantie suffisante qu'il ne travaille pas à perte d'une manière continue. Il y a donc sécurité pour le jury central lorsqu'il récompense un produit manufacturé ; la marque d'honneur qu'il donne signale un progrès et indique un exemple : la médaille que le jury décerne à l'un, dit aux autres : « Faites comme lui. »

Mais l'industrie agricole ne se présente pas au concours dans des conditions identiques à celles de l'industrie manufacturière. Là, point d'inventaires annuels prescrits par la loi, et même, en général, point d'inventaire possible d'une manière exacte : là, l'intelligence commerciale, la bonne administration, la position pécuniaire influent davantage sur le bon ou le mauvais succès que la qualité des produits : souvent, le plus souvent même, c'est la

(1) Circulaire de M. Thiers, ministre de l'intérieur, du 7 octobre 1833.

quantité du produit obtenu qui importe bien plus que
la qualité. En un mot, l'exemple qu'il faudrait donner
à suivre et, par conséquent, le mérite qu'il faudrait récompenser, c'est le succès, c'est le résultat pratique,
c'est le profit réalisé : or, on ne peut pas apprécier ce
résultat par la qualité, la beauté des produits exposés :
combien n'avons-nous pas vu d'agriculteurs éclairés obtenir les plus beaux produits, soit en céréales, soit en
bestiaux, et finir par la ruine?

Est-ce à dire que ce ne soit pas une excellente mesure
que d'avoir étendu l'exposition des produits de l'industrie
aux produits agricoles? non pas certes assurément; nous
n'entendons placer ici qu'une réflexion qui peut conduire
à examiner, autant que le comporte la nature des choses,
si les exposants réunissent ces deux conditions d'obtenir
de beaux produits et de faire de bonnes affaires. Sans le
second point, le premier n'est plus qu'un de ces *tours de
force*, comme disait Chaptal, dont il ne faut faire aucun cas.

Les comptes rendus du jury central ont été rédigés,
en 1849, d'après un autre ordre des matières que les
comptes précédents; nous suivrons ce nouvel ordre,
d'ailleurs plus méthodique, et dont nous ne saurions nous
écarter utilement (1).

Nous donnons d'abord, comme nous l'avons fait pour
les expositions précédentes, la liste des membres de l'industrie à qui des décorations de la Légion d'honneur ou
des médailles d'or ont été décernées aux expositions
de 1839, 1844 et 1849.

(1) Au moyen de la table générale alphabétique des matières, il sera
toujours facile de rapprocher les mêmes sujets.

1839.

MM. Adm^{on} des usines de Bouxwiller, produits chimiques.

Arnould (Jean-Louis), châles.

Badin père et fils, et Lambert, draperies.

Baudry, aciers.

Beauvais (Camille), vers à soie.

Benoit et Cie, horlogerie.

Bertèche, Bonjean jeune et Chesnon, draperie.

Billy (de), sculpture des bois à la mécanique.

Blanchet frères et Kleber, papeterie.

Bobée et Lemire, vinaigre de bois.

Bontems, verrerie.

Bontemps et Lormier, peinture sur verre.

Buran et Cie, produits chimiques.

Cadou-Taillefer, aiguilles.

Calla, fonderie de fer.

Camu fils et Croutelle neveu, laine filée.

Caron-Langlois fils, impressions sur tissus.

Cazalis et Cordier, machines à vapeur.

Cellier-Blumenthal, distillation des vins.

Chambon (Louis), soie.

Chapelle, machines à papier.

Charrière, instruments de chirurgie.

Chennevières (Th.), draperie.

Christofle (C. H.), bijouterie.

Cochot, bateaux à vapeur en fer, etc.

Compagnie de l'Aveyron, usines à fer.

Couteaux père et fils, toiles cirées.

Cox (Edouard) et Cie, fils de coton.

Debuchy (François), coutils.

Delattre (Henri), tissus en laine.

Derosne et Cail (Ch.), appareils pour les sucreries indigènes.

Desbassayns de Richemont, chalumeaux aérhydriques et soudures autogènes.

Didot (Firmin), imprimerie.

Discry-Talmours, porcelaine.

MM. DUPREUIL DE POUY, laines.

DURAND-CHANCEREL, peaux.

DURAND (Jean-Louis), impressions sur laine.

DURANDEAU-LACOMBE et Cie, papeterie.

ERARD (Pierre), pianos, harpes.

FAULER frères, maroquins.

FAURE frères, rubans.

FERAY (E.) et Cie, filature.

FESTUGIÈRES frères et Cie, usines à fer.

FORTIER, châles.

FOURNEYRON, turbine.

FRÈREJEAN (Victor), cuivre.

GÉRUZET, marbres.

GIRARD et Cie, impressions sur tissus.

GODEFROY (Paul), impressions sur tissus.

GODEMAR et MEYNIER, machines à tisser, soieries.

GRILLET aîné, châles.

GUINAND, flint-glass et crown-glass.

HENRIOT fils, flanelles.

HENNECART, gaze à bluter.

HERZOG (Antoine), fils de coton.

KETTINGER et fils, impressions en couleur.

KLINGLIN (baron DE), verrerie.

KOECHLIN (André) et Cie, machines diverses.

LABROSSE-BÉCHET, draperie.

LACROIX frères et GOEURY, papeterie.

LANGEVIN et Cie, soieries.

LUCAS frères, laine filée.

MANUFACTURES DE SAINT-QUIRIN, CIREY et MONTHERME, glaces.

MARREL (Benoît), joaillerie, bijouterie.

MARTIN (Emile) et Cie, fonderie de fer.

MASSING frères, HUBER et Cie, peluches.

MAURIER et Ant. BERNARD, soieries.

MERLE, MALARTIC et PONCET, étoffes teintes en bleu de Prusse.

MILLY (DE), bougies stéariques, savons, etc.

MORIN, dynamomètres.

MUEL-DOUBLAT, usines à fer.

MURET DE BORT, draperie.

MM. NAEGELY (Charles) et Cie, fils de coton.

Nys et Cie, cuirs vernis.

OGEREAU, corroierie.

PELLETIER, DELONDRES et LEVAILLANT, sulfate de quinine.

PERROT, machines à tisser.

PIOT, JOURDAN frères et Cie, impressions sur laine.

PLUMMER, cuirs vernis.

POIRÉE, barrage mobile.

POITEVIN fils, draperie.

POTTON et CROZIER, soieries.

PRÉVOST, laine filée.

SABRAN frères, châles.

SAINT-GOBAIN (fabrique royale de), produits chimiques.

SAULNIER (Jacques-François), machines.

SCHLUMBERGER (Nicolas) et Cie, machines à filer le lin.

SCHNEIDER frères et Cie, usines à fer, locomotives et autres grandes machines.

SOREL, zinc.

SOYEZ et INGE, fonte en bronze.

STÆHELIN et HUBER, locomotives.

STERLINGUE et Cie, cuirs.

TARBÉ, fonte de caractères.

THIÉBAUT, cuivre.

VALLERY, à Saint-Paul-sur-Risle (Eure), machine à broyer les bois de teinture.

VALLERY, à Paris, grenier mobile.

VAYSON, tapis.

VIDALIN, étoffes teintes.

VIGNAT-CHEVOT, rubans.

VUILLAUME, instruments de musique.

WINNERL, montres marines.

Le Roi accorda la croix de la Légion d'honneur à

MM. MICHEL, (de Lyon), teintures.

OLLAT, de Nîmes, soieries.

CURNIER père, de Nîmes, châles.

SABRAN, de Nîmes, châles.

MM. JOURDAN (Théophile), tissus de cachemire.

DANNET, de Louviers, draperie.

GRIMPÉ, mécanicien.

JACKSON (Williams), aciers.

CHEFDRUE, d'Elbeuf, draperie.

BOIGUES, de Fourchambault, usines à fer.

SAULNIER, ingénieur, machines.

SOYEZ, fonte en bronze.

BERTÈCHE, draperie.

GRIOLET (Eugène), laine filée.

BITTRY, fils de cachemire.

GUÉRIN (Adolphe), directeur des établissements d'Imphy.

TALABOT (Léon), Haute-Garonne, faux, limes.

HACHE-BOURGEOIS, de Louviers, cardes.

PERROT, de Rouen, machines à tisser.

FOURNEYRON, de Paris, turbine.

PAPE, de Paris, pianos.

PONS, DE PAUL, horlogerie.

NYS, de Paris, cuirs vernis.

JAPPUIS (Seine-et-Marne), impressions sur tissus.

DOLFUS (Jean), de Mulhouse, manufacturier.

GUIBAL, draperie.

DENEIROUSSE, châles.

1844.

MM. AIGOIN-DELARBRE et Cie, soies.

ALCAN, applications de l'acide oléique.

ANDELARRE (comte D') et DE LISA, fers.

ANDRÉ, fontes.

ARNAUD (Jean-Antoine), soieries.

AROUX (Félix), draperie fine.

BALARD, sulfate de soude des eaux mères des salines.

BALAY (Jules), rubans.

BAUDOUIN frères, cuirs vernis, toiles cirées, toiles imperméables, etc.

BERTHERAND-SUTAINE et Cie, laines cardées.

BEST, LELOIR et Cie, gravure sur bois.

MM. BEUCK et Cie, draperie fine.

BLANCHON (Louis), soies gréges.

BOIGUES et Cie, fers.

BOISSELOT et fils, pianos.

BONNET (Claude-Joseph), soieries.

BOUGON, porcelaines.

BOUGUERET, COUVREUX, LANDEL et Cie, fers.

BOUTAREL frères, CHALAMEL et MONIER, teintures.

BRUNNER, instruments d'astronomie, de marine et de géodésie.

BURON, instruments de physique et d'optique.

CALLA, machines, outils.

CALLAUD-BÉLISLE, NOUEL et Cie, papiers.

CASTEL (Emile), tapis.

CAVAILLÉ-COLL père et fils, orgues.

CAVÉ, machines à vapeur, bateaux à vapeur.

CHARVET (J. P.), draperie fine.

CHENNEVIÈRE (Delphis), draperie fine.

CHRISTOFLE et Cie, dorure électrique, bijouterie.

CINIER (Claude), soieries.

COCHETEUX, étoffes pour meubles.

COMPAGNIE DES HOUILLÈRES ET FORGES DE L'AVEYRON.

COUDERC, dessins de fabrique.

DAUPHINOT-PÉRARD, mérinos.

DECOSTER, machines à filer le lin, machines-outils.

DELBUT et Cie, cuirs et peaux.

DÉLICOURT (Etienne), papiers peints.

DELVIGNE, arquebuserie.

DEROSNE et CAIL, appareils et machines pour fabriques et
raffineries de sucre.

DEVÈZE fils et Cie, châles.

DITTRICH (veuve DE) et fils, fers.

DUCHÉ aîné, châles.

DUMONT, filtre à noir en grains.

DUMOR-MASSON, draperie fine.

DUREAU (Armand) et Cie, draperie fine.

DURENNE, chaudières de locomotives.

DUVERGER, typographie.

MM. Duvoir-Leblanc, chauffage des grands édifices.

Eck et Durand, fonderie, bronzes d'art.

Eymard (Paul) et Cie, soieries.

Farcot, machines à vapeur.

Flaissier frères, tapis.

François jeune, phares.

Froment-Meurice, orfévrerie, joaillerie et bijouterie.

Gache fils aîné, bateaux à vapeur.

Garnier (Paul), pendules.

Géruset aîné, marbres.

Girard (Louis) neveu, velours de soie.

Girard (le chevalier Philippe de), mécanismes divers.

Godefroy (Léon), tissus imprimés.

Godin aîné, laines à carde.

Graux de Mauchamp, laines à peigner.

Grohé frères, ébénisterie.

Heckel aîné, salins.

Hofer (Henri) et Cie, cotons filés.

Houlès père et fils, draperie moyenne et commune.

Hutter et Cie, verrerie.

Krieghelstein et Plantade, pianos.

Kulmann frères, produits chimiques.

Lagier, garancine.

Laurent (Henri) et fils, velours de laine, moquettes, tapis.

Lauret frères, bonneterie.

Lebrun, orfévrerie.

Lefebvre (Ch.) et Cie, céruse.

Lefebvre-Ducatteau (veuve), et Soyer-Vasseur, étoffes pour gilets.

Legrand (Marcellin) et Cie, fonderie de caractères.

Lehoult et Cie, tissus de coton.

Lelièvre (E.) et Cie, toiles.

Lemaître, chaudières à vapeur.

Lemercier, lithographie.

Lepaute (Henri), phares.

Léveillé, teinture en rouge turc.

Malo-Dickson et Cie, toiles à voiles.

Massenet, Gérin et Jackson frères, faux.

MM. Mazeline frères, bateaux à vapeur.

Meauze-Cartier et Cie, soieries.

Meyer et Cie, machines à vapeur, locomotives.

Meynard, soies gréges.

Miroude, carde.

Morel et Cie, orfévrerie, joaillerie, bijouterie et mosaïque de bijouterie.

Morin et Cie, draperie moyenne et commune.

Mouchot frères, fabrication du pain.

Mulot, appareils de sondage.

Pallu et Cie, plomb.

Pelterrau jeune frères, cuirs et peaux.

Picquot-Deschamps, fils de coton.

Pihet (Auguste) et Cie, machines, outils, banc à broches.

Pimont aîné, tissus imprimés.

Raoux, instruments à vent en cuivre.

Renard (Adolphe), draperie fine.

Robert (Henri), horlogerie de précision.

Robichon et Cie, rubans.

Rousseau, décoration de porcelaine.

Rousselet (Antoine), draperie fine.

Roussy, soieries.

Samson, instruments de chirurgie.

Schlumberger (Jean) jeune et Cie, tissus imprimés.

Schmaltz et Thibert, peluches en soie noire pour chapellerie.

Schwilgué père, horlogerie de précision.

• Scrive-Labbe et Scrive, filature de lin et d'étoupes.

Serret, Lelièvre et Cie, fers.

- Société anonyme pour la filature du lin et du chanvre à Amiens.

Société des ardoisières d'Angers.

Trillard, soieries.

Ternynck frères, tissus de laine, de coton et de fil.

Ternard, barrage mobile.

Thibaut (Germain) et Chabert jeune, tissus de laine, soie et coton.

Thomas et Laurens, travaux métallurgiques.

Thonnelier père, presse monétaire.

MM. TRANCHARD-FROMENT, fils de laine peignée.

VUILLAUME, violons.

WAGNER (neveu), grosse horlogerie.

WOLFEL et LAURENT, pianos.

Le Roi accorda la décoration de la Légion d'honneur à

MM. ANDRE, fondeur, au val d'Osne (Haute-Marne).

BACOT (Frédéric), fabricant de draps, à Sedan (Ardennes).

BONNET (Claude-Joseph), fabricant de soieries, à Lyon (Rhône).

BONTEMPS, fabricant de verreries, à Choisy-le-Roi (Seine).

BOURDON, directeur des forges et fonderies du Creuzot (Saône-et-Loire).

BOURKARDT (J. J), constructeur de machines, à Guebwiller (Haut-Rhin).

BURON, fabricant d'instruments d'optique, à Paris.

CAIL (J. F.), constructeur de machines, à Paris.

CAMU fils, filateur de laine, à Reims (Marne).

CHARRIÈRE, fabricant d'instruments de chirurgie, à Paris.

CHENNEVIÈRE (Théodore), fabricant de draps, à Elbeuf (Seine-Inférieure).

DEBUCHY (François), fabricant de tissus de lin, de laine et de coton, à Lille (Nord).

FAULER aîné, fabricant de maroquins, à Choisy-le-Roi (Seine).

FAURE (Etienne), fabricant de rubans, à Saint-Etienne (Loire).

FRÉREJEAN, maître de forges, à Vienne (Isère).

GIRARD, imprimeur sur tissus, à Rouen (Seine-Inférieure).

GODARD fils, fabricant de cristaux, à Baccarat (Meurthe).

GRILLET aîné, fabricant de châles, à Lyon (Rhône).

GROS (Jacques), fabricant de tissus de coton, à Wesserling (Haut-Rhin).

LACROIX (Jean-Justin), fabricant de papiers, à Angoulème (Charente).

LEFEBVRE (Théodore), fabricant de céruse, aux Moulins-lès-Lille (Nord).

MM. Lemire, fabricant de produits chimiques, à Choisy-le-Roi, (Seine).

Massenet, fabricant d'acier et de faux, à Saint-Etienne (Loire).

Milliet, fabricant de porcelaine, à Montereau (Seine-et-Marne).

Ogereau, tanneur, à Paris.

Pecqueur, constructeur de machines, à Paris.

Roller, facteur de pianos, à Paris.

Roswag (Augustin), fabricant de toiles métalliques, à Schélestadt (Bas-Rhin).

Schattenmann, directeur de la compagnie des mines de Bouxwiller (Bas-Rhin).

Thénard, ingénieur en chef des ponts et chaussées, à Abzac (Gironde).

Winkerl, fabricant d'horlogerie, à Paris.

1849.

MM. Andelle et Cie, verrerie.

Aubry frères, dentelles.

"Auclerc, élevage de bestiaux.

Audincourt (société d'), fabrication de fer.

Aczoux, modèles anatomiques.

Balleydier (Félix), tissus de soie.

Bapterosse (Félix), porcelaines.

"Baudouin, grande culture.

"Bazin,   —

Benoist-Malot et Cie, tissus de laine légers.

Béranger et Cie, appareils à peser.

Bernardel, basses.

Biwer, machines diverses.

Blech, Steinbach et Mantz, tissus de coton imprimés.

Blech frères, fabrication d'Alsace, tissus de coton.

Bodin (Jean-Jules), ateliers de construction.

Bon, apprêts d'étoffes de soie.

Boucherie, conservation des bois.

Bouillon jeune et fils et Cie, forges et tréfileries.

Bourdaloue, machines pour les chemins de fer.

MM. Bourdon (Eugène), machines.

'Brice (Louis-Victor), grande culture.

Bronski (le major), soie.

Broquette-Gonin, teinture sur étoffes.

"Calenge, élevage de bestiaux.

Cambray (A. N.), ateliers de construction.

Carillon, machines diverses.

Cavaillé-Coll père et fils, instruments.

Cazaux et Fabrège, exploitation de marbres.

Chambon (Casimir), soie.

Chamroy et Cⁱᵉ, tuyaux en tôle plombée et bitumée.

Charrière, instruments, appareils de chirurgie.

Chaussenot (Jacques-Bernard), calorifères à air chaud.

Christofle et Cⁱᵉ, dorure et argenture.

+ Cohin et Cⁱᵉ, fils de lin et de chanvre.

Constant (François) père et fils, châles de Nîmes.

Couderc et Soucaret, gazes pour bluteries.

Cournerie, produits chimiques.

'Crespel père et fils, grande culture.

Cuaz, ateliers de construction.

'Dargent, grande culture

Davillier (Jean-Charles), tissus de coton blancs et écrus.

"De Béhague, élevage de bestiaux.

'Decrombecq, grande culture et sucre indigène.

Degousée et Laurent, industrie du sondage.

Delamarre-Debouteville, cotons filés.

De Lancosme, Brèves et Duguen, engrais.

Deleuil, instruments de physique et de chimie.

'Demesmay, grande culture et sucre indigène.

Deneirousse, Boisglavy et Cⁱᵉ, châles de Paris.

Denière (Jean-François) fils, bronzes d'art.

Descat-Crouzet, filature et teinture des étoffes.

"D'Herlincourt, élevage de bestiaux.

Dobler fils, fils de laine Thibet.

Domeny (Louis-Joseph), harpes.

Ducommun et Dubied, grande chaudronnerie.

Ducroquet, grandes orgues.

Duponchel, orfévrerie.

MM. Dupont (Paul), et Cie, notice sur l'imprimerie.
    Duport, cuirs et peaux.
    'Dutac frères, grande culture.
    Dutartre, presses mécaniques typographiques.
    Duvoir, Leblanc et Cie, chauffage à la vapeur.
    Engelmann et Graf, chromo-lithographie.
    Estivant frères, laminage et moulage du cuivre brut.
    Farcot, machines à vapeur.
    Favrel (Auguste-François-Joseph), battage de l'or.
    Flachat (Eugène), machines pour chemins de fer.
    Fontaine-Baron, machines diverses.
    Foucault,   —
    Fouché-Lepelletier, produits chimiques.
    Froment-Meurice, orfévrerie.
    Frutie, culture.
    Garnier (Paul), horlogerie civile.
    Gauthier, cuirs vernis.
    Gauvain aîné, arquebuserie.
    Geiger (Alexandre de), faïences fines.
    Géruzet aîné, exploitation de marbres.
    Gouin (Ernest), machines pour chemins de fer.
    Grar (Numa) et Cie, fabrication et raffinage du sucre.
    "Graux, élevage de bestiaux.
    Grenet, gélatine et colles fortes.
    Gueuvin-Bouchon et Cie, meules de moulin.
    Guimet, bleu d'outre mer.
    Guinon, teinture de la soie.
    Hamelin (J. B.), soies ouvrées.
    Héricart de Thury (Charles), culture.
    Herrenschmidt, cuirs et peaux.
    ⸭ Heuzé, Radiguet, Homon, Goury et Leroux, lin et chan-
        vre.
    Hitchens et Waterer, conservation des bois.
    Houxtte, cuirs vernis.
    Houyau (Victor), machines pour la préparation des produits
        agricoles.
    Hubert (Joseph), sculptures en carton-pierre.
    "Institut de Grignon (M. Bella), élevage de bestiaux.

MM. JOLY et CROIZAT, tissus de soie.

JOURDAN et Cⁱᵉ, impression et teinture d'étoffes.

JOUVIN et DOYON, ganterie de peau.

KOEPPELIN, lithographie.

KESTNER (Charles), produits chimiques.

KULMANN,   —

KUNTZER, draperie moyenne et commune.

LACARRIÈRE (Auguste), bronze pour l'éclairage.

LAGACHE (Julien-Clovis), tissus de laine de Roubaix.

LANGEVIN (Joseph) et Cⁱᵉ, bourre et déchets de soie.

LARCHER-FAURE et Cⁱᵉ, tissus de crin.

LAROCHE (Edouard), dessins pour tapisserie.

LAROCHE frères, papiers.

"LATACHE, élevage de bestiaux.

LAURENT (Denis-Louis), ateliers de construction.

LEBERT (Louis),   —

LEFÉBURE et DUMÉRY, chaussures en cuir.

LEFRANC frères, couleurs.

LEMAÎTRE (Louis), grande chaudronnerie.

"LEMARIÉ, grande culture.

LEMERCIER, lithographie.

LEREBOURS et SECRETAN, instruments de physique et d'optique.

"LEROI DE BÉTHUNE, agronomie.

LEROY (André), arboriculture.

LICHTENSTEIN, WESTPHAL et Cⁱᵉ, riz.

LIÉNARD, dessins pour meubles.

LOMBARD, LATUNE et Cⁱᵉ, papiers.

LUER, instruments de chirurgie.

MAES, cristallerie.

MAIRE, produits chimiques.

MABE, typographie.

"MARTINE (Charles-François), grande culture.

MASSE et TRIBOUILLET, bougies.

MATHIEU-DELANGRE, fil de lin et de chanvre.

MAUREL et JAYET, machine à calculer.

MENET (Jean), soie.

MENIER et Cⁱᵉ, produits chimiques.

MM. Mercier (A.) et Cie, machines.

- Merlié-Lefebvre et Cie, corderie.

Meurer et Jandin, étoffes imprimées.

Meynard, ébénisterie.

Migeon et Vieillard, quincaillerie.

Montagnac (de), draperie fine de Sedan.

Morel frères, fabrication du fer.

Nillus, navigation à la vapeur.

Oswald et Warnod, extraction de cuivre brut.

Pagès-Baligot, étoffes pour gilets.

Paillard (Alexandre), bronzes d'art.

Paix de Beauvoys, ruches à miel.

Papeterie de Souche, papiers.

Plon frères, typographie.

Ponson (Charles), tissus de soie.

'Queret, grande culture.

Renard, outils.

Réquillart, Roussel et Chocqueel, tapis.

''Richer, élevage de bestiaux.

Robert (Eugène), soie.

Rocher, appareils à distiller l'eau de mer.

Ruolz (de), chimie.

Sabran et Jessé, nouveautés, châles et écharpes.

Salines nationales de l'est, produits chimiques.

Savary et Mosbach, joaillerie fine.

Sax, instruments de cuivre.

- Schlumberger (Nicolas) et Cie, fils de lin et de chanvre.

Schlumberger et Hofer, filatures.

Schneider, navigation à la vapeur.

- Scrive et Danset, toiles de lin et de chanvre.

Seguin (Antoine), marbrerie.

Seib, toiles cirées.

Seillières (Ernest) et Cie, tissus de coton blancs et écrus.

Serret, Hamoir, Duquesne et Cie, fabrication et raffinage du sucre.

Sevaistre aîné, Legris et Cie, draperie fine d'Elbeuf.

Silbermann, typochromie.

Simon, chromo-lithographie.

MM. Soleil, instruments d'optique.

Souffleto, pianos.

Travers (Louis) fils, constructions civiles.

Trelon, Weldon et Weil, boutonnerie.

Tricot (François), rouennerie.

Vital-Roux, porcelaine.

Yemenis (Nicolas), tissus de soie.

Zuber fils et Cie, papiers peints.

Wagner, mécanismes, horloges publiques.

Weber (Mme veuve Laurent) et Cie, fabrication d'Alsace.

Le président de la république accorda la décoration de a Légion d'honneur à

MM. Auclerc, agriculteur et éleveur, à Celle-Bruère (Cher).

Baur, gérant associé de la fabrique de grosse quincaillerie, à Molsheim (Bas-Rhin).

Berthoud (Charles-Auguste), fabricant d'horlogerie de marine, à Argenteuil (Seine-et-Oise).

Bouchon, exploitant de carrières de pierres meulières, à la Ferté-sous-Jouarre (Seine-et-Marne).

Bouillon, fabricant de fil de fer, à Limoges.

Burat, ingénieur civil, à Paris.

Canson (Etienne), fabricant de papier, à Annonay.

Cavaillé-Coll fils, fabricant d'orgues, à Paris.

Chevandier (Eugène), directeur de la compagnie des manufactures de glaces et de verres de Cirey (Meurthe).

Crespel (Tiburce), agriculteur, à Larbret (Pas-de-Calais).

De Crombecq, agriculteur (Pas-de-Calais).

Curnier fils, fabricant, à Nîmes.

Delattre (Henri), fabricant de tissus, à Roubaix.

Demesmay, agriculteur, à Templeuve (Nord).

Desrosiers, imprimeur, à Moulins (Allier).

Duport, fabricant de cuirs, à Paris.

Durenne père, fabricant de chaudières, à Paris.

Farcot, constructeur de machines à vapeur, à St-Ouen (Seine).

Fizeau, héliographe, à Paris.

Flavigny (Charles), fabricant de draps, à Elbeuf.

MM. FROLICH, directeur des forges de Montataire (Oise).

CAUSSEN, fabricant de châles, à Paris.

GOUIN (Ernest), constructeur, à Batignolles.

GRAR (Numa), raffineur, à Valenciennes.

HARDY, chef des pépinières d'Alger.

HARTMANN, fabricant de fils et tissus de coton à Munster (Haut-Rhin).

HOUEL, directeur des ateliers de la maison Derosne et Cail, à Paris.

HOUETTE, fabricant de cuirs tannés et vernis, à Paris.

KIND, sondeur artésien.

KOLB-BERNARD, raffineur de sucre, à Lille.

LACROIX, directeur de la fabrique de produits chimiques de Chauny (Aisne).

LECOUTEULX, directeur de la fonderie de Romilly (Eure).

LEFÉBURE, fabricant de dentelles et blondes, à Bayeux (Calvados).

LEHOULT père, filateur et fabricant de tissus de coton, à Saint-Quentin (Aisne).

LÉVEILLÉ, filateur et teinturier, à Rouen.

MALLET, filateur de coton, à Lille.

MARCUS, directeur de la compagnie des cristalleries de Saint-Louis (Moselle).

MARTINE, agriculteur (Aisne).

MENET (Jean), filateur et moulinier de soie, à Annonay.

NILLUS, constructeur de machines à vapeur, au Havre.

PALLU, directeur des mines de Pontgibaud (Puy-de-Dôme).

POTTON (Ferdinand), fabricant de soieries, à Lyon.

RAOUX, fabricant d'instruments de musique en cuivre, à Paris.

RENARD (Adolphe), fabricant de draps, à Sedan.

ROUSSI, ouvrier mécanicien, à Lyon.

SAX, fabricant d'instruments de musique à vent, à Paris.

SOLEIL, fabricant d'appareils d'optique, à Paris.

SOREL, fabricant de fer galvanisé, à Paris.

TOUSSAINT, directeur de la compagnie des cristalleries, à Baccarat.

TRANCHART-FROMENT, filateur de laine, à Rethel.

ZUBER fils, fabricant de papiers, à Rixheim (Haut-Rhin).

AGRICULTURE ET HORTICULTURE.

§ I. CULTIVATEURS NON-EXPOSANTS.— La valeur et l'importance des produits de l'agriculture, le nombre de bras qu'elle emploie la placent de beaucoup au premier rang de nos industries : tandis que l'industrie cotonnière est fière de créer annuellement pour 800 millions de produits nouveaux, l'agriculture porte les siens à 8 milliards, d'après des calculs qui paraissent au moins approximatifs, parmi lesquels 2 milliards 500 millions de céréales et 1 milliard 500 millions de bestiaux.

Plus de 25 millions d'individus, c'est-à-dire les 5/7ᵐ de la population de la France, doivent être classés parmi les producteurs agricoles et ils sont aussi pour la majeure partie les consommateurs des produits de l'agriculture, quoique nos exportations de cette nature augmentent chaque année, surtout celles à destination de l'Angleterre.

Les exportations de l'année 1848 en produits directs de l'agriculture, céréales, animaux, vins, fruits, etc., ne s'étaient pas élevées à moins de 169,772,967 fr. sans compter les laines, soies, chanvre, lin, exportés à l'état de produits fabriqués.

L'industrie qui nourrit le pays, qui entre pour une aussi forte somme dans le chiffre de ses exportations et qui, en même temps, occupe les trois quarts de la population laborieuse, est celle dont la prospérité se confond avec la prospérité même du pays : c'est ce qui faisait dire avec tant de raison au rapporteur de la commission d'agriculture, en 1849, que l'avenir de la France était dans les progrès de son agriculture; depuis un demi-siècle, ces progrès n'ont pas été sans importance.

La chimie a donné la théorie véritable des engrais et elle est parvenue à convertir des substances inutiles en matières qui rendent aux terres épuisées une fécondité nouvelle. La culture du froment s'en est étendue, et la récolte qui était, en moyenne, pour toute la France, de 8 à 9 hectolitres, par hectare, du temps de Vauban, est aujourd'hui de 12 à 13 hectolitres. Quelques agriculteurs habiles obtiennent, sur des points privilégiés, jusqu'à 30 et 40 hectolitres; déjà il ne s'en faut que d'un million d'hectolitres, en moyenne, que la production du froment soit égale à la consommation, et l'on entrevoit le moment où l'exportation surpassera l'importation. Nos charrues sont supérieures à celles mêmes dont s'enorgueillit l'Angleterre. Nos troupeaux de race ovine et de race bovine se sont considérablement augmentés en nombre et en qualité. Les produits de la race chevaline sont bien supérieurs à ceux que nous obtenions autrefois. Jamais on n'avait vu d'aussi beaux produits de race arabe pure, nés sur le sol de la France, que ceux que le haras de Pompadour avait envoyés cette année à l'exposition.

La production de la soie a fait de grands progrès, et si nous continuons à importer des soies étrangères, c'est pour fournir à l'exportation toujours croissante de nos étoffes de soie.

Une culture nouvellement introduite en France, celle du riz, se propage de la Camargue jusqu'aux landes de Bordeaux. La culture des pépinières, des fleurs et des légumes a présenté des produits dignes d'être remarqués

avec intérêt, et enfin les produits de l'Algérie ont attiré
au plus haut degré l'attention publique : il semble que
l'Afrique n'attende que des bras et des capitaux pour dédommager avec usure sa mère patrie de tous les sacrifices qu'elle lui a imposés depuis vingt ans.

Il ne faudrait cependant pas conclure de cet exposé que
l'agriculture française ait été complétement représentée
à l'exposition de 1849. Elle avait eu trop peu de temps
pour s'y préparer. Cette exposition n'est qu'un pas dans
une carrière où l'horizon est immense : quels services ne
rendra pas, en effet, au pays la commission du jury central chargée de distribuer les récompenses à l'industrie
mère, et d'indiquer, par conséquent, les voies où elle doit
trouver le plus haut degré de prospérité ? Combien de
questions qu'il suffira de lui indiquer, pour qu'elle en
présente la solution, au grand profit de notre agriculture ? Ainsi elle a remarqué avec satisfaction que la production de la soie s'étendait tous les jours vers l'ouest et
le nord de la France. La production de la soie, c'est simplement la culture du mûrier blanc avec cette circonstance
obligée qu'il soit dépouillé de ses feuilles pour la nourriture du ver, puisque l'on sait certainement aujourd'hui
que le climat de l'ouest et même celui du nord de la France
ne s'opposent pas à l'éducation du ver à soie : toute la
question se réduit donc à savoir quelle quantité de feuilles
on peut régulièrement récolter chaque année sur un
espace déterminé, dans le nord et l'ouest de la France,
et à quel prix de revient on obtiendra ce produit. Si c'est
à meilleur ou à aussi bon marché que dans les Cévennes
et en Italie, l'opération agricole pourra bien devenir

fructueuse; si les mûriers résistaient moins bien à la cueillette dans le nord que dans le midi, si par une raison quelconque le prix de revient de la feuille, était plus élevé dans le nord que dans le midi, la commission d'agriculture saurait le prévoir et indiquer cet écueil aux séricicoles.

La commission, comme la France entière, attache des regards attentifs sur les produits de l'Algérie ; mais quelques personnes comparent l'Algérie à la Corse et se demandent avec inquiétude quelles sont les causes qui empêchent le département de la Corse, si étendu, qui est propre à la culture du mûrier, de la vigne, de l'olivier, du citronnier, de l'aloès, etc. ; dont les richesses minérales sont infinies, dont les rivages seraient si fertiles, d'être, à beaucoup près, aussi productif qu'il lui appartient de le devenir ? Des raisons semblables feront-elles que, dans près d'un siècle encore, l'Algérie sera pour la mère patrie un nourrisson parasite, comme la Corse l'est pour la France, depuis 1768 ? C'est assurément là l'objet d'une étude analogue à celle que faisait la Société d'encouragement pour l'industrie nationale, lorsque son comité des arts chimiques devinait le bleu d'outremer factice. Certainement aussi, les récompenses nationales ne manqueront pas aux mains de la commission d'agriculture des expositions de l'industrie, quand elle pourra faire fructifier par des encouragements, des branches si importantes, de la prospérité nationale. Comme l'a dit l'honorable rapporteur : « Un avenir immense s'ouvre dans cette « voie. » La France attentive aura les yeux fixés sur les expositions des produits de l'agriculture et nous en accep-

tons l'augure sur la parole de l'honorable rapporteur :
« Elles révéleront à l'étonnement de ceux à qui il sera
« donné d'en être les témoins, tout ce que peut produire
« de richesse le sol de la patrie, exploité par des mains
« intelligentes et habiles. Nous verrons alors la plupart
« des nations qui habitent le globe, devenir les tribu-
« taires de notre agriculture (1). » La commission d'agriculture avait à distribuer des récompenses aux agriculteurs non-exposants et à ceux dont les produits méritaient
des marques d'honneur : les instructions données aux
jurys départementaux leur prescrivaient de signaler les
services rendus à l'agriculture par des chefs d'exploitation, des contre-maîtres, des ouvriers ou des journaliers ;
il y eut quelque malentendu de la part des jurys locaux ;
la commission d'agriculture, pour éviter un pareil inconvénient à l'avenir, donna, par l'organe de son rapporteur (2), les explications suivantes : « Pour être signalé
à l'attention du Gouvernement comme ayant rendu des
services à l'agriculture, il faut être l'inventeur ou le propagateur d'instruments aratoires qui facilitent la culture
des terres, et dont l'utilité soit assez prouvée pour que
les cultivateurs voisins s'empressent de les adopter ; avoir
tiré de l'étranger ou des départements voisins et accli-
maté des plantes qui puissent entrer avec succès dans les
assolements, accroître la fertilité du sol ou en augmenter
les produits ; que ces avantages soient assez positifs pour
que les autres cultivateurs du pays puissent les apprécier
et adoptent la culture de ces nouvelles plantes. »

(1) Rapport de M. de-Kergorlay.
(2) M. Fouquier d'Hérouel.

« Avoir modifié ou changé la disposition des étables, le régime des animaux, la manière de traiter leurs maladies, leur genre d'alimentation, le mode de recueillir les engrais qu'ils donnent pour en augmenter la quantité, les employer plus avantageusement, et que ces changements soient devenus d'un usage général. »

«Avoir introduit des animaux de race supérieure à celle du pays, soit pour les conserver purs, soit pour opérer des croisements; avoir constaté d'une manière certaine que les élèves obtenus trouveront dans les produits du sol, dans les fourrages qu'on y récolte, l'alimentation nécessaire pour prospérer. »

« Mais il faut surtout que toutes ces innovations, toutes ces améliorations aient la sanction de l'expérience, qu'elles se soient répandues dans les fermes voisines, qu'elles aient donné des résultats lucratifs; autrement, on n'aurait point satisfait aux prescriptions de l'arrêté qui exige, pour accorder des récompenses, des services rendus à l'agriculture. »

Et l'habile rapporteur, dont nous avons devancé l'opinion au commencement de ce chapitre, ajoutait: « Un propriétaire qui, en dépensant des sommes considérables, aurait introduit sur ses terres des bestiaux de l'espèce la plus estimée, les cultures les plus variées et les plus soignées, aurait fait venir à grands frais les instruments les plus perfectionnés, aurait été plus nuisible qu'utile aux progrès de l'agriculture, si tous ces changements n'avaient été qu'une source de dépenses; tous ceux donc qui n'obtiennent des améliorations agricoles qu'au moyen de dépenses supérieures aux recettes, ou même ceux dont la culture ne présente pas, à la fin de chaque année des résultats lucratifs, ne peuvent être classés parmi ceux qui ont rendu des services à l'agriculture, et n'ont point droit à des récompenses nationales. »

C'est, placée à ce point de vue, que la commission d'agriculture obtint, du jury central, la médaille d'or pour les douze agronomes que nous avons désignés particulièrement dans la liste des médailles d'or décernées en 1849 (1). La décoration de la Légion d'honneur fut, en outre, conférée à M. Demesmay, cultivateur à Templeuve, Dutac à la Gosse, Tiburce, Crespel et Decrombecq.

§ II. PRODUITS EXPOSÉS. — Les produits exposés n'ont pu, à cette première exposition, donner une juste idée de la production de la France en animaux des diverses races ; le jury central a cependant décerné plusieurs médailles d'or (2) aux éleveurs de bestiaux et le président de la république a conféré la décoration de la Légion d'honneur à M. Auclerc, propriétaire à Celle-Bruère, près Bourges. La question des laines a plus particulièrement appelé toute l'attention du jury central.

I. ANIMAUX. — *Race ovine.* — L'exposition de la race ovine était plus complète, en 1849, qu'elle ne l'avait été jusqu'alors. « (3) Des cultivateurs qui, par suite de la position de leurs fermes, n'ont intérêt qu'à produire des laines communes ou des laines de moyenne finesse, ont saisi l'occasion de prouver qu'ils les obtenaient de mou-

_____

(1) Leurs noms sont marqués d'une astérisque dans la liste des médailles d'or décernées en 1849.

(2) Leurs noms sont marqués de deux astérisques dans la liste des médailles d'or décernées en 1849.

(3) Rapport de M. Ivart.

tons bien conformés, d'un accroissement rapide, et capables d'être livrés à la boucherie dans les premières années de leur vie, conditions avantageuses qui peuvent compenser le moindre prix des laines communes et des laines moyennes. Les cultivateurs qui ont exposé des laines de peu de finesse ont tous présenté les animaux qui les portent; les producteurs de laines de moyenne finesse, en général plus convenables au peigne qu'à la carde, ont aussi envoyé, pour la plupart, des béliers, des brebis ou des agneaux; tandis que les producteurs des laines les plus fines n'ont soumis à l'examen du jury que des toisons, et parfois même, seulement des mèches de ces toisons. Ces différences proviennent sans doute de ce que les derniers ne peuvent obtenir ces laines superfines qu'au moyen de moutons d'un accroissement fort lent, et qui n'acquièrent que peu de poids lorsqu'ils sont adultes. »

Les différences qui existent entre les produits exposés ont obligé la commission à établir des catégories de produits plus nombreux qu'aux expositions précédentes. En effet, on ne peut pas plus examiner comparativement un mouton de l'Artois et un mérinos très-fin, qu'on ne peut comparer ensemble un drap de Sedan et une couverture; il a donc été formé quatre catégories de laine :

1° Laines mérinos de première finesse. Ce sont les laines les plus fines, les plus élastiques, les plus courtes, les plus recherchées dans la fabrication des étoffes feutrées. 2° Laines mérinos de moyenne finesse. Ce sont les laines mérinos d'une résistance plus grande que celle des laines de la première catégorie, et qui, sans être impropres au feutrage, sont cependant, en général, destinées au peignage. 3° Les laines mérinos plus longues encore et qui ne peuvent être que peignées. 4° Les laines communes, un peu dures au toucher, provenant d'animaux issus de béliers anglais et fort propres à l'engraissement.

1° *Laines mérinos de première finesse.* — La nature de notre climat ne s'oppose nullement à la production des laines superfines ; mais dans le nord-est de l'Allemagne, dans la Russie méridionale, dans l'Australie, les propriétaires du sol trouvent un revenu suffisant de leurs troupeaux dans la vente des toisons ; il en résulte que, faisant peu de cas du produit de la viande, ils ont adopté les races de petite taille, dont l'accroissement est très-lent et la laine très-fine. Nos éleveurs de moutons mérinos à laine superfine ont donc trouvé nne concurrence dangereuse dans les laines des pays que nous venons de citer ; ils ont eu plus de profit, lorsque leurs terres ont été suffisamment fertiles, à élever des moutons propres à la boucherie et fournissant des laines de moyenne finesse. Ce n'est plus que dans les terrains peu fertiles, et là où la vente des moutons est difficile, que les cultivateurs français ont intérêt à produire des laines superfines. Une circonstance, résultant du perfectionnement du filage des laines peignées, a encore influé sur cet abandon des races mérinos pures ; c'est que les fabricants d'étoffes rases sont parvenus à tirer un excellent parti des races métisses, dites laines intermédiaires, que l'on regardait seulement comme laines à carde, et que l'on a vu les laines de la Beauce et de la Brie, qu'Elbeuf employait, achetées par Reims et Amiens. Il en est naturellement résulté une baisse du prix des laines que l'on employait précédemment au peigne. Le choix de la race qui convient aux différentes localités est donc tout à fait une question d'économie rurale où il faut tenir compte du profit que l'on tirera de la viande, de celui que l'on obtiendra de la laine selon la qualité, et de la possibilité d'entretenir telle ou telle race de moutons.

Le jury décerna la médaille d'or, en 1839, à M. Dupreuil, riche propriétaire à Pouy (Aube), qui entretenait, sur sa propriété, un troupeau de 3,200 bêtes distinguées par la finesse et la belle qualité de ses produits. Ce troupeau, amélioré par l'emploi du bélier de Naz, était signalé, en 1839, comme un exemple aux propriétaires jaloux de s'éclairer et de suivre les meilleures pratiques..

Le jury de 1844, par l'organe de M. Girod de l'Ain, posa très-parfaitement la question d'amélioration des laines; mais la bien poser, c'était en faire une question d'agriculture et reconnaître implicitement que les récompenses que l'on avait jusque-là décernées, uniquement au vu des échantillons de laine exposés par les producteurs, n'avaient pas une signification bien précise. Ce jury décerna une médaille d'or à M. Godin aîné, de Châtillon-sur-Seine, propriétaire d'un troupeau de race saxonne, composé de 1,200 bêtes; le jury de 1849 rappela cette médaille d'or.

2° *Laines de moyenne finesse.* — Le rapport du jury de 1849 fait très-bien comprendre ce que nous avons cherché à signaler dès 1823, c'est-à-dire pourquoi l'éducation de telle ou telle race de moutons est préférable selon la situation où se trouvent placés les éleveurs. « (1) Les mou-

(1) Rapport du jury central.

tons qui produisent les laines mérinos de moyenne finesse peuvent être fortement nourris, et prendre de la
précocité, c'est-à-dire la propriété de s'engraisser quand
ils sont encore jeunes ; ils peuvent être soumis à l'opération du parcage ; enfin, ils donnent une laine qui, selon
les circonstances commerciales, peut être employée après
avoir été peignée ou après avoir été cardée. Ces races
conviennent ainsi aux pays fertiles ; elles permettent aux
cultivateurs de tirer un parti avantageux et de la toison
et de la chair de leurs animaux ; elles leur permettent
d'épargner la main-d'œuvre dans le transport des engrais ; elles les mettent, jusqu'à un certain point, à l'abri
des fluctuations commerciales, qui font rechercher tantôt
la laine propre au peigne et tantôt celle destinée à la
carde. »

Le jury décerna la médaille d'or à M. Richer de Gou-
vix (Calvados), qui, régisseur autrefois de M. le comte de
Polignac, a conservé une partie de son troupeau pour lequel une récompense de premier ordre fut décernée
en 1823.

3° *Laines longues, mérinos, destinées au peignage.* —
Quand les mèches ont, sur toutes les parties de la toison, la longueur voulue pour être peignées ; quand elles
donnent au peignage beaucoup de cœur ou laine peignée
et peu de blousse, alors seulement elles ont les caractères
que l'on doit rechercher pour le peignage. Maintenant
que l'emploi des laines mérinos peignées augmente beaucoup en France, il importe que des troupeaux soient
élevés pour cette destination. On employait autrefois
une grande quantité de laine lisse et soyeuse, très-

résistante, importée d'Angleterre. M. Graux, cultivateur à Mauchamp, près Berry-au-Bac (Aisne), profitant d'un hasard heureux, la naissance d'un agneau mâle tout à fait singulier par le caractère de sa toison qui était lisse et soyeuse, est parvenu à obtenir une race mérinos dont la laine, tout en conservant beaucoup de finesse, a acquis le caractère lisse et soyeux de la laine anglaise, ainsi que beaucoup de résistance.

Il en résulte que nous avons maintenant une laine mérinos qui se peigne aussi bien que la laine anglaise, mais qui a infiniment plus de finesse et de douceur. Ces dernières qualités sont poussées si loin que les laines de Mauchamp peuvent s'associer avantageusement avec les matières les plus douces, notamment avec le duvet de cachemire.

Cependant l'œuvre que M. Graux a commencée, en 1828, n'est pas encore à son terme, parce qu'un caractère accidentel se propage et devient difficilement le partage d'une race. Sur 816 animaux, dont se composait le troupeau de M. Graux, en 1849, 157 seulement ont conservé l'ancien lainage mérinos; 659 ont une laine droite, lisse et soyeuse, peu élastique, mais très-résistante et parfaitement convenable au peigne.

Ces bêtes du nouveau type ne donnent pas encore des toisons aussi lourdes que les bêtes mérinos; elles ont encore, dans leur conformation, quelques défauts qui s'effacent de plus en plus. Des progrès considérables ont été obtenus; le terme n'en est pas encore atteint (1).

(1) Lorsque l'on accouple les béliers de M. Graux avec des brebis mérinos, ils ne transmettent leurs caractères qu'avec difficulté, sans

Le jury de 1844 avait décerné à M. Graux une médaille d'or que confirma le jury de 1849.

4° *Laines communes plus grosses et plus dures que les
laines mérinos, obtenues de moutons plus rustiques et plus
faciles à engraisser.* — Pendant fort longtemps la race
mérine a exclusivement attiré l'attention. Le prix élevé
des laines fines expliquait cette direction donnée à l'élevage des troupeaux ; maintenant que les laines n'ont plus
une valeur exceptionnelle, les cultivateurs français ont
cherché à améliorer plusieurs races à laines communes,
indigènes ou métis, qui, dans ce dernier cas, proviennent toujours de béliers de races anglaises.

Le jury ne décerna aucune médaille d'or aux éleveurs
de moutons à laines communes ; mais il conféra la médaille d'argent à M. Sabathier, propriétaire à Bourges,
dont le troupeau est pure race du Berry, et à M. Lecreps,
à Lounois (Seine-et-Oise), dont le troupeau provient du
croisement de la race mérinos avec le sang anglais de
Dishley. Ce sang anglais durcit la laine et lui ôte de sa
douceur, mais l'animal est plus rustique et plus facile à
engraisser.

II. PRODUITS AGRICOLES. — 1° *Cocons, soies gréges, soies
ouvrées.* — Les rapports du jury central de 1823, 1827
et 1834 signalaient deux améliorations comme les points
les plus importants de la production indigène du ver à
soie : l'une, l'augmentation de la soie sina, qui avait aussi
fixé l'attention du jury de 1819 ; l'autre, l'extension de la

doute parce que leur race est nouvelle. Dans quelques années, quand
la race de Mauchamp aura pris plus d'ancienneté, alors seulement
elle imprimera davantage ses caractères aux produits des croisements.

culture du mûrier dans les départements du centre : le jury de 1823 donnait la médaille d'or à M. Poidebard et à M. Rocheblave, pour avoir contribué, l'un à amener la production de la soie jusqu'aux portes de Lyon, l'autre à conserver la race sina et pour l'avoir propagée ; toutefois, en 1834, le jury se plaignait que l'exposition fût pauvre en échantillons de soie grége.

On se rappelle qu'en 1819, 1823, 1827 et 1834, le rapport du jury central avait été rédigé par un rapporteur général ; en 1839, les rapports spéciaux des différentes commissions remplacent l'œuvre d'un rapporteur général ; M. Meynard est rapporteur de la commission des soies gréges pour les expositions de 1839 et 1844, M. Arlès Dufour, pour celle de 1849; leurs rapports ne contiennent rien sur la soie sina; il est peu question de l'extension de la culture vers les régions centrales de la France ; la filature et le moulinage de la soie y tiennent beaucoup plus de place que la culture du mûrier.

Il y a quelque inconvénient sans doute à ce que les travaux du jury central ne se rattachent point entre eux ; pour être utiles, ils doivent suivre tous les progrès de l'industrie, c'est le seul moyen de l'éclairer et de la diriger.

Il est à désirer qu'à la prochaine exposition le rapporteur de la commission d'agriculture qui rendra compte de la production de la soie en France, fixe son attention sur les terrains et les climats où le mûrier, cultivé dans des conditions qu'il serait bon de connaître, produit sur une même superficie, la plus grande quantité de feuilles et supporte le mieux la cueillette. Il paraîtrait utile que l'on recherchât quelle race de ver produit, avec le même

25

poids de feuilles consommées, le meilleur revenu en soie, qualité et quantité prises l'une et l'autre en considération. En définitive, la soie n'est autre chose que le produit de la terre obtenu par la culture du mûrier : les éléments de l'évaluation de ce produit sont la valeur du sol, les frais de culture du mûrier, et ceux de l'éducation du ver à soie, pour la dépense; et pour la recette, le prix de la soie multiplié par la quantité récoltée. C'est ainsi que nous avons vu M. Girod de l'Ain poser nettement la question de l'éducation des moutons; il nous semble désirable que la question de l'éducation du ver à soie soit posée de même à l'exposition de 1855.

Le jury de 1839, en rappelant les médailles d'or décernées aux expositions précédentes à MM. Chartron père et fils à Saint-Vallier (Drôme), Teissier frères à Vallerangue (Gard), et Lioud et Cⁱᵉ à Annonay (Ardèche), en décerna de nouvelles à MM. Langevin et Cⁱᵉ à La Ferté-Aleps (Seine-et-Oise), Camille Beauvais aux Bergeries (Seine-et-Oise), et Louis Chambon à Alais (Gard).

A l'exception de la médaille décernée à M. Camille Beauvais, les autres sont des récompenses accordées à la filature, nous en reparlerons plus tard à l'article des *Soies ouvrées*. Nous ne nous occupons, quant à présent, que des progrès que M. Camille Beauvais a fait faire à la production de la soie. Cette industrie lui doit des améliorations incontestables. « L'éducation du ver à soie était, dans le midi de la France, en 1839, disait le jury central de cette année, en proie à la routine et à l'incurie des propriétaires et des fermiers ; la moyenne de la production n'y excédait pas 35 kilogrammes de cocons pour

1,000 kilogrammes de feuilles ; la récolte de l'établissement des Bergeries s'est élevée jusqu'à 90 kilogrammes. Non-seulement M. Camille Beauvais a débarrassé l'éducation séricicole des traditionnelles erreurs répandues dans les départements producteurs, mais il leur a substitué des procédés rationnels, simples, économiques. Dans ses ateliers, une partie de la main-d'œuvre est aujourd'hui remplacée par des moyens méthodiques qui ne laissent aucune prise à l'erreur ou à l'arbitraire. La fixité et la salubrité de la température sont assurées par l'emploi d'un appareil de chauffage et de ventilation auquel il a donné toute l'énergie convenable ; l'appropriation des filets au défilement, la fréquence de l'alimentation, la préparation des feuilles dans le premier âge des vers, la mise en bruyère par des ramées symétriques, tout est chez lui simplement, méthodiquement organisé, et la propagation de ces procédés sera un bienfait immense pour les départements méridionaux surtout, appelés qu'ils sont à en recueillir un avantage immédiat à cause des mûriers existants (1). »

« Depuis plusieurs années, M. Camille Beauvais a fondé aux Bergeries un cours gratuit qui, cette année, est suivi par plus de 150 élèves ; déjà plusieurs disciples sortis de cette savante école dirigent des établissements modèles et propagent les bonnes méthodes dans les départements séricicoles. Les conseils généraux s'empressent d'envoyer à la ferme expérimentale, comme à une école normale, des jeunes gens qui viendront ensuite reporter dans leur

(1) Malheureusement on ne trouve plus trace de ces améliorations dans les rapports des jurys de 1844 et 1849.

patrie le mouvement régénérateur dont ils reçoivent l'exemple et le précepte. »

Parmi les médailles d'or décernées par le jury de 1844, une seule, accordée à M. Meynard fils à Valréas (Vaucluse), se rapportait autant à la filature qu'à la production de la soie. M. Meynard avait entrepris, dans la même année, une seconde éducation de vers à soie, en automne. « Conservant la graine dans une glacière, il avait fait opérer l'éclosion au mois de septembre. Jusqu'au troisième âge les vers sont nourris avec la feuille multicaule dont la pousse n'est arrêtée que par les gelées ; après le troisième âge, c'est-à-dire vers le 10 octobre, la feuille du mûrier ordinaire alimente les vers, et quoique macérée, durcie par les vents, elle est dévorée par ce vivace insecte jusqu'au pétiole. Par ce procédé, le mûrier ne souffre aucune atteinte, car sa seconde feuille ne lui est enlevée qu'au moment de sa chute naturelle, et l'arbre n'éprouve aucune altération dans sa production future. Le rapporteur a suivi avec attention l'éducation seconde faite par l'exposant, en 1843, il l'a examinée dans toutes ses phases, et le succès constaté a dépassé toutes ses espérances ; c'est avec le produit de cette seconde récolte que M. Meynard a confectionné les gréges, les organsins et les étoffes qu'il a exposés ; ils ne le cèdent à aucun autre pour le moelleux du tissu et le brillant de la couleur. Il a conservé un kilogramme de graine qu'il se propose de distribuer à ses confrères pour propager cette seconde éducation. Si cette expérience en grand confirme, comme tout porte à le croire, la réussite des essais antérieurs, une grande rénovation s'apprête dans la production de la soie. »

Le rapport de 1849 ne fait pas connaître la suite don-néeà ces importants essais.

Le jury de 1849, sur la proposition de la commission d'agriculture, décerna des médailles d'or et rappela les médailles précédemment décernées à des filatures et à des moulineries : MM. Teissier, Chartron père et fils, Menet et Casimir Chambon. Il est vrai que M. Arlès Du-four était, en même temps, rapporteur de la commission d'agriculture pour la production de la soie et de la com-mission des soieries pour les soies ouvrées, et qu'il fait remarquer dans son rapport la difficulté d'établir une division tranchée entre l'agriculture et l'industrie qui sont ici fort intimement unies. Nous ne mentionnerons quant à présent que les deux médailles d'or décernées à M. Eugène Robert et à M. le major Bronski pour l'édu-cation du ver à soie.

M. Robert, magnanier à Sainte-Tulle, près de Manosque (Basses-Alpes), « (1) propage depuis quinze ans, dans le Midi, les grands principes de propreté, d'aération, de choix dans l'aliment, de régularité dans sa distribution, et d'égalisation pendant les âges. Il n'a cessé de demander que la science fût appelée à faire de nouvelles recher-ches sur la muscardine, cette maladie terrible qui dé-sole la sériciculture, et lui occasionne des pertes an-nuelles qu'on ne peut évaluer à moins de 20 millions. Il a fait plus ; lorsque le ministère de l'agriculture est entré dans cette voie, M. Robert a offert sa magnanerie et le concours de sa longue expérience. »

« M. le major Bronski, au château de Saint-Selve (Gi-

(1) Rapport de M. Louis Leclerc, 1849.

ronde), a exposé pour la seconde fois, en 1849, des soies gréges et des cocons d'une qualité et d'un blanc merveilleux. C'est à la qualité de la graine qu'il s'est procurée qu'il faut attribuer la beauté de cette soie dont il ne récolte encore qu'une petite quantité. »

1° *Soies gréges de l'Algérie.* — Le mûrier croît en Algérie avec une force, une vigueur très-remarquables ; les éducations de vers à soie s'y font avec la plus grande facilité et réussissent admirablement. Il est certain que notre industrie manufacturière, qui achète annuellement pour 60 millions de soie à l'étranger, consommera facilement les soies gréges que l'Algérie pourra lui fournir : quoique déjà les mûriers fussent abondants en Algérie, on ne pouvait déterminer les colons à se livrer à l'éducation des vers à soie dans l'incertitude où ils étaient de savoir comment ils tireraient parti de leurs cocons. C'est cette considération qui a déterminé l'administration à établir une filature dont elle a confié la direction à M. Auguste-Louis Hardy. Aujourd'hui que l'on achète les cocons aux magnaniers, la culture séricicole a commencé à s'étendre en 1848 et en 1849 : elle peut devenir l'une des ressources principales de l'Algérie. Le président de la république a décerné la décoration de la Légion d'honneur à M. Hardy, qui a rendu, d'ailleurs, des services éminents comme directeur de la pépinière du gouvernement d'Hamma, près d'Alger.

2° *Chanvre et lin.* — Les médailles d'argent accordées par la commission d'agriculture ont été décernées pour le teillage et le peignage du chanvre et du lin et non pour la culture de ces plantes textiles.

3° *Ruches à miel.* — « (1) Le miel sera encore long-temps le sucre du paysan et du pauvre. Il offre cet avantage, ignoré des masses, mais immense, de fournir, comme le sucre, au malade qui le mêle à ses médicaments, la somme de carbone indispensable à la respiration. Sevré long-temps de son alimentation ordinaire, le malade s'épuise et périt s'il est trop pauvre pour ne pouvoir consommer ni sucre ni miel. A ce point de vue, que la physiologie moderne a si admirablement éclairé, la modeste production du miel intéresse le premier et le plus précieux de tous les biens, la vie même. L'homme de progrès qui descend jusqu'à l'humble industrie du miel, ne lui apportât-il qu'une facilité nouvelle, qu'un mince perfectionnement de détail, celui-là est encore un bienfaiteur de l'humanité. »

« Les agriculteurs qui ont créé les ruches perfectionnées, et qui ont accru la production du miel sont presque tous Français. »

Le jury décerna une médaille d'or à M. le docteur Paix de Beauvoys à Seiches (Maine-et-Loire), pour l'invention d'une ruche à cadres verticaux entiers, ou brisés en deux parties, qui permet à l'agriculteur de voir tout ce qui se passe dans les ruches, ce qui en rend le soin beaucoup plus sûr et beaucoup plus facile.

4° *Vins.* — Jusqu'en 1849, les vins avaient été nominativement exclus de l'exposition. En 1849, ils s'y sont présentés en petit nombre, et les vins qui s'y sont produits sont, pour la plupart, des vins du Jura, généralement connus sous le nom de vins d'Arbois. Cette partie

(1) Rapport de M. Louis Leclerc, 1849.

de l'exposition ne doit donc, disait le rapporteur, être considérée que comme un nouvel essai. Nous pouvons ajouter qu'indépendamment de la difficulté, peut-être insurmontable, de décerner des récompenses aux producteurs de vins, il sera fort important que les commissions départementales parviennent à bien constater l'origine des vins qui seront envoyés à l'exposition. Quant aux récompenses, devront-elles être décernées absolument aux vins de qualités supérieures? Mais il ne faudrait, dans ce cas, comparer entre eux que les vins des mêmes crus, car le choix entre les crus est une affaire de goût; il faudra savoir, indépendamment de la qualité, quel profit réalise, en fin de compte, le producteur de vin; car, si au point de vue de l'amateur, la meilleure qualité l'emporte sur toutes autres, au point de vue de la richesse, c'est le résultat final en argent qu'il faut récompenser; il serait possible cependant que la commission d'agriculture récompensât les viticulteurs comme elle a récompensé des non-exposants pour la perfection avec laquelle leurs vignobles et leurs caves seraient administrés, ce qui n'exclurait pas l'examen des produits récoltés.

5° *Fromages.* — Malgré un droit protecteur de 10 à 15 pour 0/0 de la valeur, la France importe annuellement pour 450,000 fr. de fromages étrangers. Le rapporteur, M. Louis Leclerc, s'exprimait ainsi : « Derrière les espèces excellentes, mais peu nombreuses, qui se sont fait un nom et une belle place dans notre pays, on rencontre une masse énorme de produits déplorables et mal préparés, dont aucune statistique n'a encore essayé de déterminer la valeur, qui doit être considérable. »

« La malpropreté, la maladresse, l'ignorance, telles sont les causes fâcheuses que nos agronomes éminents attribuent à cet état de choses fort triste. De petits traités dans le genre de celui qu'un honorable représentant n'a point dédaigné de produire, l'appel des fromages d'une contrée dans les expositions locales que quelques comices agricoles ont le bon esprit d'organiser, des encouragements donnés à propos, jetteraient cette humble, mais bien intéressante industrie, dans une voie d'améliorations fécondes en conséquences bienfaisantes. La société centrale d'agriculture s'en occupe avec persévérance et succès. »

Nous ajouterons qu'il s'agit ici d'un produit très-considérable : on évalue à près de 4 millions le nombre des vaches laitières que l'agriculture entretient en France. C'est porter bien bas la production générale des fromages consommés dans les fermes, vendus dans le voisinage ou livrés au commerce, que de ne la porter qu'à 40 ou 50 millions de francs par an. Or, il est certain qu'un meilleur mode de fabrication pourrait augmenter les produits d'un tiers ou d'un quart. C'est donc une question d'économie rurale fort importante et peut-être est-ce aussi une question d'hygiène qui n'est pas sans intérêt.

6° *Tabacs.* — Un seul des cultivateurs de tabacs de la France continentale a envoyé des échantillons de ses produits à l'exposition de 1849. Il y a, d'ailleurs, de nombreuses raisons pour qu'il soit difficile, si ce n'est impossible, de récompenser judicieusement cette partie de notre agriculture, soumise à un régime spécial, autrement que par le prix plus ou moins élevé que l'administration paye aux producteurs pour leurs tabacs qu'elle achète, selon les qualités plus ou moins bonnes qu'ils produisent. La libre culture du tabac en Algérie que l'administration ne limite pas et dont elle n'achète des produits qu'autant qu'ils lui conviennent, pourrait plutôt être admise à recevoir des récompenses de la main du jury central des expositions, quoiqu'il dût se présenter encore ici beaucoup de difficultés.

7° *Appendice. — Produits agricoles de l'Algérie.* — Le jury central a décerné la médaille d'or à M. Frutié à Cheragas, et à M. Charles Héricart de Thury à Ar-Bal, près d'Oran, pour les produits agricoles qu'ils ont exposés et pour l'ensemble des services qu'ils ont rendus à l'agriculture dans nos possessions d'Afrique.

M. Frutié est l'un des plus anciens colons du département d'Alger. Il occupe, depuis 1824, les terrains qu'il exploite actuellement, et dans lesquels il a successivement établi des pépinières de mûriers et 2 hectares de jardins, qui fournissent des légumes au marché d'Alger. Il entretient un bétail nombreux et s'est livré avec quelque succès à l'élève des chevaux, dont il a pu vendre un certain nombre aux régiments de cavalerie à Alger; enfin, les laines qu'il a présentées à l'exposition ont paru de bonne qualité.

M. Charles Héricart de Thury a été chargé de diriger la colonie fondée, en vertu d'une concession, sur 940 hectares, dans la propriété domaniale des anciens beys d'Oran dite Ar-Bal; elle est située à 28 kilomètres au sud d'Oran, au pied d'un chaînon du petit Atlas.

« (1) Pour protéger cet établissement, il a fallu construire

(1) Rapport du jury central.

une enceinte fortifiée, flanquée de tours crénelées, avec meurtrières, embrasures, etc. Cet établissement fut cité par les généraux Lamoricière, Pélissier, Thierry, d'Arbouville, comme modèle à indiquer aux colons placés ainsi aux avant-postes ; il rappelle les stations romaines et celles du moyen âge, au temps des croisades. »

« M. Charles Héricart de Thury donna encore de bons modèles à suivre dans les constructions destinées aux spécialités agricoles ; étables, écuries, bergeries, porcheries, granges, ateliers de charronnage, de bourrelerie, maréchalerie, magasins, boulangerie, logement des colons, etc. : on remarque également sous les rapports de leur construction simple, solide, bien appropriée à leur destination, les bâtiments de la direction, la magnanerie, la salle d'armes, la poudrière, la chapelle, l'infirmerie et la pharmacie. »

« Vingt familles de cultivateurs européens, dont moitié françaises, et 25 hommes armés sont constamment entretenus sur le domaine. »

« Des Basques, particulièrement, des Italiens et des Espagnols composent ce personnel. »

« Plus de 150 ouvriers ont été occupés aux constructions et, parmi eux, la plupart étaient des Arabes Smélas ; depuis lors, ils viennent chercher des plans et des conseils près de M. Ch. Héricart de Thury, qu'ils estiment comme un vrai Smélas, fils de grande tente. »

« Les travaux de défrichement et de culture ont été rapidement poursuivis ; les 940 hectares furent divisés en trois classes ; actuellement, 130 hectares sont emblavés en blés tendres, rouges et durs ; sur 10 charrues, 4 sont occupées aux défrichements et labours pour les luzernes, fèves, maïs et tabacs dans les parties arrosables. »

« 36 chevaux, 3 paires de bœufs, 12 mulets et ânes sont employés aux défrichements et aux transports; la porcherie compte plus de 200 cochons et donne de bons résultats; la basse-cour est peuplée d'une immense quantité de volailles. »

« De nombreux troupeaux, évalués à 6,000 moutons, viennent paître et parquer dans les herbages, en attendant que la bergerie modèle soit terminée, et propagent la belle race mérine indigène choisie par M. Ch. Héricart de Thury. »

« Les luzernes, semées en mars, ont été coupées, depuis le mois de juin, tous les quinze jours, parvenues à la hauteur de 0,40 à 0,50 centimètres, jusqu'au 1ᵉʳ décembre, donnant ainsi plus de huit coupes en un an. »

« Le tabac, emprunté à la pépinière de Misserghin, s'est développé d'une manière remarquable, offrant une très-bonne qualité et repoussant du pied de façon à donner une deuxième récolte égale à la moitié de la première. »

« La garance, le coton, le sésame sont bien venus; peu de cultures ont été aussi productives que le maïs, dont M. Ch. Héricart de Thury obtient de 30 à 35 hectolitres par hectare. »

« 30,000 pieds de mûriers et d'oliviers ont également bien réussi dans son exploitation. »

« Un jardin maraîcher et fruitier d'un hectare offre encore, par les produits qu'on en tire, un des bons exemples à suivre. »

MACHINES ET INSTRUMENTS SERVANT A L'AGRICULTURE.

« La France, disait le savant rapporteur de la commission des machines agricoles à l'exposition de 1849 (1), c'est-à-dire la partie éclairée, pensante et influente de la nation, semble n'avoir aucune sympathie réelle pour l'agriculture. Par goût, elle est militaire, artistique, littéraire; par raison, elle s'est faite industrielle et commerçante; aucun motif ne paraît encore avoir pu l'engager à devenir sérieusement agricole. »

Ces paroles peuvent être le texte de graves méditations.

La France, dont la superficie comprend près de 53 millions d'hectares de terre, en met en culture environ 41 millions, savoir : en terres labourables 25 millions et demi; en prés 5 millions; en vignes 2 millions; en vergers 1/2 million; en cultures diverses, 1 million, en bois, 7 millions.

Les trois quarts de sa population, qui dépasse 35 millions d'habitants, sont occupés à la culture du sol, et il est vrai de dire que la partie *éclairée, pensante et influente* de cette population n'a aucune sympathie pour l'agriculture.

Une telle situation doit avoir de fort grandes conséquences : « Cet étrange et fâcheux antagonisme, continue le rapporteur de 1849, entre les goûts et les intérêts du pays, entre le bras qui agit et la pensée qui devrait le diriger, cet antagonisme, résultat de la plus singulière, de

(1) Rapport de M. Moll, 1849.

la plus étonnante erreur en matière d'instruction publique, va sans doute s'affaiblissant chaque jour davantage et doit disparaître enfin, devant la loi de fer de la nécessité. »

Et d'abord est-il vrai que cet antagonisme aille en s'affaiblissant ? et est-ce à une erreur en matière d'instruction publique qu'il faut attribuer cette situation, ainsi que le pense le docte professeur ? Il n'est pas possible de penser que la portion éclairée et influente de la population consacre son intelligence qui, cultivée par l'éducation, représente un capital considérable, à la culture d'une quantité de terres si peu étendue qu'il réduirait l'agriculteur à un simple travail manuel; or tel était déjà, en 1827, le morcellement de la propriété en France, d'après la statistique publiée alors par le ministre de l'intérieur, que sur 10 millions de cotes d'imposition foncière, 5 millions n'atteignaient pas à 5 francs, et dans le reste, plus de 3 millions n'atteignaient pas à 20 francs : ce morcellement de la propriété n'a fait que s'accroître depuis 1827. On peut dire aujourd'hui que le sol labourable de la France, s'il n'est déjà devenu la propriété des paysans, tend rapidement à passer dans leurs mains : bien que, sur quelques points, quelques grandes propriétés se soient constituées, il est certain que la loi civile, et plus encore l'énorme capital mobilier qui s'est créé depuis moins d'un demi siècle, doivent avoir pour résultat inévitable le morcellement de la propriété foncière poussé à ses dernières limites : on peut déjà entrevoir le moment où la fortune privée des classes supérieures et intermédiaires de la société sera presque entièrement mobilière, et où la masse de la nation, composée des trois quarts de sa population et pour la plus grande partie d'agriculteurs, possédera à peu près tout le domaine foncier. La petite culture pourra-t-elle alors produire les céréales en France à un prix qui supporte la concurrence de la production étrangère ? Quant à nous, nous n'en doutons pas : mais l'examen de ces faits ne présente pas moins, ce semble, une grande question d'avenir ; la commission d'agriculture qui l'a soulevée ne manquera pas sans doute l'occasion prochaine de l'examiner plus complétement. Il n'est pas contestable que le capital mobilier du pays ne se soit accru dans une proportion bien supérieure à l'accroissement du capital foncier et surtout à celui du capital agricole : il paraît également certain que la portion la plus éclairée de la nation, qui n'en forme qu'une faible minorité, tend à devenir propriétaire du capital mobilier, tandis que les trois quarts de la population du pays, qui se composent de la portion rurale, tend, au contraire, à se rendre seule propriétaire du territoire arable, sauf quelques grandes propriétés foncières, consistant surtout en parties boisées, qui pourront fort bien même se morceler dans la suite et qui, une fois divisées, ne se reformeront plus jamais en un corps de grande propriété. Qu'arrivera-t-il alors de cette situation ? d'un côté, le sol labourable et la très-grande partie de la population, mais la partie sans influence morale, sans direction qui lui soit propre : de l'autre, toute la richesse mobilière du pays dans les mains d'une minorité qui est la partie intelligente du pays, et qui le gouverne : là les campagnes, ici les villes.

Il y a là une question d'agriculture, mais aussi une question d'avenir et de politique.

« Au surplus, dit le rapporteur de 1849, les bons instruments aratoires sont indispensables au progrès de la petite, comme de la grande culture ; car s'ils économisent la main-d'œuvre dans la grande, ils facilitent, activent et perfectionnent le travail dans la petite. Ils sont non pas la seule, mais une des principales conditions pour la solution de ce double problème qui touche à la prospérité, à la grandeur, à l'existence même de la France : l'abaissement du prix de revient des denrées agricoles ; l'accroissement de la production de ces denrées en raison de l'accroissement constant de la population. »

Les exposants des machines agricoles (sans compter les machines viticoles et horticoles), qui n'étaient à l'exposition de 1844 qu'au nombre de 62, atteignaient, en 1849, au nombre de 128.

« Mais y a-t-il également eu progrès pour le mérite, pour la valeur des objets exposés (1) ? On répondrait non ! s'il fallait s'en rapporter à l'impression que parait avoir produite la vue de ces objets sur plusieurs agronomes, tant français qu'étrangers, qui, par la connaissance qu'ils ont de l'état des choses, sous ce rapport, dans les pays voisins, étaient à même de comparer. »

« Il leur a semblé que, pour la mécanique agricole, nous étions encore de trente ans en arrière de l'Angleterre ; grâce aux nombreuses publications agronomiques qui nous parviennent de ce dernier pays, et que la connaissance, chaque jour plus répandue, de la langue an-

(1) Rapport de M. Moll, 1849.

glaise nous permet d'utiliser, nous sommes en mesure
d'établir des comparaisons exactes. »

« Voici en quelques mots l'état des choses : si l'on
considère l'ensemble des engins et machines de toute espèce servant à l'exploitation du sol, dans les deux pays,
on ne peut se dissimuler la grande supériorité de l'Angleterre sur la France. Nulle part, dans la première, on ne
voit d'aussi mauvaises charrues que celles qu'on rencontre encore dans beaucoup de nos départements. »

« Mais, si l'on compare les instruments perfectionnés,
en ne prenant que ceux qui sont déjà d'un usage assez
général, on trouve que, pour les outils à main, l'Angleterre nous est également supérieure ; que, pour les machines plus ou moins compliquées servant à la première
préparation des produits, machines à battre, hache-
paille, coupe-racines, concasseurs, de même que pour
les semoirs, les herses, les rouleaux, les extirpateurs, scarificateurs, houes à cheval et buttoirs, nous sommes, à
peu d'exceptions près, au niveau de notre voisine ; enfin,
que pour l'instrument aratoire par excellence, pour la
charrue, nous avons sur elle une supériorité incontestable,
au point de vue de la force nécessaire, et surtout au point
de vue de la qualité du travail. »

« Cette assertion est tellement opposée, non-seulement
à l'opinion générale, mais encore à l'impression que laisse
une comparaison superficielle, qu'elle ne peut manquer
d'étonner. Hâtons-nous d'ajouter qu'elle se fonde sur de
nombreuses expériences comparatives, faites dans des
localités diverses, et dans les meilleures conditions pour
arriver à des résultats d'une rigoureuse exactitude. »

« Un fait significatif vien', du reste, la confirmer ; dans aucun pays du continent, où l'on a importé des charrues anglaises, celles-ci n'ont été adoptées telles quelles. Partout on leur a fait subir des modifications plus ou moins grandes, qui en ont généralement changé le caractère, tandis que machines à battre, semoirs, scarificateurs, rouleaux, etc., étaient reçus et copiés sans changement ou avec des changements minimes. »

« Ce qui vient d'être dit sur la valeur comparative de nos instruments aratoires n'aurait probablement pu l'être en 1844. Nous étions alors plus arriérés, relativement à nos voisins, que nous ne le sommes aujourd'hui. »

· Telle était donc, en général, l'opinion de la commission d'agriculture de 1849 sur le mérite de nos instruments aratoires, et l'on en peut conclure que les progrès que nous avions à faire dépendaient plutôt de la disposition de nos agriculteurs à se munir de bons instruments que du talent de nos mécaniciens en instruments aratoires.

AMENDEMENT DES TERRES ET DRAINAGE.

§ I. ENGRAIS DES FERMES ET ENGRAIS COMMERCIAUX.—Si la production agricole et notamment celle des subsistances est proportionnée, comme on peut l'affirmer, aux quantités d'engrais dont l'agriculture dispose, il n'était pas possible que la commission d'agriculture négligeât la question importante de la préparation, de la conservation, de l'emploi, en un mot, de l'économie des engrais.

Pour définir nettement la nature et le rôle des engrais les plus indispensables à fournir au sol, il a fallu le concours de la chimie minérale et organique et de la physiologie végétale.

Il a fallu montrer que, dans toutes les parties des plantes où la végétation est très-active, on voit dominer les sels minéraux et les substances organiques qui tirent leur origine des animaux.

Quant aux matières purement végétales qui constituent la masse des plantes, et souvent plus des 95/100ᵉˢ de leur poids, elles se reproduisent chaque année aux dépens des gaz de l'atmosphère et des détritus des récoltes précédentes (chaumes et racines), restés sur le sol; les agriculteurs n'ont donc pas à s'en préoccuper. Le jury a décerné la médaille d'or à la Compagnie générale des engrais pour avoir trouvé les moyens d'utiliser, au profit de l'agriculture, les vidanges des villes, desséchées et rendues inodores.

§ II. DRAINAGE DES TERRES. — On comprend, sous le nom de drainage des terres, la méthode d'assèchement des terrains humides par la pose, sous le sol cultivable, de conduits qui égouttent les eaux et les transportent dans le point le plus bas du terrain drainé.

La méthode du drainage repose sur ce principe, que l'eau stagnante est la plus pernicieuse entre toutes les causes de détérioration du sol : sans entrer dans le détail des opérations du drainage, dont le but est de faciliter l'écoulement des eaux au moyen de conduits souterrains, bornons-nous à dire, pour faire juger de l'importance que ce procédé peut avoir pour l'amendement des terres, que le parlement anglais, par un bill du 28 août 1846, a ouvert au Gouvernement un crédit de 75 millions de francs pour faire des avances aux propriétaires qui voudraient drainer leurs terres : par un autre bill, du 21 mars 1850, le parlement a ouvert, pour le même objet, un second crédit de 87 millions 500 mille francs (1).

Le jury de 1849, appréciant les services rendus à l'agriculture par les efforts qu'a faits M. Thackeray pour introduire en France le procédé du drainage, lui a accordé une médaille d'argent.

HORTICULTURE.

§ I. Céréales. — 1° *Froment.* — Le jury de 1849 fait connaître, dans son rapport présenté par M. Vilmorin, qu'il serait très-désirable pour les expositions prochaines que l'organisation des jurys locaux, qui pourraient n'être autres que les comices cantonaux qui existent presque partout, permit de recueillir, plus complétement que cela n'a été possible cette année, l'indication de toutes les améliorations marquantes dans la culture des céréales qui auraient eu lieu sur le sol de la France.

Un très-petit nombre d'exposants, dix-huit seulement, s'étaient présentés au concours ; c'est assez faire voir que l'on ne doit considérer l'exposition de 1849, sous le rapport, si important, de l'amélioration des espèces de blé cultivées ou cultivables en France, que comme un premier essai.

2° *Riz.* — Le jury central a décerné la médaille d'or à MM. Lichtenstein, Westphal et compagnie pour avoir établi la culture du riz dans la Camargue.

§ II. Plantes agricoles, culture maraîchère. — Le

(1) Voir *A manual on practical draining*, H. Stephens. London, 1847.

jury de 1849, n'a eu à décerner que des récompenses d'ordre secondaire ; les produits qui lui avaient été soumis, étaient d'ailleurs peu nombreux.

Quelque importante que soit la culture des fleurs et des fruits qui ajoutent tant au charme et au bien-être de la vie, il n'est pas possible que des récompenses publiques de premier ordre soient accordées aux jardiniers, maraîchers ou fleuristes, à moins qu'ils ne parviennent à introduire de nouvelles espèces, d'une importance réelle, dans l'économie domestique. Aussi le jury de 1849 n'accorda-t-il la médaille d'or qu'à M. André Leroy, pépiniériste à Angers.

MACHINES.

Les machines ne doivent être considérées, dans l'histoire des expositions de l'industrie, que sous le rapport des forces qu'elles lui fournissent, soit qu'elles utilisent des agents naturels, jusque-là restés sans emploi, soit qu'en améliorant les procédés au moyen desquels on savait déjà utiliser les agents naturels, elles augmentent les forces qu'on en tirait auparavant : la lucidité des rapports de MM. Morin, Combes, Pouillet, Charles Dupin, Séguier, Michel Chevalier, et de leurs savants collègues, rendent facile pour tout le monde l'étude des machines qu'ils ont décrites et appréciées ; ce n'est pas sans regret que nous ne mettons pas ces rapports sous les yeux de nos lecteurs, en faisant connaître les œuvres des constructeurs de machines à qui le jury central a décerné les premières récompenses ; mais le but de cette histoire est de faire connaître les résultats auxquels l'industrie est parvenue, et l'influence que les expositions ont pu avoir sur ces résultats : ce serait s'en écarter que de pénétrer dans la partie technique des arts industriels : nous ne devons ici considérer les machines que sous le rapport des effets qu'elles produisent et non sous celui de leur mécanisme.

§ I. MOTEURS ET MACHINES HYDRAULIQUES. BARRAGE DE RIVIÈRE. — La turbine est, comme on le sait, une machine hydraulique qui jouit de la propriété de tourner sous l'eau par l'effet d'une chute de ce fluide et d'animer, comme son nom l'indique, d'une vitesse circulaire extrêmement considérable, un arbre vertical qui transmet, en tournant, la force primitivement rectiligne.

L'idée première et capitale de ces sortes de machines appartient à M. Burdin, ingénieur des mines, qui, en 1822, présenta à l'Académie des sciences un mémoire intitulé : *Des turbines ou machines hydrauliques rotatoires à grande vitesse*. Dans ce mémoire l'auteur s'était proposé de déterminer les conditions de l'établissement des roues hydrauliques de manière à satisfaire, dans tous les cas, et quelle que fût la rapidité de leur marche, à ces deux conditions fondamentales d'introduire l'eau sans choc et de la faire sortir sans vitesse.

M. Burdin, plutôt homme de science que d'exécution, s'associa à M. Fourneyron, constructeur habile.

Le jury de 1839 décerna la médaille d'or à celui-ci pour avoir construit des turbines en divers lieux de la France et partout avec succès ; le Roi le nomma chevalier de la Légion d'honneur.

Le jury de 1849 décerna la médaille d'or à M. Fromont, mécanicien à Chartres, pour des turbines contruites par lui, notamment à la manufacture d'armes de Châtelleraut, qui rendent un effet utile compris entre 0,60 et 0,70 du travail absolu du moteur, même quand elles sont noyées dans les eaux d'aval.

Les jurys de 1839, 1844 et 1849 accordèrent, en outre, des médailles d'argent et de bronze à plusieurs mécaniciens pour des moteurs hydrauliques fort ingénieux et entre autres pour des presses hydrauliques de la force nominale de 700,000 kilog.

Le jury de 1839 décerna une médaille d'or à M. Poirée, ingénieur, directeur des ponts et chaussées, à Paris, pour le barrage mobile qu'il a établi, en 1834, sur l'Yonne, près de Clamecy ; en 1836, à Decize, sur la Loire ; en 1838, à Épineau, sur l'Yonne.

Ce barrage est remarquable par ses résultats, par sa construction et par sa manœuvre. Il barre complétement une rivière dans ses basses eaux, par une retenue que l'on peut supprimer à volonté ; il en resserre le cours, en ne laissant qu'une passe dont la largeur est toujours en rapport avec le volume variable du fluide débité et il rend les eaux à leur cours naturel, sans laisser debout aucune partie saillante du barrage, aussitôt que les crues exigent un libre écoulement dans toute la largeur du lit naturel de la rivière.

En 1844, le jury décerna la médaille d'or à M. Thénard, ingénieur en chef des ponts et chaussées, chargé de la navigation de l'Isle, à Abzac (Dordogne), pour un barrage peu dispendieux établi par lui sur la rivière d'Isle et d'une longueur de 50 mètres. Le Roi lui accorda la décoration de la Légion d'honneur.

§ II. Pompes d'épuisement, pompes a incendie, pompes domestiques. — Les jurys des trois expositions de 1839, 1844 et 1849 ne décernèrent que des médailles d'argent et des médailles de bronze aux mécaniciens qui exposèrent des pompes d'épuisement ou à incendie, ou des machines à élever l'eau ; mais ils donnèrent des éloges particuliers à M. Hubert, ingénieur civil à Paris, qui avait établi à Chartres une machine à vapeur et un groupe de pompes destinées à élever 600 mètres cubes d'eau, par 24 heures, à une hauteur de 43 mètres.

Le jury de 1849, sans accorder aucune récompense à M. Letestu, mécanicien à Paris, rendit un témoignage très-favorable des pompes d'épuisement qu'il avait construites et qui, employées dans les travaux de la marine, dans ceux des chemins de fer et des ponts et chaussées, avaient produit les résultats les plus avantageux. M. Reibell, ingénieur des ponts et chaussées, avait trouvé, dans des travaux exécutés à Cherbourg, que la pompe de M. Letestu, à la vitesse de 28 à 29 coups de piston à la minute, avait produit un effet journalier de 113,000 kilog. ; tandis qu'avec les pompes ordinaires on n'obtient que 90,000 kilog., avec les chapelets 80,000 kilog., et avec la vis d'Archimède 100,000 kilog. : ces pompes avaient surtout l'avantage de pouvoir être employées, sans être endommagées, à faire des épuisements dans des eaux chargées de sable.

L'exposition de 1849 était, d'ailleurs, extrêmement riche en pompes de toutes sortes et surtout en pompes à incendie.

§ III. Machines a vapeur et ateliers de construc-

TION.—Plus de quarante machines à vapeur, de diverses formes et différentes entre elles par les dispositions données à leurs organes, figurèrent à l'exposition de 1839. Ces nombreuses machines se distinguaient : les unes, par une disposition plus simple qui permettait de les établir à meilleur marché ; les autres, au contraire, par une construction plus dispendieuse, mais qui permettait d'économiser sur la dépense journalière du combustible.

Le jury de 1839 décerna des médailles d'or à MM. Jacques-François Saulnier, à Paris ; Stéhélin et Huber, à Bitschviller (Haut-Rhin) ; Schneider frères, au Creuzot; Cazalis et Cordier, à Saint-Quentin.

Le jury de 1844 décerna la médaille d'or à MM. Cavé, qui l'avait déjà obtenue, en 1834; à M. Meyer, à Mulhausen (Haut-Rhin); à M. Farcot, à Paris, et à M. Lemaître, à la Chapelle-Saint-Denis, près Paris.

Le jury de 1849 décerna une nouvelle médaille d'or à M. Farcot : il accorda aussi la récompense de premier ordre à M. Bourdon, à Paris.

Le Roi nomma chevaliers de la Légion d'honneur MM. Saulnier aîné et Pecqueur, qui avaient obtenu la médaille d'or avant 1839, et M. Bourdon, directeur des forges du Creuzot; M. Farcot obtint la même distinction, en 1849.

Depuis 1839 jusqu'en 1844, 711 kilomètres de chemins de fer nouveaux avaient été livrés à la circulation, notamment de Strasbourg à Bâle, de Paris à Rouen, et de Paris à Orléans. La construction des locomotives devenait d'un intérêt considérable; le jury de 1844 et celui de 1849 accordèrent la médaille d'or aux mécaniciens

qui s'étaient distingués par la construction de machines
à vapeur de cette espèce; ce furent, en 1844, MM. Meyer,
à Mulhouse, et Durenne, à Paris.

La machine *Mulhouse*, mise en parallèle, à la fin de
1843, avec l'ensemble des machines locomotives du chemin de fer de Paris à Versailles (rive gauche), qui toutes
fonctionnent avec détente fixe, obtenue par l'avance du
tiroir et un large recouvrement, a consommé 4 kilog. 60
de coke de Belgique par kilomètre parcouru, tandis que
l'ensemble des autres machines a consommé 6 kilogrammes 65.

Comparée, sur le chemin de fer d'Orléans, avec la
machine locomotive n° 37, *le Vauban*, sortie récemment
des ateliers de R. Stephenson, et fonctionnant aussi à
détente variable, d'après le système du constructeur anglais, *la Mulhouse* a consommé, pour un même travail,
à peu près la même quantité de coke que la machine anglaise (environ 5 kilog. par kilomètre parcouru, en re-
morquant des trains de 60 à 70 tonnes); mais la consommation d'eau de la machine française, pour un même
parcours et un même poids remorqué, a été de 15 à
19 p. 0/0 inférieure à la dépense d'eau de la machine
anglaise.

Il paraît résulter de ces observations que la machine
de M. Meyer est, en elle-même, supérieure à la machine
anglaise, et que l'égalité de consommation de combustible, entre les deux machines, tient uniquement à ce que
la chaudière de la machine anglaise utilise mieux que sa
rivale la chaleur développée par la combustion du coke.

M. Durenne avait fondé à Paris un vaste établissement

pour la construction des chaudières à vapeur qui lui mérita la distinction qu'il obtint.

Le jury de 1849, en rappelant la médaille d'or obtenue par MM. Derosne et Cail, en accorda de nouvelles à MM. Flachat, ingénieur civil à Paris, Ernest Gouin et compagnie, aux Batignolles, et Bourdaloue, ingénieur civil à Bourges.

M. Cail avait été décoré de la croix de la Légion d'honneur en 1844 ; M. Gouin reçut la même distinction en 1849.

M. Flachat avait établi le chemin de fer atmosphérique du Pecq à Saint-Germain. On sait que les chemins, que l'on désigne sous ce nom, sont construits d'après ce principe que des machines à vapeur opérant l'aspiration de l'air dans un tube établi sur la voie, la pression de l'atmosphère s'exerce sur un piston placé dans l'intérieur de ce tube et fait ainsi marcher tout le convoi fixé à ce piston. Les chemins de fer, dits atmosphériques, sont destinés à franchir les pentes rapides sur lesquelles les locomotives ordinaires ne pourraient fonctionner avantageusement. L'inclinaison moyenne du chemin de fer de Saint-Germain est de 23 millimètres par mètre ; mais, sur certains points, elle atteint à 35 millimètres.

M. Gouin avait exposé, en 1849, la première de vingt locomotives construites par lui pour le chemin de fer de Paris à Lyon. Ces machines étaient établies avec autant de solidité que de simplicité.

§ IV. NAVIGATION MARITIME A VAPEUR. — La navigation à la vapeur ne comptait, en 1833-1834, que 79 bateaux mus par une force de 2,749 chevaux ; en 1838, elle comptait 160 bateaux de la force de 7,500 chevaux ; en 1842, 229 bateaux de la force de 11,856 chevaux.

De 1844 à 1849, c'est surtout la transmission de la force motrice qui présente le progrès le plus remarquable.

On a multiplié dans la marine commerçante, et surtout dans la marine militaire, l'emploi de l'hélice au lieu des roues à aube. L'hélice est cachée sous les eaux : elle n'est pas, dans les mauvais temps, alternativement immergée et soulevée au-dessus de l'eau par les mouvements de roulis : sa force agit avec constance et régularité. Pour les bâtiments de guerre, les flancs du navire ne sont plus encombrés par les énormes tambours qui renferment les roues motrices ; l'artillerie peut se développer sur les flancs et surtout dans la partie intermédiaire, où la plus grande largeur du navire rend son emploi plus facile et plus avantageux. Enfin le mécanisme de l'hélice et de l'axe qui lui transmet le mouvement, étant au-dessous de la flottaison, se trouve ainsi dérobé aux coups de l'artillerie, tandis que l'appareil si volumineux des roues à aube présente à l'ennemi un but trop facile à atteindre.

On conçoit qu'il a fallu vaincre de grandes difficultés, afin d'installer avec solidité, sur les plus gros bâtiments, entre le gouvernail et la poupe, des hélices qui pèsent jusqu'à 3,000 kilogrammes, avec cette condition de pouvoir, au besoin, les soulever et même les retirer de leur emplacement. Tels sont les problèmes qu'ont résolus nos officiers du génie maritime.

Quant au développement comparé de l'ancienne et de la nouvelle navigation, on trouve que la navigation à voiles a augmenté son tonnage, de 1844 à 1849, dans la proportion de 14 p. 0/0, et la navigation à vapeur dans la proportion de 60 p. 0/0.

La marine militaire présente un progrès non moins remarquable dans le matériel de sa marine à vapeur, qui compte aujourd'hui plus de vingt frégates ou grandes corvettes, depuis la force de 400 chevaux jusqu'à celle de 650 chevaux.

Le jury de 1839 décerna la médaille d'or à M. Cochot, à Paris, pour les bateaux à vapeur qu'il avait construits et qui faisaient un service sur la Seine entre Paris et Montereau.

En 1844, la médaille d'or fut accordée à MM. Cavé, à Paris; à MM. Schneider frères, au Creuzot; à M. Gache, à Nantes, et à MM. Mazeline, à Graville (Seine-Inférieure).

Le jury de 1849 décerna une nouvelle médaille d'or à M. Schneider, et la médaille d'or à M. Nillus, au Havre, qui fut décoré de la croix de la Légion d'honneur.

§ V. INDUSTRIE DU SONDAGE. — Le jury de 1844 et celui de 1849 décernèrent la médaille d'or à MM. Mulot père et fils, à Paris, et à MM. Degouzée et Laurent, aussi à Paris, pour leurs appareils de sondage. M. Mulot vendait au prix de 65 fr. un appareil de sondage à l'usage de l'agriculture, allant à 3 mètres 50 centim.; au prix de 200 fr. un appareil allant à 10 mètres. MM. Degouzée et Laurent faisaient un trou de sonde de 60 mètres pour moins de 3,000 fr., et un forage de 300 mètres pour 15,000 fr.

§ VI. CONSTRUCTIONS CIVILES, ET APPAREILS POUR TRAVAUX PUBLICS. — Le jury de 1849 accorda la médaille

d'or à M. Louis Travers fils, à Paris, qui avait exposé le
modèle du comble en fer de la halle de la douane de
Paris, et celui de la coupole mobile de l'Observatoire.

§ VII. MACHINES, OUTILS ET GRANDE CHAUDRONNERIE.
TOURS, PRESSES ET CRICS. — Le jury de 1849, en accordant une nouvelle médaille d'or à M. Louis Lemaitre
et en rappelant les médailles d'or déjà obtenues par
MM. Calla, Decoster, Durenne père et fils, et Stéhélin,
décerna la médaille d'or à MM. Huguenin, Ducommun et
Dubied, à Mulhouse.

Cette richesse des expositions en grands outillages assure à la France la facilité de construire économiquement toutes les machines nécessaires à son industrie.

Le président de la république décerna, en 1849, la
décoration de la Légion d'honneur à M. Durenne père.

§ VIII. MACHINES DE FILATURE. — 1° *Machines.* — Le
jury de 1839, en rappelant les médailles d'or décernées
à madame veuve Collier, à Paris, et à MM. Pihet et Cⁱᵉ,
à Paris, accorda une nouvelle médaille d'or à M. André
Kœchlin et Cⁱᵉ, à Mulhausen, pour différents appareils de
la filature du coton, notamment pour un banc à broches
à mouvement différentiel, qui présentait des dispositions
nouvelles. Ces dispositions consistent en ce que les cordes
sont remplacées avec un plein succès par des engrenages
hélicoïdes, et en ce que l'arbre, qui commande les bo-
bines, accomplit son mouvement vertical avec le chariot
sans éprouver la moindre modification dans son mouvement.

Il accorda aussi une nouvelle médaille d'or à MM. Nicolas Schlumberger et Cⁱᵉ de Guebwiller (Haut-Rhin),

pour ses métiers à filer le coton, dont la perfection ne laisse rien à désirer.

Le jury de 1844 rappela la médaille d'or accordée à M. Schlumberger (Nicolas) et Cie, de Guebwiller, en attribua une nouvelle à MM. Pihet (Auguste) et Cie, à Paris, et décerna la médaille d'or à M. Decoster, à Paris, pour ses machines à filer le lin.

Le jury de 1849 décerna la médaille d'or à MM. A. Mercier et Cie, à Louviers, pour un bel établissement de machines propres à la laine cardée. Il accorda aussi des médailles d'argent pour divers appareils propres à la filature ou au tissage des différentes matières textiles, notamment à M. Pierre-Joseph Caron, à Paris, pour son appareil à extraire l'eau des étoffes. On sait que la machine dont il s'agit est fondée sur le principe de la force centrifuge et que la difficulté à vaincre dans sa construction résidait dans la vitesse considérable (1,500 tours par minute) avec laquelle on est souvent obligé de la faire marcher.

2° *Cardes.* — Les jurys de 1839, 1844 et 1849 rappelèrent les médailles d'or précédemment obtenues pour la fabrication des cardes par MM. Scrive, Hache-Bourgeois, et celui de 1844 décerna la médaille d'or à M. Miroude, de Rouen.

Le Roi nomma M. Hache-Bourgeois, chevalier de la Légion d'honneur.

3° *Mécaniques pour tissus brochés.* — Le jury de 1839 accorda la médaille d'or à MM. Godemar et Meynier, de Lyon, pour leur métier à brocher les étoffes de soie; il semble que M. Meynier se soit proposé le problème suivant : dans la fabrication d'une étoffe de petite ou de grande largeur, unie ou façonnée, exécuter, avec la rapidité du travail ordinaire, des fleurs ou en général des ornements de toute dimension, ayant jusqu'à cinq ou six couleurs, et aussi rapprochés qu'on le juge convenable, de telle sorte que chacun d'eux se trouve broché seulement dans la largeur qu'il occupe à l'endroit, et que l'on puisse faire à volonté cheminer d'un bord de l'étoffe à l'autre, les couleurs qui le composent, soit en les conservant, soit en les variant de diverses manières.

Les conditions de ce problème sont à la fois si nombreuses et si complexes qu'il semble, au premier coup d'œil, presque impossible de les remplir d'une manière satisfaisante, et cependant il n'en est aucune à laquelle l'invention de M. Meynier ne réponde avec une parfaite justesse.

Ce perfectionnement considérable, ajouté par M. Meynier au métier du tissage des étoffes de soie, n'était pas le seul que l'industrie pût se proposer ; « (1) un problème, presque aussi difficile que celui que Jacquart a résolu, était posé depuis longtemps sans qu'il eût été possible, jusqu'à présent, de prévoir sa solution. Les esprits les plus ingénieux avaient échoué dans leurs tentatives, et beaucoup de praticiens pensaient qu'il y avait là une impossibilité. Il s'agissait de substituer le papier au carton qui représente le dessin de l'étoffe dans le système Jacquart. Tous les hommes du métier savent que les frais de lecture, autrement dit du tissage et du piquage, entrent, pour une part très-forte, dans le prix revenant des châles

(1) Rapport de M. Gaussen, 1849.

en particulier, et que, si l'on sépare l'opération dont nous venons de parler en deux parties, le coût du piquage seul, eu égard aux prix des cartons, s'élève, dans certaines fabriques de châles riches, à une vingtaine de mille francs par année. La substitution du papier au carton doit diminuer les frais des trois quarts, et la mécanique Jacquart actuelle ne permet pas l'emploi du papier. Elle nécessite un carton épais et solide qui puisse résister à la pression violente qu'exerce le cylindre sur les aiguilles et à la secousse générale qu'éprouve la mécanique dans son jeu : pour remplacer le carton par le papier, il fallait trouver un mécanisme particulier qui fonctionnât avec une grande douceur, et dans lequel la pression qu'exercent les aiguilles fût, en grande partie, annulée. Aujourd'hui, la difficulté paraît à peu près résolue, et malgré les insuccès passés, on peut affirmer que, si les moyens proposés laissent encore quelque chose à désirer, la solution complète du problème ne peut se faire attendre. »

« Plusieurs inventeurs, marchant au même but, se présentent avec des moyens différents, tous très-ingénieux et qui méritent d'être encouragés ; leurs différents systèmes ont paru très-satisfaisants au premier coup d'œil ; mais un seul a déjà subi la sanction de la pratique ; ce dernier, qui ne fonctionne à Paris que depuis peu de jours, mais qui est employé à Lyon depuis plusieurs années par son auteur, appartient à M. Blanchet, chef d'atelier, délégué par la chambre de commerce de cette ville.»

MM. Villars et Couturier fils, à Lyon, et Jean-Baptiste Acklin, à Paris, ont présenté, ainsi que M. Blanchet, à l'exposition de 1849, des métiers Jacquart dans lesquels le papier remplace le carton. Le jury leur a attribué la médaille d'argent.

4° *Machines à bonneterie.* — Le jury de 1849 rappela en faveur de M. Jacquin la médaille d'argent qu'il avait précédemment obtenue pour avoir, le premier, construit avec succès, à Troyes, des métiers circulaires.

5° *Machines à imprimer les étoffes.* — Le jury de 1839 décerna la médaille d'or à M. Perrot, à Rouen, pour sa machine à imprimer sur les étoffes, dite *la Perrotine.*

L'impression au rouleau à une, deux ou trois couleurs doit être considérée comme ayant fait époque dans l'industrie des toiles peintes; elle ne répond pas, toutefois, à tous les goûts et à tous les besoins du commerce; l'impression à la main continuait à s'exercer de son côté, et comme en concurrence, pour une foule de produits qui lui semblaient réservés. Seulement la cherté de cet ancien mode en restreignait de beaucoup les avantages.

Tel était l'état des choses lorsque, dans ces dernières années, M. Perrot est enfin parvenu, par une série d'inventions remarquables, à donner un nouvel essor à ce genre d'industrie, en lui livrant des machines, qui ont reçu et conservé le nom de *perrotines,* qui impriment à deux, à trois ou même quatre couleurs, et qui exécutent, avec une merveilleuse précision et une économie inespérée, le genre de travail que l'on ne pouvait accomplir auparavant que par la main des plus habiles ouvriers.

Le jury de 1844 rappela cette médaille d'or; le Roi avait accordé à M. Perrot, dès 1839, la décoration de la Légion d'honneur.

6° *Foulage des draps.* — La machine à cylindre pour le

foulage des draps a pris naissance, en Angleterre, vers
1822; elle fut connue en France par la publication qu'en
fit, le 13 août 1833, *the London Journal of arts and sciences*. Son inventeur, M. Meyer, ne put parvenir à la faire
accepter par les fabricants anglais, à cause des imperfections qu'elle présentait. En 1836, MM. John Hall, Powel
et Scolt importèrent cette machine en France, en y faisant
quelques améliorations que le jury de 1839 eut soin de
constater.

La machine anglaise à fouler fut tellement perfectionnée en France que des fabricants de draps de Leeds se
sont trouvés dans la nécessité de s'adresser aux constructeurs français, pour obtenir l'invention anglaise
graduellement améliorée et donnant enfin de très-beaux
résultats ; mais est-ce à dire que le mode de foulage ordinaire par les maillets à percussion, ait été où devra être
abandonné? Non assurément; car certaines qualités de
draps se prêteront peut-être toujours difficilement à l'action des machines rotatives.

Les jurys de 1839, 1844 et 1849 n'accordèrent pas
de médailles d'or pour les machines à fouler les draps.

7° *Machines à conditionner, filer et tisser la soie.* — Les
jurys des expositions de 1839, 1844 et 1849 n'attribuèrent pas la médaille d'or aux exposants des machines de
cette sorte.

Le jury de 1844 décerna la médaille d'or à M. Philippe
de Girard (non-exposant) comme à l'homme de notre
siècle qui a pris incontestablement la première et la plus
glorieuse part à l'invention de la filature mécanique du lin.

§ IX. MACHINES TYPOGRAPHIQUES, ET MACHINES LITHOGRA-

PHIQUES. — 1° *Machines à composer et à distribuer.* — MM. Delcambre et Yung, à Paris, exposèrent, en 1844, et le premier pour la seconde fois, en 1849, un clavier typographique destiné à remplacer le travail de l'ouvrier compositeur. Les touches de ce clavier font mouvoir des tiges qui ouvrent des soupapes et laissent ainsi échapper les séries de lettres rangées au-dessus; celles-ci glissent par des canaux divers, au fur et à mesure qu'elles sont abandonnées à leur pesanteur, et elles arrivent dans un réservoir commun où un petit taquoir mécanique les pousse dans un grand composteur en cuivre. L'inconvénient de cette machine à composer, en supposant que les lettres ne s'arrêtent pas dans les canaux par lesquels elles doivent passer, consiste en ce que la justification n'est pas faite, comme dans le travail à la main, au fur et à mesure de la composition; il faudrait mettre une partie de la composition en réserve pour la justifier plus tard et l'économie du clavier mécanique pourrait se réduire à peu de chose. Toutefois le jury de 1849, en accordant une médaille d'argent à M. Delcambre, pensa que son clavier pourra réaliser complétement un jour les grandes espérances de son inventeur.

2° *Presses typographiques.* — Les machines typographiques figurèrent, pour la première fois, à l'exposition de 1844. A la fin de l'Empire, on ne connaissait d'autre procédé d'imprimerie typographique que la presse à bras, construite en bois. Vers le commencement de 1815, le mécanicien allemand Kœnig employa pour la première fois, à Londres, une machine qui produisait l'impression au moyen de deux cylindres en bois. Cette tentative, couronnée de succès, excita l'émulation des mécaniciens anglais. Vers 1824, arrivèrent en France les premières machines typographiques construites par ceux-ci ; MM. Applegate et Cowper en étaient les auteurs. « (1) Alors la distribution mécanique de l'encre, dont l'efficacité fut longtemps contestée, s'introduisit, mais non sans peine, dans l'imprimerie à bras. Dès ce moment une révolution était opérée dans cette industrie. L'intervention du mécanicien était devenue prépondérante, et cette direction des choses a si bien suivi son cours, qu'aujourd'hui il y a telle impression de journal qui se fait moyennant un abonnement avec un constructeur de machines. Ainsi, des anciens éléments d'une imprimerie, l'imprimeur ne fournit plus autre chose que ses formes de caractères et son papier. »

On peut juger des travaux qu'ont réalisés nos constructeurs par ce rapprochement : la machine à deux cylindres en bois de Kœnig tirait en moyenne 1,000 feuilles à l'heure ; les machines françaises actuelles en tirent 3,600 avec le même personnel. Quant au prix d'établissement, voici quelle différence s'est établie : la machine de Kœnig coûtait 37,500 fr. ; les machines françaises en coûtent 12,000. Ainsi la vitesse se quadruplait, tandis que le prix diminuait des deux tiers. Si grand que soit ce résultat, comme il ne s'appliquait qu'à l'impression des journaux, il restait un grand pas à faire, et pendant vingt ans on a pu douter qu'il fût jamais franchi. Enfin, l'impression des livres a été obtenue, puis même ensuite celle des ouvrages de luxe.

(1) Rapport de M. Amédée Durand, 1849.

Le jury de 1849 décerna la médaille d'or à M. Dutartre, à Paris, pour une presse mécanique qui occupe le premier rang dans toutes les imprimeries tirant des ouvrages de luxe.

3° *Presses lithographiques et autographiques.* — La substitution de l'action de la mécanique à celle de l'homme dans le tirage lithographique est en quelque sorte une nécessité imposée à la lithographie par le progrès que les presses typographiques ont fait faire à l'imprimerie. Dès l'exposition de 1844, M. Perrot avait exposé une presse lithographique distribuant l'encre sur la pierre. En 1849, MM. Lacroix père et fils, de Rouen, exposèrent des presses lithographiques distribuant l'encre, pour lesquelles le jury leur accorda une médaille d'argent.

§ X. APPAREILS DESTINÉS A OBTENIR LA SÉPARATION DES MATIÈRES SOLIDES ET LIQUIDES DANS LES FOSSES D'AISANCE. — « (1) La séparation des matières solides et liquides et leur désinfection au moment de leur production, ont un double but : assainir les habitations et accroître la valeur des engrais, tout en leur enlevant l'odeur qui en rend l'emploi incommode. L'administration doit encourager toutes les tentatives faites dans cette voie, et c'est par ce motif que le jury central crut devoir mentionner tous les appareils qui lui furent présentés pour opérer la séparation et la désinfection. » Toutefois, il n'accorda aux exposants que des médailles de bronze.

§ XI. CARROSSERIE. — L'exposition de 1839 est la première qui ait vu figurer les produits de la carrosserie, et ce n'était encore que des voitures, dites de luxe, que

_____
(1) Rapport du jury central.

l'aisance, devenue plus générale, permettait de considérer comme des objets d'une utilité à la portée de tous.
Quoique très-importante, cette industrie ne fut malheureusement représentée aux expositions de 1844 et 1849
que par un petit nombre d'exposants.

§ XII. SERRURERIE DE PRÉCISION. — La serrurerie de
précision, celle qui place sous la protection de combinaisons ingénieuses, la conservation des valeurs contre les
tentatives de vol, a fait de notables progrès depuis 1834.
Ce fut à cette époque que la confiance, accordée jusque-
là aux serrures à combinaisons, fut entièrement détruite,
et que la facilité avec laquelle il fut démontré qu'on pouvait les ouvrir, imposa l'obligation à nos constructeurs de
se livrer à de nouvelles recherches. Ce sont les fruits de
ces travaux qui ont enrichi l'exposition de 1849 et qui se
représentèrent aux expositions de 1844 et 1849, avec des
améliorations nouvelles.

Les jurys de 1839, 1844 et 1849 décernèrent la médaille d'argent à plusieurs fabricants qui avaient exposé
de très-bons produits parfaitement travaillés.

§ XIII. CORDERIE POUR LA NAVIGATION. — La fabrication des cordages se présenta avec de tels progrès,
aux expositions de 1844 et 1849, qu'elle put soutenir
la comparaison avec les meilleurs produits étrangers
de ce genre. MM. Merlié, Lefebvre et Cⁱᵉ, à Ingou-
ville (Seine-Inférieure), reçurent, en 1844, la médaille
d'argent; et, en 1849, la médaille d'or pour avoir exposé
un modèle de la mécanique remarquable avec laquelle ils
fabriquent, suivant les meilleurs principes, les plus forts
cordages qu'ils livrent à la marine. Ces cordages sont re-

marquables pour leur excellente confection : les fils ont une grande égalité. L'importance de cet établissement, dit *Corderie havraise*, est considérable; il livre, année commune, à la navigation, 600,000 kilogrammes de cordages. La force motrice est donnée à cet atelier par une machine à vapeur de la force de 15 chevaux; la corderie emploie 160 ouvriers et 80 femmes.

§ XIV. APPAREILS DE SAUVETAGE. — Des appareils de sauvetage très-ingénieux parurent aux expositions de 1844 et 1849, et le jury reconnaissait qu'ils étaient d'une utilité pratique et d'un emploi facile.

§ XV. MACHINES DIVERSES. — Le jury de 1849 décerna aussi la médaille d'or à trois ingénieurs, non-exposants, pour des machines dont l'industrie se sert journellement et dont elle retire de très-grands services.

1° A M. Carillon, de Paris, pour une machine à dresser les glaces, à laquelle on doit attribuer la baisse des prix des produits de cette industrie;

2° A M. Bewer, de Paris, pour des outils-machines;

3° A M. Foucault, pour une machine à écrire à l'usage des aveugles.

INGÉNIEURS, CONTRE-MAITRES, OUVRIERS.

(NON-EXPOSANTS.)

On sait que dans les temps anciens et jusqu'au XVIᵉ siècle, les monnaies étaient frappées au marteau; c'est même un des points de l'industrie des anciens qui montre, comparés à l'industrie moderne, combien la mécanique a fait de progrès. Le monnayeur posait le flan (morceau de métal destiné à devenir la pièce de monnaie)

sur une espèce d'enclume où le revers de la pièce était
gravé; de la main gauche, il plaçait sur le flan, le coin
d'acier sur lequel était gravé l'effigie du souverain ou le
côté principal de la médaille, et de la main droite, armée
d'un marteau pesant, il frappait un coup violent qui imprimait sur la pièce les deux gravures entre lesquelles elle
se trouvait comprimée. Au milieu du xvie siècle, Henri II
ordonna que l'on fabriquerait, dans son palais du Louvre,
des testons au moulin ; c'était sans doute au laminoir,
pour dresser les lames de métal qui auparavant étaient
fondues et martelées, et au balancier, pour la frappe; car
on possède encore au musée de la Monnaie de Paris des
coins gravés au type de Henri II, qui ne sont propres
qu'au travail du balancier. Néanmoins Henri III interdit
cette fabrication des monnaies au laminoir, en 1585, et
ce ne fut qu'en 1615, que Nicolas Briot fit connaître,
par un mémoire imprimé, les raisons, moyens et propositions pour faire toutes les monnaies du Royaume uni-
formes à l'avenir et en faire cesser toutes falsifications.
Des expériences nombreuses furent faites et de l'exposé
qui nous en est resté, il résulte que la fabrication proposée par Nicolas Briot, devait avoir lieu par l'emploi de
cylindres qui donnaient des pièces oblongues et gondo-
lées, telles que certaines monnaies de 1603 à 1728.

Ces expériences prouvent que Nicolas Briot ne fut pas
l'inventeur du balancier; elles eurent au moins pour résultat de faire renoncer à la fabrication au marteau; car
un édit de Louis XIII, de décembre 1639, confirmé en
1640, prescrivit l'emploi du balancier pour la fabrication
des monnaies du Roi. Ce n'était pas une chose facile que

la suppression de la corporation des monnayeurs, prononcée seulement en 1647, et qui fut la conséquence des édits de 1639 et 1640.

Le balancier consiste en une cage de fer, solidement assise et portant un écrou avec une vis armée d'un des carrés, qui descend sur l'autre carré formant enclume : le coin mobile est mis en mouvement par de longs bras, armés de boules pesantes, qui, garnies de cordes et tirées par huit ou douze hommes, compriment avec une grande puissance le flan que l'on veut frapper, et dont la régularité est maintenue par une virole circulaire. Les flans sont taillés d'avance par le découpoir ou emporte-pièce, qu'un homme fait facilement agir par la force d'un levier ; un seul ouvrier peut découper de quinze à vingt mille pièces par jour.

Cet instrument reçut successivement divers perfectionnements, notamment par M. Droz, qui obtint une médaille d'or à l'exposition de l'an X, et il avait été amené, en 1839, à frapper des monnaies en viroles brisées, c'est-à-dire qui se trouvaient contenues dans une virole au moment de la frappe et abandonnées, aussitôt qu'elles avaient reçu l'empreinte, par cette virole qui s'écartait en trois sections. Cette virole portait une légende gravée qui, se produisant en relief sur la tranche de la pièce, mettait un obstacle insurmontable à l'altération du poids des monnaies par la lime et de grandes difficultés au faux monnayage.

Mais le travail du balancier exigeait le concours dispendieux de douze ouvriers pour la frappe des pièces de cinq francs. Watt et Boulton avaient essayé d'y appliquer la machine à vapeur ; c'était par ce moteur que travaillait, en

1839, la Monnaie de Londres, non sans de graves inconvénients. M. Lacave-Laplagne, ministre des finances,
sur la proposition d'une commission qu'il avait instituée
pour rechercher les moyens d'améliorer les procédés de
fabrication des monnaies (1), soumit aux Chambres, en
1844, un projet de loi à l'effet de remplacer le balancier
dans les ateliers des monnaies, qui devaient être réduits
à un seul, par un nouvel appareil monétaire, mu par la
vapeur et qu'avait inventé M. Ulhorn, de Grevenboich, près
de Cologne. Cet appareil imité par M. Thonnelier, mécanicien français, avait été par lui importé en France; il
avait été modifié pour la frappe en viroles brisées; et
le jury de 1844 avait récompensé M. Thonnelier par la
médaille d'or; le jury de 1849 rappela cette médaille, et
c'est à son occasion que nous venons de faire ici l'historique de la frappe des monnaies.

Le jury de l'exposition universelle de Londres, plus
complétement éclairé sur ce point que ne l'étaient ceux
de France en 1844 et 1849, décerna la grande médaille
à M. Diedrich Ulhorn, pour la presse monétaire inventée
par lui, dès 1817, et qui fonctionnait en Bavière et en
Russie longtemps avant qu'elle ne fût introduite en France.
Toutes les monnaies frappées aujourd'hui à Paris, le sont
au moyen de cette presse, qui joint à la perfection dans
la frappe une très-grande économie dans la main-d'œuvre. Il est probable que l'emploi de ce mécanisme qui a
permis de substituer la force de la vapeur à celle des
douze ouvriers qui faisaient, avant elle, mouvoir le balan-

(1) Voir le rapport de MM. Dumas, de l'Institut, et de Colmont,
inspecteur général des finances. Paris, imprimerie royale, 1840.

cier , concourra prochainement à abaisser de plus de moitié les frais de fabrication des monnaies et à rapprocher, par toute l'Europe, la valeur des monnaies, de celle d'un lingot du même poids et du même titre, condition importante pour la facilité des échanges internationaux.

Le jury de 1849 récompensa aussi par la médaille d'or un autre mécanicien non-exposant, M. Fontaine-Baron, à Chartres, pour la turbine qui porte son nom : M. Fontaine-Baron est le premier inventeur de cette machine pour laquelle son successeur, M. Louis-Auguste Fromont, a reçu la médaille d'or (voir page 374).

Le Roi accorda, en 1839, la décoration de la Légion d'honneur à M. Grimpé , qui avait obtenu la médaille d'or à l'exposition précédente (voir page 312).

MÉTAUX.

§ I. MÉTAUX AUTRES QUE LE FER. — Si l'on considère combien est grande l'utilité des métaux, si l'on remarque qu'ils nous fournissent tous les instruments de travail, il est évident que la production des métaux est la source la plus certaine de la richesse d'une nation et qu'il n'est pas de matière à laquelle le travail de l'homme puisse s'appliquer plus fructueusement qu'à l'exploitation des mines. La facilité avec laquelle les métaux entrent dans les échanges achèverait de prouver, s'il en était besoin, ce que nous venons d'avancer. Aussi les peuples, depuis la plus haute antiquité, se sont-ils tous livrés à la recherche des métaux ; et les plus rares, l'or et l'argent, sont-ils devenus, par une entente en quelque sorte instinctive de toutes les races humaines, la richesse éminemment échangeable, celle qui a servi de terme de comparaison à toutes les autres : à l'âge où le monde est parvenu maintenant et dans les conditions où la succession des siècles l'a placé, la production des métaux n'est pas moins la meilleure application du travail de l'homme à la matière; mais à cette condition toutefois que la portion de travail appliqué à la production d'une certaine quantité de métal, ne sera pas plus considérable que la portion de travail qu'il faudrait dépenser pour produire une autre richesse qui achèterait la même quantité de ce métal; en termes plus simples, l'exploitation des mines est l'industrie la plus fructueuse pour une nation, pourvu que le métal qu'elle produit puisse entrer avec profit dans le commerce; si l'étain vaut dans le commerce 2 fr. 75 cent. le kilogramme, il serait ruineux de le produire à 3 fr., mais ce serait pour le pays qui possède des mines d'étain, une excellente application de son travail que de produire de l'étain à un prix inférieur à 2 fr. 75 cent. Ce serait tirer de son propre fonds la matière première de la fabrication de la marchandise le plus facilement commerçable, celle dont le cours est le moins variable, et dont la vente est le plus assurée.

Il n'y a donc pas d'industrie que les Gouvernements aient autant le devoir et l'intérêt de protéger que l'exploitation des mines. C'est par cette raison que sous le ministère de Necker, et sur la proposition de M. Sage, furent fondées, en 1781 et 1783, l'inspection et l'École des mines : il faut toutefois reconnaître que quelles qu'aient été les efforts de cette administration pour accomplir l'œuvre que son fondateur s'est proposée, les résultats ont été peu considérables, et sans doute c'est qu'il ne suffit pas de connaître les gîtes métallifères, ni même d'en déterminer la richesse, choses déjà difficiles, il faut encore que l'exploitation de la mine amène le métal produit à un prix de revient inférieur à celui du métal qui se trouve dans le commerce.

Ces considérations étaient nécessaires pour faire bien comprendre comment il se fait que la France soit si riche en gîtes métallifères, dont beaucoup ont été exploités, même sur de grandes proportions, à des époques fort éloignées, et comment aujourd'hui presque toutes ces exploitations ont été abandonnées, quoique ce ne soit pas à dire qu'il n'y en ait aucune qui ne puisse être reprise avec succès.

L'administration des mines connaît en France plusieurs milliers de dépôts métallifères : dans une publication récente, elle en a signalé 508 qui se partagent, selon la nature des métaux qu'ils contiennent, ainsi qu'il est indiqué ci-après :

MÉTAUX PRÉCIEUX. — Mines d'or, 17 ; mines d'argent, tenant ce métal seul ou associé au cuivre et au plomb, 214.

MÉTAUX RARES. — Mines de mercure, 5 ; mines de nickel, 2 ; mines de cobalt, 7.

MÉTAUX COMMUNS. — Mines de cuivre (non compris celles de cuivre et argent), 88 ; mines d'étain, 6 ; de bismuth, 2 ; d'antimoine, 44 ; de plomb (non compris celles de plomb et argent), 60 ; mines de zinc, 14.

OXYDES MÉTALLIQUES. — Manganèse (oxyde de), 36 ; chrome (chromite de fer, etc.), 2.

APPENDICE. — Subtances d'aspect métallique : Arsenic, 10 ; graphite, 1.

Il n'existe aujourd'hui de travaux suivis que sur une dizaine de ces mines : les mines d'argent et de plomb de Pontgibaud, de Poullaouen et de Vialas (groupes de Bretagne et des montagnes centrales), et les mines de manganèse de Romanèche sont les seules où les travaux aient de l'importance et où la valeur annuelle des produits excède 100,000 francs.

Pendant l'année 1846, il a été extrait des gîtes métallifères de France :

	Poids.	Valeur.	Valeur totale.
Mines d'argent et de plomb.	»	»	1,050,206 fr.
Argent..................	3,027 k.	659,911 fr.	
Plomb et litharge......	673,000	355,062	
Minerai exporté........	244,000	35,233	
		1,050,206	
Mines de cuivre..........	»	»	330,540
Cuivre de minerais indigènes...............	31,200	71,760	
Cuivre de minerais étrangers...............	610,800	113,300	
Produits divers (soufre, couperose)	681,600	145,480	
		330,540	
Mines de manganèse......	»	»	236,720
Manganèse.............	2,394,400	236,720	
Mines d'antimoine.......	»	»	32,783
Antimoine métallique..	12,900	25,840	
Sulfure fondu........	21,500	4,043	
Crocus...............	2,900	2,900	
		32,783	
Mines de plomb..........	»	»	1,440
Alquifoux (pour les poteries)................	4,000	1,440	
Total.............			1,651,689

Les produits attribués aux mines de cuivre ont été

obtenus, sur les mines de Chessy et Sainbel, par le traitement des minerais et de matières pauvres accumulées anciennement comme résidus stériles, aux époques de prospérité des exploitations. Quant à la valeur créée en France par le traitement de minerais de cuivres étrangers, elle est due aux usines de Romilly (Eure), d'Imphy (Nièvre), de la Villette et de Saint-Denis (Seine), qui élaborent en grand les cuivres étrangers qu'elles importent sous forme de minerais très-riches (1).

Nous rapprochons dans l'état ci-dessous notre production de notre consommation en 1846, pour les métaux communs seulement, la production des métaux précieux et des métaux rares étant à peu près nulle en France.

	Production.	Consommation.
Cuivre (de minerais indigènes. 31,200 k.) Lingots (de minerais étrangers. 610,800)	642,000 k.	8,120,600 k.
Etain (lingots).....................	»	1,773,800
Antimoine (métal, sulfure)..........	28,000	176,000
Plomb (métal, alquifoux, litharge)....	630,700	22,323,700
Zinc (lingots).....................	»	11,742,200 (2).
Oxyde de manganèse...............	2,394,400	4,720,700

On voit, par l'exposé qui précède, le peu d'importance de la production, en France, des métaux autres que le fer : il n'y a certainement pas de branche d'industrie qu'il serait plus important de cultiver avec succès, il

(1) Renseignements empruntés au rapport de M. Leplay, exposition de 1849.

(2) Sauf le manganèse, qui est évalué à l'état d'oxyde, tous les métaux désignés dans ce tableau sont évalués à l'état de pureté, déduction faite des substances avec lesquelles le métal est combiné. On a admis que les diverses combinaisons contenaient, en moyenne, les quantités suivantes de métal : Alquifoux, 0,80 ; litharge, 0,90 ; minerai d'antimoine, 0,60 ; antimoine sulfuré, 0,70.

n'y en a pas que le gouvernement dût plus encourager, et il est bien difficile de penser que si l'industrie tournait quelques forces de ce côté, elle ne trouvât pas parmi les dépôts métallifères, si nombreux en France, quelques points où l'exploitation des mines deviendrait très-profitable.

1° *Cuivre.*— Le jury de 1839 rappela les médailles d'or précédemment décernées aux établissements d'Imphy (Nièvre) et de Romilly (Eure), où l'on travaille le cuivre, le fer et le zinc dans de grandes proportions. Il accorda une nouvelle médaille d'or à M. Thiébault qui avait établi, à Paris, une fonderie considérable de cuivre, bronze et laiton. Le jury de 1844 rappela ces médailles d'or et celle attribuée, à l'une des expositions précédentes, à M. Frèrejean, de l'Isère. Le jury de 1849 rappela la médaille d'or accordée à M. Pierre-Jean-Félix Mouchel à l'Aigle ; à M. Thiébault, de Paris, et à l'établissement de Romilly (Eure), et accorda la médaille d'or à MM. Estivant frères, à Givet (Ardennes), et à MM. Oswald et Warnot, à Niederbruck (Haut-Rhin).

Le Roi, en 1844, conféra la croix de la Légion d'honneur à M. Frèrejean, et le Président de la république accorda la même distinction, en 1849, à M. Lecouteulx, directeur de la fonderie de Romilly.

2° *Plomb.* — Le jury de 1844 décerna la médaille d'or aux concessionnaires des mines de plomb et d'argent de Pontgibaud (Puy-de-Dôme) représentés par M. Pallu et compagnie ; les mines de Pontgibaud sont connues depuis longtemps : le célèbre métallurgiste Jars avait entrepris de les exploiter sur la fin du siècle dernier ; elles consistent en filons de galène plus ou moins argentifère, et qui est souvent accompagnée de blende. La richesse de la galène est très-variable : le plomb que l'on en extrait en grand contient depuis 150 grammes jusqu'à 420 grammes d'argent au quintal métrique : cette dernière teneur est très-considérable, et si elle se maintient, comme tout porte à le croire, l'établissement lui devra sa prospérité. Les filons sont en très-grand nombre ; on en exploitait treize en 1844, et il en est dans lesquels on rencontrait jusqu'à 5 mètres de minerai natif. Ces filons constituent deux groupes qui se trouvent à peu de distance de la petite ville de Pontgibaud ; le groupe de Cranal et Barbencot, et le groupe de Roure et Rozier.

L'exploitation du premier groupe a présenté de grandes difficultés, en raison des émanations de gaz acide carbonique qui se manifestaient de toutes parts à travers les fissures de la roche, et qui viciaient l'air des excavations souterraines jusqu'à le rendre irrespirable ; mais les exploitants sont parvenus à vaincre cet obstacle à l'aide de puissants ventilateurs, qui agitent l'air et le renouvellent jusqu'à une distance de 500 mètres. Les différents centres d'exploitation de ce groupe sont reliés entre eux par un chemin de fer qui a 1,350 mètres de développement ; la profondeur des travaux atteint 90 mètres ; on en extrait 1,000 à 1,200 mètres cubes d'eau par vingt-quatre heures.

Le groupe de Roure et Rozier n'a été exploité sérieusement que depuis 1839. On a pratiqué une galerie de recherche qui traverse plusieurs filons dont la longueur est de 600 mètres, et deux puits dont le plus profond a

75 mètres. Un chemin de fer de 800 mètres relie les diverses parties de ce groupe.

La création de l'établissement de Pontgibaud a exigé une mise de fonds considérable : on évalue le capital engagé à 3,000,000 fr.

Le Président de la république nomma, en 1849, M. Pallu, chevalier de la Légion d'honneur.

3° *Zinc.* — Le jury de 1839 a décerné la médaille d'or à M. Sorel pour l'invention du fer galvanisé. On appelle ainsi du fer que l'on a enduit d'une légère couche de zinc en le plongeant dans un bain de ce métal.

« (1) On sait aujourd'hui qu'en mettant au contact l'un de l'autre, dans des circonstances convenables, deux métaux différents, le plus oxydable défend l'autre contre l'action des corps oxygénants, tels que l'air, l'eau et les dissolutions salines. C'est à Humphry Davy que l'on doit la découverte de ce principe, si fécond en conséquences utiles ; mais l'application en est difficile dans la pratique, et Davy lui-même n'a pas obtenu un plein succès dans les essais en grand qu'il a faits pour garantir de la rouille le doublage en cuivre des vaisseaux, par le moyen d'armatures en fer convenablement disposées. Ce savant avait aussi indiqué l'emploi du zinc pour conserver le fer et l'acier, et il avait même démontré l'efficacité de ce moyen, en faisant voir que les instruments les mieux polis restent absolument intacts lorsqu'on les tient enfermés dans des gaines doublées de feuilles de zinc ; mais il avait borné là ses essais. »

« C'est le principe de Davy que M. Sorel a cherché à

(1) Rapport du jury central, 1839.

appliquer en grand pour la préservation du fer. Son procédé consiste à enduire le fer de zinc, en le plongeant dans un bain de ce métal en fusion, tout comme on l'enduit d'étain pour fabriquer ce que l'on appelle le fer-blanc; mais, tandis que, dans le fer étamé, le fer est rendu plus oxydable par le contact de l'étain que lorsqu'il est entièrement nu, de telle sorte que, quand l'étamage n'a pas été exécuté avec le plus grand soin, les parties qui sont à découvert s'éraillent et se détruisent avec une grande rapidité; dans le fer zingué, au contraire, le fer est protégé par le zinc, non-seulement partout où ce métal le recouvre, mais même dans les parties qui, par suite de l'imperfection de l'opération, ont pu rester à nu : c'est cette précieuse propriété qui le caractérise. »

Le jury de 1844 rappela, en la personne de MM. Saint-Pol et Cⁱᵉ, successeurs de M. Sorel, la médaille d'or obtenue par celui-ci en 1839.

En 1849, le Président de la république accorda à M. Sorel la croix de la Légion d'honneur.

4° *Battage de l'or.* — Le jury de 1849 attribua une médaille d'or à M. Faviel pour l'importance de ses ateliers de battage d'or. La valeur des produits qu'il livre chaque année à la consommation dépasse 1,500,000 fr.

§ II. FER. — 1° *Fontes brutes, fer forgé, fontes moulées, tôles, fers-blancs* (1). — Le rapporteur du jury de 1849, a donné une comparaison fort importante de la production de la fonte et du fer forgé en France, depuis 1819 jusqu'en 1846; nous en extrayons les chiffres suivants :

(1) La plupart des renseignements qui suivent sont empruntés au rapport de M. Leplay, ingénieur des mines, sur l'exposition de 1849.

Production de la fonte et du fer forgé de 1819 à 1846.

ANNÉES.	FONTE			FER		
	Au combustible minéral seul ou mélangé de charbon de bois.	Au combustible végétal seul.	TOTAL.	Au combustible minéral seul ou mélangé de charbon de bois.	Au combustible végétal seul.	TOTAL.
	tonnes.	tonnes.	tonnes.	tonnes.	tonnes.	tonnes.
1819........	2,000	110,500	112,500	1,000	73,200	74,200
1824........	5,500	192,300	197,600	42,101	99,589	141,690
1828........	21,570	199,348	220,918	48,595	102,790	151,388
1832........	30,311	194,724	225,035	44,312	99,177	143,489
1836........	46,358	282,005	303,363	99,660	110,921	210,581
1840........	77,063	270,710	347,773	134,074	103,305	237,379
1845........	130,903	297,119	428,022	193,715	114,731	308,446
1846........	239,702	282,683	522,385	254,325	105,865	360,190

Ainsi, en 1819, la fonte, au combustible minéral seul ou mélangé, était d'un cinquante-sixième de la production totale. En 1828, elle en formait 10 p. 0/0. En 1846, elle parvient à 46 p. 0/0.

Un phénomène semblable a lieu pour l'affinage de la fonte brute.

L'égalité s'établit entre les deux espèces de fer avant 1846. A partir de là, la production du fer affiné au bois est à peu près stationnaire et se balance autour de 110,000 tonnes. L'affinage à la houille grandit toujours, et, en 1846, il forme les 70 centièmes de la totalité.

L'introduction des fers forgés en France est à peu près nulle. En 1846, il est entré 7,050 tonnes de fer de Suède, destinées à la fabrication de l'acier.

Quant aux procédés, voici quelques observations à faire.

L'extraction directe du fer forgé de ses minerais, ou méthode catalane, tend à se restreindre. C'est un procédé qui semble devoir perdre beaucoup de terrain dans les Pyrénées, seule contrée de la France où l'on s'en serve aujourd'hui. Quand éclatèrent les événements de 1848, quelques-uns des maîtres de forges catalanes des Pyrénées étaient décidés à ériger des hauts fourneaux, l'un dans la vallée de l'Ariége, l'autre dans le département de l'Aude. A côté de quelques avantages incontestables, la méthode catalane a l'inconvénient, de plus en plus senti de nos jours, de donner des produits peu homogènes.

L'emploi de l'air chaud ne se maintient bien que pour les hauts fourneaux qu'alimente le combustible minéral, en totalité ou en partie. On a reconnu de plus en plus que, dans les hauts fourneaux au bois qui donnent de la fonte destinée à l'affinage, la qualité du produit définitif, le fer, s'en trouvait fâcheusement affectée : c'est dans les hauts fourneaux de ce genre, où l'on fait de la fonte de moulage, qu'on peut encore s'en servir avec quelque avantage : la fonte y gagne en douceur. Un certain nombre des usines qui sont notées comme faisant usage de l'air chaud, se bornent à l'employer accidentellement pour rétablir l'allure des hauts fourneaux, quand elle a éprouvé des dérangements de certaines natures.

Les efforts des maîtres de forges français sont dirigés vers l'économie du combustible. La cherté du combustible est le côté faible de notre industrie métallurgique.

Nous possédons des minerais en quantités inépuisables, distribués dans un grand nombre de localités, d'une extraction facile, d'une belle richesse, d'une qualité bonne presque toujours, excellente dans un très-grand nombre de cas.

Quelques-unes de nos forges, dans la Haute-Marne et la Meuse, ne dépensent, par 1,000 kilogrammes de fonte, que de 10 à 15 francs de minerai, mais quand il faut payer le charbon de bois 80, 100 et même 120 francs la tonne, et la houille de 30 à 60 fr., l'avantage afférent au minerai est absorbé, sauf le cas de qualités de fer très-supérieures.

Rien n'est donc mieux justifié que l'application de nos chefs d'industrie à économiser le combustible. On tente d'y parvenir par une surveillance plus attentive et par une entente meilleure des opérations. Sous ce rapport, des résultats appréciables ont été obtenus. La carbonisation se fait mieux pour le bois et pour la houille.

On a aussi tenté de charger les hauts fourneaux avec de la houille non carbonisée et de l'anthracite; mais ce qui a été fait en France dans ce genre a peu de portée. Toutes les houilles et même tous les anthracites ne se prêtent pas à ce genre d'innovation. L'emploi de l'anthracite ayant été reconnu très-praticable dans d'autres pays, notamment aux États-Unis et dans le pays de Galles, il y a lieu d'espérer que quelques-uns des gîtes nombreux de combustible que la France recèle seront utilisés pour l'industrie du fer.

Une autre série d'essais pour diminuer la dépense en combustible a consisté à utiliser de diverses façons ce qu'on nomme la chaleur perdue, c'est-à-dire le gaz incomplétement consumé qui s'échappait en pure perte des différents fourneaux. Ces essais ont été de deux sortes : les uns avaient pour objet d'appliquer ces gaz directement à des opérations métallurgiques, à l'affinage de la fonte, notamment; les autres ne tendaient qu'à s'en servir pour chauffer les chaudières génératrices de la vapeur, ou pour le simple réchauffage des fers.

Les essais de la première sorte, ceux où l'on se proposait d'affiner le fer au gaz sortant du haut fourneau, avaient fait concevoir beaucoup d'espérances. Des hommes ingénieux et savants, des propriétaires d'usines, animés du zèle le plus louable, y ont consacré leur activité ou leurs capitaux; mais, après plus de dix années d'efforts, après avoir pu un moment se flatter de la réussite, on a abandonné ce procédé.

Pour ce qui est du simple réchauffage par le moyen d'une deuxième sole, venant après le fourneau où le combustible avait agi, et surtout pour ce qui est de la génération de la vapeur, le succès a été complet. C'est une conquête utilisée dans un très-grand nombre d'établissements.

Les progrès de l'industrie du fer, en ce qui concerne le combustible, peuvent ressortir du tableau ci-dessous :

Rapport de la valeur totale des combustibles employés par l'industrie du fer à la valeur totale créée par cette industrie.

1838	0,458	1841	0,414	1844	0,378
1839	0,446	1842	0,409	1845	0,356
1840	0,428	1843	0,385	1846	0,354

Un des aspects intéressants par lesquels se recommande

l'industrie du fer, depuis l'exposition dernière, disait, en 1849, le savant rapporteur, est l'agrandissement des moyens mécaniques dont on dispose pour travailler le fer malléable, en fabriquer des barres rondes ou autres de gros échantillons, ou des pièces d'une forme plus compliquée. La malléabilité qui distingue le fer au plus haut degré à chaud, et qui, avec la faculté de se souder, est une des causes pour lesquelles on a pu appliquer ce métal à tant d'usages divers, n'avait pas été suffisamment mise à profit pour les gros ouvrages. Le marteau-pilon a été l'instrument à l'aide duquel cette lacune a été comblée. On en est venu à employer des marteaux-pilons du poids énorme de 3 à 4,000 kilogrammes, à les faire agir d'une grande hauteur, et à faire subir à des masses de métal, portées à une haute température, un véritable étampage. Ces masses supportent parfaitement l'opération qu'on ne faisait guère éprouver jusqu'ici qu'à des feuilles minces de métal. On a ainsi fabriqué des pièces de grosse artillerie en fer forgé, et des organes de fortes machines à vapeur.

L'art de fabriquer et d'employer la fonte a fait aussi des progrès. D'un côté, on moule mieux, on a des surfaces beaucoup mieux venues, plus lisses. On est parvenu à avoir des fontes d'une douceur remarquable, et à en faire aussi de très-coulantes qui reçoivent facilement de délicates empreintes. La moulerie d'ornement, à l'usage du bâtiment, est certainement en progrès depuis cinq ans. Les fondeurs français payant la fonte, qui est leur matière première, plus cher que les anglais, ont été réduits à économiser davantage les matières. Ils y sont parvenus d'une manière intelligente sans porter préjudice à la force de résistance des pièces. C'est ainsi qu'il y a plusieurs années déjà un de nos plus habiles fondeurs (M. Emile Martin), avait fourni des coussinets de chemin de fer à Naples, de préférence aux Anglais. Le succès avec lequel on fait des ustensiles légers en fonte et surtout de la poterie, est une indication à la portée de tout le monde, du fait que nous signalons ici.

Une autre preuve des progrès faits par nos fondeurs, c'est la facilité avec laquelle, aujourd'hui, ils fondent de grandes pièces; l'exposition en offre des exemples multipliés.

La fonte, par les soins de nos fondeurs, reçoit un usage de plus en plus fréquent, de mieux en mieux entendu dans les constructions civiles, sous la forme de ponts. Il en a été fait une application digne d'être citée sur le chemin de fer de Paris à Strasbourg, à Frouard, sur la Moselle.

Il est digne d'attention que le fer reçoit, en même temps, de nouveaux usages, qui ne sont pas sans analogie avec ce que nous indiquons ici pour la fonte, quoiqu'on y parte d'un tout autre principe. C'est sous la forme de tôle que le fer commence à jouer un rôle de plus dans les constructions. Le nerf qu'a la tôle, la difficulté qu'elle offre à la rupture par traction, ou sous un ébranlement quelconque, viennent d'être appliqués avec une extrême hardiesse en Angleterre, au pont nouveau jeté par un ingénieur éprouvé, M. Stephenson, sur le détroit de Menai. Ce pont n'est, à proprement parler, qu'un immense tube en tôle. Sur une échelle beaucoup plus

modeste, intéressante cependant, le même principe est
représenté à l'exposition par la forte grue, tout en tôle,
de M. Lemaître.

Le jury de 1839 rappela les médailles d'or décernées
aux expositions précédentes à MM. Boigues frères et Cie,
(usine de Fourchambault, Nièvre), et à MM. Drouillard,
Benoist et Cie, usine de Gournier, près d'Alais (Gard). Il
décerna quatre nouvelles médailles d'or à MM. Muel-Doublat, usine d'Abainville (Meuse), à la compagnie des
houillères et fonderies de l'Aveyron (usine de Décazeville),
à MM. Festugières frères et Cie, usine des Eyzies (Dordogne), et à MM. Schneider frères et Cie, usine du Creuzot.

Le Roi créa M. Boigues chevalier de la Légion d'honneur.

Il attribua aussi la médaille d'or pour leurs ouvrages
en fonte de fer à MM. Émile Martin et Cie (fonderie de
Garchizy), et à M. Calla, à Paris.

Il rappela les médailles d'or précédemment obtenues
par MM. Falatieu, à Bains (Vosges), et de Buyer, à la
Chaudeau (Haute-Saône), pour leurs fers-blancs, et par
MM. Japy, pour une grande variété d'articles en fer.

Le jury de 1844, après avoir rappelé les médailles d'or
décernées à MM. Frèrejean et Festugières frères, en décerna de nouvelles à M. Boigues et Cie, de Fourchambault,
et à la Compagnie des houillères et fonderies de l'Aveyron,
pour les nouveaux progrès réalisés par ces établissements.

Il attribua aussi des médailles d'or à MM. d'Andelarre
et de Lisa, maîtres de forges à Treveray (Meuse), pour
avoir, les premiers en France, et selon toute apparence,
en Europe, employé les gaz du haut fourneau à l'affinage

des fontes (1) ; à MM. Bougueret, Couvreux-Landel et Cie, maîtres de forges à Châtillon-sur-Seine (Côte-d'Or); à MM. Serret-Lelièvre et Cie, maîtres de forges à Denain (Nord), et à madame veuve de Dietrich et fils, forges du Bas-Rhin, à Niederbronn.

Il rappela les médailles d'or attribuées pour leurs fers-blancs à MM. Falatieu et Cie et de Buyer, et à M. Emile Martin et Cie, pour les produits de sa fonderie de fer et de cuivre, et pour ceux de ses ateliers de forge et d'ajustage du matériel des chemins de fer.

Il accorda une médaille d'or à M. André, au Val-d'Osne (Haute-Marne), pour les fontes moulées, et le Roi le décora de la croix de la Légion d'honneur ;

Et une autre médaille d'or à MM. Thomas et Laurens, ingénieurs civils, pour avoir contribué, par les dispositions qu'ils ont imaginées, à d'importants perfectionnements dans les arts métallurgiques : cette médaille fut rappelée en 1849.

Le jury de 1849 rappela les médailles d'or précédemment obtenues et en décerna de nouvelles à MM. Morel frères, à Charleville, et à la Société d'Audincourt (Doubs), pour leurs fontes et leurs fers, et à M. Bouillon jeune et fils et Cie, à Limoges, pour les produits de leurs forges et tréfileries. Le Président de la république lui conféra, en outre, en 1849, la croix de la Légion d'honneur.

§ III. ACIERS. — *Limes, faulx, outils.* — La bonne qualité des aciers employés dans les arts importe tellement au progrès de la plupart d'entre eux, que nous croyons de-

(1) Voir au sujet de ce procédé ce qui est dit dans le rapport de M. Leplay, en 1849.

voir reproduire ici, presque dans leur entier, les considérations présentées par les rapporteurs de 1844 et de 1849.

« On a cru pendant longtemps que le succès obtenu,
de temps immémorial, dans un petit nombre d'usines
renommées pour la qualité supérieure de leurs aciers,
était le résultat de certains secrets, mystérieusement
transmis de génération en génération. C'est sur cette
donnée fausse, c'est-à-dire pour exploiter de prétendus
secrets, que se sont établies en France, jusque dans ces
derniers temps, la plupart des usines qui se sont proposé de lutter contre les aciéries étrangères. Cette erreur
est désormais écartée : on sait que le succès des aciéries
les plus renommées est essentiellement dû à une qualité
naturelle propre aux minerais servant de base à leur industrie, et que cette qualité se transmet, par des causes
que la science n'a pu encore complétement apprécier, aux
fontes, aux fers et aux aciers qu'on en extrait; on sait
également qu'aucun procédé de travail n'a pu suppléer,
jusqu'à présent, à la propension aciéreuse qui distingue
un très-petit nombre de minerais d'élite, et que tout le secret des aciéries les plus renommées de l'Europe consiste,
d'une part, à appliquer les méthodes ordinaires de travail
à ces minerais et aux produits successifs qu'on en obtient;
de l'autre, à n'appliquer leur marque que sur des produits
de bonne origine et d'une fabrication irréprochable. »

« Les progrès extrêmement remarquables obtenus, en
France, depuis quelques années, dans la fabrication des
aciers, sont exclusivement dus aux habiles fabricants qui
ont opéré d'après cette nouvelle donnée. »

Trois sortes d'aciers sont connus dans le commerce :

ce sont les aciers *naturels, cémentés et fondus;* ils ont des propriétés différentes qu'il importe de faire connaître.

Aciers naturels.——« Les aciers naturels s'obtiennent par l'affinage de la fonte, ou par l'affinage immédiat des minerais. Nous employons pour la fabrication des premiers soit les fontes blanches, que nous tirons de la Prusse ou de la Savoie, soit les fontes blanches et grises françaises. »

« L'acier que nous fabriquons avec les fontes spathiques du Rhin, et d'après la méthode allemande, est tout à fait pareil à celui qui se fait en Prusse. Il est à la fois dur et nerveux, et d'un emploi très-avantageux pour les outils tranchants et de taillanderie, les limes au paquet, les scies, etc. »

« Un autre genre d'acier naturel est celui que nous produisons avec les fontes blanches françaises. Il se fabrique particulièrement dans l'Isère avec celles du Dauphiné ; mais pour obtenir la première qualité d'acier, il est nécessaire de mélanger ces fontes avec celles de la Savoie, qui les surpassent en dureté. »

« Par le concours de ces deux espèces de fontes, et à l'aide du raffinage convenable, on obtient un acier qui est d'un très-bon usage, pour tout article exigeant beaucoup de nerf. Aussi les manufactures d'armes lui donnent-elles la préférence sur tous les autres aciers français ; il est un peu moins vif que celui d'Allemagne ; mais par cette raison même, il se laisse mieux travailler à l'état brut ; et c'est ainsi que la coutellerie de Thiers et celle de Saint-Étienne en font une grande consommation. »

« Enfin la troisième espèce d'acier naturel se fabrique avec les fontes grises françaises. Nos principaux établissements de ce genre sont dans la Nièvre, les Vosges et la Haute-Saône. L'acier brut qu'ils fournissent s'emploie généralement pour les outils aratoires ; étant raffiné, il est consommé pour les objets de coutellerie, les armes blanches, etc. On doit cependant remarquer qu'il a moins de dureté et de nerf que celui d'Allemagne. »

« La fabrication des aciers naturels par l'affinage immédiat des minerais, n'est en usage que dans les Pyrénées ; on y produit l'acier indistinctement avec le fer dans les fours à la catalane ; la production en est fort irrégulière et souvent accidentelle. Cet acier, d'une qualité inégale, ne s'emploie guère que pour certains outils : il est peu répandu dans le commerce. »

Aciers cémentés. — « Leurs prix modérés sont très-abordables à différents genres de consommation ; aussi sont-ils d'un usage répandu, et ceux dont la production a le plus augmenté depuis cinq ans. Nous employons pour leur fabrication, à la fois, les fers français et ceux de la Suède et de la Russie. Le bon choix de ces fers est une condition nécessaire de la qualité de l'acier cémenté, et bien que des progrès sensibles aient été réalisés, depuis quelques années, nous ne sommes pas encore parvenus à lui donner toutes les qualités qui le rendraient capable de remplacer celui d'Allemagne, comme cela est arrivé en Angleterre, et puisque l'obstacle ne réside pas dans le manque de dureté, il semblerait que le choix d'un fer très-nerveux, joint à une fabrication soignée, devrait nous conduire nécessairement au même résultat. Il est inutile de parler des conséquences qu'aurait cette application. »

« La bonne fabrication de l'acier cémenté tire, du reste, une nouvelle importance, de ce qu'elle est en grande partie la base de l'acier fondu, dont il nous reste à parler. »

Aciers fondus. — « Leur principal centre de production est à Saint-Étienne, où ils se fabriquent de deux manières différentes : 1° A l'aide des fers qui sont cémentés pour cet usage; on emploie ordinairement ceux de l'Ariége et quelques fers de Suède; 2, en l'obtenant immédiatement au moyen de la limaille. »

« Le premier de ces procédés est celui qui est le plus généralement pratiqué, parce qu'il a donné, jusqu'à présent, les seuls résultats satisfaisants sous le rapport de la qualité. »

« Le second est plus prompt et moins dispendieux, car de cette manière, l'acier s'obtient immédiatement de la limaille de fer ou de riblons, auxquels on ajoute du charbon pilé et qu'on coule ensuite dans un creuset. Aussi cet acier se vend-il à un très-bas prix; mais sa qualité inférieure et fort inégale s'est opposée jusqu'à présent à l'extension de sa consommation. »

« L'acier fondu étant d'un grain plus fin que les aciers naturels et cémentés, ainsi que d'une nature plus homogène, est aussi celui qui peut acquérir le plus de dureté à la trempe, et qui présente la surface la plus nette après le polissage; ces différentes propriétés recommandent son emploi pour tous les objets qui exigent une forte trempe et un beau poli; par contre, il a moins de nerf que d'autres aciers, et quoiqu'on soit parvenu à fabriquer des aciers fondus très-tendres, on n'a pas encore réussi à les rendre aussi nerveux que les aciers naturels. »

« Cependant si l'acier fondu est réduit à de petites dimensions, il conserve plus de dureté et d'élasticité que l'acier naturel. C'est ainsi que pour établir des ressorts d'une certaine épaisseur comme ceux des pendules, lampes, etc., qui exigent un fort nerf, l'acier naturel est le seul convenable ; d'un autre côté, cet acier est impropre à la fabrication des ressorts de montres, et pour cet objet, l'acier fondu seul peut être employé ; car l'acier naturel étant déjà moins dur que l'acier fondu, perdrait encore beaucoup de sa dureté par les différentes chaudes auxquelles il faudrait le soumettre pour le réduire à une épaisseur aussi faible, et par cette raison il ne présenterait plus l'élasticité nécessaire. »

« Tels sont les différents genres de productions que nous réunissons, et sous ce rapport la France est peut-être le seul pays qui possède une fabrication d'acier aussi variée. L'Allemagne ne produit que l'acier naturel, elle fabrique fort peu d'acier fondu et presque point d'acier cémenté. Les Anglais, au contraire, ne s'occupent que de la fabrication des aciers cémentés et fondus ; et pour établir les bonnes qualités, il leur faut recourir aux fers de Suède et de Russie, puisque leurs propres fers ne peuvent servir que pour les aciers tout-à-fait inférieurs. »

« Nous devons cependant faire connaître un fait regrettable et qui mérite d'être étudié. Malgré la grande variété d'aciers que nos fabricants livrent au commerce, ils ne sont pas encore parvenus à répondre à tous les besoins de la consommation ; c'est ainsi que nous devons

2

recourir à la Styrie, quand il s'agit d'obtenir des produits doués de beaucoup de nerf, et à la Prusse pour les objets qui demandent à la fois du nerf et de la dureté. »

« Il en est de même des qualités supérieures d'acier fondu; pour la fabrication de cet acier, les Anglais ont eu soin de s'assurer par des marchés à long terme les premières marques des fers de Suède, parce qu'une expérience centenaire leur a prouvé la supériorité de ce fer sur tous les autres fers de l'Europe, et l'acier fondu qui en résulte réunit à un plus haut point que les autres aciers fondus, le nerf à la dureté; c'est pour ce motif qu'il est recherché pour bien des usages. »

« Il serait donc à désirer que nous pussions réussir à combler les lacunes que présente notre fabrication, afin de nous affranchir du tribut que nous payons encore à l'Allemagne et à l'Angleterre. »

« En ce qui concerne les aciers naturels, les principales difficultés que nous aurons à vaincre ont leur source dans la nature même de notre minerai; car les premières qualités d'aciers naturels supposent des minerais riches en manganèse, qui sont très-rares, surtout en France; es seuls que nous ayons sont dans le Dauphiné et dans les Pyrénées; encore n'est-on point parvenu à produire des fontes miroitantes comme en Prusse. »

« Les fontes de l'Isère et de la Savoie ont beaucoup d'analogie avec celles de la Styrie; on évite dans ce pays de produire des fontes miroitantes et l'on préfère les fontes blanches radiées ou grenues pour la fabrication de l'acier, parce que l'affinage en est moins long et moins difficile. »

« La différence que nous remarquons entre les fontes de la Prusse et celles de la Styrie explique celle qui existe dans les aciers; ceux de Styrie ont plus de nerf que les aciers de Prusse et sont d'un excellent emploi pour les faulx et les ressorts, tandis que les derniers, qui sont plus vifs et d'un grain plus fin, conviennent mieux à la taillanderie. »

« Il est donc probable qu'en adoptant la méthode allemande pour l'affinage des fontes du Dauphiné et de la Savoie, on arrivera à produire les mêmes aciers que la Styrie. Il sera plus difficile d'obtenir avec nos minerais des aciers semblables à ceux de la Prusse, parce qu'il existe une différence notable entre ses fontes et les nôtres. Il est possible cependant qu'on atteigne ce but par le raffinage, en mélangeant convenablement les aciers bruts de l'Isère avec des fers cémentés de première qualité de la Suède. »

Le jury de 1839 rappela les médailles d'or décernées aux expositions précédentes à MM. Jackson frères à Saint-Paul-en-Jarret (Loire), Talabot et Cⁱᵉ à Toulouse, et Dequenne fils à Raveau (Nièvre), et décerna une nouvelle médaille d'or à M. Baudry à Athis (Seine-et-Oise); pour des aciers et ressorts parfaitement fabriqués avec des fers de Suède, première marque.

Le jury de 1844 rappela les médailles d'or précédemment décernées à MM. Jackson frères, Baudry, Dequenne fils, Ruffié (Alexandre) et Coulaux aîné et Cⁱᵉ.

Le jury de 1849 rappela les médailles d'or obtenues, aux expositions précédentes, par MM. Jackson, Baudry et Léon Talabot. Le Roi accorda, en 1839, la décoration de la Légion d'honneur à MM. Talabot et Jackson (Williams).

1. *Limes.* — Les jurys de 1839, 1844 et 1849 font connaître que les fabricants de limes, sous l'influence des marchands, sont obligés, comme les couteliers de Nogent, de marquer leurs produits de fausses marques; c'est une cause qui s'oppose au succès, que cette dépendance où les fabricants se trouvent placés à l'égard des marchands; c'est aussi mettre le jury dans l'impossibilité d'accorder des récompenses avec certitude de les donner à ceux qui les méritent. C'est enfin une nouvelle preuve de la nécessité d'établir un système complet de marques de fabriques obligatoires pour les diverses industries.

Le jury de 1839 rappela les médailles d'or précédemment obtenues par MM. Montmouceau frères, à Orléans, et Boitin, à Paris.

2. *Faulx.* — Les observations sur les marques, faites au sujet des limes, devaient aussi s'appliquer aux faulx, selon le rapporteur du jury de 1849; néanmoins la fabrication des faulx avait continué de s'étendre, en France; l'on était parvenu, en 1844, à fabriquer des faulx en acier fondu, et cette fabrication avait donné de beaux résultats.

Le jury de 1844 décerna à MM. Massenet, Gérin et Jackson frères, à Saint-Etienne (Loire), une médaille d'or que le jury rappela en 1849. Le Roi décora, en 1844, M. Massenet de la croix de la Légion d'honneur.

3. *Coutellerie.* — La situation de l'industrie de la coutellerie n'avait pas changé aux expositions de 1839, 1844

et 1849, comparativement au compte qu'en rendait le jury en 1834. La coutellerie commune avait toujours Thiers pour centre de sa fabrication, et la coutellerie fine, Nogent-le-Roi ; mais Nogent, qui sans doute lutterait contre la coutellerie étrangère, n'envoyait point ses produits à l'exposition, par les raisons que nous avons dites en 1834. Cette situation de l'industrie coutelière est regrettable ; elle l'empêche de prendre l'extension dont elle serait susceptible.

Le jury de 1839 décerna la médaille d'or à M. Charrière, pour la fabrication des instruments de chirurgie. Celui de 1844 accorda une autre médaille d'or à M. Samson, à Paris, pour la même branche d'industrie.

4. *Outils.* — Le jury de 1849 attribua la médaille d'or à M. Renard, fabricant d'outils à Paris. « Un esprit aussi « courageux, aussi méthodique et aussi persévérant que « celui de M. Renard, qui perfectionne tout ce qu'il « touche et invente ce qui est utile, devait, disait le rap- « porteur de 1849, être placé au premier rang. »

5. *Aiguilles.* — Le jury de 1849 représentait comme peu favorable la situation où se trouvait la fabrication des aiguilles. « Les fabriques allemandes, disait-il, inondent notre marché de leurs produits, surtout dans les numéros pour lesquels le transport est presque nul et la surveillance de la douane à peu près impossible. En outre, ces fabriques travaillent dans des conditions de salaire bien plus favorables que les nôtres ; elles puisent largement à même une population ouvrière nombreuse, bien groupée et traditionnellement habituée à ce genre de travaux. Enfin, la matière première des aiguilles fines ne leur fait

pas défaut, comme à nous, et leur est, au contraire, four-
nie à bas prix et de très-bonne qualité. »

« Pendant que l'Allemagne pèse sur nous par ses produits de dimension moyenne, l'Angleterre introduit, par
la contrebande, des produits d'une telle finesse et d'une
telle perfection qu'ils se placent à des prix comparativement fabuleux. »

« C'est contre des adversaires aussi bien posés que
notre industrie lutte avec courage. »

Le jury de 1839 décerna la médaille d'or à M. Cadou-
Taillefer, à Laigle (Orne), pour sa fabrication d'aiguilles.
M. Boucher avait déjà, il y a cinquante ans, fait les plus
grands efforts pour enlever aux Anglais leurs procédés
de fabrication, il n'y avait pas réussi. M. Cadou-Taillefer,
son petit-fils par alliance, a repris cette tentative difficile,
et il est parvenu, à force de sacrifices, à se procurer
toutes les machines nécessaires et à recruter un nombre
suffisant d'ouvriers expérimentés. Le jury de 1839 déclarait que ses aiguilles étaient plus belles que celles de l'Allemagne et comparables aux meilleures aiguilles anglaises. Nous venons de voir que, depuis 1839, la fabrique
de Laigle lutte sans se décourager contre l'Allemagne et
l'Angleterre, mais dans des conditions encore fort difficiles. Le jury de 1844 faisait remarquer que l'établissement de la fabrication du fil d'acier fondu, à des prix
modérés, manquait encore en France, que nos fabricants
d'aiguilles étaient obligés de tirer ce fil de l'étranger, et
qu'ils n'étaient pas toujours assurés de s'en procurer du
meilleur.

§ IV. QUINCAILLERIE. — 1. *Quincaillerie.* — La quin-

caillerie se rattache à presque toutes les autres industries par la grande variété d'outils qu'elle est appelée
à leur fournir. Cette considération donne la mesure de
son importance, surtout si on remarque combien la perfection d'une main-d'œuvre dépend de l'instrument qui
a servi à l'exécuter.

La quincaillerie s'occupe peu d'articles de luxe, mais
principalement de ceux de première nécessité, dont la
majeure partie est consommée par les classes les moins
aisées. Il suit de là que le principal mérite d'un outil, consiste dans une qualité régulière, jointe à une forme convenable, ainsi que dans une juste proportion entre son
prix et le degré d'usage qu'il peut faire.

En envisageant, sous ces trois points de vue, les expositions de 1839, 1844 et 1849, nous constatons des améliorations réelles; car les fabricants se sont appliqués avec
persévérance à perfectionner leurs produits tant sous le
rapport des formes extérieures, que sous celui de la qualité. Les diminutions de prix sont moins sensibles, en
raison des exigences légitimes de la grande majorité des
consommateurs qui n'admettent plus la médiocrité dans
ces articles, par la raison qu'un bon outil abrège leur
travail et le rend meilleur, tandis qu'un mauvais leur fait
perdre leur temps et leurs peines.

La quincaillerie, par suite même de l'immense variété de ses produits, occupe un très-grand nombre d'ouvriers; la plupart de ces ouvriers travaillent à la pièce et
se trouvent dans une bonne position sociale.

Le jury de 1849, en rappelant les médailles d'or décernées aux expositions précédentes à MM. Japy et Cou-

leaux, accordait la médaille d'or à MM. Migeon et Viellard, à Morvillars (Haut-Rhin) pour une fabrique de vis à bois, fondée en 1828, laquelle prit en peu de temps un tel développement, qu'elle consomma toute sa production en fer et en fil de fer. « (1) Aujourd'hui Morvillars est un de ces rares établissements qui, en payant trois ou quatre main-d'œuvres différentes, produit, pour ainsi dire, tout lui-même, depuis la matière première jusqu'à la marchandise fabriquée et qui, par cette excellente position, peut soutenir avantageusement la concurrence d'adversaires redoutables, au grand profit de la consommation générale. »

« L'établissement de MM. Migeon et Viellard consiste en quatre usines, ayant une force théorique de 200 chevaux ; il occupe en outre mille ouvriers. »

« 140 familles habitent l'établissement qui leur fournit le logement et un petit jardin, moyennant 36 francs par an. »

« Pour assurer aux ouvriers l'achat de farine sans mélange et à prix réduit, ils ont construit un moulin sur l'un de leurs cours d'eau et ils fournissent la farine à un prix qui ne laisse à la charge du consommateur que les frais de mouture. »

« Pour épargner à leurs ouvriers les désastreuses conséquences de la cherté de 1846 et de 1847, ils achetèrent dans le grand duché de Bade et en Bavière, pendant l'automne de 1846, pour 100,000 fr. de blé, ce qui leur permit de livrer à leurs ouvriers, jusqu'à la récolte de 1847, les 100 kilog. de farine à 45 francs, au lieu de

(1) Rapport de M. Goldenberg.

70 francs, qui était alors le prix de la meunerie. Ces blés, vendus au cours de l'époque, leur eussent donné un bénéfice de 60,000 francs. »

« Ils retiennent à leurs ouvriers 1 p. 0/0 sur leur salaire, ce qui représente par an environ 3,000 fr., et, au moyen d'une somme égale qu'ils y ajoutent annuellement, ils ont créé une caisse de secours qui leur a permis d'attacher un médecin à leur établissement et d'ériger une pharmacie qui fournit gratuitement à tous les membres des familles qu'ils emploient, médicaments, bandages, etc. Cette caisse délivre, en outre, pour les cas de maladie et de convalescence, 1 franc par journée aux hommes et 75 centimes, par journée, aux femmes. »

« L'établissement Migeon a obtenu jusqu'à 3 médailles d'argent, la première en 1819, pour la fabrication des fils de fer, et les deux autres aux expositions de 1839 et de 1844 pour les vis à bois, boulons, etc., etc.

2. *Fermetures domiciliaires relatives aux portes, fenêtres, devantures de boutiques*, etc. — L'ensemble des perfectionnements apportés aux objets compris sous cette dénomination parut très-remarquable au jury de 1849 et il décerna aux exposants de cette industrie plusieurs médailles de bronze.

3. *Meubles en fer.* — La fabrication des meubles en fer semblait s'être approchée, à l'exposition de 1849, de la limite des progrès qu'il lui est donné d'accomplir. On peut même admettre que jamais on ne pourra établir de lits, conservant un aspect convenable, à meilleur marché que ceux qui parurent à l'exposition de 1849.

Il semble, en outre, qu'aucun genre de meubles ne

doit rester étranger à cette industrie, dans le but de satisfaire à des conditions particulières de climat, comme aux Antilles, où les meubles en bois n'ont qu'une très-courte durée.

Les jurys de 1844 et 1849 décernèrent des médailles d'argent aux exposants qui avaient excellé dans ce genre d'industrie.

3. *Toiles et tissus métalliques.* — M. Roswag fils soutint dignement aux expositions de 1839, 1844 et 1849 l'honneur de l'établissement fondé par son père à Schelestadt. Il exposa successivement des toiles métalliques d'une finesse de plus en plus remarquable.

> En 1839, 44,108 mailles au pouce carré.
> En 1844, 55,225 —   —
> En 1849, 60,025 —   —

Enfin, à l'Exposition universelle de Londres, il a exposé la plus belle collection des tissus métalliques, et ses échantillons se distinguaient autant par la régularité du tissage que par leur finesse; nous citerons, au sujet de cette dernière qualité, un échantillon qui portait 9,225 mailles au centimètre carré, soit 96 fils en chaîne et autant de trame.

Ces résultats magnifiques valurent à M. Roswag plusieurs rappels de médailles d'or, et le Roi lui conféra, en 1844, la croix de la Légion d'honneur.

§. V. Conduites d'eau et de gaz en métal. — Les conduites d'eau et de gaz en métal, qui avaient paru à l'exposition de 1839, prirent un grand dévelopement en 1844 et 1849. Ces tuyaux sont formés d'une feuille de tôle étamée au plomb intérieurement, et dont les bords en

recouvrement sont cloués l'un sur l'autre. Les conduites
d'eau sont bitumées à l'intérieur, ce qui est inutile pour
les conduites de gaz. Voici comment se forment les joints
longitudinaux qui ne laissent aucun point saillant, ni à
l'intérieur, ni à l'extérieur du tuyau : Les deux bords de
la tôle étant étirés de deux centimètres, on les fait passer
sous un emporte-pièce qui découpe et repousse, du dedans au dehors, deux agrafes superposées : en donnant
au tuyau un léger mouvement de torsion, les deux agrafes se séparent, et celle qui a été découpée dans le bord
inférieur va se superposer sur le bord supérieur et établit
ainsi la jonction des deux bords du tuyau. Ce procédé est
des plus ingénieux ; et, en même temps, des plus expéditifs : la ligne de jonction du tuyau est ensuite soudée à
l'étain.

Le jury de 1849 décerna la médaille d'or à MM. Chameroy et Cie, à Paris.

§ VI. SUBSTANCES MINÉRALES COMBUSTIBLES. — Les industries, qui ont pour objet d'extraire de la terre des
combustibles minéraux et végétaux, n'ont point encore
été représentées aux expositions, si ce n'est en 1849, par
des exposants qui ont élaboré les débris de combustibles
et de diverses substances d'un emploi jusqu'alors peu
avantageux, pour les transformer en combustibles de
bonne qualité. On doit regretter que la production de la
houille, si importante pour nos usines, nos chemins de
fer et notre navigation, ne prenne pas place aux expositions ; son absence forme une lacune trop considérable
dans l'ensemble des produits de notre industrie.

§ VII. SUBSTANCES MINÉRALES. — *Marbres, granits,*

meules, ardoisières, pierres lithographiques. Le jury central de 1849 a classé sous la même section l'exploitation des diverses substances minérales que nous venons d'énumérer, et diverses industries qui s'en rapprochent par des analogies; mais qu'il aurait peut-être été préférable de classer séparément. Déjà on a remarqué sans doute, et notamment à l'article des laines, l'inconvénient de juger la production des matières premières uniquement au point de vue de l'industrie qui les emploie; il est certain que la production de la matière première n'est avantageuse qu'autant que le prix auquel elle revient est inférieur à celui auquel la matière similaire étrangère arrive sur notre marché : il y a donc avantage, pour bien juger de la situation de l'industrie qui produit une matière première et surtout une substance minérale, à la considérer en elle-même et indépendamment de l'industrie qui la met en œuvre.

« (1) La France possède, ainsi que cela a été dit à l'occasion de l'exposition de 1834, de nombreuses carrières de marbre pour la statuaire, comme pour la marbrerie monumentale et d'ornement. Nos carrières ont été exploitées par les Romains ; nous en trouvons la preuve dans les ruines de leurs monuments, à Nîmes, à Aix, à Arles, à Orange, à Vienne, à Lyon, etc. Les marbres qui les décoraient sont tous des marbres français, et les fragments des statues qu'on y recueille sont de blanc statuaire de France, des Alpes ou des Pyrénées. »

« Charlemagne, François Iᵉʳ, Henri IV, Louis XIV ont fait remettre en exploitation une partie des carrières ex-

(1) Rapport du jury central.

ploitées par les Romains, et en ont fait ouvrir de nouvelles pour l'embellissement des palais et des monuments publics. Ce sont leurs marbres qui ont été employés à la Bourse, à la Chambre des députés, à l'Hôtel des finances, à la Madeleine, à l'Hôtel du quai d'Orsay, etc. »

« Quant à nos marbres statuaires, il a été, pendant un temps, convenu de dire que les marbres de France étaient inférieurs à ceux d'Italie. »

« Ils sont enfin aujourd'hui mieux connus. Leurs gisements ont été constatés dans les Alpes et les Pyrénées par Saussure, Dolomieu, Palasson, Ramond, Cordier, Elie de Beaumont, Dufresnoy, Jaubert, de Passa, etc., etc., comme leur qualité a été reconnue et attestée par nos premiers statuaires, Bozio, Gayrard, David, Foyatier, Lemaire, Espercieux, Etex, Maindron, etc., etc.; mais, bien plus, elle l'est d'une manière incontestable par la belle conservation des statues et des bustes antiques, entr'autres la Vénus d'Arles et le Faune de Vienne, qui après être restés enfouis pendant plus de quinze à seize siècles, ont été retrouvés sains, intacts et sans aucune altération. Cette belle conservation est due à la contexture cristalline, plus dense, plus compacte et plus intime de nos marbres, d'où résulte une plus grande dureté qui en fait la qualité et la supériorité, mais qui exige de la part des praticiens, il est vrai, plus de temps ou de travail, et par suite, leur fait demander pour leur ouvage un prix plus élevé, motif pour lequel la plupart des statuaires donnent la préférence aux marbres d'Italie, plus faciles à travailler, parce qu'ils sont plus tendres, et souvent tellement tendres, qu'on ne peut les travailler qu'à force de les gommer, outre l'inconvénient qu'ils ont d'être souvent siliceux et parsemés de nœuds de quartz. »

« On a manifesté la crainte que nos carrières de blanc statuaire ne pussent fournir aux besoins de nos ateliers et de nos monuments publics ; ces craintes ne sont nullement fondées. Nos géologues ont reconnu le prolongement de la grande bande de blanc statuaire et du blanc clair dans toute la longueur de la chaîne des Pyrénées, où on peut les attaquer dans plus de cinquante endroits. »

Il semble que ce serait une étude importante que celle d'une voie de communication qui pût transporter à peu de frais les marbres de nos principales carrières jusqu'à un entrepôt en communication facile et peu coûteuse avec les grands centres de consommation. Si le trésor public faisait la dépense d'une telle communication, il ouvrirait probablement une source de richesse au pays et ce serait un progrès magnifique de l'industrie que l'emploi des marbres dans les édifices publics et privés. Les Romains les utilisaient avec une sorte de prodigalité en comparaison de l'usage fort restreint que nous en faisons, et ils n'avaient ni la force de la vapeur ni les moyens de traction des chemins de fer à leur disposition.

Le jury de 1839 rappela la médaille d'or qu'avait obtenue, en 1827, la compagnie dirigée par M. Lesueur pour l'exploitation des marbres des Pyrénées.

Il décerna une médaille d'or à M. Aimé Geruzet à Bagnères de Bigorre.

Le jury de 1844 et celui de 1849 décernèrent de nouvelles médailles d'or à M. Geruzet, et celui de 1839 une médaille d'or à MM. Cazaux et Fabrège à Laruns (Basses-

Pyrénées), qui exploitent à Gabaz une grande carrière de marbre blanc saccharoïde. Le même jury décerna une médaille d'or à M. Seguin, marbrier à Paris, dont l'usine est la première et la plus remarquable pour le travail des marbres, granits, porphyres etc ? M. Seguin aîné avait exposé, en outre, des bas reliefs obtenus sur marbres porphyres, etc., par des procédés mécaniques peu coûteux.

Le jury de 1849 décerna une médaille d'argent à M. Charles Sappey, à Saint-Firmin-de-Vizille (Isère), pour les beaux produits de marbrerie et ouvrages divers de tour et de sculpture faits avec le marbre Alabastrite de la carrière de Saint-Firmin-de-Vizille.

Le même jury attribua la médaille d'or à MM. Gueuvin-Bouchon et Cie, pour leurs exploitations de pierres meulières aux environs de La Ferté-sous-Jouarre.

Le jury de 1844 décerna à la société des ardoisières d'Angers, une médaille d'or, que rappela le jury de 1849. Cette société anonyme occupait de 2,500 à 3,000 ouvriers; elle avait 17 machines à vapeur, représentant 230 chevaux-vapeur, et en outre plus de 300 chevaux. En quatre ans, elle a livré à la consommation 675 millions d'ardoises.

Enfin, les jurys de 1839, 1844 et 1849 attribuèrent à M. Paul Dupont la médaille d'or pour son exploitation à Châteauroux, de pierres lithographiques, qui sont de même qualité que celles de Pappenheim et de Ratisbonne, les plus estimées jusque-là pour la lithographie.

§ VIII. STUCS ET MARBRES FACTICES, PIERRES ARTIFICIELLÉS, CHAUX HYDRAULIQUE. — «On a vu à l'exposition de 1849, des marbres artificiels imitant tellement les marbres naturels, même des plus fins et de la plus grande beauté, qu'ils en présentaient la dureté, la compacité, le poids, les couleurs, le beau poli, enfin tous les caractères, ainsi que l'ont prouvé les divers essais auxquels ils ont été soumis. » Telles étaient les paroles du rapporteur du jury central de 1849 sur les marbres artificiels présentés par MM. Philbert Baudot et Amédée Bougrand, à Charecy, près le Bourgneuf (Saône-et-Loire), à qui une médaille d'argent fût décernée. Si le jury se fût expliqué sur le prix de ces marbres, sur leur emploi dans les édifices et sur leur résistance aux intempéries, et si son opinion eût assimilé, sous ces différents rapports, les marbres artificiels aux marbres naturels, il aurait inauguré une industrie nouvelle d'une grande importance.

§ IX. BITUME ET ASPHALTES. — L'emploi du bitume se généralise et se développe de plus en plus, à raison des avantages qu'il présente dans les arts, les constructions, les travaux publics, etc., lorsque l'emploi en est fait avec discernement et sans altération ou mélange.

Le jury décerna la médaille d'argent à MM. Desvarannes et C¹ᵉ, à Paris, qui dirigent l'exploitation des mines de bitume-asphalte et goudron minéral de Pyrimont et Seyssel, département de l'Ain. Deux grandes machines à vapeur et une forte roue hydraulique sont établies sur les travaux, outre quinze feux d'atelier de fabrication du goudron minéral; cette fabrication est annuellement de 4,500,000 kilogrammes et produit 200,000 mètres cubes de matière première.

§ X. BRUNISSOIRS ET PIERRES A POLIR. MINERAIS D'ÉMERI, GRÈS, SABLE, PLASTIQUE DE CONCRÉTIONS MINÉRALES NATU-

BELLES, CRAYONS. — Les ingénieurs, les architectes et les dessinateurs se plaignaient avec raison de ne pouvoir enlever entièrement les esquisses ou premiers tracés faits avec les crayons Humblot Conté, qui avaient, en outre, le grave inconvénient de graisser le papier, et par conséquent de s'opposer au lavis, à cause de la matière savonneuse qui entrait dans la préparation de la plombagine artificielle, inconvénient majeur qui nuisait au développement de cette fabrication, et contribuait à maintenir la préférence en faveur des crayons anglais, dont la plombagine n'avait pas ce défaut.

Cette préférence a subsisté jusqu'à ce que, par de nouvelles recherches et des travaux réitérés, un de nos fabricants soit parvenu à supprimer le savon et la cire dans ces compositions, et à les remplacer par une substance minérale, naturellement douce, onctueuse, donnant à la plombagine artificielle tous les caractères et le moelleux de la plombagine d'Angleterre.

Ce fabricant est M. Léonard Gilbert, à Givet (Ardennes), qui fabrique annuellement 30, à 35,000 grosses de crayons et à qui le jury de 1849 décerna la médaille d'argent.

INSTRUMENTS DE PRÉCISION.

§ 1. HORLOGERIE. 1° *Horlogerie de haute précision.* — L'horlogerie de haute précision n'avait plus de progrès à faire que sous le rapport de l'abaissement du prix des instruments qu'elle livre à la marine et aux sciences. Elle a atteint ce but dans la période de 1834 à 1849. Elle fabrique aujourd'hui des chronomètres d'une exactitude parfaite et qui coûtent près de moitié moins qu'ils ne coûtaient il y a quinze ans.

Le jury de 1839, en rappelant les médailles d'or décernées à MM. Motel et Perrelet, en accorda une nouvelle à M. Winnerl, à Paris. Le jury de 1844 rappela les médailles d'or décernées à MM. Berthoud, Bréguet neveu et Cⁱᵉ., Motel et Winnerl, et en décerna une nouvelle à M. Henri Robert. Le Roi nomma M. Winnerl chevalier de la Légion d'honneur.

Le jury de 1849 rappela les médailles d'or décernées à M. Henri Robert et à M. Auguste Berthoud, que le Président de la république nomma chevaliers de la Légion d'honneur.

2. *Horlogerie civile.* — Le jury de 1844 accorda la médaille d'or à M. Paul Garnier, à Paris, mécanicien habile qui avait déjà figuré, d'une façon remarquable, dans toutes les expositions : Le jury de 1849 rappela cette médaille.

3. *Grands mécanismes d'horlogerie, horloges publiques.* — Le jury de 1844 décerna la médaille d'or à M. Wagner neveu, à Paris, constructeur d'horloges publiques d'une précision parfaite et à M. Schwilgué père, à Strasbourg, dont le jury central n'a pu examiner lui-même les œuvres, parce que le jury départemental a pensé qu'elles ne pouvaient, sans inconvénient, être transportées à Paris.

L'énumération des travaux de M. Schwilgué serait aussi longue que difficile, disait le jury central de 1844; fondateur d'une fabrique de grosse horlogerie, il a commencé par créer, pour son propre atelier, des outils dont la propagation sera un véritable bienfait. Parmi eux, nous nous bornerons à citer la machine dite *épicycloïdale*, pour donner aux roues d'engrenage, par le seul fait de l'exécution mécanique de leur denture, les courbes théoriques qui leur conviennent, et sa machine à pignon, jouissant des mêmes propriétés. M. Schwilgué a pourvu la tour du guetteur de la ville qu'il habite d'un bien précieux instrument, nommé par lui *toposcope*. Désormais, le point précis où un incendie éclate est reconnu, au moyen du toposcope, par la seule observation de la lueur qui en résulte.

Le jury de 1849 décerna une nouvelle médaille d'or à M. Wagner neveu, qui avait exposé divers instruments de précision fort remarquables.

4. *Mouvements roulants de pendules et ébauches de montres.* — Le jury de 1839 rappela la médaille d'or obtenue précédemment par M. Pons, à Saint-Nicolas d'Aliermont (Seine-Inférieure), et accorda une médaille d'or à MM. Benoit et Cie., à Versailles, qui avaient fondé une fabrique d'horlogerie dans laquelle le cuivre était remplacé par un alliage de cuivre et de platine, afin d'éviter l'oxidation des pièces. Cette médaille fut rappelée, en 1844, ainsi que celles attribuées à MM. Pons et Japy frères, à Beaucourt (Doubs).

Le Roi nomma M. Pons chevalier de la Légion d'honneur.

§ II. INSTRUMENTS DE PHYSIQUE ET D'OPTIQUE. — 1. *Instruments.* — Les jurys des trois expositions de 1839, 1844 et 1849 décernèrent la médaille d'or à MM. Morin, pour les dynamomètres; à M. Buron, pour ses instru-

ments et lunettes de toute espèce ; à M. Soleil, pour les
instruments propres à constater les phenomènes de la po-
larisation et de la diffraction de la lumière ; enfin à
M. Deleuil, pour ses balances de précision.

Le Roi nomma M. Buron chevalier de la Légion d'honneur, en 1844, et le Président de la république accorda,
en 1849, la même distinction à M. Soleil.

Le jury de 1849 regrettait de ne pouvoir décerner la
médaille d'or à M. Froment, à Paris, parce qu'il faisait
partie du jury ; mais il rendait hommage au talent hors
ligne de cet habile constructeur d'instruments de précision.

2. *Phares.* — Le jury de 1844 attribua deux médailles
d'or à M. François et à M. Henri Lepaute, tous deux ingénieurs à Paris, pour la construction des phares lenticulaires, d'après les principes découverts par M. Fresnel.

3. *Appareils à peser et grandes balances.* — La ro-
maine, cette machine à peser si commode, mais qui,
sous le rapport de la précision, laissait tant à désirer, a
reçu, dans ces derniers temps, des perfectionnements
qui en ont rendu l'usage aussi sûr que commode. Par la
superposition de deux romaines, on a donné à la machine
une puissance dix et vingt fois plus grande qu'elle n'é-
tait et on a trouvé, à l'aide de poids curseurs, des indi-
cations précises du poids. On a obtenu des effets analogues par la combinaison de deux leviers sans poids
curseurs ; on a rendu ainsi plus facile l'emploi de la ro-
maine au moment même où celui des anciennes balances
à fléau n'aurait pas offert assez de célérité dans les gares
des chemins de fer.

Le jury de 1849 décerna la médaille d'or à MM. Béranger et Cⁱᵉ., à Lyon, pour leurs appareils à peser : Balance-pendule, peso-compteur, bascule en l'air et ponts à bascule.

4. *Machines à calculer*. — Pascal avait eu, fort jeune, l'idée d'une machine pour exécuter les opérations ordinaires de l'arithmétique. Celle qu'il a construite, vers 1645, après de longs et dispendieux essais, était loin de répondre aux espérances qu'il avait conçues. Cette machine, la plus ancienne que l'on connaisse, existe encore : Elle a servi de modèle, de point de départ à presque tous ceux qui se sont occupés du problème dont Pascal avait cherché la solution avec tant de persévérance. Après quelques tentatives de perfectionnement, Leibnitz fut conduit à une machine arithmétique qu'il a décrite, qu'il avait déjà montrée à Londres, en 1673, et qui fut très-longtemps pour lui un incessant objet de travail et de méditation.

L'instrument calculateur de Pascal et tous ceux qui furent proposés plus tard laissaient tant à désirer, sous tous les rapports, qu'ils seraient tombés dans l'oubli le plus profond si l'histoire de la science n'en avait pas conservé le souvenir.

MM. Maurel et Jayet ont présenté à l'exposition de 1849, sous le nom d'*arithmaurel,* une machine à calculer. Au moyen de cylindres cannelés et d'arbres parallèles, sur lesquels glissent des pignons destinés à représenter les nombres, elle opère des calculs sur des nombres dont les chiffres réunis s'élèvent jusqu'à huit. Le jury de 1849 leur a décerné la médaille d'or.

5. *Instruments d'astronomie, de marine, de géodésie et de mathématiques.* — Le jury de 1844 décerna la médaille d'or à M. Brunner, à Paris, pour divers instruments d'astronomie parfaitement construits et entre autres un très-beau cercle astronomique de 60 centimètres de diamètre. Le jury de 1849 rappela cette médaille d'or.

6. *Instruments divers, machines à graver, globes célestes et terrestres, machines planétaires, etc.* — Les jurys, tout en se bornant à accorder à divers artistes des médailles d'argent, leur décerna des éloges fort mérités, entre autres, à MM. Collas et Barrière, pour leurs ingénieuses machines à graver et à M. Bauer-Keller et Cie, pour ses plans en relief.

INSTRUMENTS DE MUSIQUE.

§ I. PIANOS. — La facture des instruments de musique a fait de grands progrès, depuis 1834 : les pianos à queue, les pianos, les flûtes, les instruments à vent en cuivre et les instruments à archet ont présenté des améliorations qu'il ne semblait pas qu'on pût faire dans un laps de temps aussi court. C'est surtout par les perfectionnements de détail, par la précision du travail, par l'entente plus complète du mécanisme et du rôle de chaque partie des instruments, que les facteurs se sont généralement fait remarquer aux expositions de 1839, 1844 et 1849.

Les pianos, tant par leur forme que par leurs dimensions et la qualité des sons, ont été successivement divisés en trois, quatre et huit classes, comprenant les grands pianos à queue, les petits pianos à queue, les pianos carrés à trois cordes, les pianos carrés à deux cordes, les pianos droits à cordes obliques, les pianos droits à cordes verticales, les grands pianos droits, les pianos exceptionnels.

Le jury de 1839, en rappelant les médailles d'or décernées aux précédentes expositions à MM. Pape, Pleyel, Roller et Blanchet, de Paris, décernait la même récompense à M. Pierre Erard, de Paris, non seulement pour la qualité des sons de ses pianos, mais encore pour le fini du travail, la disposition du mécanisme, et la solidité de toutes les parties qui les constituent.

Le jury de 1844 rappelait les médailles d'or obtenues précédemment par MM. Pierre Erard, Pape, Pleyel et Cⁱᵉ, Roller et Blanchet, de Paris, et décernait, en outre, la médaille d'or à MM. Kriegelstein et Plantade, de Paris, pour leurs pianos qui ne laissaient rien à désirer sous le rapport de la perfection du travail ; à MM. Boisselot et fils, de Marseille, pour l'importance manufacturière et commerciale de leur établissement, le chiffre élevé de leurs exportations et le rang distingué obtenu par leurs pianos dans les essais comparatifs ; à M. Henri Herz, de Paris, pour la perfection de ses pianos ; à MM. Wolfel et Laurent, de Paris, pour l'exécution très-soignée dans l'ensemble et dans les plus petits détails des instruments sortis de leurs ateliers.

Le Roi nomma chevalier de la Légion d'honneur M. Pape, en 1839, et M. Roller, en 1844.

Le jury de 1849, en rappelant les médailles d'or décernées, en 1844, à MM. Wolfel, Kriegelstein, Boisselot et fils, accordait la même distinction à M. Souffletot, de

Paris, pour la perfection des pianos qu'il avait exposés.

§ II. HARPES. — Le jury de 1849 décerna la médaille d'or à M. Domeny, de Paris, pour ses efforts constants, disait le rapporteur (1), à soutenir la fabrication de la harpe, le plus poétique des instruments.

M. Pierre Erard avait exposé, en 1844, de belles harpes, remarquables par leurs qualités sonores, le fini du travail, et la solidité du mécanisme.

§ III. INSTRUMENTS A CORDES ET A ARCHET. — Le jury de 1849, en donnant quelques conseils à cette industrie constatait « (2) que la lutherie française était de beaucoup au-dessus de sa réputation. Quoiqu'on puisse dire, il y a longtemps que les instruments des Stradivarius, des Guarnerius, des Amati, etc., ont été imités par quelques luthiers francais, avec assez de perfection pour tromper l'oreille exercée des connaisseurs libres de tout préjugé, et capables d'apprécier l'influence qu'exerce sur cette espèce d'instrument la vétusté et un long service. »

« C'est donc à tort que l'opinion française place encore les luthiers italiens beaucoup au-dessus des luthiers français ; il est bien vrai que les luthiers français n'ont été jusqu'à présent que d'habiles copistes ; mais nous croyons que si le temps qu'ils ont consacré à l'imitation, avait été employé à l'étude de l'acoustique, qui seule peut les éclairer en cette matière, et les conduire à une parfaite connaissance du bois, nous aurions aujourd'hui des originaux qui ne le céderaient en rien à ceux de ces grands maîtres, que nous admirons avec raison,

(1) M. Pierre Erard.
(2) Rapport de M. Marloye, 1849.

sans doute; mais n'est-ce pas leur donner bien de l'avantage que de ne leur opposer jamais que les copies de leurs propres ouvrages ? »

Le jury de 1839 décerna la médaille d'or, à M. Vuillaume pour avoir construit des instruments qui, aux expositions de 1827, 1834 et 1839, ont soutenu, avec succès, la comparaison avec les instruments des plus grands maîtres.

M. Vuillaume occupe habituellement huit ouvriers et confectionne annuellement six cents archets et cent cinquante instruments dont une partie passe à l'étranger.

Le jury de 1844 rappela la médaille qui lui avait été décernée en 1839.

Le jury de 1849 accorda la médaille d'or à M. Bernardel de Paris, pour une basse, d'une qualité sonore, faite avec un soin et une perfection qu'il serait difficile de dépasser. Le jury trouvait que cet instrument ne laissait rien à désirer, si ce n'est l'apparence d'une basse française au lieu d'une basse italienne.

§ IV. INSTRUMENTS A VENT EN CUIVRE. — « (1) La facture des instruments à vent en cuivre, qui depuis longtemps était restée stationnaire, a fait un pas immense depuis quelques années. M. Sax, fabricant à Paris, est le premier qui d'abord, a donné l'élan, en mettant au jour, deux familles d'instruments, celle des Saxophones et Saxhorns (clairons chromatiques), plus un grand nombre de modifications apportées à des instruments connus. A l'apparition de ces nouveautés, tous les artistes comprirent que leur art était encore loin du but qu'il

(1) Rapport de M. Marloye, 1849.

devait atteindre avant de rester stationnaire; ils se mirent à l'œuvre, et animés par une noble émulation, ils firent faire à la facture plus de progrès en cinq ans, qu'elle n'en avait fait en cinquante. Plusieurs instruments nouveaux ont été créés, beaucoup ont été modifiés, presque tous ont été perfectionnés, ce qui fait espérer que la facture française atteindra bientôt une supériorité qui ne lui sera plus contestée par personne. »

Le jury de 1844 décerna la médaille d'or à M. Raoux, de Paris, pour les soins qu'il apporte à la construction de ses instruments et la nature des procédés dont il se sert en continuant à employer le marteau pour façonner ses cuivres.

Le jury de 1849, en rappelant la médaille d'or accordée à M. Raoux, décerna la même récompense à M. Sax, de Paris.

Le Président de la république les décora l'un et l'autre de la croix de la Légion d'honneur.

§ V. INSTRUMENTS A VENT EN BOIS. — Les jurys de 1839, 1844 et 1849 ne décernèrent que des médailles d'argent à cette industrie.

§ VI. GRANDES ORGUES. — L'art de la facture des grandes orgues est arrivé à un haut point de perfection pour la facilité du toucher, grâce à l'admirable application du levier pneumatique ; pour la qualité des sons, par suite de l'adoption des souffleries à pressions diverses. Pourtant, il faut le reconnaître, les moyens de donner et varier les sons restent encore imparfaits; la boîte expressive à parois mobiles n'étant qu'un subterfuge mis en usage faute d'un procédé direct de varier l'intensité des sons sans altérer leur justesse. Le jury de 1849 appelait l'attention de nos facteurs sur ce perfectionnement, et il espérait qu'ils trouveraient enfin la solution de ce très-difficile problème.

Le jury de 1844 accorda la médaille d'or à M. Herz (Henri) et à M. Cavaillé-Coll, de Paris, pour la bonne construction de leurs orgues.

Le jury de 1849, en rappelant la médaille d'or décernée, en 1844, à M. Cavaillé-Coll, accordait la même récompense à M. Ducroquet de Paris, pour l'admirable exécution de ses orgues. Le Président de la république nomma M. Cavaillé-Coll chevalier de la Légion d'honneur.

§ VII. ORGUES EXPRESSIVES. — § VIII. INSTRUMENTS MIXTES. — § IX. ORGUES A MANIVELLES. — § X. MELOPHONES. — Les jurys de 1839, 1844 et 1849, tout en reconnaissant les progrès faits dans ces divers genres d'industrie, ne décernèrent cependant aux exposants que des médailles d'argent et de bronze.

ARQUEBUSERIE.

§ I. ARQUEBUSERIE. — Il est certain que, pour leur qualité, l'élégance de la forme et le fini du travail, les fusils de Paris ne le cèdent en rien aux meilleurs fusils anglais, et qu'ils ont sur eux l'avantage incontestable de coûter, à mérite égal, beaucoup moins cher. En effet, on se procure, à Paris, moyennant 800 francs, un fusil semblable à celui que l'on paierait 1,500 francs en Angleterre, et pour 500 francs ce qu'à Londres on paie-

rait 1,000 francs. Aussi voyons-nous des Anglais emporter de Paris des fusils pour leur usage.

La préférence qu'on donne aux armes étrangères n'est
donc plus que de pure fantaisie, et les progrès soutenus
de nos fabricants ne tarderont pas à en faire justice.

Espérons que l'exposition de 1855 viendra assurer à
notre industrie de nouvelles conquêtes dans le domaine
de cette importante fabrication, où la France ne peut
longtemps souffrir que l'étranger la devance.

Le jury de 1844 décerna la médaille d'or à M. Delvigne, de Paris, pour la longue portée et la justesse de tir
de ses armes.

Le jury de 1849 rappela la médaille d'or dont M. Delvigne avait été honoré en 1844, et accorda la même récompense à M. Gauvain, de Paris. La ciselure, disait le
jury, de toutes les armes exposées par M. Gauvain, est
faite par lui-même, et toujours d'après les dessins de
M. Liénard. Le fini de l'exécution est si artistique et si
pur, la composition des modèles si élégante et si bien appropriée au genre de ces pièces, que des fabricants belges
en ont voulu tenter l'imitation.

§ II. CANONNERIE. — § III. CARTOUCHES ET AMORCES. —
§ IV. FOURBISSERIE. — § V. USTENSILES DE CHASSE. — Les
jurys de 1844 et 1849 accordèrent un grand nombre de
médailles d'argent aux exposants qui avaient excellé dans
ces diverses industries.

ÉCLAIRAGE.

La dépense de l'éclairage pèse sur toutes les conditions
de l'état social ; les moindres épargnes dans les méthodes

d'éclairage prennent donc, en se multipliant sur toute l'étendue du pays, une véritable importance. Aussi, depuis que les sciences expérimentales ont donné à l'industrie un nouvel essor, on a vu de toutes parts d'habiles inventeurs rechercher les moyens d'obtenir l'éclairage avec économie et ils y ont réussi avec un rare bonheur ; les premières et les plus importantes découvertes se rattachent, en France, aux noms d'Argand, de Quinquet, de Bordier-Marcet, de Carcel et Carreau, de l'ingénieur Lebon ; et, en Angleterre, au nom d'un illustre chimiste, de Davy.

Les perfectionnements ont été de deux sortes : les uns se rapportent au choix et à la préparation des combustibles qui donnent la lumière ; les autres se rapportent aux appareils de combustion.

1. *Combustibles d'éclairage.* — On ne connaissait autrefois d'autres combustibles d'éclairage que la cire, l'huile et le suif. C'est en Angleterre que la découverte du gaz d'éclairage, due à l'ingénieur français, Philippe le Bon (1), reçut ses véritables applications utiles et la

(1) Philippe Le Bon, ingénieur des ponts-et-chaussées, eut dès 1785, l'idée de faire servir à l'éclairage les gaz qui se produisent pendant la combustion du bois. Ce n'est qu'en 1799 qu'il fit part de sa découverte à l'Institut. En septembre 1800, il prit un brevet d'invention, et l'année suivante, il publia un Mémoire ayant pour titre : *Thermolampes, ou poêles qui chauffent, éclairent avec économie, et offrent, avec plusieurs produits précieux, une force motrice applicable à toute espèce de machines.*

Le Bon avait commencé par distiller le bois pour en recueillir le gaz, l'huile, le goudron, l'acide pyroligineux ; mais son Mémoire indiquait la possibilité de distiller toutes les substances grasses.

De 1799 à 1802, Philippe Le Bon fit de nombreuses expériences : c'est au Hâvre qu'il établit ses premiers thermolampes ; mais le gaz

sanction de l'expérience. Murdoch la mit en pratique, le premier, et Clegg améliora les appareils. Les carbures d'hydrogène, étant le principe essentiel de tout éclairage, ont été, depuis trente ans, successivement tirés des matières schisteuses, de la résine et de ses dérivés, des eaux savonneuses qui infectaient les rues de certains pays de fabrique, de l'alcool, du bois et de diverses matières organiques. C'est ainsi que, dans l'espace de quelques années, le nombre des matières propres à fournir l'éclairage s'est prodigieusement accru, mais avec un degré plus ou moins marqué d'économie (1).

2. *Appareils d'éclairage.* — Les appareils d'éclairage comprennent les lampes à huile et les appareils à gaz. Les jurys de 1839, 1844 et 1849 décernèrent un grand nombre de médailles d'argent aux exposants qui avaient excellé dans l'industrie qui a pour objet la construction de ces appareils.

ARTS CHIMIQUES.

Les arts chimiques concourent aux progrès des arts et métiers en leur fournissant les matières premières; la

qu'il obtenait, formé d'hydrogène carboné et d'oxyde de carbone, n'était point épuré, éclairait mal et avait une odeur désagréable; il mourut ruiné par ses essais. Les Anglais mirent bientôt ses idées en pratique. Dès 1804, Windsor se faisait breveter, et s'attribuait le mérite de l'invention de l'éclairage au gaz; en 1805, plusieurs ateliers de Birmingham, et entre autres celui de Watt, étaient éclairés au gaz par les soins de Windsor et de Murdoch. En 1810, la première usine à gaz pour l'éclairage était établie à Londres. Ce n'est qu'en 1818 que l'invention d'origine française, fût appliquée en France, lorsque le préfet de la Seine, M. de Chabrol, fit construire un appareil à l'hôpital Saint-Louis.

(1) Voir ci-après l'article des arts chimiques.

création de produits nouveaux, l'abaissement du prix des produits connus sont les progrès dont ils sont eux-mêmes susceptibles, et que l'on ne peut guère constater dans les salles de l'exposition. Principe vital de beaucoup d'arts industriels, la chimie leur fournit les éléments du succès, mais quand nous admirons leurs produits, ceux des arts chimiques ont déjà été transformés et ne sont plus saisissables. Il semblerait donc que c'est en dehors de l'exposition et dans les ateliers où l'on emploie les produits chimiques, qu'il faudrait le plus souvent apprécier les progrès des arts qui les fournissent : c'est, en général, ce que les jurys centraux ont fait, et ils ont donné des récompenses aux exposants des produits des arts chimiques, bien plus par la connaissance qu'ils ont eue, en dehors des expositions, des services qu'ils ont rendus aux arts et manufactures, que par l'examen des produits exposés.

Par cela même que les arts chimiques sont la source où beaucoup d'autres arts puisent leurs forces élémentaires, ils ont droit à de nombreuses récompenses et les jurys de 1839, 1844 et 1849, leur ont, en effet, décerné un assez grand nombre de médailles d'or.

Substances alimentaires. — *Savons.* — Nous ne nous arrêterons ici ni à l'industrie de la conservation des substances alimentaires, quoique les jurys de 1839 et 1844 aient rappelé la médaille d'or obtenue en 1827, par M. Prieur Appert; ni à celles de la fabrication des savons quelques éloges que mérite M. Oger, parceque ces industries sont, depuis longtemps, parvenues à une perfection où elles restent nécessairement stationnaires.

Gélatine. — La fabrication de la gélatine qui reçoit tant d'emploi dans les arts, et surtout dans ceux qui travaillent le bois, a mérité à M. Grenet de Rouen, une médaille d'or, en 1849. Ce fabricant occupe toujours le premier rang dans l'industrie où il excelle.

Bleu d'outremer. — Le jury de 1844 rappela la médaille d'or décernée, en 1834, à M. Guimet pour sa fabrication de bleu d'outremer, dont le prix s'était abaissé de 24 fr. à 10 fr. Celui de 1849 décerna la médaille d'or à MM. Lefranc de Paris, pour l'excellente qualité de leur encre d'imprimerie.

Conservation des bois. — L'art de préserver les bois contre les ravages des insectes et contre ceux de l'humidité a beaucoup occupé les esprits, surtout depuis que les chemins de fer en emploient de si grandes quantités. L'un des procédés de conservation consiste dans l'incrustation artificielle des bois au moyen de l'injection dans leurs tissus, sous forme de dissolutions, de deux matières (sulfate de fer et sulfure de baryum), qui ne tardent pas, en réagissant l'une sur l'autre, à donner naissance à deux composés insolubles (sulfure de fer, sulfate de baryte.) Ces deux corps, se déposant dans les vaisseaux circulatoires du bois, les bouchent complètement, et par suite les rendent impénétrables à l'air et à l'humidité : de plus, l'action de l'air transformant lentement l'une de ces substances (sulfure de fer) en un sel (sulfate de fer), qui rend le bois impropre à servir de nourriture aux insectes, on le soustrait ainsi à la fois aux deux principaux agents destructeurs des bois employés dans les chemins de fer. MM. Watteau et Hitchens ont

obtenu la médaille d'or du jury de 1849 pour la préparation des bois par cette méthode, et M. Boucherie reçut
également une médaille d'or pour son procédé de prépa-
tion des bois, qui consiste à injecter les arbres, au
moment de l'abatage, en mettant à profit la succion
naturelle des vaisseaux, soit seule, soit en l'aidant de
quelques dispositions mécaniques très-simples et de
nature à être employées en forêt.

Caoutchouc. — On a vu à l'exposition de 1834 (1) naître
l'industrie des tissus de caoutchouc. Cette fabrication reçut
une nouvelle impulsion de la découverte des propriétés
particulières qu'acquiert le caoutchouc, lorsque, par un
procédé quelconque, il a été mélangé d'une certaine
quantité de soufre. MM. Rattier et Guibal, qui, les premiers, ont introduit en France l'usage de ce caoutchouc
ainsi *vulcanisé*, ont établi, sur une grande échelle, dans
leur fabrique de caoutchouc, un atelier pour la vulcani-
sation.

Ce procédé, d'origine américaine, dont ils se sont rendus possesseurs, leur donne, sur leurs concurrents, l'avantage de pouvoir produire de gros blocs de caoutchouc
vulcanisé, et, par conséquent, de pouvoir appliquer ce
produit à des usages auxquels celui des autres fabriques
est impropre à cause de sa faible épaisseur. Cette fabrique peut seule livrer aux chemins de fer les rondelles de
caoutchouc vulcanisé destinées aux tampons des locomotives et des wagons.

Les jurys de 1839, 1844 et 1849 décernèrent de
nombreuses récompenses de premier ordre aux fabri-

(1) Voir page 244.

cants de produits chimiques ; nous ne pouvons qu'indiquer ces produits; si nous voulions en faire connaître le mode de préparation ou les applications industrielles, nous sortirions du cadre de notre ouvrage.

Céruse ou blanc de plomb, minium. — M. Roard de Clichy, M. T. Lefebvre et Cie près Lille.

Le Roi décerna, en 1844, à M. Lefebvre la décoration de la Légion d'honneur.

Oxyde de zinc. — Société anonyme du blanc de zinc : l'emploi de ce blanc dans la peinture est l'un des faits les plus considérables de l'exposition de 1849; l'abaissement du prix du zinc a permis, depuis quelques années, d'employer son oxyde dans la peinture en bâtiments ; le blanc que l'on obtient ainsi ne compromet jamais la santé des peintres, comme le fait trop souvent le blanc de plomb, et il résiste à l'action de l'air chargé de gaz sulfhydrique.

Acide sulfurique et noir animal. — MM. Kuhlmann frères à Loos (Nord.)

Acide sulfurique, etc. — Manufactures de Saint-Gobain et de Chauny.

Couperose, alun, produits ammoniacaux. — Administration des mines de Bouxwiller, dirigée par M. Schattenmann, nommé, en 1844, chevalier de la Légion d'honneur.

Acide pyroligneux. — M. Lemire à Choisy-le-Roi.

Le Roi décora, en 1844, M. Lemire de la croix de la Légion d'honneur.

Acides minéraux et acides pyroligneux. — M. Charles Kestner à Thaun (Haut-Rhin.)

Fabrication de la soude et des produits qui s'y rattachent. — Salines de l'Est dirigées par M. Grimaldi.

Acide sulfurique et autres produits chimiques. —
M. Fouché-Lepelletier, à Javel près Paris.

*Sulfate de soude ; sels de potasse et de magnésie
extraits des eaux-mères des salines.* — M. Balard,
membre de l'Institut.

Sulfate de quinine. — M. Pelletier, à Paris.

Sel ammoniac. — MM. Buran et C^le, à Grenelle.

Soude de varech, iode. —M. Cournerie, à Cherbourg.

Fabrication des poudres pharmaceutiques. — M. Menier, à Paris.

Sucre de betteraves.— La fabrication du sucre de betteraves qui, depuis quarante ans, se relève toujours,
par quelque nouveau progrès, à chaque épreuve que
les circonstances lui font subir, a encore perfectionné
des procédés qui semblaient arrivés à la perfection. Le
jury central de 1839 rappela la médaille d'or déjà obtenue par M. Pecqueur : Il en décerna une nouvelle à
MM. Derosne et Cail, pour un nouvel appareil évaporatoire dans le vide : cet appareil apporte une grande
économie dans l'emploi du combustible. Le jury de
1844 confirma cette médaille ; celui de 1849 en attribua
de nouvelles à MM. Numa Grar et C^le et Serret, Hamoir,
Duquesne et C^le, pour avoir mis en pratique le procédé
de la dessiccation de la betterave, qui pourrait avoir des
conséquences considérables en étendant la culture de
cette plante.

Le Président de la république décora M. Grar de la
croix de la Légion d'honneur.

Fabrication du pain.— La fabrication du pain, par
des procédés mécaniques, appelle, depuis longtemps,

l'attention des administrateurs et des économistes ; celle
de la fécule, du gluten, de la glucose, est devenue une
industrie importante, par la place que ces produits
ont prise dans les arts ; le jury de 1844 décerna la médaille d'or à MM. Mouchotte frères, qui avaient établi à
Grenelle une grande boulangerie par des procédés mécaniques et qui fournissaient, chaque jour, 6,000 kilogrammes de pain. Le jury de 1844 attribua des médailles d'argent à des féculeries importantes, fondées sur
les points où l'industrie consomme le plus de glucose et
d'autres produits dérivés de la fécule. Il donna la même
récompense à M. Huck, pour ses appareils de féculerie.

Éclairage. — Ainsi qu'aux expositions précédentes,
l'éclairage fixa l'attention du jury de 1849 : il rappela,
comme celui de 1844, la médaille d'or que M. de Milly
avait obtenue, en 1839, pour sa fabrication de bougies
stéariques ; le jury de 1844 avait constaté qu'à Paris
seulement la fabrication du *gaz-light* alimentait 64,935
becs, donnant une quantité de lumière égale à celle de
près de 100,000 lampes qui consommeraient 7 millions
et demi de kilogrammes d'huile. Les 35 gazomètres des
usines qui fournissaient l'éclairage de Paris, présentaient
une contenance totale de 48,000 mètres cubes : la longueur des conduits de gaz était de 200,000 mètres.

Teintures. — La teinture et l'impression des étoffes,
rangées par le rapport du jury central de 1849, comme
la fabrication du pain, celle du sucre de betteraves et l'é-
clairage, parmi les arts chimiques, méritèrent des récompenses du premier ordre. Le jury de 1839 décerna
la médaille d'or à M. Vidalin, teinturier à Lyon, pour la

perfection de ses teintures de soie en toutes couleurs, et à MM. Merle, Malartic et Poncet, gérants de la Société du bleu de France, à Saint-Denis, pour leurs teintures de la laine en bleu de Prusse. Le jury de 1844 décerna la médaille d'or à MM. A. Lagier, à Avignon, pour la préparation du principe colorant de la garance, et à MM. Boutarel frères, Chalamel et Monier, à Paris, dont l'établissement de teinture est le plus considérable qui soit en France; le jury de 1849 décerna la médaille d'or à MM. Léveillé, à Rouen, Jourdan et Cⁱᵉ, à Cambray, Descat-Crouzet, à Roubaix (Nord), et Guinon, à la Guillotière (Rhône), pour les importants services qu'ils ont rendus à la teinture des cotons et des soies.

Le Président de la république nomma, en 1849, M. Léveillé chevalier de la Légion d'honneur.

Blanchiment. — Les jurys des expositions de 1839, 1844 et 1849 récompensèrent, par la médaille d'argent, divers ateliers de blanchiment, dont les opérations portent annuellement sur 140,000 à 150,000 pièces de tissus, et celui de 1849 décerna la médaille d'or à M. Bon, apprêteur à Lyon, pour les services rendus par lui à l'industrie lyonnaise.

Chauffage. — Le jury de 1844 décerna une médaille d'or que rappela le jury de 1849, à MM. Duvoir-Leblanc et Cⁱᵉ, à Paris, pour avoir établi les plus grands systèmes de chauffage qui aient peut-être été entrepris. Leur système de chauffage est celui à circulation d'eau, qu'ils ont perfectionné à ce point, que l'on peut établir le chauffage et la ventilation dans les plus vastes édifices, avec une grande économie de combustible. L'église de la

Madeleine, l'Institution des jeunes Aveugles, les bâtiments de Charenton, le palais du Luxembourg sont chauffés par ce procédé.

Le jury de 1849 décerna la médaille d'or à M. J. B. Chaussenot, pour ses calorifères à air chaud.

Distillation de l'eau de mer. — La distillation de l'eau de la mer à bord des vaisseaux est l'un des progrès industriels que la marine avait le plus d'intérêt à voir se réaliser; on doit ce résultat important à M. Rocher, de Nantes, à qui le jury de 1849 décerna la médaille d'or; M. Rocher a fabriqué un appareil, destiné à un vaisseau de premier rang, qui fournit, par jour, 6,000 litres d'eau douce.

Procédé de soudure. — Le jury de 1839 a décerné la médaille d'or à M. Desbassayns de Richemont, pour un procédé de soudure du plomb fort ingénieux. Dans cet appareil, l'hydrogène produit par la réaction entre l'eau, l'acide sulfurique et le zinc, est poussé dans un tube flexible au bout duquel il rencontre l'air simultanément insufflé.

Les deux gaz mêlés, à l'aide de robinets, dans les proportions d'un volume du premier et deux du second, alimentent, au bout d'un troisième tube flexible, un jet de flamme ou dard de chalumeau. Ce dard, dirigé sur le joint de deux lames en plomb au point où le bout d'une lanière de même métal suit la pointe de la flamme, produit la fusion complète des trois parties, mais sur une surface tellement circonscrite qu'elle se borne à établir la jonction, et que la consolidation s'opère en suivant de très-près la flamme qui s'éloigne.

Le jury de 1839 avait vérifié, par des expériences faites sous ses yeux, tous les avantages de ce nouveau et très-ingénieux procédé de soudure.

Distillation continue. — Le même jury décerna la médaille d'or à M. Cellier Blumenthal, de Bruxelles, qui, dès 1813, avait imaginé son système de distillation continue des vins, pour lequel il obtint la médaille d'argent, en 1819, et qui a servi de point de départ aux meilleurs appareils distillatoires en usage aujourd'hui.

Non-exposants. — Le jury de 1844 décerna la médaille d'or à M. Alcan et à M. Dumont, non-exposants ; au premier, pour l'application de l'acide oléique à la préparation des laines filées et au tissage des draps ; au second, pour la découverte du noir animal en grains qui en permet la revivification et qui a rendu un grand service à l'industrie saccharine.

Le jury de 1849 a décerné la médaille d'or à deux chimistes dont les travaux avaient puissamment contribué aux progrès des arts : l'un est M. Broquette-Gonin, pour ses procédés propres à fixer, par la vapeur, les impressions sur étoffes ; l'autre est M. Ruolz, célèbre par la découverte qu'il a faite des procédés électriques de dorure et d'argenture des métaux. Ces procédés ont donné naissance à l'art de la galvanoplastie dont les applications s'étendent aujourd'hui sur plusieurs branches de l'industrie.

ARTS CÉRAMIQUES.

§ I. PORCELAINES, FAÏENCES. — L'art du potier est un des plus anciens sans doute ; mais, quelque belles que

soient les poteries anciennes, celles que les Toscans faisaient sous le règne d'Auguste, et même les porcelaines
des Chinois, beaucoup plus anciennes que les nôtres,
c'est un art qui cependant a fait encore de bien grands
progrès dans les temps modernes ; ce n'est qu'en 1709,
au commencement du xviiie siècle (1), comme nous l'a-
vons dit, que Bottger découvrit les procédés de fabrication de la porcelaine dure ; les poteries de cette espèce
sont aujourd'hui les plus belles, mais elles ne réunissent
pas cependant, même les plus parfaites, quelques-uns des
avantages que l'on trouve dans d'autres sortes de poteries ; l'art de fabriquer les cailloutages, ou plus communément faïences fines, n'est pas encore arrivé non plus à
son dernier degré de perfection ; nos manufactures de
Creil, Bordeaux, Montereau, Sarreguemines n'ont même
pas paru à l'exposition de Londres à côté des produits de
MM. Minton, John Ridgway et des autres fabricants anglais du comté de Stafford. La perfection ne sera atteinte
que lorsque les poteries réuniront les qualités suivantes : légèreté, dureté, blancheur, résistance à l'action du feu, et surtout bas prix. Il est facile de voir
combien ce résultat est difficile à atteindre en résu-
mant les progrès qu'a faits l'art du potier. Les premières
poteries que l'on a faites étaient simplement des vases
d'argile, séchés à l'air et ensuite cuits au feu. Leur po-
rosité, quelle que fût la bonne qualité de l'argile,
était un inconvénient qui rendait l'usage des vases
ainsi faits extrêmement incommode. L'art de revêtir
ces poteries grossières d'un vernis plombifère, vitreux

(1) Voyez page 133, où l'on a mis xᵉ siècle au lieu de xviiiᵉ siècle.

et transparent fut découvert dans l'Europe occidentale, à Schelestadt, en 1623. Les poteries de cette sorte sont, même à présent, et il faut le regretter d'abord à cause de leur insalubrité, de l'usage le plus général ; leur bon marché les fait accueillir même dans nos villes, il est peu de maisons où elles ne pénètrent encore, et c'est une des marques du chemin qu'il nous reste à faire dans la voie du bien-être des populations.

On attribue aux Maures d'Espagne l'invention de l'emploi de l'oxyde d'étain pour donner aux poteries une couverte blanche ; on leur devrait ainsi d'avoir fait, les premiers, des faïences communes.

A partir de ce moment, l'art du potier s'exerça sur deux matières différentes : l'une, la pâte, matière principale de l'œuvre, plus ou moins complétement infusible, dont la qualité principale doit être la solidité ; l'autre, le vernis, couverte, ou *glaçure*, dont la fusibilité est une propriété indispensable, et qui doit résister, par sa dureté, au contact de l'acier et des corps durs.

On a composé la pâte des poteries, d'abord d'argiles plus ou moins pures, et enfin de celle nommée *kaolin*, du nom que les Chinois donnent à la pâte de leur porcelaine. Cette argile contient quelques parties de matières alcalines ; les gîtes de kaolin de Saint-Yrieix n'ont été découverts qu'en 1765. Cette terre mélangée avec certaines roches fusibles, à une chaleur suffisamment élevée, forme des pâtes plastiques, assez vitrifiables, et qui conservent leur blancheur après la cuisson. La glaçure que l'on applique sur cette pâte est formée de matières terreuses et alcalines et cuit avec elle à une haute température ;

comme elle ne se fond que sous un feu très-vif, elle est dure et résistante. C'est la porcelaine dure.

On a fait plus anciennement à Sèvres, et l'on fait encore à Tournay et à Saint-Amand-les-Eaux, des porcelaines tendres qui ont été et sont encore renommées pour la beauté des formes et les décorations qu'elles peuvent recevoir. Ce sont des porcelaines dont la pâte est une matière vitrifiable imparfaite, une *fritte* en termes de potier, recouverte d'un vernis plombifère. Les porcelaines de cette sorte sont propres à la décoration, mais elles ne sont pas assez solides pour les usages communs auxquels les poteries ordinaires sont destinées.

Pendant que les fabricants français perfectionnaient la porcelaine dure, surtout sous le rapport des formes et de la décoration, les Anglais introduisaient dans les pâtes céramiques le silex broyé, et arrivaient à une fabrication remarquable, surtout par le bon marché, dans leurs cailloutages ou faïences fines.

Si l'on se sert encore si généralement des poteries de terre, vernissées au plomb, à cause de leur bas prix, c'est que le bon marché est l'une des conditions principales du succès dans la fabrication des poteries. Aussi les cailloutages anglais sont-ils devenus un objet de commerce considérable pour l'Angleterre. Reste à faire mieux ou à meilleur marché : la poterie de terre, la faïence commune sont destinées à disparaître de la consommation ; mais il faut, pour qu'une autre sorte de poterie les remplace, que celle-ci réunisse les qualités que nous indiquions tout à l'heure : légèreté, dureté, résistance à l'action du feu, et surtout bas prix.

La décoration des porcelaines et des faïences fines est un art qui emprunte ses procédés à la chimie et ses inspirations à la peinture; l'une et l'autre lui ont prêté leur concours avec tant de succès que la palette du peintre sur porcelaine est presque aussi riche aujourd'hui que celle de la peinture à l'huile et que, parmi les tableaux de genre, plus d'un chef-d'œuvre est exécuté sur porcelaine.

Les jurys de 1839, de 1844 et de 1849 rappelèrent les médailles d'or obtenues précédemment par MM. Utzschneider et Louis Lebœuf; celui de 1839 décerna une médaille d'or, rappelée en 1844 et 1849, à MM. Discry-Talmours, à Paris, pour avoir mis en pratique, et en grand, l'art de colorer économiquement les fonds au grand feu, sous la couverte, soit par immersion des pièces dans l'oxyde métallique, soit par le posage de cet oxyde sur les pièces.

Le jury de 1839 décerna une médaille d'argent à M. Regnier, chef des ateliers des pâtes à la manufacture de Sèvres, pour les grands perfectionnements apportés par lui dans le procédé de fabrication par coulage qui atteint à une légèreté et une économie remarquables pour de certaines pièces.

Le jury de 1844 décerna la médaille d'or à M. Bouton, propriétaire de la manufacture de Chantilly, pour avoir établi, en grand, le polissage des pièces sur les parties où elles sont en contact avec les parois des fours à cuire. Ce procédé a produit une économie importante dans la cuisson en permettant de charger le four d'une quantité beaucoup plus considérable de pièces.

Le jury de 1844 décerna aussi une médaille d'or à M. Rousseau, à Paris, pour de nouveaux procédés de dorure fort économique et cependant durable. Le jury de 1849 décerna la médaille d'or à M. Félix Bapterosse pour la fabrication des boutons en pâte céramique qui sont entrés dans la consommation, depuis quelques années, en quantités si considérables et à si bas prix : 2 fr. 25 c. et 3 fr. pour 1,728 boutons.

Le jury de 1849 décerna la médaille d'or à M. Vital-Roux, chef des fours à pâte à la manufacture de Sèvres, pour avoir mis en pratique la cuisson de la porcelaine à la houille. La manufacture de Sèvres chauffe, à la houille, moyennant 193 fr. 50 c., un four qui consommait pour 900 fr. de bois blanc. C'est une économie de plus des trois quarts sur les frais de cuisson. Comme il faut huit parties de houille pour cuire une partie de kaolin, il y aura une économie considérable, sur les frais de transport des matières premières, à établir les fabriques de porcelaine sur les bassins houillers.

§ II. GLACES, CRISTAUX, VERRE. — Nous avons indiqué, page XXI, comment se pratique le coulage des glaces. Ce procédé paraît être arrivé à sa perfection ; aussi, n'est-ce que par la pureté et la blancheur de la matière, et par l'absence des points, des stries, des bouillons, des ondes, des cordes et des fils que les glaces d'une fabrication l'emportent sur celles d'une autre usine. Sous tous ces rapports, qui constituent la beauté des glaces, et aussi sous ceux de la planimétrie et de la perfection du poli, les glaces de Saint-Gobain et de Cirey ont été jugées, à l'exposition universelle de Londres, supérieures à toutes celles qui se fabriquent ailleurs. Les jurys de 1839, 1844 et 1849 ont renouvelé, en faveur de ces établissements, les médailles d'or qu'ils avaient obtenues.

Le verre à vitre se fabrique, pour les grandes dimensions, par le procédé du coulage de la même manière que se font les glaces. Il est facile de concevoir que ce mode de fabrication soit d'origine moderne; mais on peut s'étonner que les anciens, qui savaient fabriquer des vases en verre avec une habileté qu'à certains égards nous n'avons pas surpassée, n'aient pas employé le verre à garnir les croisées de leurs édifices. On ne trouve cet usage établi qu'à la fin du III⁰ siècle, au témoignage de Lactance et de saint Jérôme. A cette époque, le verre à vitre, coloré par les oxydes métalliques, était seulement employé à clore les fenêtres des églises chrétiennes; l'emploi de ces vitres de couleur ne fut général dans les églises que du XI⁰ au XII⁰ siècle; il fit naître, dans ces derniers temps, l'art de la peinture sur verre.

Les vitres blanches, ou plutôt transparentes, ne devinrent communes que beaucoup plus tard. Elles étaient encore fort rares dans le XV⁰ siècle. En Ecosse, même après 1661, les fenêtres des habitations particulières n'étaient pas garnies de vitres; on n'en voyait qu'aux principales chambres du palais du Roi. Vers la fin du XVII⁰ siècle, il existait encore à Paris des ouvriers, appelés *chassissiers*, qui garnissaient les fenêtres de carreaux de papier huilé.

La fabrication du verre à vitre de petite et de moyenne dimension, emploie deux procédés : celui des cylindres consiste à donner au verre la forme d'un cylindre fermé qui, détaché de la canne qui a servi à le souffler, est fendu dans le sens de sa longueur, après qu'on en a séparé les deux calottes. Ce manchon de verre est porté dans un four particulier, dit d'étendage, dans lequel il est ramolli par le feu et développé par l'affaissement des bords sur une surface unie ; enfin, à l'aide d'une sorte de rateau en bois qu'on promène à sa surface, on plane la feuille de verre qu'on vient d'obtenir, puis on la recuit par un refroidissement lent qu'elle subit dans un autre compartiment du four.

L'autre procédé fournit le verre en plats ou à boudine ou bien encore en couronne (*crown-glass* des Anglais). Le verre est d'abord soufflé sous forme d'une boule volumineuse que l'on soude aussitôt à une autre canne. La pièce étant *empontie* et présentant à peu près la forme d'une cloche, on la réchauffe en l'introduisant dans un des ouvraux du four ; lorsqu'elle est suffisamment ramollie, on donne à la canne à laquelle elle est fixée un mouvement de rotation très-rapide ; la force centrifuge transforme ce verre en un large plateau de forme ronde. On le détache de la canne, dont il conserve néanmoins l'empreinte, car le centre du plateau est toujours garni d'un épais bourrelet de verre qu'on appelle *le gauche de la boudine* ; on est donc obligé de découper ce plateau, après qu'il a été recuit, en quatre segments, qu'on équarrit de manière à en tirer des vitres rectangulaires.

On sait que l'art de couper le verre avec le diamant, qui facilita singulièrement la confection des vitrages, remonte au commencement du xvi⁰ siècle, et qu'il est dû à Louis de Besquen de Bruges.

Le verre fabriqué en manchons atteint à de plus grandes dimensions, son épaisseur est plus égale, sa surface
est plus plane. Ce sont des avantages incontestables qu'il
a sur le verre fabriqué en plats; mais il est d'un poli
beaucoup moins éclatant; et nos croisées, en France, ne
brillent jamais de l'éclatante propreté que l'on remarque
aux vitrages en Angleterre. Un progrès considérable
serait de faire du verre à vitre qui réunirait les qualités
du verre au manchon et celles du verre fabriqué en plats.

Le jury de 1844 décerna la médaille d'or à MM. Hutter
et Cie, à Rive de Gier, pour la fabrication du verre à vitre.

La cristallerie avait atteint, chez les anciens, un grand
degré de perfection : les musées des diverses capitales
renferment des vases de diverses formes en cristaux
transparents ou colorés, ou en verre doublé et gravé,
parmi lesquels il s'en trouve d'une beauté et d'un art
remarquables, et au premier rang *le vase de Portland*
que l'on voit au musée de Londres. Il a été trouvé, vers le
milieu du XVIe siècle, aux environs de Rome, dans le
sarcophage en marbre d'Alexandre Sévère, mort en 235.
Il est décoré de figures camées en émail blanc, qui se
dessinent en relief sur un fond en verre bleu foncé.

Les Vénitiens conservèrent jusqu'au XVIe siècle le
monopole de la fabrication du verre; elle se répandit
alors en Bohême, en France, en Angleterre; mais c'est
surtout en Bohême que l'abondance du combustible et
le bas prix de la main-d'œuvre ont fait le plus constamment prospérer cette industrie.

On sait que les verres de Bohême, de même que les
verres antiques et ceux de Venise, diffèrent de notre

cristal (*flint-glass* des Anglais), en ce qu'ils ne contiennent pas de plomb. Leurs éléments principaux sont la silice, la potasse et la chaux. C'est en cherchant à faciliter la fusion du verre par l'addition d'un oxyde métallique que l'on découvrit en Angleterre la propriété de l'oxyde de plomb de produire un verre d'une blancheur parfaite. Déjà, vers 1750, le cristal à base de plomb était devenu commun en Angleterre : c'est en 1784 seulement qu'un verrier français, M. Lambert, fit construire à Saint-Cloud le premier four à cristal anglais. Quelques années plus tard, cette usine fut transportée à Montcenis, sous le nom de verrerie de la Reine ; elle a cessé de travailler en 1827.

Aujourd'hui les cristalleries de Baccarat (Meurthe) et de Saint-Louis (Moselle), de la plaine de Valsch (Meurthe) dirigée par M. de Klinglin, de Clichy (Seine) dirigée par M. Maës n'ont eu aucun désavantage à l'exposition de Londres, où l'on remarquait les produits de l'Angleterre, de la Bohême et de la Belgique. Pour juger si les cristalleries françaises l'emportent, en réalité, sur les cristalleries étrangères, il faudrait que notre marché fût ouvert aux produits étrangers qui sont, au contraire, repoussés absolument par une prohibition qui ne paraît pas utile.

Le jury de 1849 rappela la médaille d'or en faveur des cristalleries que nous venons de nommer ; il accorda la même récompense à MM. Maës de Clichy, Andelle et Cie à Épinac (Saône-et-Loire) pour leur fabrication de bouteilles et rappela la médaille d'or précédemment attribuée à MM. Guinand et Feil pour leur fabrication de flint-glass et de crown-glass nécessaires pour la construction des instruments d'optique.

M. Guinand est le fils de M. Guinand de Neuchâtel (Suisse), qui a consacré toute sa vie à découvrir les meilleurs procédés de fabrication du flint-glass.

Le jury de 1844 avait décerné une médaille d'or à MM. Bontemps, Lemoine et Cᵉ, à Choisy-le-Roi, pour les divers produits de leur cristallerie et notamment pour les disques de flint-glass et de crown-glass qu'ils avaient exposés ; mais M. Bontemps, dont les intérêts industriels avaient été gravement compromis en 1848, a, depuis, porté son industrie en Angleterre, où il dirige à Birmingham la verrerie et la cristallerie de MM. Chanse, l'une des plus importantes du Royaume-Uni.

La décoration de la Légion d'honneur avait été décernée, dès 1844, à M. Bontemps, ainsi qu'à M. Godard fils directeur de l'usine de Baccarat ; M. Toussaint, directeur de cette même usine, et MM. Chevandier, directeur de la cristallerie de Cérey, et Marens, directeur de celle de Saint-Louis, furent, en 1849, nommés chevaliers de la Légion d'honneur.

TISSUS.

ARTICLE 1. — LAINAGES.

§ I. FILAGE : LAINE PEIGNÉE PURE OU MÉLANGÉE DE SOIE.—
Le filage de la laine mérinos à sec, qui a pris naissance en France, vers 1816, y a fait de très-grands progrès, et nous l'emportons aujourd'hui, dans cet art, sur les autres nations, de même que l'Angleterre occupe le premier rang pour le filage de la laine longue anglaise.

Il y avait en France, en 1827, sept établissements où l'on filait de la laine peignée, ils faisaient ensemble marcher environ 10,000 broches. De 1827 à 1834, le nombre des établissements n'avait pas augmenté, mais ils faisaient tourner 20,000 broches, et les frais de fabrication s'étaient réduits de 15 à 20 p. 0/0. En 1839, le nombre des exposants était de 16, et de 24 en 1844; de nouveaux perfectionnements dans la filature avaient encore abaissé les prix de 10 p. 0/0. Le rapport de M. Mimerel sur l'exposition de 1849, ne fait pas connaître les progrès que cette industrie avait faits depuis 1844, mais nous trouvons, dans le rapport sur l'exposition de Londres, des détails intéressants sur l'état de cette industrie en Angleterre comparativement à l'industrie française. Il y a peu d'années seulement que l'Angleterre a commencé à filer la laine mérinos : comme il lui a suffi de copier les procédés existants en France, elle a débuté par des succès : elle ne possédait encore, en 1851, que 50,000 broches de laine peignée mérinos, qu'elle alimentait avec ses magnifiques laines de l'Australie et du Cap. Si elle ne poussait pas encore plus loin la filature de la laine mérinos, c'est que les tissus mérinos pur se faisant à la main, la main-d'œuvre est trop chère en Angleterre pour que cette industrie s'y développe sur une grande échelle; mais s'ils parviennent à tisser à la mécanique les chaînes simples en laines mérinos, leur filature de ces laines prendra, sur-le-champ, le plus vaste développement.

Le peignage de la laine mérinos se fait en Angleterre à la main pour les laines très-fines, et à la mécanique, pour les laines moyennes et communes. Les Anglais se servent aussi d'un système mixte qui produit un peigné cardé d'une très-grande pureté, et qui a beaucoup d'analogie avec les systèmes employés à Reims, par M. Vigoureux, et à Chantilly par M. Cauvet. C'est avec ce peigné cardé que les Anglais fabriquent les étoffes où l'emploi du fil cardé est nécessaire, mais qui demandent des fils plus fins que ceux qu'ils filent en cardé pur. Leur fabrication annuelle porte sur les fils de 25$^{m}/^{m}$ à 36$^{m}/^{m}$. Ces fils présentent beaucoup de régularité et supportent bien la fatigue résultant de la vitesse de la navette.

En résultat, ces premiers pas de la filature de la laine mérinos peignée en Angleterre sont déjà remarquables, quoique le fil français, fait avec une laine inférieure en finesse et contenant par conséquent moins de brins, soit supérieur au fil anglais en régularité.

Les Allemands font les plus grands efforts pour acclimater chez eux la filature mécanique de la laine peignée et pour produire les fils fins auxquels leurs laines fines sont très-propres; ils cherchent à imiter les tissus légers et fins de France et tendent à s'éloigner, de plus en plus, de la nature des fils anglais. Les filatures les mieux organisées sont établies en Saxe et dans la Reuss. En 1847, le nombre des broches à filer à la main ou à la mécanique s'élevait à près de 300,000 ; leur production annuelle à 4,500,000 kilog. de fils divers, y compris ceux à bonneterie.

Le filage de la laine longue lisse, que l'Angleterre produit en grande abondance, y a fait d'immenses progrès. Il s'exerce par 850,000 broches, produisant annuellement 25 millions de kil. de fils. Il y a vingt ans, il

fallait un homme et des rattacheurs, pour conduire
180 broches ; aujourd'hui, une salle de filature contenant jusqu'à 2,600 broches est menée par un seul sur-
veillant, aidé par des adultes rattacheurs qui ont, quelquefois, jusqu'à 800 broches à soigner. Les établissements français qui filent la laine anglaise sont bien moins
avancés, ils produisent par broche un tiers de moins et
ils emploient un nombre d'ouvriers trois fois plus considérable. La livre du n° 40 anglais, correspondant au
n° 32 français, ancien échet, ne coûte que 1 fr. 85 c. à
2 fr. le demi-kilog.

Les avantages que produisent à l'Angleterre la production de la laine longue lisse et le degré de perfection
et d'économie où elle est parvenue dans le filage de ces
laines lui assurent la supériorité dans la fabrication de
certaines sortes de tissus fabriqués en totalité ou en
partie avec les laines de cette espèce.

Laine cardée.—Le nombre des broches mises en mouvement, en France, pour le filage de la laine mérinos et
de la laine lisse, cardée et peignée, n'était guère que de
240,000, en 1829. Il s'est successivement élevé à 600,000
en 1844, à 750,000 en 1847, à 800,000 en 1850, il
devait être de 900,000 en 1852. Le numéro moyen de la
production peut être évalué au n° 40, ancien échet,
(28ᵐ/ᵐ au demi-kilog.), et la production d'une broche à
12 kilog. par an. La filature de la laine livre donc maintenant à la consommation au moins 10 à 11 millions de
kilogrammes de fils par an.

Voici, depuis 1821, l'abaissement successif du prix des
fils de laine, en prenant pour exemple une chaîne du

n° 35 : 1821, 60 à 70 fr. le kilogramme; 1835, 25 fr.;
1851, 14 fr.

Voici maintenant le progrès accompli pour la finesse
des numéros : nous nous servirons de la trame qu'on a
filée longtemps avant de faire des chaînes convenables.

On obtenait des trames :

1825	n° 60	à	70, mal filées (échevetage ancien de 700 mètres).
1830	100	—	120, assez médiocres.
1835	120	—	130, assez bonnes.
1840	140	—	150, bonnes.
1845	150	—	200, très-bonnes.
1851	200	—	300, parfaites et sans rivales au monde.

De si magnifiques résultats font apprécier sûrement les
progrès de cette industrie : Le jury central de 1839 décerna la médaille d'or, pour le filage de la laine peignée
ou ondée, à MM. Prévost, à Paris, Camu fils et Croutelle
neveu, à Pont-Givors, près Reims, et Lucas frères, à
Bazancourt, près Reims. Le jury de 1844 conféra la médaille d'or à MM. Tranchard-Froment, à Neuville-lès-
Wassigny, près Réthel (Ardennes), et Bertherand-Sutaine et Cie, à Reims. Le jury de 1849 rappela les
médailles d'or décernées à MM. Lucas et Tranchard-
Froment; celles décernées à M. Camu-Croutelle, Lucas
frères et Prevost avaient été rappelées en 1844.

Enfin le jury de 1849 décerna la médaille d'or à
M. Dobler et fils, à Lyon, pour le filage de la laine peignée, dite Thibet de soie. Leur établissement est le plus

considérable de tous ceux du même genre existant dans les environs de Lyon.

Le rapport du jury de 1839 constatait les efforts que MM. Camu et Croutelle avaient faits pour améliorer le sort des ouvriers de leur fabrique. Ils avaient construit de petites maisons, avec un jardin y attenant, pour le logement d'une famille. Ils vendaient, à des prix modérés, ces petites propriétés à leurs ouvriers, qui s'acquittaient au moyen d'une retenue hebdomadaire sur leur salaire. Le 26 février 1848, l'établissement de M. Croutelle fut incendié par un attroupement, et, en 1851, le jury de Londres constatait que M. Croutelle améliorait le sort des ouvriers de Pont-Givors, qu'ils faisaient tous des économies, et qu'ils lui devaient leur bien-être matériel et l'instruction qui les moralise et les éclaire. Dès 1844, le Roi avait conféré à M. Camu la décoration de la Légion d'honneur.

Le Président de la république nomma, en 1849, M. Tranchard-Froment chevalier de la Légion d'honneur.

Filage du duvet de cachemire. — Ce duvet qui nous arrive tous les ans, au même prix, et à peu près en même quantité (75 à 77,000 kil.), sembla, pendant longtemps, devoir être en France la base d'une grande et florissante industrie. On n'a pas oublié les espérances que l'on avait fondées sur les tentatives faites par M. Ternaux; cependant le jury de 1849, en rappelant, après ceux de 1839 et de 1844, la médaille d'or obtenue par M. Biétry, constatait l'état de stagnation malheureusement trop avérée d'une industrie qui occupait naguère un grand nombre de bras. Le succès de la filature du duvet de cachemire peigné ou cardé s'était soutenu jusqu'en

1836 ; on utilisait alors près de 4,000 ouvriers employés aux diverses préparations et à la filature, et quelques cents métiers à faire de beaux tissus 5/4, 6/4 et 7/4. En 1840, la décadence commença pour cette industrie, non comme décroissance de qualité, car jamais plus grande perfection ne fut acquise dans une industrie ; mais une partie des filateurs succomba sous le poids de pertes énormes ; en 1851, cet art magnifique, né dans des conditions de succès, qui a jeté un si grand éclat pendant plus de vingt ans, qui a fait la réputation des Ternaux et des Rey, dont les produits splendides ont étonné le monde, est tout près de périr par des causes que le jury de 1849 n'a pas cru qu'il lui appartînt d'approfondir.

Et pendant qu'il en arrive ainsi, l'Angleterre établit solidement chez elle l'emploi du poil d'alpaga qu'elle tire du Pérou, à la fabrication de tissus qui possèdent toutes les qualités que les femmes apprécient le plus. La France, qui avait essayé cette matière avec succès vers 1840, n'a pas compris tout le parti qu'elle pouvait en obtenir : l'Angleterre en emploie aujourd'hui plus d'un million et demi de livres par an, environ 750,000 kilog.

M. Biétry a reçu dès 1839, la décoration de la Légion d'honneur.

§ II. Tissus de laine. — 1. *Étoffes drapées et foulées.* — Les progrès de cette industrie, depuis les belles expositions de 1827 et de 1834, ont principalement consisté dans de nouvelles économies de main-d'œuvre, dans le perfectionnement de la filature qui a gagné en finesse et en régularité, dans une plus grande intelligence des apprêts, et surtout dans l'emploi plus général de l'apprêt à la va-

peur, enfin dans une entente et une expérience plus approfondie des moyens et agents mécaniques. On peut
évaluer à 15 p. 0/0 l'abaissement de prix, à qualités
égales, résultant de ces diverses améliorations.

« (1) En considérant les fabriques sous le rapport de
l'importance, Elbeuf a droit au premier rang. Ce n'est
pas seulement par la quantité, c'est surtout par la variété
et la perfection de ses produits qu'Elbeuf se recommande.
On y fabrique le drap depuis la qualité la plus ordinaire
jusqu'à la plus grande finesse, de 10 à 45 francs. Louviers maintient toujours sa supériorité, pour le drap fin.
La beauté de sa filature, la grande réduction de son tissu,
les soins et le fini de ses apprêts, donnent à ses premières qualités un coup d'œil et un toucher qui les mettent hors ligne. Mais la consommation, qui peut atteindre à des prix très-élevés, est nécessairement limitée, et
Elbeuf s'étant emparé des qualités intermédiaires, Louviers a dû, pour soutenir son activité et sa position manufacturières, se livrer à la fabrication des draps de
qualités ordinaires ; c'est ce qu'ont entrepris avec succès
plusieurs de ses manufacturiers. »

« Sedan est toujours en possession presque exclusive
de la fabrication des draps noirs fins, lisses et croisés,
des casimirs noirs et blancs, des draps teints en pièces,
en couleurs fines. »

« Les fabriques du Midi travaillent principalement
pour la consommation moyenne ou pauvre : aussi font-
elles peu de draps lisses et presque toutes des draps croisés. Elles sont contraintes de rechercher plutôt l'épais-

(1) Rapport du jury central de 1839.

seur et la solidité du tissu que sa finesse et la perfection de l'apprêt ; elles sont bien secondées dans leur but économique, par le bas prix des salaires et le bon marché des laines du pays. C'est à ce double avantage qu'elles doivent d'avoir conservé et même perfectionné la fabrication de la draperie à poils ; quelques fabriques, et spécialement Darnetal, avaient jadis une production assez abondante d'espagnolettes blanches et de couleur, et de draps à poils de cinq quarts ; aujourd'hui, elles y ont presque entièrement renoncé, et le Midi, surtout Mazamet, ont recueilli leur héritage. »

La fabrique des draps, en France, a compris qu'elle courait risque de rétrograder, si elle ne variait sa production : après quelques tâtonnements, elle a entrepris la fabrication de nouvelles étoffes, dites *draps nouveautés*, et, dès 1839, sur 5,000 métiers battants à Elbeuf, plus de la moitié étaient occupés à ces nouveaux articles, pour paletots et pantalons. Toutes les fabriques de France ont tenté le même genre, et généralement, avec succès.

2. *Tissus de laine légèrement foulés.* — Reims est le principal foyer de la fabrication de ces étoffes ; on évaluait sa production, en 1839, à 66 millions, tant dans l'intérieur de Reims qu'au dehors et dans une partie des Ardennes. Cette fabrique occupait alors 100,000 ouvriers ; elle faisait battre 1,600 métiers, dont 1,000 Jacquart. Elle a encore augmenté sa production, depuis 1839. On l'évaluait, en 1849, à 70 millions de francs, dont 10 millions de fils et tissus en peigné. On peut attribuer à Amiens une valeur à peu près égale à la moitié de ce chiffre ; 60 millions, tant à Roubaix que dans ses envi-

rons ; 18 millions, dans le cercle de Saint-Quentin ;
20 millions, dans le Cambrésis ; 5 millions, à Paris.
Telle est à peu près la mesure de la fécondité du peigné,
qui se montre avec une moindre importance, mais avec
une même activité à Mulhouse, à Lyon, à Nimes, à
Rouen, etc., etc.

Cette production de 220 millions, en prix, fait assez
présumer combien grand est le nombre des broches et
des métiers, ainsi que des ouvriers occupés à ces fabrications variées.

Le jury central de 1839 a décerné la médaille d'or,
pour la fabrication des tissus de laine drapés, à MM. Poitevin fils, à Louviers ; Bertèche, Bonjean jeune et Chesnon, à Sedan ; Labrosse, Bechet, à Sedan, et Chennevières, à Elbeuf ; Muret de Bort, à Châteauroux ; et Badin
père et Lambert, à Vienne (Isère) ; — Pour les tissus légers, à M. Henriot fils, à Reims ; Henri Delattre, à Roubaix (Nord) ; Jourdan, Morin et Cie, à Paris.

Le jury de 1844 décerna la médaille d'or à MM. Antoine Brousselet, à Sedan ; Adolphe Rénard, à Sedan ;
Delphis Chennevières, à Louviers ; Dumor-Masson, à
Elbeuf ; Beuck et Cie, à Bulh (Haut-Rhin) ; Houlès père et
fils, à Mazamet, et Morin et Cie, à Dieu-le-Fit (Drôme) ;
Dauphinot-Pérard, à Isles-sur-Suippe (Marne) ; Laurent
et fils, à Amiens ; Cocheteux, à Roubaix ; veuve Lefebvre-
Ducatteau et Soyer-Vasseur, à Roubaix et Lille, et Ter-
nynk frères, à Roubaix.

Le jury de 1849 décerna la médaille d'or à MM. de
Montagnac, à Sedan (Ardennes) ; Sévestre aîné et Legris,
à Elbeuf ; Kuntzer, à Bischwiller (Bas-Rhin) ; Benoîst-

Malot et C^{le}, à Reims ; Julien-Clovis Lagache, à Roubaix ; Jessé et Sabran, à Paris ; Pagès-Baligot, à Paris.

Le Roi conféra, en 1839, la décoration de la Légion d'honneur à MM. Jourdan (Théophile), Bertèche, Chefdrue et Bannet, qui avaient obtenu des médailles d'or aux expositions précédentes ; en 1844, à MM. Bacot et Chennevières, et, en 1849, le Président de la république, à MM. Delattre, de Roubaix, Flavigny, d'Elbeuf, et Renard, de Sedan.

§ III. CHALES DE CACHEMIRE ET LEURS IMITATIONS. — Cette industrie, qui n'a que quarante ans d'existence, est aujourd'hui une de nos gloires industrielles les plus incontestées.

L'imitation des châles de l'Inde, qui était l'enfance de l'art, lui a servi de point de départ ; et, de perfectionnements en perfectionnements, elle s'est élevée à une hauteur telle, qu'il est permis d'affirmer aujourd'hui, que la concurrence étrangère ne l'atteindra jamais.

Avant la campagne d'Égypte, le châle cachemire n'était connu que du petit nombre de personnes qui avaient eu des relations avec l'Inde ; ce fut l'envoi d'un beau châle oriental que fit à Paris l'un des généraux de l'expédition, qui fit naître l'idée d'imiter ce magnifique produit de l'industrie de l'Orient.

« M. Bellanger, de la maison Bellanger, Dumas et Descombes, qui ne fabriquait que des gazes de soie, commerce alors étendu, osa tenter cette difficile entreprise. Métiers, matière, ouvriers, tout était à créer : la machine de Jacquart n'existait pas encore ; il fit monter le premier métier à la tire ; il inventa un harnais à grandes coulisses ; il composa son armure en établissant la lisse

de rabat et de liage. Le châle de cachemire français fut
créé. Il faut remonter à cette époque pour se faire une idée
du mouvement industriel qui se manifesta tout d'un coup.»

« La filature de la laine répondit à l'appel qui lui
était fait. La livre de 16 onces ou 488 grains, contenant
36 échets de 528 tours de 54 pouces, soit 650 aunes,
ou 770 mètres, se payait de 36 à 40 francs; elle perdait
un tiers par le déchet au travail : on arriva à la fournir à
17 et à 18 francs, en qualité beaucoup plus régulière. »

« Nous faisions venir avec beaucoup de peine, de
l'étranger, des maillons en verre qui coûtaient 36 à
40 francs le mille; aujourd'hui Paris les livre à 3 fr. 50 c.
et 4 francs. »

« La concurrence força bientôt à rechercher l'économie de la main-d'œuvre. Un fabricant de Paris, nommé
Santerre, avait dès 1782, formé des établissements pour
le travail des gazes de soie, à Bohain et à Fresnoy ; les
mains rudes des bûcherons s'étaient assouplies par un
travail aussi délicat ; c'est dans ce pays que la fabrication
des châles vint d'abord chercher ses ouvriers, et en s'é-
tendant dans les départements du Nord, de l'Ain et du
Pas-de-Calais, elle ne tarda pas à occuper vingt à vingt-
cinq mille bras. Il nous est impossible de constater le
nombre considérable d'ouvriers que Lyon, Nîmes, et
d'autres villes encore, emploient aujourd'hui dans la
même industrie. »

« L'honorable M. Ternaux, dont le nom se rattache
aux découvertes les plus utiles de l'industrie, contribua
puissamment aux développements et aux progrès de cette
nouvelle création. »

« Il importa de l'étranger la matière même de cachemire, et la fit connaître au commerce; il fit venir à grands
frais les chèvres du Thibet qui fournissent ce précieux
duvet; s'il ne réussit pas à les acclimater, à les propager
sur notre sol, le commerce et la France entière ne lui
tinrent pas moins compte des efforts et des sacrifices
qu'il fit pour accroître et améliorer une industrie qui
devait être pour son pays une source de tant de travail et
de richesse, et la reconnaissance publique donna aux
nouveaux châles, le nom de *Châles-Ternaux*, sous lequel
ils ont été longtemps connus. »

Il faudrait pouvoir citer ici les noms de tous les mo-
destes et laborieux génies qui ont fécondé ou perfectionné la magnifique invention de Jacquart; au premier
rang se place M. Bellanger (1); après lui vint un dessinateur, nommé Eck, qui mourut pauvre et obscur; c'est
lui qui parvint, le premier, à imiter le croisé indien, par
un encartage nouveau; sa découverte a été le point de
départ de la carte pointée briquetée de M. Deneirousse, le
même qui est encore aujourd'hui à la tête de la maison portant son nom. C'est à M. Deneirousse que l'on doit d'heureuses tentatives pour naturaliser en France le travail épouliné. Après cela il est juste de constater que la mécanique d'armure est due aux essais plus ou moins ingénieux
de plusieurs contre-maîtres et ouvriers intelligents, parmi lesquels on doit citer les noms de Bosche, de Rostaing,
et de Pitiot. Le procédé de mécanique actuel pour faire
dérouler les cartons est l'œuvre d'un ouvrier resté inconnu.

(1) Exposition de Londres. Travaux de la commission française.

Celui de Ravier, chef d'atelier à Paris, mérite une mention particulière.

Bosche paraît avoir eu le premier l'idée de la mécanique brisée, mais la mécanique dite à double griffe, généralement employée aujourd'hui, appartient à M. Gaussen jeune. Nous pouvons donc dire hardiment que les créations de ce genre sont toutes françaises, et même que notre pays, possède seul encore aujourd'hui le métier Jacquart perfectionné. Il reste, dit-on, encore beaucoup à faire. Sans doute! et pour ne parler ici que d'une des principales et récentes tentatives de progrès, on a vu, à l'exposition de Londres, plusieurs mécaniques françaises de tissage dites à papiers, et notamment un métier fonctionnant parfaitement avec ce nouveau système : ainsi sera bientôt remplacé le carton, si coûteux, qui sert à reproduire le dessin des étoffes. (Voir page 384.)

On peut diviser la fabrique des châles en châles de Paris, châles de Lyon et châles de Nismes.

« (1) La fabrique de Paris, exploite trois sortes de châles, genre et imitation de cachemire. »

« 1° Le cachemire pur, dont la chaîne et toutes les matières tissées et lancées sont en duvet de cachemire. La majeure partie présente une dimension de 180 à 195 centimètres carrés. »

« On fait aussi des châles longs en cachemire pur. Le châle long doit avoir de 150 à 160 centimètres de largeur sur 360 à 380 centimètres de longueur. »

« 2° Le châle Indou cachemire, qui se fabrique avec

(1) Rapport du jury central de 1839. *MM. Legentil et Bosquillon, rapporteurs.*

les mêmes matières que le cachemire pur, à l'exception de la chaîne, qui est en soie fantaisie, retorse à deux bouts. Pour obtenir encore une réduction sur le prix de revient, on économise une ou deux couleurs. »

« 3° Le châle Indou laine, dont la chaîne est la même que celle de l'Indou cachemire, mais dont la trame et le lancé sont en laine plus ou moins fine. »

« Ce genre ne réclame pas ordinairement plus de six couleurs ; quelques fabricants fort intelligents sont parvenus, par d'habiles combinaisons, à faire des châles à trois couleurs, non compris le fond, qui produisent beaucoup d'effet, et qu'ils ont pu livrer à 45 et 50 francs, en 180 centimètres carrés. Ils n'emploient qu'une mécanique Jacquart de 600 à 1200 crochets pour des comptes de chaîne de 120 à 140 portées de 40 fils. »

« Le châle indou à 4 ou 5 couleurs se monte en 150 ou 160 portées et réclame deux mécaniques Jacquart. Les prix se règlent entre 75 et 130 francs : lorsque le châle a 195 centimètres carrés, il peut s'élever à 150 et 170 francs. »

« C'est l'article de la plus grande consommation du châle parisien : on peut l'évaluer annuellement à la somme de 12 à 15 millions. »

« La fabrique de Lyon, en laissant à Paris le cachemire pur, lui dispute l'exploitation du cachemire indou pure laine, et elle le fait souvent avec succès. Elle emploie dans le tramé et le lancé une laine fine et douce qui rivalise, pour la souplesse du toucher, avec le cachemire. Elle vend ses châles carrés de 80 à 150 francs, ses châles longs, suivant leur beauté, vont jusqu'à 450 francs. Cette fabrication a pris, depuis quelques années, (en 1839) une grande extension. »

« Au dessous de l'indou arrive le châle-thibet, c'est-à-dire le châle fabriqué avec des matières mélangées de laine et de bourre de soie. Ce châle, comme les précédents, se fait en 6/4 carrés, ou en 2 aunes et demie de long sur une et un quart de large : suivant le nombre des couleurs et la finesse des matières employées, les carrés se vendent de 35 à 80 francs, les longs de 60 à 150 francs. Cette fabrication est de beaucoup la plus considérable ; quant aux dessins et aux qualités, elle se conforme aux exigences de la consommation, soit intérieure, soit extérieure, et peut se mettre à la portée des plus petites fortunes. »

« Enfin, nous mentionnerons pour ordre, le châle tissé, chaîne et trame, en bourre de soie, long ou carré. Ce châle a été longtemps l'objet unique de toute la fabrication lyonnaise ; aujourd'hui cette fabrication est bien réduite, et elle a été presque entièrement remplacée par le châle-thibet (en 1839). »

« Lyon fabrique en outre, une grande variété de châles fantaisie carrés pour l'été, en cachemire, en laine douce, en thibet, en laine et soie damasquinée et en soie pure de différentes étoffes et armures qu'il est impossible d'énumérer en détail, et dont il sait avec son habileté ordinaire, orner les fonds de dessins légers et du meilleur goût. »

« On compte à Lyon, environ 4,000 métiers de châles occupant chacun trois personnes ; tous ne battent pas constamment : un quart environ éprouvent un chômage obligé par le changement d'articles, le montage et autres causes. »

« La fabrique de Nîmes met toute son industrie à imiter les dispositions en vogue à Paris ou à Lyon ; elle n'emploie que des chaînes de fantaisie retorses, pour fabriquer deux sortes de châles, imitation cachemire, qui sont :

« 1° Le châle indou laine, à l'instar de celui de Paris. Bien qu'éloignée des usines de filature de laine, elle ne parvient pas moins, par son économie dans la main-d'œuvre, et son intelligence de la fabrication, à soutenir la concurrence et à trouver un large débouché sur les marchés intérieurs et extérieurs ;

« 2° Le châle indou, dit châle de Nîmes. Réduction dans le compte du tissu, économie dans les matières et dans les couleurs, diminution des dimensions, tout est mis en œuvre, dans ce genre, pour atteindre la dernière limite du bon marché. Nous avons examiné avec surprise, dans les salles de l'exposition (1839), un châle de 135 centimètres carrés, broché, imitation de cachemire, produisant beaucoup d'effet, qui était coté 14 francs, et, cependant, nous avons acquis la certitude que ce prix donnait à l'ouvrier un bon salaire, et laissait au fabricant un bénéfice de 15 p. 0/0.

« Aucune fabrique ne paraît avoir mieux rempli le problème économique que celle de Nîmes ; aussi a-t-elle trouvé un débouché très-considérable de ses produits à l'étranger. »

« Bien que la fabrication des châles à Reims ne date que de trois ans (1839), elle a pris pourtant, depuis cette époque, un assez grand développement pour qu'il ne soit pas possible de ne pas le constater. On a commencé par tisser des châles tartans à carreaux écossais ou à filets ; on est arrivé ensuite aux châles kabyles brochés à bouquets ou à dessins courants ; on les a successivement ornés de bordures, de coins, de rosaces, etc. ; aujourd'hui, on essaye quelques châles en laine douce imitant le châle-laine de Paris. »

« La fabrique de Reims, la première, a monté ses châles sur des chaînes simples, ce qui lui a permis d'en réduire les prix, et de les établir pour les tartans 6/4 carrés de 8 à 12 francs, pour les kabyles de 14 à 25 francs, suivant la richesse des dessins. »

Quant aux châles époulinés, malgré les notables perfectionnements apportés par M. Deneirousse, dans l'art de fabriquer l'épouliné, on peut craindre que la main-d'œuvre ne soit trop chère, en France, pour permettre jamais que ce genre de fabrication s'y implante solidement. Lorsqu'on pense que la matière première n'entre pas pour un dixième dans le prix d'un châle, travail de l'Inde, et que l'ouvrier cachemirien ne gagne pas la cinquième partie de la journée de nos travailleurs, on comprend l'impossibilité pour nous de lutter avec les produits exotiques. Ajoutons qu'une femme n'achètera jamais un châle épouliné français au même prix qu'un châle indien, quelles que soient la régularité et la supériorité de la fabrication nationale.

Le jury central de 1839, rappelant les médailles d'or précédemment décernées à MM. Girard, à Chevreuse ; Deneirousse et Cie, à Corbeil ; Gaussen et Cie, à Paris ; Hébert et Cie, à Paris, et Curnier et Cie, à Nîmes ; en a décerné de nouvelles à M. Jean-Louis Arnoud, à Paris ; à M. Fortier, à Paris ; à M. Grillet aîné, à Lyon ; à MM. Sabran frères, à Nîmes.

Le jury de 1844 rappela les mêmes médailles d'or, et notamment à l'honneur de M. Gaussen jeune, celle qu'il avait obtenue en société avec son frère, et à l'honneur de MM. Heuzey et Marcel, la médaille qu'ils avaient obtenue en société avec M. Deneirousse, et décerna de nouvelles médailles d'or à MM. Duché aîné, à Paris, et Devèze fils et Cie, à Nîmes.

Le jury de 1849, en rappelant une partie des médailles d'or que nous venons de citer, en décerna une nouvelle à MM. Deneirousse, E. Boisglavy et Cie, fabricants à Corbeil ; et à M. François Constant père et fils, à Nîmes.

Le Roi nomma chevaliers de la Légion d'honneur MM. Curnier, Deneirousse et Sabran, en 1839, et Grillet aîné, en 1844 ; le Président de la république accorda la même distinction à M. Gaussen, en 1849.

ARTICLE 2. — SOIERIES.

§ I. FILATURE DE LA SOIE. — 1. *Soies ouvrées.* — « Depuis l'immortel Vaucanson, disait le rapporteur de la « commission des soies, en 1839 (1), les procédés pour « le tirage et le moulinage des soies n'ont reçu d'autres « perfectionnements matériels que l'application de la va- « peur ; aussi, en ce qui concerne les mécaniques em- « ployées à l'ouvraison des grèges, l'Angleterre nous a « dépassés depuis longtemps. » Mais, en 1844, le même rapporteur signalait déjà d'importants progrès dans cette

(1) M. Meynard.

industrie, d'où dépend en grande partie la perfection dans la fabrication, celle surtout des étoffes unies. Le jury de 1839 décernait une médaille d'or à M. Louis Chambon, à Alais (Gard); le jury de 1844, indépendamment de la médaille conférée à M. Meynard, tant pour ses essais sur l'éducation des vers à soie en automne, dont nous avons parlé à la production de la soie, que pour les perfectionnements obtenus dans sa filature, en décernait deux autres à M. Louis Blanchon, à Saint-Julien en Saint-Alban (Ardèche), et à M. Aigoin-Delarbre et Cie, à Ganges (Hérault). Le jury de 1849 rappelait les médailles d'or obtenues par MM. Teissier frères, à Vallerangue, et Chartron père et fils, à Saint-Vallier, et en décernait de nouvelles à MM. Jean Menet, de Beaulieu (Ardèche); Casimir Chambon, d'Alais (Gard), et Hamelin, des Andelys.

M. Menet recevait, en outre, la décoration de la Légion d'honneur.

2. *Bourre et déchets de soie.* — Le jury de 1839 décernait une médaille d'or à MM. Langevin et Cie, pour la filature des déchets de soie ; le jury de 1844 a rappelé cette médaille avec de grands éloges et le jury de 1849 a accordé une nouvelle médaille d'or à MM. Langevin, qui ont dépassé l'industrie anglaise dans la filature de la bourre de soie.

§ II. TISSUS DE SOIE, PELUCHE, RUBANS. — « (1) L'industrie des soies paraît avoir été importée de l'Orient en Sicile, en Italie et en Espagne au xiie siècle, et de là à la suite des guerres civiles et religieuses du xive et du xve siècle, en France, en Suisse, en Angleterre et dans les Pays-Bas. »

(1) Exposition de Londres, travaux de la commission française.

« A Lyon, de 1650 à 1680, après deux siècles d'existence, le nombre des métiers varie entre 9,000 et 12,000. »

«Après la révocation de l'édit de Nantes (1689) et jusque vers 1750, il tombe et se traîne entre 3,000 et 5,000. »

« Vers 1760, le travail se relève enfin et les métiers sont de nouveau au nombre de 12,000 ; de 1780 à 1788, il monte à 18,800 ; de 1792 à 1800, la Terreur, le siége de Lyon, la guerre les réduisent, comme la révocation de l'édit de Nantes, à 3 ou 4,000. »

« De 1804 à 1812, par le rétablissement de l'ordre et de la sécurité à l'intérieur, les métiers se relèvent à 12,000, nombre qu'ils ne dépassent pas durant tout l'empire, malgré l'immense accroissement du territoire, mais à cause de la guerre extérieure. »

« Dès 1816, sous l'influence de la paix, les métiers s'élèvent à 20,000, et de 1825 à 1827, ils atteignent 27,000. »

«En 1837, malgré les déplorables et sanglants événements de novembre 1831 et d'avril 1834, le nombre des métiers monte à 40,000, et, à l'époque de la révolution de février 1848, il dépassait 50,000. »

« Cette révolution, qui a si profondément ébranlé le crédit et le travail de la France, n'a que momentanément arrêté la marche ascendante de l'industrie des soieries, qui était très-florissante depuis les événements de juin 1848 jusqu'à la fin de 1852. »

« Durant cette courte période, le nombre des métiers s'était accru de 10,000 à 12,000 et il dépasse certainement 60,000. »

« Cette situation exceptionnelle de l'industrie des soieries et des rubans tient à ce que, plus de la moitié de ses produits s'exportant, elle souffre *relativement* peu des crises et même des révolutions intérieures, pourvu que ses débouchés extérieurs restent ouverts. »

« Ainsi, dans l'exportation générale de tous les tissus français, les soieries et les rubans figurent pour 37 p. 0/0.

« Les 60,000 à 65,000 métiers qui travaillent pour Lyon sont dispersés dans l'agglomération Lyonnaise, le département du Rhône et les départements voisins. »

« Les agitations politiques, autant que la question de main-d'œuvre, ont fait porter les métiers loin de la ville ; c'est aussi loin de la ville que se sont établis les premiers grands ateliers à métiers mécaniques. »

« De toutes les industries du tissage, celle des soieries est la plus en retard sous ce rapport, et cela s'explique principalement par la grande valeur des matières premières qu'elle emploie et qui élève bien plus que pour le coton, la laine et le lin, le capital qu'exige l'établissement des grandes usines. »

« Je ne crois pas exagérer, disait M. Arlès Dufour que nous venons de citer, en portant à 375 millions par an, pendant les années 1850, 1851 et 1852, la production des articles dans lesquels la soie domine. »

« Malgré la rude concurrence des fabriques de Bâle et les efforts moins redoutables de celles d'Angleterre, la rubanerie française n'a cessé de prospérer et de grandir. La production, qui, en 1840, atteignait déjà le chiffre de 65 à 70 millions, dépasse aujourd'hui celui de 80, dont 50 au moins sont exportés. »

« L'exposition des produits anglais à l'exposition universelle de Londres a surpris et inquiété les fabricants
français : cette concurrence des produits anglais avec les
nôtres est trop permanente pour ne pas exiger quelques
explications. »

« En 1824, lors de la levée de la prohibition des soieries étrangères, le nombre des métiers dans tout le Royaume-Uni était de 24,000. En 1829, il était de 50,000 ; il
est de 100,000 aujourd'hui : sauf une valeur d'environ
30 millions de francs, tous les produits de cette fabrication se consomment en Angleterre : les fabriques anglaises emploient 3 millions de kilogrammes de soies de toute
provenance, mais principalement de la Chine, du Ben-
gale, de l'Italie et du Levant. »

« Sous le rapport des dessins, du goût, des dispositions
et de l'entente des couleurs, les soieries anglaises laissent,
auprès de celles de Lyon, beaucoup à désirer. »

Le jury de 1839 a décerné la médaille d'or à MM. Potton et Crozier de Lyon ; Maurier et A. Bernard de Lyon ;
Godemar et Meynier de Lyon, pour leurs étoffes de soie, et
à MM. Fauze frères, de Saint-Etienne, et Vignat Chovet,
aussi de Saint-Etienne, pour leurs rubans.

Le jury de 1844 a décerné la médaille d'or à M. Claude-
Joseph Bonnet, de Lyon ; C. M. Teillard, de Lyon ; Heckel
aîné, de Lyon ; Louis Girard neveu, de Lyon ; P. Eymard
et C\ie, de Lyon, et Claude Cinier, de Lyon, pour leurs étoffes de soie de toutes sortes, et à MM. Robichon et C\ie, de
Saint-Etienne, et Jules Balay, de Saint-Etienne, pour
leurs rubans.

Le jury de 1849 a décerné une nouvelle médaille d'or

à M. Yémenis, a rappelé une grande partie des médailles d'or décernées, dans les expositions précédentes, et conféré cette même récompense à MM. Joly et Croizat, à Lyon, Félix Balleydier, à Lyon, et Claude Ponson, à Lyon, pour leurs étoffes, et à MM. Larcher, Faure et C^{le}, de Saint-Etienne, pour leurs rubans.

M. Ollat recevait, en 1839, la décoration de la Légion d'honneur, MM. Bonnet et Faure, de Saint-Etienne, en 1844, et M. Potton en 1849.

L'importante fabrication des peluches de soie noire pour chapeaux d'homme, occupait, en 1849, 5,000 métiers ; les produits excédaient 13 millions de francs, les trois quarts s'en exportaient en Amérique, en Angleterre et même en Allemagne. A l'exposition de 1844, il fut constaté que les fabriques de la Moselle laissaient en arrière, sous plusieurs rapports, les fabriques du Rhône ; aussi celles-ci n'obtinrent qu'une médaille d'argent et trois de bronze, tandis que les premières méritèrent une médaille d'or, deux d'argent et une de bronze.

Mais, dans les cinq dernières années, les fabriques du Rhône ont regagné le terrain qu'elles avaient perdu, et quoique moins nombreuses que celles de la Moselle, grâce à leurs métiers mécaniques, elles arrivent à un chiffre pour la production, presque égal et pour l'exportation supérieur au leur.

Nous devons cependant reconnaître que la chapellerie française, dans les prix élevés, donne encore la préférence aux peluches de la Moselle.

Cette préférence est sans doute motivée par le tissage à la main, sur métiers ordinaires, qui permet, peut-être, des soins plus minutieux que le tissage mécanique; mais, chaque jour, cette différence s'efface par les inventions ou les perfectionnements incessants apportés aux opérations accessoires du tissage à la mécanique.

Le jury de 1839 décerna la médaille d'or à MM. Massing frères, Huber et Cⁱᵉ, à Puttelange (Moselle); le jury de 1844, à MM. Schmaltz et Thibert, à Metz; le jury de 1849 rappela ces deux médailles, et en décerna une nouvelle à MM. Martin frères, à Tarare (Rhône).

Le jury de 1844 avait décerné la médaille d'or à MM. Thomas frères, d'Avignon, pour la fabrication des florences et des tissus de soie légers à la mécanique.

§ III. Bonneterie, Passementerie. — 1. *Bonneterie.* — On peut regretter peut-être que les jurys centraux n'aient pas donné assez d'attention à cette industrie qui, par les besoins auxquels elle satisfait, occupe certainement une place importante dans la consommation. On a rangé la bonneterie, dans les comptes rendus, tantôt aux tissus divers, avec les blondes, les tulles, les tapis et les tissus de crin; tantôt avec les soieries, et cette classification a dû la priver d'un examen spécial : les rapports sur cette industrie ont traité simultanément de la bonneterie de soie, de la bonneterie de coton et de la bonneterie de laine, quoique les conditions où se trouve chacune de ces trois industries, soient assurément fort différentes. Enfin on lit dans le rapport de 1844 que la bonneterie de Troyes, qui fabrique exclusivement le coton, et qui est, à ce titre, protégée, en France, par la prohibition absolue de la bonneterie étrangère « obtient sur les marchés étran- « gers, soit pour la beauté de la fabrication, soit pour la

« modicité des prix, la préférence sur l'Angleterre et la
« Saxe. »

Mais le jury de 1849 dit, à l'inverse de celui de 1844,
que, « malgré le bon marché des produits français, ils
« ne peuvent pas rivaliser pour la modicité des prix avec
« les articles de Saxe et d'Angleterre, particulièrement
« pour les bas unis. » Il ajoute même que la bonneterie
« entre pour une somme très-minime dans le chiffre
« des exportations et qu'une prime plus élevée pourrait
« lui faciliter l'étendue de ses rapports avec l'étranger. »
L'observation qui précède n'a d'autre but que de montrer
la nécessité, de la part du jury de 1855, d'un examen
plus spécial d'une industrie aussi intéressante et aussi
considérable que l'est la bonneterie.

Si l'on fait remonter l'art de la bonneterie à celui de
tricoter avec des aiguilles, il se perd dans la nuit du temps,
et ce qui est certain, c'est que non-seulement les anciens
s'enveloppaient les jambes dans des morceaux d'étoffes
qu'ils maintenaient avec des bandes de toile ou de cuir ;
mais même que du temps de la reine Élisabeth, elle ne
portait que des bas taillés dans des étoffes de laine ou de
coton à la mesure de son pied et assemblés par des cou-
tures : on ne faisait encore au tricot que de gros bas de
laine ; les Espagnols appliquèrent les premiers le tricot à
la soie, et ce n'est qu'à la fin du XVIe siècle que Williams
Lee inventa le métier à faire les bas.

Il était pasteur de Woodborough, et l'on raconte qu'en
1589, tourmenté de l'application continuelle que sa fian-
cée donnait à son tricot, il conçut la première idée d'une
machine à faire les bas ; c'est pour cela que les supports

des armes de la compagnie des bonnetiers de la cité de Londres, sont un ecclésiastique et une jeune fille qui lui présente une aiguille à tricoter. Williams rencontra bien des difficultés dans cette œuvre difficile, mais il les surmonta : la Reine lui donna des encouragements, et on attendait tant de succès de cette invention, qu'un parent de la Reine, lord Hudson, se mit en apprentissage chez Lee; Jacques Ier, au contraire, ne montra guère que de l'indifférence au malheureux inventeur qui, dégoûté de son pays, vint s'établir en France où Sully l'attirait. Il est mort à Rouen, vingt-deux ans plus tard, après une existence fort mêlée de succès et de revers.

En 1695, il y avait à Londres 1,500 métiers employés à faire des bas de soie; en 1812, il y en avait 30,000 et les bas commençaient à manquer. L'Angleterre produisait, en 1841, pour 64 millions de bas de toutes sortes, savoir :

470,000	douzaines	bas de soie,	valeur	8 millions.
2,872,800	—	bas de coton,	—	24 —
2,360,000	—	bas de laine,	—	32 —
3,600	—	bas de fil,	—	160,000 fr.

Il n'y avait pas alors en Angleterre d'ouvriers plus misérables que les bonnetiers. De compte fait, il ne restait par semaine, pour leur salaire, à deux vieillards travaillant ensemble, après leurs frais remboursés, que 5 deniers, un peu plus de 52 centimes; on assure que beaucoup de ces malheureux ne renouvelaient pas leurs vêtements extérieurs en vingt-cinq ans (1). A partir de 1844, cette situation s'est considérablement améliorée : les ouvriers travaillent maintenant en ateliers et avec moteurs à va-

(1) Voyez aux travaux de la commission française, à l'exposition de Londres.

peur, leur salaire s'est accru de beaucoup et la production s'est élevée à 90 millions de francs par an.

Bonneterie de soie. — La fabrique de Ganges, dont les produits en bonneterie se sont perfectionnés depuis 1839, fournit à la grande consommation de l'Espagne et du Portugal. La beauté des matières qu'elle emploie et la finesse de ses métiers, font rechercher par l'Angleterre ses bas de soie blancs et noirs unis, les bas de soie des fabriques anglaises ne pouvant rivaliser avec les siens, attendu l'irrégularité des soies qu'elles mettent en œuvre.

Il se fabrique aussi à Ganges, des bas de soie et de coton retors, à jour, avec une telle perfection de goût dans la broderie, une si grande pureté de blanc, et à des prix si modérés, qu'aucune fabrique étrangère ne peut soutenir la concurrence. Il s'y fait, en outre, des mitaines et des gants ainsi que des chaussettes, qui par leur bonne qualité et leur belle fabrication, ne craignent aucune rivalité.

Bonneterie de coton. — Troyes, avec ses environs, est le pays où la bonneterie de coton a pris le plus d'extension.

La fabrique de bonneterie du département du Gard comprend les bas en tous genres, en soie, en fil d'Écosse, en coton, en filoselle ou bourre de soie, et en laine, les gants et mitons de même matière et les tricots en coton en pièces, sur lesquels on coupe les bonnets, les gilets, les caleçons et les jupons.

Caen a aussi des fabriques de bonneterie d'une grande importance : le métier continu, dit *métier circulaire*, est appelé à faire de grands changements dans la bonneterie, lorsqu'il aura atteint toutes les améliorations dont il est susceptible.

Nous avons d'autant plus appelé l'attention du jury central de 1855 sur l'industrie de la bonneterie que le jury de 1849 constatait, par l'organe de M. Manière, l'état de souffrance où sont les ouvriers bonnetiers, ce qui est parfaitement vrai pour le département de l'Aube où se fabrique une grande quantité de bonneterie de coton. « La concurrence, disait-il, au lieu de s'appuyer sur la beauté des produits et la bonne confection des articles, s'est, en grande partie, portée sur le bon marché. »

« Chaque fabricant, désirant donner de l'extension à ses rapports commerciaux, a voulu vendre meilleur marché que son confrère, et on en est venu à diminuer tellement le prix de la main-d'œuvre, que les ouvriers ne perçoivent plus maintenant qu'un très-modique salaire, et ne font plus d'apprentis. »

« Les ouvriers gagnent, particulièrement en province, de 1 fr. 20 c. à 1 fr. 50 c. par jour et les ouvrières de 60 c. à 70 c. (1). »

Bonneterie de laine. Le département de la Somme a vu s'élever, depuis quelques années, de nombreuses filatures de laine pour bonneterie, qui ont beaucoup contribué à assurer à ce département la supériorité pour les articles en laine, dont il fournit toute la France. Paris continue toujours à être en première ligne pour la supériorité de ses produits. La ganterie en tissu foulé y a pris, depuis quelque temps, un essor considérable.

(1) On peut juger du bas prix de la main-d'œuvre dans le département de l'Aube, où les subsistances sont cependant assez chères, à cause du voisinage de la capitale, par ce fait, constaté par le jury de 1849, qu'un fabricant de Troyes occupe 175 ouvriers et fait 110,000 fr. d'affaires.

Dès 1839, le jury constatait que la bonneterie à l'usage des Orientaux, qui était autrefois l'objet d'une large exportation, rencontre une redoutable concurrence dans les fabriques de l'Italie et du Levant, qui peuvent s'approvisionner de laines à meilleur marché que nous.

En 1839, le jury central ne décernait à la bonneterie que deux médailles d'argent; en 1844, il décernait la médaille d'or à MM. Lauret frères, à Ganges, pour leurs bas de soie, dont la supériorité ne peut être contestée : cette médaille leur a été rappelée en 1849.

2. *Passementerie.* — Cette industrie a, depuis quelques années, pris un accroissement important, et surtout en ce qui concerne les articles de nouveautés et ceux pour ameublement; il serait difficile de fixer le nombre d'ouvriers qu'occupe la passementerie, mais il est considérable, et principalement à Paris et dans ses environs.

Cette industrie, qui emploie une grande quantité de matières premières, soie, laine, coton, s'apprend très-facilement et s'exploite avec peu de fonds, ce qui est cause qu'elle est entre les mains d'une foule de petits fabricants qui, à l'envi l'un de l'autre et pour pouvoir vendre meilleur marché, diminuent le prix de la main-d'œuvre; aussi, les ouvriers, hommes, femmes et enfants, ne gagnent-ils qu'un faible salaire, après un travail journalier de douze heures.

§ IV. TISSUS DE CRIN. — Le rapport du jury central de 1849 contient sur l'industrie du tissage du crin, des renseignements trop intéressants pour que nous puissions les omettre :

« La fabrication des étoffes en crin a son siége principal à Paris (1) ; elle existe aussi dans de petites villes ou des villages où sont établis quelques maîtres tisserands qui font, en même temps, un petit commerce de crin. »

« A Villedieu-les-Poëles et à Gavray (Manche), à Grâce (Côtes-du-Nord), à Blajan (Haute-Garonne), se font les toiles à tamis, les étrindelles, etc. »

« A Buc, à Saint-Arnould et à Saint-Germain (Seine-et-Oise), à Senlis et à Gouvieux (Oise), à la Fère (Aisne), se trouvent les ateliers de tissage de crinoline et de tissus pour meubles des fabricants de Paris ; ils ne renferment pas moins de 173 métiers, dont 75 sont à la Jacquart et 98 à lisses. Le tissu de crin est également fabriqué, mais en petite quantité dans les départements de la Moselle, de la Haute-Saône et d'Ille-et-Vilaine. »

« Les étoffes de crin, faites à Paris, sont destinées à trois usages différents : à la cordonnerie, au vêtement, à l'ameublement. Les tissus pour meubles étaient les plus nombreux à l'exposition. Ce sont ceux dont la production a conservé quelque importance, quoiqu'elle devienne, d'année en année, moins active : le bon marché des damas et des vénitiennes a restreint l'usage des étoffes de crin dans l'ameublement, et, sans l'habile parti que l'on a su tirer de l'abaca pour les brochés, il est probable que la fabrication serait aujourd'hui encore plus limitée. »

« Cette industrie, qui disparaît en France, est, en Belgique, en Allemagne et en Angleterre, en pleine activité. Les Belges, ainsi que nos voisins d'outre Manche et d'outre Rhin, font, à meilleur marché que nous, des articles d'une excellente exécution.

(1) Rapport de M. Rondot, en 1849.

« Les états de commerce confirment le fait de la décadence de notre industrie des tissus de crin. En 1827,
nous expédiions pour 269,000 francs, et en 1837, pour
210,000 francs ; les exportations se sont élevées en 1841,
à 457,000 francs ; en 1844, à 465,000 francs, et sont
tombées, en 1846, à 359,000 francs, et, en 1847, à
218,000 francs, c'est-à-dire au-dessous du chiffre de
1827. En Belgique, au contraire, l'exportation a presque
doublé à cinq ou six ans d'intervalle. »

« M. Bardel a perfectionné, le premier chez nous, cette
fabrication ; M. Joliet a monté, vers 1818, des rosaces
et des bouquets, et M. Eugène Bardel, vers 1834, a ma-
rié en trame le crin avec les filaments de l'abaca, plante
de l'île Luçon (archipel des Philippines). Elle coûte, à
Manille, environ 50 centimes le kilogramme. »

ARTICLE 3. — COTON.

« (1) L'industrie du coton prit naissance dans l'Inde :
elle date des siècles les plus reculés, et de bien longtemps avant l'ère chrétienne. Elle ne s'introduisit que
lentement en Europe. D'abord par les Maures, qui, dès
le x° siècle, voulurent la naturaliser en Espagne ; dans
le xiv° et le xv° siècle, elle fut successivement essayée en
Italie et dans les Pays-Bas. Ces essais n'eurent ni importance ni suite. En 1569, la première balle de coton arriva en Angleterre ; en 1641, la fabrication du coton
était définitivement établie à Manchester ; en 1678, on y
filait et tissait manuellement 900,000 kilogrammes. Dès
lors on demandait la prohibition des tissus de coton de

(1) Exposition universelle de Londres, travaux de la commission
française. Rapport de M. Mimerel.

l'Inde. Elle fut décrétée en 1700. L'industrie du coton est aujourd'hui la plus considérable de l'Angleterre (700 millions de francs d'exportation, 600 millions de consommation intérieure), la plus considérable peut-être de la France (580 millions de francs de consommation, 50 millions d'exportation). »

La Mull-Jenny, cette admirable machine à filer, inventée par Hargrave, en 1767, employée communément en France, seulement au commencement du siècle, qui, dans l'origine, ne faisait tourner que 200 broches, qui en fait tourner 500 aujourd'hui, avait remplacé dans l'industrie, avec l'aide de 3 ouvriers, le travail à la main de plus de 200 fileuses.

La politique de la France, depuis la Révolution française jusqu'en 1814, avait consisté à remplacer dans la consommation nationale les produits étrangers par des produits indigènes, et un droit considérable avait été établi sur les cotons en rame en même temps que les tissus de coton étaient non-seulement prohibés, mais même saisis et brûlés partout où l'administration des douanes parvenait à les rencontrer. Cette situation n'avait pu que favoriser, en France, la filature et le tissage des cotons : en 1790, la France, avec 26 millions d'habitants, importait 4 millions de kilogrammes de coton et pour 27 millions de francs de produits fabriqués, qui pouvaient représenter en poids un million et demi de kilogrammes. L'Angleterre, à cette époque, manufacturait 12 millions de kilogrammes.

A la fin de 1813, la filature française mettait en œuvre plus de 8 millions de kilogrammes, mais la popula-

tion du pays s'était élevée, par l'agrandissement du territoire, à 40 millions d'habitants. C'était néanmoins une
situation progressive.

L'invasion étrangère fut suivie de la suppression du
droit d'entrée sur les cotons ; le marché français fut envahi par la production anglaise ; l'industrie cotonnière,
en France, supporta, de ses deniers, la perte du droit
qu'elle avait acquitté sur les matières premières : nos
principaux fabricants furent ruinés et, entre autres,
M. Richard Lenoir, dont nous avons vu le nom proclamé
aux expositions de l'industrie, qui occupait 11,000 ouvriers, dans sept filatures, et qui est mort depuis dans un
état trop malheureusement voisin de l'indigence : les
gouvernements devraient ne jamais oublier que la suppression brusque d'une taxe de douane est une véritable
banqueroute faite au fabricant qui en fait l'avance au
trésor national, et qui, sur la foi publique, a le droit d'en
être remboursé par le consommateur. Ce coup, qui ren-
versait la fortune des filateurs, et qui était une grande
injustice et un grand malheur privé, loin d'être fatal à
l'industrie cotonnière, ne pouvait manquer de lui être
bientôt favorable. En effet, le goût des étoffes de coton,
dont on avait été longtemps privé, se réveilla avec ardeur
par la facilité d'obtenir, à bon marché, les étoffes anglaises; le coton arriva abondamment dans nos ports et
la loi de 1816 vint assurer la main-d'œuvre à l'industrie
nationale : les usines changèrent de propriétaires, mais
les nouveaux acquirent, à bon marché, un matériel
éprouvé et une position industrielle en quelque sorte
toute faite. La paix enfin, qui est pour l'industrie ce que

le soleil est pour l'agriculture, venait féconder cette situation, et, dès 1817, les manufactures françaises, quoiqu'elles n'eussent plus pour consommateurs que les 25 millions d'habitants de son territoire réduit, employaient déjà 12 millions de kilog. de coton : quatre ans plus tard, elles en fabriquaient 20 millions et elles en exportaient plus d'un million en tissus fabriqués d'une valeur de 20 millions de francs.

L'Angleterre, à cette même époque, produisait 68 millions de kilog. de tissus, elle en exportait 31 millions de kilog., dont la valeur atteignait à 400 millions de francs.

Les manufactures, en Angleterre, étaient mues par la vapeur, force à la fois économique et surtout d'une régularité parfaite, et, en France, par les cours d'eau ou la force des chevaux, moyens de travail beaucoup moins parfaits et plus coûteux que la vapeur.

L'enquête commerciale de 1834 constata que la France filait alors 34 millions de kilog. : l'Angleterre en manufacturait 125 millions, dont elle exportait 72, la plupart en tissus communs et d'une valeur de 450 millions.

La nature des relations commerciales des deux peuples, leur aptitude manufacturière commencèrent à s'asseoir, à partir de cette époque, en ce qui touche l'industrie cotonnière, en France et en Angleterre, de manière à ce que chaque nation s'assurât la spécialité qui lui revenait. L'Angleterre, la marchande du monde entier, fabriqua les tissus communs en quantités énormes, la France, plus sûre de son propre marché, que de son commerce extérieur, certaine d'avoir de riches acheteurs, travailla pour le luxe et ne fit que peu d'étoffes communes. Quoique les deux industries eussent ainsi leur part faite par la force des choses, c'était à condition cependant de marcher dans le progrès d'un pas à peu près égal. Si l'une se fût ralentie, l'autre aurait aussitôt envahi son terrain : aussi le prix de la filature s'abaissa-t-il des deux parts dans la même progression. Le coton filé n° 30 qui valait, en France, 12 fr. en 1816, ne valait plus que 6 fr. en 1833. Le prix moyen des tissus anglais exportés, qui était de 12 fr. le kilog., en 1816, n'était plus que de 6 fr., en 1833. Parité de progrès, qui surprend au premier coup d'œil, mais inévitable pourtant, puisque celle des deux industries qui aurait sensiblement faibli dans la lutte, aurait péri, même sur son propre marché, par l'effort de la contrebande.

Ainsi, de 1816 à 1833, la production avait triplé, et le prix de revient s'était abaissé de moitié. Quel bien-être la paix ne donne-t-elle pas aux populations !

Cependant l'Angleterre, qui sentait la fabrication complétement assise, commençait à lever, en 1825, la prohibition des tissus de coton étrangers, qui durait depuis 1700 ; elle la remplaçait par un droit de 20 p. 0/0 ; en 1832, elle abaissait ce droit à 12 p. 0/0.

A cette époque, le tissage mécanique remplaçait déjà, en Angleterre, le tissage à la main qui n'a pas encore tout à fait disparu en France, même aujourd'hui, mais qui n'assure plus à l'ouvrier qu'un salaire insuffisant.

En 1840, un nouveau perfectionnement ajouté aux Mull-Jenny permit de placer, sans le secours de la main de l'homme, l'aiguillée de coton filé sur la broche qui doit la recevoir : ce fut une nouvelle économie de main-

d'œuvre considérable que notre industrie ne réalise pas
encore ; enfin on vient de voir à l'exposition de Londres
le métier Jacquart mis en mouvement par la vapeur.

Tous ces perfectionnements ont amené ce résultat que
le prix de la production, qui s'était abaissé de moitié, de
1816 à 1834, s'est encore abaissé, dans la même proportion, de 1834 à l'époque où nous sommes. Nous
exportons aujourd'hui avec profit 6 millions de kilog. ;
l'Angleterre en exporte 174 millions ; mais la proportion
de la main-d'œuvre est bien plus grande dans notre
exportation que dans la sienne.

Cette transformation de l'industrie cotonnière est remarquable, car elle est le type le plus saillant du progrès
manufacturier. En un demi-siècle, l'industrie a passé de
la filature et du tissage à la main, fait en grande partie,
dans les campagnes et dans la famille, par des populations qui se reportaient, au besoin, aux travaux agricoles,
à la filature et au tissage mécaniques : la vapeur et le
rouage ont remplacé la force et l'intelligence de l'ouvrier.

On s'est ému d'un si grand changement, et d'autant
plus que toutes les industries du tissage ont imité ou
imiteront l'industrie cotonnière, et que celle-ci même
n'a pas achevé son progrès.

Mais d'abord qui pourrait arrêter ce progrès ? Ce serait
vouloir arrêter la marche du temps : toute discussion est
à peu près inutile, puisqu'une force invincible nous en-
traîne.

Supposons cependant un pays où les arts industriels
soient parvenus à ce point d'avancement qu'une portion
presque imperceptible de la population suffirait pour y

opérer toutes les transformations des productions naturelles nécessaires pour les approprier aux besoins des
consommateurs. Les travaux agricoles occuperaient, au
contraire, dans ce pays, la très-grande majorité de la
population. Il semble qu'une telle organisation d'une
société n'aurait rien qui lui fût désavantageux. Le travail
naturel de l'homme est la culture de la terre, et moindre
sera la portion de la population qui en sera détournée,
meilleure sera l'organisation sociale : assurément le travail du tisserand, sédentaire et presque mécanique,
semble moins dans la destinée perfectible de l'homme
que le travail des champs.

Mais rentrons dans le domaine des faits. M. Mimerel
a fait connaître la production et la consommation en
coton des différents États de l'Europe, nous reproduisons
ici le résultat de ses recherches : les chiffres expriment
des millions.

	Population.	Production.	Consommation.	Exportation.
Angleterre	28	277	73	174 (1)
France	36	64	52	12
Russie	65	31	30	1
Autriche	38	30 }	96	»
Zollverein	30	18 }		
Espagne	15	10	12 ½	»
Belgique	4	10	8	2
Suisse	3	9	4	5
États-Unis	25	110	60	50
Italie	20	»	13 ½	»
Portugal	4	»	4	»

Voici les quantités de broches mises en mouvement
dans les différents pays : Angleterre, 18 millions ; États-

(1) L'Angleterre exporte dans l'Inde 62 millions de kilogrammes
de fils et de tissus pour 234 millions de francs.

Unis, 5 millions et demi ; France, 4 millions et demi ;
Autriche, 1,400,000 ; Zollverein, 900,000 ; Espagne,
700,000 ; Suisse, 960,000 ; Belgique, 400,000 ; la journée de travail est de dix heures et demie en Angleterre,
et de douze heures en France et aux Etats-Unis.

Ces renseignements sur la situation de l'industrie cotonnière en Europe et aux Etats-Unis d'Amérique éma-
nés d'une main habile et expérimentée, ont certes une
grande importance. Ils prouvent que l'Angleterre et les
Etats-Unis, la première par ses capitaux et ses colonies,
et l'autre Etat comme producteur de la matière première,
sont en possession du commerce d'exportation des tissus
de coton. L'Angleterre, si riche en combustible et en
capitaux, a récolté abondamment les fruits de la découverte de Watt ; elle a substitué, la première, la force
mécanique à la main de l'homme, et s'est rendue maîtresse des marchés par le bas prix du produit ; elle paraît
devoir conserver cette prépondérance, au moins en partie,
par le bon marché auquel elle obtient la houille.

Actuellement, elle fabrique à bien plus bas prix que
nous : le coton filé n° 34 anglais, correspondant au
28 français, vaut à Manchester 2 fr. 20 c. le kilog., et à
Rouen 3 fr. 10 c., différence, 40 p. 0/0. Le calicot pour
impression, 15 fils en chaîne et 15 en trame, vaut en
Angleterre 19 c. le mètre, et en France 25 c.; différence,
33 p. 0/0.

Cette différence provient du bas prix de la houille et
de l'abondance des capitaux : la force d'un cheval de
vapeur se produit par la combustion annuelle de 11 tonnes de charbon valant :

A Manchester 6 shillings (7 fr. 50) la tonne   66 fr.

Et à Rouen, 25 fr. . . . . .   275 fr.

Un métier renvideur coûte, à Manchester, 3,000 fr., intérêts, 4 p. 0/0, dépréciation 6 p. 0/0, en tout.   300

En France, le même métier coûte 5,000 fr., intérêts, 6 p. 0/0, dépréciation, 6 p. 0/0, en tout.   600

Il est vrai que l'ouvrier coûte moins cher en France, parce que le pain et la viande y sont d'un tiers meilleur marché qu'en Angleterre, et que nos ouvriers sont plus sobres : l'ouvrier anglais, à 3 fr. 50 c. par jour, dépense. . .   1,050

L'ouvrier français, à 3 fr. par jour, ne coûte que.   900

Il résulte de cette comparaison des dépenses dans les deux pays qu'il y a des économies importantes que le bas prix du charbon rend possibles en Angleterre, comme la substitution du métier renvideur à la main de l'homme, et qui présenteraient peu d'avantages en France, où la main-d'œuvre coûte moins cher et le charbon beaucoup plus ; mais ce qui résulte plus évidemment encore, c'est que le cheval de vapeur est, en Angleterre, d'un entretien bien moins coûteux qu'en France, parce que la houille n'y vaut que le quart de ce qu'elle se paye chez nous.

C'est là un argument qu'on n'a pas manqué de faire valoir et qui a une valeur considérable, en faveur du système protecteur qui assure à notre marché la vente de notre production.

Le salaire des ouvriers peut donner le taux du prix des subsistances. En Angleterre, la journée du fileur vaut 3 fr. 50 ; en France, 3 fr. ; en Allemagne, 1 fr. 25 à 1 fr. 50 ; en Russie, 1 fr. La journée d'une femme vaut, en Angleterre, 2 fr. ; en France, 1 fr. 50 ; ailleurs 40 et 80 c.

Quant au prix que paye, en définitive, le consommateur, il est peut-être moindre en France qu'en Angleterre, parce que le manufacturier anglais travaille sur une trop grande échelle, pour se mettre en contact direct avec le détaillant : il y a entre eux deux un intermédiaire inévitable et dispendieux, c'est le marchand en gros; outre que le détaillant anglais est aussi beaucoup plus coûteux que le détaillant français. C'est donc seulement sur le marché étranger que se fait mieux sentir le bas prix de la production anglaise : néanmoins elle rencontrera bientôt deux concurrents sérieux, les Etats-Unis et la Russie; les premiers, producteurs de la matière première, et la Russie avec l'avantage d'une main-d'œuvre fort peu dispendieuse. L'Angleterre s'efforce d'améliorer la qualité du coton que produit l'Inde, et d'y obtenir des sortes propres à la filature mécanique; la Russie introduit la culture du coton dans ses provinces du Caucase; la France plante le cotonnier dans sa conquête d'Afrique, les fruits de ces tentatives sont encore bien loin d'être mûrs.

Telle est la situation générale de l'industrie cotonnière (1). M. Mimerel la résume en ces mots :

(1) Tiré du rapport de M. Mimerel sur l'exposition universelle de Londres.

Pour le bon marché, l'Angleterre, et après elle les Etats-Unis et la Suisse;

Pour l'importance des valeurs créées, l'Angleterre;

Pour la perfection, la France, l'Angleterre et la Suisse.

On peut conclure avec quelque certitude que l'industrie du coton est, en France, dans un état satisfaisant de prospérité, puisque cette prospérité repose sur l'exploitation de notre propre marché, sur la perfection de nos produits et sur les arts où notre industrie n'a pas de rivale et qui convertissent, avec tant de succès, nos tissus blancs en toiles peintes.

Le jury de 1839 décerna la médaille d'or à MM. Antoine Herzog, au Logelbach, près Colmar; Edmond Cox et Cⁱᵉ, à la Louvière, près Lille (filatures).

Celui de 1844, à MM. Picquot-Deschamps, à Rouen; Henri Hofer et Cⁱᵉ, à Kaysersberg (Haut-Rhin) (filatures), et à MM. Lehoult et Cⁱᵉ, à Saint-Quentin (tissage). Le Président de la république nomma M. Lehoult chevalier de la Légion d'honneur.

Le jury de 1849, en rappelant la plupart des médailles d'or précédemment obtenues, en décerna de nouvelles à MM. Schlumberger et Hofer, à Ribeauvillers (Haut-Rhin); Delamarre de Boutteville, à Rouen (filatures); Jean-Charles Davillier et Cⁱᵉ, à Gisors; A. B. et Ernest Seillière et Cⁱᵉ, à Senones (Vosges); Xavier Jourdain, à Altkirch (Haut-Rhin) (tissus blancs et écrus); Mᵐᵉ veuve Laurent Weber et Cⁱᵉ, à Mulhouse (Haut-Rhin); Blech frères, à Sainte-Marie aux Mines (Haut-Rhin) (tissus de couleur); à MM. François Cernin-Tricot, à Rouen (rouenneries); Bleich, Steinbach et Mantz, à Mulhouse (tissus imprimés).

ARTICLE 4. — CHANVRE ET LIN.

L'Empereur, frappé, en 1810, des progrès qu'avait faits en Angleterre l'industrie du coton par l'emploi des nouvelles machines à filer, proposa un prix d'un million à l'inventeur de la meilleure machine à filer le lin ; cette machine devait présenter une économie de 6 à 8 dixièmes sur la filature à la main. La manière dont le coton et le lin se produisent dans la nature est si différente qu'il fallait trouver pour filer le lin un procédé beaucoup plus analogue à l'opération de la fileuse à la main qu'à celle de la machine à filer le coton. C'est la voie que suivit M. Philippe de Girard : il remplaça la main de la fileuse qui va chercher dans la poignée de lin, la petite quantité de brins dont elle a besoin, par une série de petits peignes, qui en s'élevant et s'abaissant l'un après l'autre, pénètrent dans le ruban de lin, en divisent les filaments, et les conduisent ainsi jusqu'au cylindre étireur. La fileuse, après avoir séparé de la poignée de lin les brins destinés à constituer le fil, les démêlait, les tendait régulièrement et les humectait avec sa salive. M. Philippe de Girard fit passer le ruban de lin à travers un réservoir d'eau chaude. Ce sont ces deux moyens, la division des fils et leur immersion dans l'eau chaude, qui sont le principe de la filature du lin et ils appartiennent à M. Philippe de Girard, comme le constate le brevet d'invention pris par lui le 18 juillet 1810.

L'Angleterre a, la première, et pendant quatorze ans, exploité seule cette invention française par la raison que nous avons dite à l'occasion de l'industrie cotonnière, que le bas prix de la houille et la cherté de la main-d'œuvre rendent chez elle beaucoup plus économique que partout ailleurs, la substitution du procédé mécanique à la main de l'homme.

En 1840, elle employait à la filature du lin un million de broches réparties entre 392 établissements : la France, en 1840, ne comptait que 57,000 broches. L'Angleterre employait 9,585 chevaux de force, chaque cheval faisait donc tourner environ 100 broches. En 1844, le nombre des broches affectées à la filature du lin s'était élevé à 120,000 broches, en 1849, il était de 250,000. Nos fila-teurs occupent de 15 à 16,000 ouvriers ; ils emploient une force motrice d'environ 4,300 chevaux et mettent en œuvre 23 millions de kilogrammes de lin et de chanvre teillés ; le capital immobilisé dans la filature peut être évalué à 50,000,000 de francs. Le département du Nord figure, en première ligne, dans ce prodigieux accroisse-ment de notre richesse industrielle.

De 1814 à 1833, la filature à la mécanique a fait bais-ser de 80 p. 0/0 le prix du fil de lin du n° 35 à 40, y com-pris, il est vrai, une baisse de 50 p. 0/0 dans le prix de la matière. De 1835 à 1850, le prix du n° 30 anglais, re-présentant 18,000 mètres au kilogramme, a subi une nouvelle baisse de 31 p. 0/0, sans que le prix de la ma-tière eût sensiblement baissé.

« (1) Tandis que la plupart de nos filateurs perfection-naient leurs produits ; tout en réduisant leurs frais gé-néraux, d'autres, sans négliger le même but, s'appli-quaient à pousser le filage du lin et de l'étoupe à un très-

_____

(1) Rapport de M. Desportes, exposition 1849.

haut degré de finesse; c'est un progrès favorable au développement de nos fabriques de Chollet, de Valenciennes et de Cambrai. Des filateurs du département du Nord ont atteint le n° 162 $^m/_m$ (270 anglais), en lin, et le n° 84 $^m/_m$ (140 anglais), en étoupe; en 1844, la filature française n'allait pas au delà du n° 66 $^m/_m$ (110 anglais) en lin, n° 30 $^m/_m$ (50 anglais) en étoupe; aujourd'hui la finesse est doublée. Ce fait est considérable, quoique les numéros extrêmes en lin et en étoupe ne paraissent pas appelés, de quelque temps au moins, à faire l'objet d'une consommation importante, et que nos filatures n'en produisent encore que de très-faibles quantités. »

« Les fils qui se fabriquent à sec, sans que la décomposition de la matière gommeuse vienne aider, comme dans la filature mouillée, à l'allongement du fil en gros, ne sont pas susceptibles d'atteindre une égale finesse. On a exposé des n° 30 $^m/_m$ (50 anglais) dans ce genre de filature; la consommation actuelle s'arrête au n° 18 $^m/_m$ (30 anglais); l'usage des numéros supérieurs pourra s'établir, ainsi qu'il l'est déjà en Écosse, question réservée pour plus tard, mais qu'il était bon de poser devant les consommateurs qui visitent les galeries de l'exposition. »

« Le filage du chanvre a été porté avec succès dans la filature à sec, jusqu'au n° 12 $^m/_m$ (20 anglais); il est bien à désirer que cette matière s'adoucisse, par le choix de la semence, par les soins du rouissage et du teillage, et qu'on puisse l'appliquer aussi utilement au filage des numéros plus élevés. »

« Nous devons citer encore avec éloge les progrès réalisés dans la fabrication des fils retors, des fils préparés pour la cordonnerie et la sellerie. La filerie de Lille, qui monopolise la fabrication du fil à coudre, est une industrie éminente et habilement conduite, d'une importance considérable. »

On estime à 248,000 hectares les terres cultivées, en France, en chanvre et en lin ; elles produisent annuellement 135 millions de kilogrammes de filasse d'une valeur de. . . . . 96,000,000 fr.

On peut évaluer la main-d'œuvre appliquée aux fils de lin et de chanvre à. 105,500,000

L'industrie linière porte donc le total des valeurs qu'elle crée à. 201,500,000

Le jury de 1839 a décerné la médaille d'or à M. Feray et Cie à Essonnes (filature). Le jury de 1844, à MM. Scrive-Labbé et Édouard Scrive, à Lille, et à la société anonyme pour la filature du chanvre et du lin à Amiens (filature). Le jury de 1849, à M. Cohin et Cie ; à Rollepot-lès-Frévent (Pas-de-Calais) ; Mathieu Delangre, à Armentières (Nord) ; Heuzé, Radiguet, Homon, Goury et Leroux, à Landernau (Finistère) (filature).

L'industrie du tissage a également mérité des récompenses de premier ordre. Le jury de 1839 a décerné la médaille d'or à M. François Debuchy, à Lille (coutils de fil) ; celui de 1844, à MM. Lelièvre et Cie (toiles unies), à MM. Malo-Dikson et Cie, à Coudekerque-Branche-lès-Dunkerque (toiles à voiles). Le jury de 1849 conféra la médaille d'or à MM. Scrive frères et J. Danset, à Marquette et à Halluin (Nord).

Le Roi conféra, en 1844, à M. Debuchy, la décoration de la Légion d'honneur.

ARTICLE 5. — ÉTOFFES IMPRIMÉES.

Deux arts fort distincts, qui se subdivisent l'un et l'autre en plusieurs branches, concourent à la fabrication des toiles peintes.

L'un est l'art d'imprimer les dessins que l'on veut reproduire, l'autre est celui de préparer les couleurs et les teintures.

L'art d'imprimer comprend la composition des dessins, celui de les reproduire par la gravure et les procédés d'application des couleurs sur la toile : l'application des couleurs se fait de deux manières, continue ou discontinue, et avec deux sortes de types gravés, les uns en creux, les autres en relief.

L'application continue se pratique au moyen de cylindres revêtus de la gravure, chargés de couleur, et contre lesquels l'étoffe se trouve comprimée par un mouvement de rotation. L'application discontinue a lieu au moyen d'une planche gravée qu'un ouvrier charge de couleur en l'appliquant sur un châssis garni d'une étoffe feutrée et imbibée de la matière colorante.

Les procédés de gravure sont extrêmement variés ; nous ne pourrions les faire comprendre ici que d'une manière imparfaite, à moins de sortir tout à fait du cadre de cet ouvrage ; et toutefois c'est au perfectionnement des machines à imprimer et à celui des procédés de gravure que l'on doit, en grande partie, les progrès qu'a faits depuis vingt-cinq ans l'art de fabriquer les toiles peintes.

La préparation des couleurs et des mordants qui ont pour effet, soit de les fixer sur la toile, soit au contraire d'empêcher qu'elles ne s'y attachent, n'a pas moins d'importance que l'art d'imprimer les dessins. La chimie a fourni les moyens de pousser l'art de la coloration, par l'impression et par la teinture, à ses plus extrêmes limites. Nous avons déjà signalé quelques-unes des conquêtes que l'industrie a faites sous ce rapport : on peut dire aujourd'hui non-seulement qu'il n'y a guère de couleurs qu'on ne produise avec solidité, mais qu'il est même devenu facile de se procurer, à bon marché, les préparations chimiques qui servent à leur production.

Le jury de 1839, en rappelant les médailles d'or précédemment obtenues par MM. Gros, Odier, Roman et Cie, à Wesserling (Haut-Rhin) ; Hartman et fils, à Munster (Haut-Rhin) ; Dolfus, Mieg et Cie, à Mulhausen (Haut-Rhin) ; Haussmann, Jordan, Hirn et Cie, à Logelbach (Haut-Rhin) ; Schlumberger-Kœchlin, à Mulhausen ; Grosjean fils, à Mulhausen, et Adrien Japuis et Jean-Baptiste Japuis, à Claye (Seine-et-Marne), a décerné de nouvelles médailles d'or à MM. Kettinger et fils, à Lescuze (Seine-Inférieure), et Girard et Cie, à Deville (Seine-Inférieure).

Le jury de 1844 a récompensé par de nouvelles médailles d'or MM. Jean Schlumberger jeune et Cie, à Thann (Haut-Rhin) ; Pimont aîné, à Rouen, et Léon Godefroy, à Puteaux.

Le jury de 1849 a décerné la même récompense à MM. Meurer et Jandin, à Lyon.

Le Roi conféra la décoration de la Légion d'honneur à MM. Gros, Hartmann, Dolfus et Japuis.

§ I. TAPIS. — L'art de faire les tapisseries remonte à une époque fort reculée ; lorsque François Ier établit à Fontainebleau la première manufacture royale de tapis de haute lisse, il fit venir des tapissiers de Flandre ; Philibert Rabou de la Bourdaizière, surintendant des bâtiments du palais de Fontainebleau eut, en 1535, la direction de cette manufacture, et, en 1541, Sébastien Serlio, peintre et architecte ordinaire du Roi, en fut le directeur. Le Primatice, que François Ier avait appelé d'Italie, exerça, à cette époque, sur la manufacture royale des tapisseries la même influence qu'eut depuis le peintre Lebrun, sous le règne de Louis XIV.

Philibert Delorme, surintendant des bâtiments royaux et architecte ordinaire du Roi, reçut d'Henri II la direction de la manufacture de Fontainebleau ; les guerres civiles qui troublèrent la France, pendant la seconde moitié du XVIe siècle, arrêtèrent les progrès de l'art de fabriquer les tapisseries : celles qui décorent l'autel de la chapelle de l'ordre du Saint-Esprit, fondé en 1579 par Henri II, et que l'on voit au Louvre, sont probablement de cette époque.

Mais, comme nous l'avons dit au commencement de ce livre, c'est à Henri IV que l'on doit la fondation des établissemens royaux qui sont devenus aujourd'hui les manufactures des Gobelins, de Beauvais et de la Savonnerie. Les deux premières font des tapisseries qu'on appelait alors façon de Flandre, autrement de haute lisse aux Gobelins et de basse lisse à Beauvais. La Savonnerie fabrique des tapis façon de Perse ou de Turquie : les descendants de Marc Comans et de François La Planche, tous deux fabricants flamands, à qui Henri IV avait confié la direction de la fabrique de tapis de haute lisse, dirigeaient encore cette fabrication au milieu du xvii° siècle. L'un Alexandre de Comans, fabriquait de la tapisserie aux Gobelins et Raphaël de La Planche au bout de la rue de Varennes : et cependant, en 1648, Colbert faisait venir de Florence Pierre Lefèvre, qu'il logeait au Louvre, comme maître tapissier, et qui fut, en 1656, autorisé à y établir son atelier.

Il appelait, en 1650, d'Oudenarde ou de Bruges, Jean-Jacques Liansen, dit Jans, qui, en 1654, était nommé maître tapissier.

Le Roi achetait, en 1662, du sieur Leleu, conseiller au Parlement, un hôtel avec de vastes dépendances, nommé la Folie-Gobelin du nom de celui qui l'avait fait bâtir : c'était Gilles ou Jean Gobelin, riche et habile teinturier; surtout pour la teinture en écarlate, appelée de Venise, faite avec l'alun, le tartre et le kermès.

Et, par l'édit de 1667, le Roi régla définitivement l'organisation royale des Gobelins, dont les ateliers furent confiés à Lefèvre et à J. Jans : le célèbre Lebrun était le directeur de la manufacture des meubles de la couronne, car on ne faisait pas seulement des tapisseries aux Gobelins, mais tous les ouvrages d'art qui décoraient les maisons royales.

Raphaël de La Planche et le père d'Alexandre de Comans s'étaient établis aux Gobelins dès 1630, longtemps

avant que le Roi achetât la Folie-Gobelin : les Canaye
avaient alors succédé comme teinturiers aux Gobelins et
l'on ne sait pas quelle part ils prenaient à la fabrication
des tapisseries, quoiqu'en 1654, ils fussent associés de
J. Jans.

Le Roi avait, en 1664, fondé à Beauvais la manufacture de tapis de haute lisse dont Hinard fut le directeur.

Quant à la manufacture de la Savonnerie, dont Henri IV
avait confié la direction à Pierre Dupont, le privilége lui
en fut confirmé tant à lui qu'à son élève Simon Lourdet,
par Louis XIII, en 1627. Elle a continué d'exister là
Chaillot, dont elle reçut son nom, jusqu'en 1826.

En 1690, Mignard succéda à Lebrun, qui venait de
mourir, et depuis cette époque jusqu'au temps actuel,
la manufacture des Gobelins a toujours été dirigée dans
la même voie que Colbert lui avait ouverte avec une prévoyance et une conception qu'on ne saurait trop remarquer.

Cet établissement a puissamment contribué à faire
naître et se développer l'art de faire les tapis ; c'est le
motif qui nous a entraîné à en rappeler ici l'origine avec
quelques détails, que nous avons, d'ailleurs, empruntés
pour la plupart, au savant M. Chevreul qui, depuis
1824, y est chargé de la direction des teintures.

Après les manufactures fondées par Henri IV et
Louis XIV, quatre villes partagent en France l'honneur de
représenter la fabrication des tapis : Aubusson, Abbeville,
Nîmes, Turcoing ; de 1834 à 1849, cette industrie ne s'est
pas étendue sur d'autres points. A cette époque les magnifiques tapis ras et veloutés sortis des ateliers de M. Sallan-

drouze soutenaient leur vieille réputation. Les tapis écossais avaient presque entièrement disparu et les moquettes
leur avaient succédé sous la tendance générale de la consommation à leur être favorable.

« (1) Les moquettes tiennent le milieu entre les tapis
veloutés et les tapis ras. Moins chères et moins solides
que les veloutés, plus chaudes et d'un emploi plus facile
que les tapis ras, elles répondent mieux aux besoins actuels, et leur usage s'étend, de jour en jour, non-seulement sous forme de foyers, de descentes de lit et de tapis
d'appartement, mais sous forme de portières, de tentures, et, depuis quelque temps, à la fabrication des
étoffes pour meubles; c'est même, sous ce dernier rapport, qu'elles ont fait le plus de progrès, et soutenu quelque peu l'activité de la demande. Les grands tapis
veloutés, qui ont jeté un éclat si vif sur la manufacture
d'Aubusson, ne trouvent plus, en France, que de rares
acheteurs, et les tapis ras, depuis si longtemps en vogue,
grâce aux produits célèbres sortis des ateliers de M. Sallandrouze, ont pris la route de l'Angleterre, où cet habile
fabricant vient d'établir un dépôt. »

« L'effort principal de nos manufacturiers s'est donc
porté sur le travail des moquettes, et c'est dans cette
seule branche de la fabrication que le jury a constaté les
progrès véritables. La plupart des fabricants ont rivalisé
de goût et d'habileté dans la confection de ces tissus,
infiniment supérieurs au velours d'Utrecht, et riches
d'un certain nombre de couleurs heureusement combi-
nées. Amiens, Aubusson, Nîmes, Turcoing, se distin-

(1) Rapport de M. Blanqui.

guent également dans cette branche de leur industrie, tout en conservant les caractères de leur fabrication respective. Une maison de Nîmes a exposé un nouveau genre d'étoffes pour meubles, connue sous le nom de Gobelin *uni* et *chiné*, soie et laine, de l'effet le plus brillant, et qui a été généralement appréciée, ainsi que les moquettes à *envers serré*, aussi pour meubles, qu'on dirait doublées d'une toile solide et inaltérable. »

Le jury de 1839 décerna la médaille d'or à M. Vayson, à Abbeville, qui possédait un des établissements les plus importants de la France. Il occupait régulièrement plus de trois cents ouvriers.

Le jury de 1844 décerna la médaille d'or à M. Castel, à Aubusson (Creuse), pour l'excellent choix des matières, la finesse et la perfection de l'exécution ; à M. Henri Laurent, d'Amiens, pour le goût exquis de ses moquettes ; à MM. Flaissier frères, à Nîmes, pour leurs moquettes veloutées et bouclées, dites impériales.

Le jury de 1849 accorda également la médaille d'or à MM. Requillart, Roussel et Choqueel, à Turcoing (Nord), pour leurs moquettes d'une beauté remarquable.

§ II. TAPISSERIES AU MÉTIER ET SUR LE DOIGT ; FILET ; BRODERIE AU CROCHET ET A L'AIGUILLE, CHASUBLERIE. — L'industrie de la broderie-tapisserie n'est pas sans importance, et elle n'existe en France que depuis vingt-cinq ans environ. L'Allemagne, jusque vers 1830, nous fournissait, avec les dessins, les échantillonnages et les ouvrages divers de tapisserie. On estime aujourd'hui de 2 à 3,000 le nombre des ouvriers employés, à Paris, à la confection de ces articles ; à 50 ou 60, le nombre des dessinateurs qui s'occupent particulièrement de cette spécialité ; le chiffre des affaires, soies et laines comprises, dépasse pour Paris 6 millions de francs.

La broderie-tapisserie est arrivée à un grand degré de perfection ; on commence même à imiter avec avantage et succès les tapisseries riches. La reproduction des peintures, jusqu'alors ridicule, est devenue satisfaisante depuis que l'ouvrière dispose de canevas fins et de gammes de nuances variées et étendues.

La broderie proprement dite se divise en plusieurs catégories :

1° La broderie sur tulle à la neige, à peu près abandonnée;

2° La broderie au crochet sur tulle, exécutée à Lunéville; celle sur mousseline, produite à Tarare et à Alençon;

3° La broderie au plumetis sur mousseline, jaconas, batiste de fil, etc., dont la fabrication est répandue dans les campagnes de la Meurthe, de la Meuse, de la Moselle et des Vosges;

4° La broderie au point d'arme, au point de plume, avec jours en points d'Alençon, faite à Paris et essayée avec assez peu de succès à Alençon, à Lorquin, à Plombières, à Metz et à Nancy.

§ III. DENTELLES, BLONDES, TULLES ET BRODERIES, GAZES POUR BLUTERIES. — Les dentelles, les tulles et les broderies frappèrent vivement l'attention du jury aux expositions de 1839, 1844 et 1849. Ces élégants produits figurèrent en grand nombre et avec une variété remarquable, tant sous le rapport du goût que de la perfection et de la délicatesse du travail. L'invasion du tulle et la transformation rapide des dentelles de fil en dentelles de coton, furent le fait capital de l'exposition de 1844. Aux yeux de certaines personnes, l'emploi du fil de coton, au lieu du fil de mulquinerie, est un mal au point de vue de la qualité ; mais les progrès de l'industrie sont toujours un bien, et il est incontestable que l'emploi du coton, au lieu du fil, a beaucoup développé l'industrie dentellière, en augmentant la consommation et en facilitant la production.

« La France exporte annuellement pour 12 à 15 millions de dentelles, blondes et broderies ; on vient acheter nos dentelles de tous les points du globe ; dans aucun pays on ne fabrique une aussi grande quantité de genres différents ; nulle part les dessins n'ont autant de goût et de nouveauté, et la fabrique de dentelles de Suisse, si prospère et si renommée il y a cinquante ans, a dû cesser devant les progrès des fabriques françaises (1). »

Nous n'avons aucune concurrence à craindre à l'étranger, pour nos riches morceaux en dentelles de fil, pas plus que pour nos blondes mates, blanches et noires.

Le jury de 1839 accorda la médaille d'or à M. Hennecart, importateur, en France, de la gaze à bluter, dont l'utilité pratique est incontestable.

Le jury de 1849 décerna la médaille d'or à MM. Aubry frères, à Mirecourt (Vosges), pour l'établissement réel et en grand d'une nouvelle industrie, pour les fleurs d'application de Bruxelles, dites application d'Angleterre ; à MM. Couderc et Soucaret fils, à Montauban (Tarn-et-Garonne), pour la perfection de leur fabrication de gazes

(1) Rapport de M. Félix Aubry.

à bluteries et pour la filature des soies gréges qu'ils emploient exclusivement.

BEAUX-ARTS.

§ I. Orfévrerie, plaqué, maillechort. — 1. *Orfévrerie.*
— L'orfévrerie brilla d'un vif éclat aux expositions de
1844 et 1849. Jamais elle n'avait été plus dignement et
plus richement représentée. Elle se maintenait avec constance dans la voie que lui a ouverte Wagner, en renou-
velant les belles traditions des siècles où l'orfévre marchait à côté du sculpteur et du peintre. Artistes eux-
même, nos premiers fabricants s'étaient cependant
entourés d'artistes distingués par la pensée et par l'exécution; ils s'étaient livrés à une sérieuse et patiente
étude des collections, des musées, des tableaux. C'est,
en effet, un grand mérite et un véritable service que de
populariser les ressources de l'art en relevant, à son
contact, les articles d'un usage journalier, qui familiarisent
ainsi ceux qui s'en servent avec les jouissances d'un
ordre plus élevé, et qui contribuent à ennoblir la pensée
en épurant le goût. C'est conserver à notre pays, dans
une des branches les plus importantes du travail, cette
prééminence que le monde a toujours été disposé à lui
reconnaître. Ce n'est pas seulement le profit matériel,
c'est la renommée et une renommée bien acquise, qui
récompense de pareils efforts.
Le jury de 1844 décerna la médaille d'or à M. Froment-Meurice, à M. Morel et Cⁱᵉ et à M. Lebrun. Il rappela la médaille d'or décernée aux précédentes expositions
à MM. Odiot et Rudolphi.

Le jury de 1849, en rappelant les médailles d'or décernées aux précédentes expositions à MM. Froment-
Meurice, Odiot, Rudolphi et Lebrun, accordait la même
récompense à M. Duponchel.

2. *Plaqué*. — Nous avons vu à l'exposition de 1819
les conditions que les fabricants de plaqué doivent chercher à remplir ; les expositions de 1839, 1844 et 1849
ont prouvé qu'ils y étaient à peu près parvenus.

3. *Maillechort*. — Le maillechort, alliage qui imite
l'argent, est un composé de nickel, de cuivre et de zinc.
Il se prête à de nombreuses applications et s'est classé
parmi les branches intéressantes de notre fabrication.

Son introduction en France ne remonte qu'à une trentaine d'années. Depuis cette époque il a fait des progrès
notables sous le double rapport de son importance commerciale et de sa perfection industrielle.

§ II. BRONZES, SCULPTURES EN CARTON-PIERRE, ORNE-
MENTS MOULÉS DORÉS. — 1. *Bronze.* — L'industrie des
bronzes qui remonte à une haute antiquité peut être
considérée à deux points de vue : sous celui de l'art et
sous celui du commerce.

Fonderie, bronzes d'art. — Le jury de 1839 décerna
la médaille d'or à MM. Soyez et Ingé, pour leurs magnifiques travaux. La statue colossale d'Emmanuel-Philibert,
un christ de Marochetti, et le chapiteau de la colonne de
juillet, la plus grande pièce qui ait été fondue d'un seul
jet, dont le poids s'élevait à 10,000 kilog., et dont la circonférence dépassait 26 mètres, bien que son épaisseur
atteignît à peine 1 centimètre.

Le jury de 1844, en rappelant la médaille d'or dé-

cernée à MM. Soyez et Ingé, accorda la même distinction
à MM. Eck et Durand, pour l'importance de leur fonderie
d'où sont sorties les statues de Duquesne, Bichat, Fabert et
celle de Molière, placée sur la fontaine qui porte son nom.

Le Roi nomma, en 1839, M. Soyez chevalier de la
Légion d'honneur.

Bronzes d'art et d'ameublement. — Cette industrie a
pris, depuis quelques années, un développement considérable ; elle fait vivre à Paris plus de 12,000 familles ;
sans compter la vente intérieure, elle exporte annuellement plus de 20 millions de ses produits.

Les jurys de 1839 et 1844 rappelèrent les médailles
d'or décernées aux expositions précédentes à MM. Denière et Thomire et Cie. Celui de 1849 décerna la médaille
d'or à MM. Denière et fils et Paillard, pour le haut degré
de perfection auquel ils avaient porté la fabrication des
bronzes.

Bronzes pour l'éclairage. — Le jury de 1849 décerna la
médaille d'or à M. Lacarrière, de Paris, pour les progrès
rapides qu'il avait fait faire à son industrie ; il signalait
notamment un lustre à cristaux d'une bonne exécution,
et qui, malgré la dimension obligatoire pour les conduites
du gaz, pouvait lutter de légèreté et de bon goût avec les
lustres à bougies.

2. *Sculptures en carton-pierre.* — La sculpture en
carton-pierre a pris, dans la décoration architecturale,
une importance que trente ans de succès ont constatée.
L'emploi facile de ce mode d'ornementation, son prix à
la portée de tous, ont contribué à faire de cette fabrication une branche de commerce importante.

Le jury de 1849 accorda la médaille d'or à M. Joseph Hubert : Les palais de Saint-Cloud, Versailles et Fontainebleau, l'Hôtel de Ville de Paris, attestent les travaux immenses entrepris et achevés par cet artiste.

Les jurys de 1839, 1844 et 1849 n'accordèrent que des médailles d'argent aux diverses industries des tôles vernies, des stores, des éventails, du cuivre estampé et verni, des dorures sur bois et sur étoffes, etc., etc.

§ III. ÉBÉNISTERIE, TABLETTERIE, EMPLOI DU BOIS. — L'ébénisterie est un art de luxe et d'utilité. Elle doit avoir les qualités propres à cette double exigence.

Cette industrie, sans rivale à l'étranger, occupe une des premières places au milieu des brillants produits de la fabrication parisienne, et Paris est la ville du monde où l'on exécute avec le plus de goût et de solidité les meubles de toute espèce.

Le jury de 1839, en rappelant la médaille d'or décernée à M. Jacob Desmalter, accorda la même récompense à MM. de Billy et Cie, pour l'exploitation des procédés mécaniques de M. E. Grimpé, appliqués au travail du bois. Le jury de 1844 rappela la médaille d'or décernée à M. Jacob Desmalter, et honora de la même distinction MM. Grohé frères, pour leurs produits de bon goût et de bonne exécution. Il décernait également 1,300,000 fr. Le jury de 1849, en rappelant la médaille décernée à MM. Grohé frères et J. M. Schaller neveu, en accorda une nouvelle à M. Meynard, pour ses meubles, tous remarquables par l'utilité et la simplicité, par un goût pur et sévère et une exécution irréprochable.

Les jurys de 1839, 1844 et 1849, tout en constatant

les progrès des arts de la marqueterie, de la tabletterie,
de la miroiterie, de la boissellerie, de la tonnellerie, etc.,
ne donnèrent cependant que des médailles d'argent à
ceux qui s'y étaient les plus distingués.

§ IV. BIJOUTERIE. — La bijouterie de Paris a, depuis
longtemps, une haute supériorité sur celle de toutes les
fabriques étrangères, pour le goût, le fini du travail et la
perfection des montures.

Cette supériorité est tellement reconnue, elle est si bien
établie, qu'à chaque renouvellement d'année, nos bijoutiers reçoivent de nombreuses et riches commandes pour
l'étranger.

Le jury de 1839, en rappelant la médaille d'or décernée à M. Wagner-Mention, accorda la même distinction
à M. Marrel-Benoît, dont les produits avaient été signalés
pour la richesse, la beauté, la pureté des formes, autant
que pour la délicatesse et le précieux fini de la ciselure ;
à M. Christofle, pour ses tissus brochés métalliques.

Le jury de 1844, en rappelant, au nom de M. Rudolphi,
successeur de M. Wagner-Mention, la médaille d'or précédemment accordée à celui-ci, en décerna une nouvelle
à M. Christofle, dont l'établissement avait pris un essor
considérable et exportait annuellement pour plus de
1,500,000 fr. Il décernait également la médaille d'or à
M. Froment-Meurice, de Paris, et à MM. Morel et Cⁱᵉ, de
Paris, pour la beauté de leurs produits.

Le jury de 1849 rappela, au nom de M. Rouvenat,
successeur et associé de M. Christofle, la médaille d'or
accordée, aux expositions précédentes, à cet habile industriel ; il décerna aussi une médaille d'or à MM. Savary et

Mosbach, de Paris, qui avaient poussé, aussi loin que possible, l'imitation de la joaillerie fine, tant pour la façon du montage que pour l'imitation des pierres.

Les jurys de 1839, 1844 et 1849 accordèrent aussi de nombreuses médailles d'argent aux artistes qui avaient excellé tant dans l'industrie de la bijouterie dorée, d'acier, de deuil et de corail, que dans celle des mosaïques.

§ V. GRAVURE ET FONTE DE CARACTÈRES D'IMPRIMERIE, IMPRIMERIE, LITHOGRAPHIE. — 1° *Caractères d'imprimerie.* —Les jurys de 1839, 1844 et 1849 constatèrent que les graveurs et les fondeurs de caractères étaient parvenus à obtenir, dans la forme des types, des proportions qui, sans trop nuire à l'élégance, facilitaient la lecture et permettaient aux caractères de mieux résister à l'action de la presse. Ils regrettaient, toutefois, que les livres d'épreuves des fondeurs français fussent dépourvus de caractères orientaux et étrangers, comparativement au grand nombre de ces caractères qui abondent sur les livres d'épreuves des fondeurs de Londres. Cela tient à ce qu'en Angleterre il n'existe pas d'imprimerie impériale où se concentrent, comme en France, tant de richesses en ce genre. Tout ce qui concerne l'imprimerie est livré à l'industrie particulière qui acquiert, par la libre concurrence, un grand développement.

Le jury de 1839 décerna la médaille d'or à M. Tarbé, pour l'importance de la fonderie de caractères qu'il a établie à Saint-Germain.

Le jury de 1844 rappela cette médaille d'or en la personne de MM. Biesta et Laboulaye, successeurs de M. Tarbé, et décerna la médaille d'or à M. Legrand, qui avait gravé, pour l'imprimerie royale, sous la direction de MM. de Sacy et Burnouf, un caractère tamoul, trois caractères hébreux, un caractère guzaratti, un caractère pehlvi, un caractère thibétain et un caractère javanais.

Le jury de 1849 rappela ces deux médailles.

2. *Imprimerie.* — Pendant deux siècles et demi, la mécanique de la typographie était restée stationnaire, et les progrès qu'avait faits l'imprimerie s'étaient bornés à pousser jusqu'à la perfection les produits des procédés imaginés par les premiers inventeurs. —

On vit, aux expositions de 1844 et 1849, s'opérer une révolution complète ; tous les procédés changent ; à la lente perfection que l'on obtenait par les procédés anciens, succèdent les moyens les plus expéditifs ; la typographie parvient à la rapidité et à l'économie, mais, comme dans tous les commencements, au détriment du beau et du parfait ; et ainsi s'expliquent tant de récriminations ou d'éloges adressés à l'imprimerie selon le point de vue où chacun se place.

Le stéréotypage immobilise les textes, rend les réimpressions plus correctes et moins coûteuses, et les multiplie incessamment.

Les anciennes presses en bois sont remplacées par des presses en fonte, qui disparaissent à leur tour devant les machines à cylindre que la vapeur met en mouvement.

L'ancien système de fabrication de papier à la main avec des pâtes battues lentement par des maillets en bois, est remplacé par les admirables machines à papier continu dont nous avons eu occasion de parler pages 221 et suivantes.

Une foule d'autres modifications, telles que les rouleaux d'imprimerie en gélatine et mélasse, remplaçant les anciens tampons en peau, les encres modifiées, les caractères fondus dans des moules multiples, le clichage des gravures en bois, en cuivre, bien d'autres procédés enfin, conduisent l'imprimerie, après quarante ans de tentatives approuvées ou condamnées, près du terme où toute industrie doit nécessairement s'arrêter.

Le jury de 1839 rappela la médaille d'or décernée aux précédentes expositions à M. Firmin Didot ; celui de 1844 accorda la médaille d'or à M. Duverger, à Paris, et celui de 1849 décerna la même distinction à MM. Paul Dupont, à Paris, Mame, à Tours, Plon frères, à Paris, pour l'ensemble des ouvrages qu'ils avaient exposés et qui se recommandaient par un véritable mérite d'exécution.

3. *Typochromie.* — Le jury de 1849 décerna la médaille d'or à M. Silbermann, de Strasbourg, pour la perfection qu'il avait apportée dans les procédés ingénieux qu'il a créés pour les impressions typographiques en plusieurs couleurs.

4. *Lithographie.* — Les applications variées dont la lithographie est susceptible, l'ont rapidement élevée au degré de perfection que les jurys de 1844 et 1849 étaient heureux de signaler.

Parmi ces diverses applications, il en est plusieurs qui, sans être entièrement neuves, s'étaient tellement améliorées qu'elles plaçaient les expositions de 1839, 1844 et 1849 bien au-dessus des expositions précédentes.

Les transports sur pierre d'ouvrages typographiques et topographiques, et ceux des œuvres de la gravure en taille-douce, étaient supérieurs à ce qu'ils avaient été jusqu'alors, et leur perfection était telle qu'il devenait difficile de reconnaître l'épreuve originale de celle qui avait été obtenue de la pierre lithographique sur laquelle elle avait été transportée. Le report des planches de cuivre et d'acier sur pierre, avait aussi pris un développement considérable et acquis une importance qu'on était loin de prévoir.

Le jury de 1844 accorda la médaille d'or à M. Lemercier, qui se montrait, avec toute sa supériorité, dans les deux branches de son art, crayons avec teinte et impressions en couleur, qu'il traitait avec un égal succès.

Le jury de 1849, en rappelant cette médaille, décernait la même distinction à M. Kaeppelin pour les grands progrès qu'il avait faits dans l'art des reports de gravures sur bois; à MM. Simon, de Strasbourg, Engelmann et Graf, de Paris, pour leurs importants travaux et les services qu'ils avaient rendus à la lithographie.

Les jurys de 1839, 1844 et 1849 décernèrent de nombreuses médailles d'argent aux industriels qui avaient excellé dans l'art de l'imagerie, de la gravure pour impression, du clichage et de la reliure.

§ VI. Papiers peints. — Les papiers peints parurent de la manière la plus brillante aux expositions de 1844 et 1849. « (1) Jamais les ressources dont cette industrie dispose ne s'étaient révélées avec tant d'éclat. Jamais la supériorité qu'elle s'est acquise depuis si longtemps, et qu'elle conservera sans doute toujours sur ses rivales

_____

(1) Rapport de M. Person, 1849.

étrangères, ne s'est mieux fait sentir. Jamais, en un mot, elle ne s'est signalée par tant de progrès. »

« Les papiers peints exposés cette année (1849), se font remarquer, pour la plupart, par l'harmonie et la vivacité des couleurs ; par le choix des dessins où règnent l'art et le goût, asservis, dans de justes limites, aux caprices de la mode ; par de belles exécutions ; enfin par des améliorations sensibles dans les moyens d'impression. Il n'y a rien, dans ce résultat, qui doive étonner. En effet, cette industrie a pris naissance et s'exerce encore dans le milieu le plus favorable à son développement. Obligée d'emprunter au bon goût, à l'art, à la mode ce qu'ils font de mieux, elle a trouvé à Paris tous ces éléments de prospérité, et à Mulhouse, où elle a acquis une si grande importance, elle a pu mettre à profit les moyens d'impression dont se servent les fabricants d'indienne. »

Le jury de 1839 rappela la médaille d'or accordée aux précédentes expositions à MM. Zuber et Cie à Mulhausen. Celui de 1844, en rappelant cette médaille, décerna la même distinction à M. Delicourt (Étienne), de Paris : le jury de 1849 honora MM. Zuber et Cie d'une nouvelle médaille d'or et rappela celle accordée, en 1844, à M. Delicourt.

Le Président de la république nomma, en 1849, M. Zuber chevalier de la Légion d'honneur.

§ VII. Héliographie. — L'action des rayons du soleil sur certaines substances était, depuis longtemps, un fait acquis à la science, et l'on avait déjà obtenu, sur du papier imprégné de chlorure d'argent, des effets significatifs, lorsque deux hommes ingénieux, MM. Niepce et Daguerre, combinant ensemble les données de la chimie et le goût des arts, amenèrent ce principe encore vague à un degré de perfection si extraordinaire et à une manipulation déjà si simple que ce fut une émotion considérable dans le monde savant et dans celui des artistes, lorsqu'ils mirent au jour les produits de leur admirable invention : le gouvernement s'associa à ce mouvement des esprits ; une loi fut présentée pour faire entrer l'invention de Niepce et de Daguerre dans le domaine public, et à cet effet, il leur fut voté une récompense nationale proportionnée à l'importance de leur découverte.

Niepce ne survécut que peu de temps à ce succès et tandis que M. Daguerre recevait, de la France, le prix de ses travaux, tandis qu'en rendant ses procédés publics, il déclarait qu'il serait impossible d'obtenir l'image de la nature vivante, il arriva ce fait singulier que les artistes, mis en possession du procédé, le rendirent bientôt si simple, si facile, et tellement prompt, qu'on l'appliqua presque exclusivement au portrait.

Nous n'essaierons pas ici de faire connaître toutes les ressources de l'héliographie. Nous nous bornerons à constater que les sciences l'ont mise à contribution, que les arts se sont ressentis de sa perfection, et que l'on est bien loin encore de mesurer l'étendue des services que rendra cette merveilleuse découverte.

MM. Blanquart-Everard, Martens, Thevenin, Chevalier, Lewiski ont fait faire à cette invention les plus importants progrès. C'est à leurs efforts intelligents et dévoués que nous devons une habileté d'exécution et une certitude dans les opérations qui ont amené l'héliographie sur plaque de métal à la dernière limite du progrès.

Le jury de 1849 ne décerna que des médailles d'argent aux exposants de cette admirable découverte.

§ VIII. Modèles anatomiques et taxidermies. — Les jurys de 1839, 1844 et 1849 accordèrent à M. Auzou le rappel de la médaille d'or qui lui avait été décernée en 1834 (voir page 309), pour la persévérance qu'il apportait à reproduire, à l'aide d'une matière solide et légère, par couches superposées, toutes les parties de l'organisation chez l'homme, et à la rendre ainsi palpable pour tout le monde, jusque dans ses moindres détails.

§ IX. Dessins de fabrique et dessins de métiers à tapisserie. — Le jury de 1844 accorda la médaille d'or à M. Couder, de Paris, l'un des hommes qui ont le plus contribué au développement de notre industrie de luxe et à la faveur dont elle jouit à l'étranger. Dessinateur habile, infatigable, il est, depuis longues années, en possession de fournir les plus riches dessins aux premières fabriques de châles, de tapis, d'impressions de tissus de toute nature. Le jury de 1849, en rappelant la médaille accordée, en 1844, à M. Couder, décerna la même récompense à M. Edouard Laroche, de Paris, qui joignait les connaissances les plus approfondies à la pratique la plus habile.

Non-exposants. — Le jury de 1849 décerna la médaille d'or à M. Liénard, dessinateur pour meubles et orfévrerie, dont l'expérience et le goût ont contribué à placer l'atelier de M. Froment-Meurice à un rang si élevé.

ARTS DIVERS.

§ I. Papeterie. — Le rapporteur du jury de 1844 s'exprimait ainsi : « D'après l'examen des produits exposés cette année, les progrès de la papeterie ont été tels, depuis cinq ans, qu'on a tout lieu de croire que cette belle industrie approche, après tant d'efforts, du but auquel toute industrie doit enfin s'arrêter. » M. Ambroise-Firmin Didot ajoutait : « A moins d'un changement com-« plet de système, on ne doit plus s'attendre désormais « qu'à quelques améliorations de détail. »

C'est une remarque qui ne doit pas échapper ici que toute industrie qui se régénère, en entrant dans un nouveau système de fabrication, atteint assez promptement à toute la perfection dont ce système est susceptible : la fabrication des draps par les procédés mécaniques, l'imprimerie, la lithographie, la papeterie et beaucoup d'autres industries sont parvenues, en peu de temps, quoiqu'à des époques fort éloignées les unes des autres, à la perfection où elles pouvaient atteindre, dès qu'elles sont entrées dans la voie de cette perfection : les grandes découvertes industrielles consistent donc dans l'ouverture de voies nouvelles ; les perfectionnements ne manquent jamais ensuite de se réaliser.

Toutes les sortes de papiers ont participé aux perfectionnements qui ont été le fruit de la fabrication mécanique. Il ne reste guère à obtenir aujourd'hui que des papiers propres à l'héliographie : et encore est-ce moins à la perfection de la fabrication qu'il faut les demander qu'à des conditions particulières de la situation des usines qui permettent de faire des pâtes où n'entrent point de substances minérales susceptibles de se combiner avec le nitrate d'argent d'une manière nuisible à la production de l'image photographique.

Le jury de 1839 rappela les médailles d'or précédemment obtenues par les papeteries d'Echarcon et du Marais et par M. Montgolfier, d'Annonay ; il en décerna de nouvelles à MM. Blanchet frères et Kléber, de Rives (Isère) ; Lacroix frères et Gœury, à Angoulême (Charente), et Durandeau, Lacombe et Cie, à Angoulême.

Celui de 1844 rappela ces médailles, ainsi que celles qu'avaient auparavant obtenues MM. Canson frères et Delaplace, à Jean-d'Heurs (Meuse) ; en décerna une nouvelle à M. Callaud-Belisle frères, Nouël et Cie, à Maumont (Charente).

Le jury de 1849, en rappelant la plupart des médailles d'or précédemment obtenues, en attribua de nouvelles à la papeterie du Souche, dans les Vosges, très-habilement dirigée par M. Journet ; à MM. Lombard, Latune et Cie, à Crest (Drôme), et à MM. Laroche frères, à Angoulême.

Le Président de la république décora MM. Canson et Lacroix de la croix de la Légion d'honneur.

§ II. CUIRS ET PEAUX. — Dans les procédés ordinaires du tannage, un cuir fort, avant d'être livré à la consommation, subit des préparations successives qui durent près de deux années. Ce séjour de la matière première dans la fabrique constitue une dépense considérable, par l'intérêt des capitaux employés et aussi un obstacle grave à l'approvisionnement des armées, lorsque la guerre augmente la consommation des cuirs : c'est ce qui avait fait imaginer, en 1794, à M. Seguin d'employer l'acide sulfurique pour gonfler les cuirs et les préparer à un tannage accéléré. La nécessité d'accepter à cette époque des cuirs, même d'une qualité inférieure, donna une vive impulsion à la fabrication par le procédé Seguin, mais lorsque la paix eut ramené la consommation des cuirs à son état régulier, on reconnut bientôt que les cuirs préparés au tannage au moyen de l'acide sulfurique, quoique leurs surfaces fussent sèches, par la double action de l'air et de l'acide, ne conservaient pas moins beaucoup d'eau dans leurs parties intérieures. Les tanneries de Paris et des environs, dans lesquelles le procédé Seguin était plus profondément en usage, perdirent bientôt tout crédit; leurs produits furent repoussés de tous les marchés, et cela ne pouvait manquer d'arriver, puisqu'il suffisait de faire subir un transport de 20 lieues à une peau, ainsi tannée, pour qu'elle éprouvât, sur son poids, une perte de 3 à 4 kilog., indépendamment de la mauvaise qualité du cuir. La tannerie parisienne, si bien placée d'ailleurs, par l'abondance des peaux et le voisinage des forêts qui lui fournissent le tan, ne pouvait recouvrer sa prospérité qu'en revenant à de bons et loyaux procédés de tannage. Non pas qu'il ne faille espérer que l'on ne puisse parvenir à tanner parfaitement la peau en moins de deux ans, mais il faut, avant tout, produire des cuirs d'excellentes qualités et repousser toute innovation, qui n'abrégerait la durée du tannage qu'aux dépens de la bonté des cuirs. Ce sont les observations que faisait, en 1839, M. Dumas, rapporteur du jury; et c'est à ce point de vue, que la médaille d'or fut attribuée à M. Sterlingue, tanneur à Paris ; le jury décerna aussi la médaille d'or à M. Durand-Chancerel, pour ses peaux ; à M. Ogereau, pour sa corroierie. Il rappela en faveur de M. Dalican la médaille accordée à M. Mattler, son prédécesseur, pour ses maroquins, et en décerna une nouvelle, pour le même objet, à MM. Fauler frères, à Choisy-le-Roi. Il attribua aussi la médaille d'or à M. Nys et Cie, pour leurs cuirs vernis. Le jury de 1844 rappela les médailles d'or obtenues par MM. Ogereau, Durand-Chancercl, Bérenger, Roussel et Cie, Plummer, à Pont-Audemer ; et Fauler frères. Il accorda de nouvelles médailles d'or à MM. Peltreau jeune frères, à Château-Regnault (Indre-et-Loire) ; Delbut et Cie, à Saint-Germain. Le jury de 1849 accorda de nouvelles médailles d'or à MM. Duport, à Paris, Herrenschmidt, à Strasbourg, et Houette, à Paris.

Le Roi avait accordé la décoration de la Légion d'honneur, en 1839, à M. Nys, et, en 1844, à MM. Fauler et Ogereau. En 1849, le Président de la république attribua le même honneur à MM. Duport et Houette.

Les toiles cirées, placées par le jury de 1849, dans la même section que les cuirs et les peaux, forment une branche de commerce assez importante et une industrie dans laquelle excellent MM. Couteaux, à Joinville-le-Pont, Baudouin frères, à Paris, et Seib, à Strasbourg, qui obtinrent la médaille d'or, en 1839 et en 1849.

§ III. APPAREILS CHIRURGICAUX. — De même que les sciences naturelles doivent une partie de leurs progrès à la perfection des instruments qu'elles emploient dans leurs observations, la chirurgie doit une partie de ses succès aux appareils que construisent, pour ses opérations, des artistes aussi éminents que ceux que nous possédons. Il n'est pas possible que nous donnions ici une idée, même imparfaite, des appareils et des instruments qu'ils établissent avec une perfection que l'on ne rencontre même pas en Angleterre : ce que nous devons dire, c'est que nos artistes sont parvenus à abaisser le prix des instruments de près d'un tiers en général, ce qui est un bienfait considérable.

Le jury de 1849 décerna la médaille d'or à M. Luër, à Paris. Nous avons dit (page 421) que ceux de 1839 et 1844 avaient accordé la même récompense à MM. Charrière et Samson.

§ IV. Fleurs artificielles. — La fabrication des fleurs artificielles a atteint, à Paris, à une perfection qui ne laisse rien à désirer, au moins sous le rapport de la fraîcheur et de l'exactitude de l'imitation. Parmi les industries si nombreuses de la ville de Paris, c'est l'une des principales ; toutefois ce n'est pas une de celles qui peuvent mériter la médaille d'or à ceux qui l'exercent ; les jurys de 1839, 1844 et 1849 ne l'ont accordée à aucun fabricant de fleurs.

§ V. Sellerie, chaussures en cuir. — La chaussure entre, pour une part considérable, dans les dépenses de l'habillement, principalement pour les classes populaires : son imperméabilité importe à la conservation de la santé, surtout dans la saison d'hiver ; aussi le jury de 1849 avait-il appelé sur cet objet important toute l'attention des fabricants de chaussures. Celui de 1849 a accordé une médaille d'or à MM. Lefebure et Duméry, qui sont parvenus à faire des chaussures dont les différentes parties sont réunies mécaniquement avec des vis. Ces chaussures ont paru au jury d'un travail irréprochable : il est à désirer que l'expérience confirme ce jugement et que cette fabrication mécanique, en réduisant la main-d'œuvre, amène, sur ce produit, une notable économie. MM. Lefebure et Duméry, lorsque ce but sera complétement atteint, auront rendu un véritable service au pays.

§ VI. CHAPELLERIE. — Il faut reconnaître que, depuis 1834, la chapellerie n'a pas fait de progrès importants qu'il y ait lieu de constater. Aussi n'a-t-elle obtenu, aux expositions de 1839, 1844 et 1849, que des médailles de deuxième ordre.

§ VII. BOUTONNERIE. — La fabrication des boutons, quoiqu'elle ait été tout à coup, en 1836, mise en concurrence avec les produits de la fabrication étrangère, jusque-là prohibés à l'entrée, et quoiqu'elle paye la matière première plus cher que l'Angleterre et l'Allemagne, s'est relevée de la ruine où la brusque suppression de la protection douanière l'avait jetée d'abord. Aujourd'hui, elle exporte des quantités très-considérables de boutons, et elle est une preuve de plus de la vitalité des industries françaises en présence de la concurrence étrangère. Il y a telles industries qui gagneraient davantage à moins de protection qu'elles n'en reçoivent : le jury de 1849 décerna la médaille d'or à MM. Trelon, Weldon et Weil, à Paris, pour l'importance de leur fabrique de boutons.

§ VIII. GANTERIE DE PEAU. — La ganterie de peau fabriquait, en 1840, pour 28 millions de produits, et pour 36 millions environ, en 1849. C'est donc une industrie considérable ; c'est aussi une industrie qui remonte au moins au commencement du XIII° siècle. Lorsque les Français et les Vénitiens s'emparèrent de Constantinople, en 1204, le pape Innocent III nomma pour patriarche latin de Sainte-Sophie le Vénitien Thomas Morosini, qui n'était que sous-diacre, et que le pape lui-même ordonna le même jour diacre, prêtre et évêque. L'historien grec Nicétas-Achominate fait de ce patriarche un portrait assez singulier et qui semble prouver que les gants de peau étaient alors une invention nouvelle, ou qui n'avait pas encore pénétré à Constantinople, quoique la majeure partie de la noblesse de l'Europe se fût jetée sur cette malheureuse capitale : selon Nicétas, « ce patriarche était « un homme d'un âge moyen, mais d'une telle obésité « qu'il ressemblait à un porc engraissé ; contrairement à « l'usage du clergé grec, ses joues étaient rasées comme « celles de tous ses compatriotes, et il se faisait soigneu- « sement épiler ; ses vêtements semblaient tissus avec sa « peau, tant ils étaient collants (chose également con- « traire aux idées de bienséance chez les Orientaux) ; on « lui cousait, chaque jour, ses manches aux poignets ; il « faisait tourner dans ses doigts son anneau épiscopal, et « *enfermait ses mains dans des étuis de peau fendus* « *entre les doigts* (1). » Voilà trois siècles écoulés depuis que Nicétas écrivait ces paroles, et le rapprochement des choses de ce temps éloigné avec celles du temps actuel pourrait ne pas porter seulement sur la mode des gants de peau, qui n'était pas encore bien établie à Constanti- nople avant le séjour que nous y faisons en ce moment ;

(1) Voyez traduction du président Cousin.

mais cette mode, générale dans le reste de l'Europe, donne lieu, en France, à une main-d'œuvre considérable ; l'industrie parisienne y excelle surtout, et malgré le prix, chaque année plus élevé, des gants de belle qualité, la consommation augmente sans cesse : MM. Jouvin et Doyon tiennent le premier rang dans cette fabrication. Le nom de M. Jouvin est devenu l'expression qui sert à indiquer les gants de la plus belle qualité, et le jury de 1849 a décerné la médaille d'or à sa maison de commerce. On ne rencontrerait pas aujourd'hui, dans tout le monde civilisé, un historien qui osât trouver ridicule d'enfermer ses mains dans des gants Jouvin. Nicétas et le patriarche latin de Constantinople seraient aujourd'hui d'accord au moins sur ce point.

§ IX. Objets divers. Quoique les industries de la bimbeloterie (jouets d'enfants), dont les produits atteignent à une valeur de trois millions et demi par an, de la fabrication des peignes, des cannes et des parapluies, dont les exportations ont une véritable importance, de la fabrication des tabatières, de la vannerie, qui exporte pour 800,000 fr. de produits, de la fabrication des cartes, qui supportent un impôt de 600,000 fr., et de toutes les sortes si multipliées de cartonnage et objets de papeterie, fassent subsister un très-grand nombre d'ouvriers et procurent du travail à Paris, à Sarreguemines et ailleurs à une population intelligente et laborieuse, nous ne pouvons cependant que renvoyer, au sujet de ces industries, à ce que nous avons dit à l'occasion des expositions de 1823, 1827 et 1834. Le jury n'a pas trouvé, d'ailleurs, qu'il y eût lieu de décerner des médailles d'or à aucune d'elles pour aucun progrès important constaté depuis longtemps ; Paris continue de tenir le premier rang, en Europe, dans toutes ces industries qui exigent du goût, de l'adresse et de l'imagination, pour employer l'expression choisie par le rapporteur de 1849 ; mais rien d'absolument nouveau n'a pu obtenir une récompense de premier ordre.

CHAPITRE VI.

Exposition universelle de 1855.

Parvenus au seuil de l'exposition de 1855, la première observation qui nous frappe, c'est le changement qui s'est fait dans l'opinion publique sur les avantages des expositions des produits de l'industrie ; il ne se présentait aux premières qu'un petit nombre d'exposants ; les fabricants semblaient éprouver une certaine appréhension de soumettre leurs produits à l'examen du public et à celui des comités institués pour en apprécier le mérite : assurément au moins ne remarquait-on, de leur part, que peu d'empressement : le jury peu nombreux attachait une haute importance aux progrès de l'industrie nationale ; quelque chose de grave, de solennel, donnait aux expositions un aspect presque sévère ; l'industrie n'y montrait pas la présomption du succès ; elle s'efforçait de le conquérir, plutôt par une noble émulation que dans l'espoir du profit.

C'est à cette époque, cependant, qu'elle jette par de magnifiques inventions les fondements de la gloire et de la prospérité dont elle jouit maintenant ; c'est à cette époque que la chimie et la mécanique viennent former avec elle cette alliance qui a vaincu tant de difficultés et produit tant de merveilles ; c'est à cette époque qu'Ober-

kamff, Richard Lenoir, Ternaux, de Girard et Jacquart
assoient, sur de nouvelles bases, la fabrication des tissus;
c'est à cette époque que l'invention de la vapeur, que
l'éclairage au gaz, la production du sucre indigène prennent naissance ou s'établissent dans ce pays : et ce n'est
pas au nombre ou à l'éclat des récompenses qu'il faut attribuer cet élan de l'industrie à l'époque dont nous par-
lons; Philippe Lebon, de Girard, Jacquart meurent sans
avoir reçu le prix de leurs travaux ; Richard Lenoir voit
périr sa fortune plutôt arrachée que tombée de ses mains.

Il s'en fallait de bien loin alors que les nations étrangères, dont la guerre nous séparait, eussent encore aucune disposition à imiter ces expositions des produits de
l'industrie qui, les premières au moins, avaient plutôt le
caractère de ces pompes nationales, où les Français s'é-
taient complu pendant quelques années, que celui d'exhibitions simplement mercantiles.

Il faut le reconnaître, depuis le point de départ jusqu'aujourd'hui, les choses ont bien changé : l'empressement à se porter aux expositions des produits de l'industrie
est maintenant général; ce n'est pas seulement en France,
mais chez toutes les nations où les arts sont parvenus à un
degré d'avancement suffisamment élevé; et ces expositions
ne sont plus seulement celles des produits de l'industrie
d'une seule nation, tous les peuples y sont conviés; la
rapidité des chemins de fer permet que de toutes parts
on s'y réunisse; les produits de l'industrie y sont apportés
de tous les points du globe.

Si dans toutes les contrées du monde les matières premières se produisaient avec la même abondance, si les

forces productives étaient les mêmes partout, si tous les peuples étaient doués des mêmes aptitudes, ces concours universels n'auraient d'autres résultats que d'entretenir l'émulation entre les producteurs, que de propager les meilleurs procédés de fabrication ; ce serait une sorte d'enseignement industriel qui ne permettrait guère à personne de rester trop en arrière; mais les climats, les contrées, les populations ont chacun une destination industrielle plus ou moins déterminée. Souvent, il est vrai, un avantage se balance par un autre; là où la force motrice se produit à bon marché, la main-d'œuvre est coûteuse et, sur un autre point, c'est le contraire qui se présente ; mais cependant il arrivera nécessairement de ces deux choses l'une : ou de deux nations l'une et l'autre produiront au même prix de revient, ou bien l'une des deux produira à plus bas prix que l'autre : si le prix est le même, ce qui est l'hypothèse la moins probable, car il faudrait supposer que les deux pays fussent placés, à tous égards, dans des conditions pareilles, on peut se demander à quoi serviraient les entraves, les difficultés et les dépenses d'un système de douanes plus ou moins prohibitif entre ces deux pays. A quoi sert la protection, si la force est la même des deux côtés ? Ce n'est plus qu'un effort sans but, une dépense sans résultat, une entrave et rien de plus.

Si, au contraire, l'un des deux pays l'emporte sensiblement sur l'autre dans la fabrication d'un produit industriel, soit quant au prix ou à la qualité et par des causes que son rival ne puisse surmonter, que résultera-t-il, après un certain temps, du rapprochement et de la comparaison des produits de toutes les industries chez les différents peuples?

Il est difficile d'imaginer que les consommateurs consentent bien longtemps à payer un produit de l'industrie nationale beaucoup plus cher qu'ils n'achèteraient de l'étranger le produit similaire ; les expositions universelles des produits de l'industrie ne peuvent manquer d'amener les comparaisons les plus exactes entre les prix et les qualités des mêmes produits chez les différents peuples : que l'école de la liberté absolue du commerce se réjouisse donc ! Les expositions universelles tendent, comme on le voit, à l'abaissement, si ce n'est à la suppression des droits de douane, qui ont pour but de protéger certaines industries.

C'est la question du libre-échange, si vivement controversée chez nous, il y a quelques années, qui n'est évidemment qu'assoupie, parce que le cours des faits la ramène sans cesse, et qui s'est produite même dans l'un, au moins, des comités de l'exposition universelle de Londres, quelque promesse que l'on eût fait faire aux membres de ce jury de s'abstenir d'émettre aucun avis sur ce sujet difficile : question certainement trop épineuse pour qu'elle soit résolue par aucune autre puissance que celle du temps et que nous n'agiterons pas ici, parce qu'elle n'appartient pas encore à l'histoire, et surtout à celle que nous écrivons. Nous avons voulu montrer seulement que les expositions universelles des produits de l'industrie de tous les peuples (fait nouveau qui se réalise avec éclat sous nos yeux), étaient un pas de plus, accompli dans la voie du libre-échange.

Il est vrai que la foule d'exposants qui se pressent maintenant aux expositions, tandis que pendant long-temps elles sont restées si incomplètes, paraît animée d'un esprit fort opposé au libre-échange : la concurrence est déjà si ardente sur le marché, elle est trop souvent si peu mesurée dans ses moyens de succès que ce ne peut être sans une sorte d'effroi que le fabricant, même le plus libéral, la verrait s'accroître encore et la lutte de-venir de plus en plus tumultueuse; mais, à la suite des expositions, toutes les questions qui touchent aux intérêts généraux du commerce se poseront inévitablement d'elles-mêmes; là, bientôt elles s'élucideront, sans doute, et il sera possible d'établir sur des bases solides et profita-bles les traités de commerce et la police des fabriques et des manufactures. Lorsque les hommes les plus éclairés dans les arts industriels et les sciences économiques, ve-nus de tous les points manufacturiers, mettront en com-mun les résultats de leur expérience et les fruits de leurs méditations, croyez-vous qu'ils ne puissent arriver à dé-terminer les limites les plus profitables dans lesquelles doivent être établis les échanges du commerce? Et quand ils compareront les règles auxquelles les populations sont soumises dans les différents pays, en matière de commerce et de manufactures, croyez-vous qu'ils ne parviennent pas à dresser des règlements qui, en laissant à l'industrie toute sa liberté, mettront des obstacles in-surmontables aux fraudes commerciales et, en ravivant la bonne foi, donneront aux transactions une sécurité qu'elles n'ont plus, et toute la célérité qu'elle pourraient avoir.

Certainement les expositions des produits de l'industrie sont loin encore de produire tous leurs fruits : elles
sont trop nouvelles pour avoir épuisé déjà leur fécondité :
à peine s'est-il écoulé un demi-siècle depuis la première
tentative qui ne remonte qu'à 1798 : et l'exposition universelle de 1855 est seulement la seconde où toute l'industrie du globe ait été appelée. Il ne faut pas toujours
supposer que ceux qui sont prédestinés à provoquer les
grandes mesures d'administration publique puissent en
mesurer tout l'avenir; mais lorsque l'expérience a mieux
tracé la route et que l'on discerne clairement le chemin
que l'on suit, alors échoit aux gouvernements le devoir
de féconder les institutions dont le but est marqué. Jamais peut-être aucun des successeurs de Colbert n'aura-
t-il, autant qu'aujourd'hui, la perspective d'aplanir à
l'industrie et au commerce français des voies plus larges
et plus nouvelles. Les chemins de fer rapprochent tellement le produit fabriqué du consommateur qu'à peine le
capital reste-t-il quelques jours oisif; ce temps si court
qui s'écoule entre la fabrication et l'arrivée du produit
sur le marché permet de proportionner plus sûrement la
production à la consommation ; l'abondance des métaux
précieux, la confiance dans les papiers de banque abais-
sent le taux de l'intérêt et accroissent ainsi les forces productives; non-seulement les sciences ont fait les progrès
qui seront l'illustration du xixe siècle, mais elles pénètrent dans les populations industrielles d'une manière
pratique, et elles augmentent ainsi, dans une proportion
qu'on ne peut mesurer, l'intelligence et l'habileté de nos
ateliers. Enfin, pour s'entourer des lumières et des avis

de tous les hommes éminents dans l'industrie et le commerce, il ne faut, pour ainsi dire, qu'ouvrir un salon aux
portes de l'exposition universelle.

Et, en même temps, la population a doublé en France
depuis moins d'un siècle et semble se trouver trop pressée
sur un sol où la propriété se divise en un nombre infini
de parcelles; l'agriculture est délaissée *par la partie
éclairée, pensante et influente de la nation* (1); la Corse
incorporée à la France depuis 1769 est encore à peu près
inculte; l'Afrique est ouverte devant nous, mais seulement
encore pour recevoir, au prix de nos richesses, les germes
de la civilisation. L'or a afflué en France, depuis quelques
années, dans de telles proportions que la situation monétaire, et par conséquent commerciale du pays s'en trouve,
à plusieurs égards, considérablement affectée : jamais,
dans aucun temps, il ne s'est présenté tant de grandes
choses à faire, et tant de moyens de les accomplir.

Demain s'ouvrent les galeries de l'exposition de 1855 :
c'est un des faits les plus considérables de ce siècle; il y
a là, et nous l'avons assez montré, bien autre chose pour
l'avenir des nations qu'une déclaration de guerre ou
qu'un traité de paix; que ceux qui ne le voient pas jettent les yeux en arrière et qu'ils mesurent l'espace que la
découverte de l'imprimerie a fait, en quatre siècles, traverser à l'esprit humain; qu'ils lisent tous ces noms illustres que l'architecte a écrits sur les murs du palais de
l'industrie : ces noms sont ceux des enfants de Guttemberg, et l'architecte ne s'est pas trompé! L'œuvre qui
s'apprête est un nouveau foyer où va se rallumer, par le

(1) Paroles du jury central 1849, *Agriculture,* p. 365.

contact de tous les esprits progressifs, cette flamme du génie des peuples qui les éclaire et les dirige dans les profondeurs de l'avenir. L'Angleterre a, la première, dans des vues plus commerciales que politiques, appelé l'industrie à ces vastes comices ; la France l'eût devancée, si elle n'eût été retenue, à cette époque, par un de ces événements qui sont pour les nations ce que les indispositions sont pour les grands hommes : légères maladies qui ne laissent point de traces, et qui ne sont qu'un accident dans la vie, quelque douleur et quelque contrariété qu'elles aient pu causer un moment. Les deux nations ne pouvaient, avec des institutions aussi différentes que le sont les nôtres et celles des Anglais, présider, de la même manière, à cette réunion œcuménique de tous les esprits d'élite, qui, sur la surface du monde civilisé, veillent aux progrès des arts industriels : Et cependant, si quelques cités ont emprunté tant de puissance et d'éclat, dans les siècles du moyen âge, aux foires qui s'assemblaient dans leurs murs, quelle force n'acquerra pas la nation qui prendra dans sa main le sceptre de l'industrie en attirant à ses expositions tous les peuples du monde.

LISTE ALPHABÉTIQUE

DES

FABRICANTS ET DES ARTISTES

QUI ONT OBTENU

DES MÉDAILLES D'ARGENT

AUX EXPOSITIONS DE L'INDUSTRIE FRANÇAISE DES ANNÉES 1819, 1823, 1827, 1834, 1839, 1844, 1849.

1819.

MM. Ajac. — Alluaud. — Anne Veaute et fils aîné. — Anquetil. — Argence (la marquise d'). — Arpin et fils. — Aynard et fils, Fiardet-Marion.

MM. Badin frère et Lambert. — Baligot père et fils. — Baligot (Remy). — Bance et Rast-Maupas. — Baradelle. — Barbet (Henry). — Bauson. — Beauvisage et Cⁱᵉ. — Bélanger. — Bérard. — Berte et Grevenich. — Beurnier frères. — Blech frères et Cⁱᵉ. — Blumenstein (de) et Frèrejean. — Bobée. — Boilevin. — Bonnaire et Cⁱᵉ. — Bonnard père et fils. — Bordier-Marcet. — Bourdier. — Bréant. — Brehier. — Breton (Jean-Antoine).

MM. Cadet de Vaux et Desmelles. — Caignard de la Tour (le baron de). — Caillon. — Calla (François-Étienne). — Captier. — Caron-Langlois. — Cauchoix. — Cazalis et Cordier. — Chambers-Bourdillon. — Chanot. — Chauvet et fils. — Chayaux. — Clérembault et Lecoq. — Coquet-Valle. — Cordier. — Cornisset (Pierre). — Cousineau. — Crochard. — Cnoq et Couturier.

MM. Dagoty et Honoré. — Danet. — Daniel Schlumberger et Cⁱᵉ. — Darte. — Dautremont. — Davilliers, Lombard et Cⁱᵉ. — Delagarde. — Delarue (Jullien). — Deltuf. — Derosne

(Charles-Louis). — Desnière et Martelin. — Detrey père. — Didier. — Didot Saint-Léger. — Dobo. — Docagne. — Dufour. — Dupont.

MM. Estivant de Brau. — Estivant (M. P. J.).

MM. Fages (Jean). — Fages. — Faulquier. — Faveret. — Feuchère (la baronne). — Fleurs (madame). — Flotte frères. — Fontenillat. — Fouque. — Fournival et Legrand-Lemor. — Frichot.

MM. Gaillard. — Galle. — Gambu de la Rue. — Gardon. — Gatteaux. — Gentil. — Georget. — Godard père et fils. — Gombert père et fils et Michelez. — Gonfreville fils. — Grasset. — Grégoire. — Grivel. — Guibal jeune. — Guibal-Veaute.

MM. Harel. — Herbecourt (d'). — Hindelang père et fils. — Huret.

MM. Jacquemard frères. — Jalvi, Saisset et Guiraut. — Jeannetty fils et Châtenay. — Jecker frères. — Jobert-Lucas.

MM. Kohler et Mantz.

MM. Lagorce. — Lambert. — Leblanc. — Leboucher-Villegaudin. — Ledure. — Lefèvre. — Legros d'Anisy. — Lehoult. — Lemaire. — Lemaitre (veuve). — Lenoir fils. — Lenoir-Ravrio. — Lepaute fils. — Leray (de Chaumont). — Letixerand et Cie. — Levrat et Cie. — Mathey-Doret. — Mathieu, Romanet et Alafort. — Ménard. — Mérat (Benoît) et Desfrancs. — Mercier fils. — Merle, Pascal fils et Pascal. — Migeon et Dominé. — Mille. — Molard jeune. — Mourgues.

MM. Olive. — Olombel.

MM. Pascal-Eymien. — Payen et Pluvinet. — Pecqueur. — Pelletier. — Petou frère et fils. — Pfeiffer. — Poidebard. — Pouchet fils, de Bolbec. — Poupart, de Neuflize. — Pujol.

MM. Rachou et Cie. — Redouté. — Reine. — Richer père et fils. — Rivery-le-Joille. — Robert. — Robin fils. — Rochet (de Bèze). — Roëlant. — Rose-Abraham frères. — Ruffié.

MM. Saillard aîné. — Saint-Cricq-Cazeaux. — Sainte-Marie-Frigard. — Sallandrouze. — Salleron (Claude). — Salneuve (François). — Sandrin. — Schmuck. — Schœlcher. — Simón. — Soleil.

MM. Tardif fils aîné et sœur. — Thibault aîné. — Tirel fils. — Treuttel et Wurtz. — Turgis (Pierre).

MM. Vandessel. — Vandermersch.

MM. Wagner. — Werner. — Wurtz.

MM. Ziegler, Greuter et Cⁱᵉ.

1823.

MM. Abat, Sans et Morlière. — Armfield (Mˡˡᵉ). — Arnollet. — Aubertot. — Bacot et Cⁱᵉ. — Barbet. — Bayle et Cⁱᵉ. — Benoist. — Bérard frères et Vétillard. — Bernardières. — Berthould. — Bodin. — Bontemps et Georgeon. — Bost-Membrun. — Bouvard (Mᵐᵉ veuve).

MM. Cabane. — Carcassonne frères. — Carpentier (Mᵐᵉ). — Cesbron fils et frères. — Chambon. — Channebot. — Chartron. — Clerc neveu. — Clérembault. — Corderier et Lemire. — Cornouailles. — Crespel de Lisse.

MM. Dandré. — Debuyer (Mᵐᵉ veuve). — Degrand (Mᵐᵉ), née Gurgey. — Deloynes (Benoît), Hallier, Dujoncquoy et Cⁱᵉ).—Dépouilly et Pinet. — Derosnes et Vertel. — Desfresches et Cⁱᵉ. — Desgranges. — Desmoulins. — Desobry. — Diez (Jean-Christian). — Dobo. — Dollé. — Dolfus (Gaspar-Huguenin) et Cⁱᵉ. — Douault-Wieland. — Duchemin. — Dumas.

MM. Embser et Georger. — Engelmann.

MM. Falatieu. — Féray. — Fiévet (Charles) et fils. — Flament frères. — Fonsès. — Fontaine. — Forster-Stair. — Fournel. — Fourniral (Pierre-Bénigne).

Mˡˡᵉ Gard-Letertre. — MM. Gavet. — Gengembre. — Gonin. — Gosse et Durand. — Gravier.

MM. Hacks et Cⁱᵉ. — Henriot frères, sœur et Cⁱᵉ.—Hockeshoven.

MM. Isot et Eck.

MM. Jacquet, Demay et Cⁱᵉ. — Joubert, Bonnaire et Giraud. — Juddelajudie.

MM. Laborde. — Leblanc (Julien-Timothée). — Leblanc. — Lebrun. — Lecarron. — Lecointe et Rousselle. — Lefebvre-Jacquet. — Léger. — Legrand-Durufflé. — Legrand-Lemor. — Legros d'Anisy. — Lemare. — Lepage. — Lété. — Loignon (Maurice). — Lory. — Louvois (le marquis de).

Mˡˡᵉ Manceau. — MM. Maquennehem (Armand). — Maquennehem (Manassès). — Mercier (le baron). — Montgolfier (François-Michel). — Mosselman. — Motte. — Mouret de Barterans et Cⁱᵉ. — Muret de Bort. — Musseau.

MM. Nadermann. — Néron et Kurtz. — Noirot et Ferret. — Noufflard et Cⁱᵉ.

M. Ocagne (d').

MM. Paillot frères et Riocreux. — Pape. — Pelletereau. — Périer (Augustin) et Cⁱᵉ. — Perrelet. — Petou (Georges-Paul). — Petzold. — Peugeot frères et Salin. — Peyret et Cⁱᵉ. — Pfeiffer. — Pillet (Frédéric). — Pradier. — Prévost-Pugens. — Primois. — Provent.

MM. Raymond fils. — Reverchon (Paul) frères. — Reyre frères. — Rivals. — Roguin. — Roller. — Roux-Cardonnel.

MM. Saint-Paul. — Sargeant (Isaac). — Saulnier (Jacques-François). — Schmittschneider. — Séguin frères. — Sénéclause père et fils. — Sennefelder. — Simier. — Simiot. — Sir Henry. — Soleil. — Stammler (Henri).

MM. Talabot et Cⁱᵉ. — Teissier-Ducros. — Ternaux et fils. — Thierry-Mieg. — Thompson. — Thouvenin aîné. — Thué et Mater. — Thyss (Martin) et Cⁱᵉ. — Truffaut.

Mᵐᵉ et Mˡˡᵉ Vauchelet. — MM. Vautrin et Cⁱᵉ. — Verdier-David. — Villeneuve et Mathieu. — Villette frères.

MM. Wagner. — Walker (John). — Witz-Steffan, Oswald frères et Cⁱᵉ.

1827.

MM. Arguillière et Mourron.

MM. Balbâtre. — Baumgartner. — Béchet (Étienne et Cⁱᵉ). — Bellangé. — Berthèche-Lambquin et fils. — Berthe et Grevenich. — Berthoud frères. — Biétry (Laurent). — Bonnemain. — Bontemps. — Boudon (Félix). — Boullenois (de). — Bourgeois. — Bourget (J. M.). — Boutet et Rochon. — Brincourt père et fils. — Brosset, Thanaron et Ripert. — Brunier frères. — Burdin.

MM. Cardeilhac. — Caron-Langlois fils. — Casalis et Cordier. — Charbonneaux-Denizet. — Chartron père et fils. — Chedeaux et Cⁱᵉ. — Chefdrue et Chauvreulx. — Chenu jeune. — Choiselat-Galien. — Christofle. — Clavaud et Georgeon. — Clerc neveu. — Colliau et Cⁱᵉ. — Cordier et Cⁱᵉ. — Crapelet.

MM. Dablaing-Estabel père et Cⁱᵉ.— Debergue et Cⁱᵉ.—Delabbaye. — Delbarre. — Delloye (Madame veuve) et fils. — Descermont-Chombart. — Desfresches et Chennevières.— Deshays. — Dessoye et Paintendre. — Dez-Maurel. — Didelot frères. — Didier-Petit. — Dietz (Christian). — Dietz fils. —Dihl. — Dobler (Henri) et Ronchaud (Émile). — Doguin et Cⁱᵉ. — Domeny. — — Domet-Demont. — Douault-Wiéland. — Dumas père et fils. — Dupré.

MM. Eggly, Roux et Cⁱᵉ.

MM. Fabre, Chiboust et Cⁱᵉ. — Favreau. — Feuchère et Fossey. — Fouquet. — Fourmand.

MM. Ganneron fils. — Garnier. — Gaudy. — Gaultier de Claubry. — Gavet. — Gense et Lajonkaire. — Gillet. — Girard. — Gombert père et fils. — Griolet (Eugène). — Guiraud-Fournil.

MM. Hébert (Frédéric) et Cⁱᵉ. — Heilmann frères et Cⁱᵉ. — Hennequin et Cⁱᵉ. — Henriot (madame veuve) et fils. — Henry aîné. — Houtou la Billardière.

MM. Janssen. —Jobert-Lucas et Ternaux (Louis). — Juillerat et Desolme. — Julien.

MM. Kayser (Xavier). — Kermarec (Léonard). — Kurtz.

MM. Lainné (Étienne) et Cⁱᵉ. — Lardin frères. — Laresche. — Layerle-Capel. — Leblanc. — Ledru (Hector). — Lefebvre et Cⁱᵉ. — Lemétayer. — Lepage. — Lombart jeune et Grégoire aîné.

MM. Maille-Pierron et Cⁱᵉ. — Martin et Cⁱᵉ. — Matheson et Bouvard. — Maupetit et Cⁱᵉ. — Metcalfe. — Mignard-Billinge. — Mongin aîné. — Morfouillet et Cⁱᵉ. — Mortelèque. — Motel. — Moulfarine.

MM. Parquin (Théodore). — Payen. — Pibet frères. — Pillioud. — Pinard. — Polino frères. — Poloncean. — Pottet-Delcusse. — Prestat fils.

MM. Raffin (de) jeune et Cⁱᵉ. — Raulin père et fils. — Renette et Cⁱᵉ. — Revillon (Thomas). — Rogue et Lévard. — Rollé (Frédéric) et Schwilgué (J. B.). — Romagnési. — Roux cadet. — Saulnier. — Schlumberger, Steiner et Cⁱᵉ. — Schmid et Salzmann. — Schmidt. — Scrive frères. — Sénéchal et Cⁱᵉ. — Sir-Henry. — Souchon.

MM. Taillandier-Aymard. — Teissier-Ducros. — Thibout. — Thiery-Mieg. — Thomas-Dequesne et de Couchy. — Trotry-Latouche.

MM. Vallet et Hubert. — Vallin père et fils. — Vignon. — Vincent et Michélez père et fils.

MM. Wagner. — Willaume. — Wise (Charles).

MM. Ziegler, Greuter et Cie.

1834.

MM. Agneray. — Allard-Decorbie. — Andriveau-Goujon. — Antiq. — Arlincourt (le baron d'). — Armingand, Maingaud et Cie. — Arnaudtizon. — Arnoult (J. L.). — Aroux. — Atramblé, Briot fils et Cie.

MM. Babonneau. — Baleine. — Barbé-Zurcher et Cie. — Bardel. — Barnouin et Bureau. — Barral frères. — Beauvisage. — Benoist. — Benoît, Malot et Cie. — Bernard-Fleury. — Besset et Bouchard. — Blanchet frères et Kleber. — Blech. — Blot. — Bontemps. — Brame-Chevalier. — Bridier-Chayaux. — Brizou. — Brousse (Jacques). — Bugnot. — Bunten. — Burel, Beroujo et Cie. — Burgun-Watter et Cie. — Buron.

MM. Caillot-Bellisle fils. — Cambray. — Camille-Beauvais. — Camu et Croutelle. — Caron-Langlois. — Cartulat (Simon) et Cie. — Cavelier. — Chalot. — Chambellan et Duché. — Charrière. — Charvet. — Chenevières. — Cinier et Fatin. — Collardeau-Duheaume. — Couder. — Couteaux. — Croco.

MM. Dacheux. — Daiguebelle. — Damiron. — Datis et fils. — Debergue, Defriesches et Cie. — Debergue (Henri). — Delafontaine. — Delarue frères. — Delaunay et Cie. — Demilly et Motard. — Desromas-Dojat et Flamand. — Desrosiers. — Dessoye. — Detape. — D'Hombres et Cie. — Dien. — Dietrich (veuve). — Dietz et Hermann. — Dioudonnat. — Douinet. — Dubois. — Ducarre. — Dumont. — Duplanil. — Dupont. — Dupreuil. — Durand (Louis). — Durand (de l'Isère). — Durand (de Paris). — Durand fils, Guillaume et Cie. — Duverger.

MM. Eastwood. — Everat.

MM. Farcot. — Flanquet-Pouchet. — Favrel. — Feldtrappe. — Ficher. — Fleury (Bernard). — Fouque, Aroux et Cie.

MM. Galles.— Gamot frères et Eggena.— Gandais.— Gandillo frères.— Gardon.— Gavard.— Gaveaux.— Gelot et Ferrière.— Germain, Petit et Cie.— Germain-Thibault et Cie.— Geruzet.— Giroud père. — Giroux (Alphonse). — Godard. — Godin. — Grenet. — Grillet et Trotton. — Guaita (de). — Guillemet aîné. — Guillemin. — Guilliny. — Guinand (veuve) et Berthet.

MM. Hachette, Hittorf. — Hanriot. — Henon fils aîné.— Henriot fils. — Herzoq (Antoine). — Hoffmann. — Houzeau-Muiron. Hugues.

MM. Ingé et Soyez.

MM. Jacob. — Jacoubet. — Jaillet. — Jay. — Jean-Casse. — Jeannest. — Jeubert. — Josué-Heilmann. — Journet.

MM. Kettinger père et fils. — Kirstein. — Kœchlin-Ziegler.— Kœhler. — Kriegelstein et Armand.

MM. Labrosse-Joubert. — Laignel. — Larochefoucault (duc de) — Latune et Cie. — Laugier père et fils. — Laurent. — Leblond et Lange. — Lecoq. — Lecouturier. — Lefebvre (Théophile et Cie). — Lefort. — Legey.— Lerolle. — Leroux. — Liebach. — Harthmann et Cie.

Mme Mader (V^e). — MM. Madinier fils.— Maître (Joseph).— Malezieux frères et Robert.— Malmazet.— Marolles (de).— Massin. — Ményer. — Mesmin. — Metcalfe. — Meynard. — Meynard (Hilarion). — Mieg (Charles). — Moet. — Monnoy-le-Roy. — Montgolfier. — Mothes frères. — Mulot.

MM. Nathan, Beer et Tréfouse. — Nathan frères. — Nys et Longagne.

MM. Plaignou (Charles). — Pankoucke.— Paulin-Désormaux. —Payen et Persot.— Pecqueur. — Pepin. — Perregaux.— Perrier-Edwards.— Picard jeune père et fils. — Picquet. — Piédana. — Pimont aîné. —Pimont (Prosper). — Piot et Nonnon. — Plantier-Barre et Cie. — Platarel et Payen. — Plummer père et fils et Clouet. — Poisson et Cie. —Poitevin et fils. — Poncet frères.—Pontgibaud (le comte de).—Possot.—Potton, Croizier et Cie. — Poulignot père et fils. — Poupinel. — Prevost (Alexandre-Louis).

MM. Raffin (de). — Raulin père et fils.— Reech. — Reybaud frères.— Richard et Cie. — Richard et Quesnel. — Rider. — Robert. — Rellé et Schwilgué. — Rondeau-Pouchet. — Roth et Bayvet. — Roustic. — Roux, Combet et Cie. — Roux frères.

MM. Saglio (Baptiste). — Saint-Marc (Mme Vve), Portieu et Tetiot. — Salmon, Payen et Buran. — Saulnier (Jacques). — Savaresse, de Paris. — Schlumberger jeune et Cie. — Schlumberger (Daniel). — Sellière et Provencal. — Servant et Ogier. — Sevaistre-Turgis. — Simier. — Souffleto. — Soulas aîné. — Soyez, Feuilloy et Desjardins.

MM. Tesse-Petit. — Thierry-Mieg. — Thonnelier. — Tiret et Cie. — Titot, Chastellux et Cie. — Trémeau-Soulmé. — Tur et Cie. — Turion.

MM. Vallery. — Vayson. — Verdet frères. — Vicenti. — Vidalin. — Vignat-Thovet. — Violet et Jeuffrain. — Vuillaume.

MM. Watt. — Wriglet fils et Cie. — Wesnen.

1839.

MM. Allart (Leclerc). — Arnaud. — André. — André-Jean. Andrew, Best et Leloir. — Arnoux. — Arquillière et Mouron. — Aubanel (Laurent). — Aubé frères. — Auberger. — Aucoc. — Auloy-Millerand.

MM. Babonneau. — Balay fils jeunes. — Barbaroux de Megy. — Barbier (Victor). — Barbot et Fournier. — Bardel (Eugène) et Noiret jeune. — Basile (Maurice). — Baudouin frères. — Bazile (Eugène). — Bégué fils. — Bellangé fils. — Bellat. — Benoît. — Berger-Deleinte. — Bernard (Albert). — Bernoville (Fréd. et Ed.). — Bertholon-Souchon. — Bertrand et Feydeau. — Bertrand (Julien) et Eugène Gaymard. — Beslay. — Bleech-Fries. — Boigues frères, Hochet et le comte Jaubert. — Boisselot et fils. — Bompard et Cie. — Bon (L. A.). — Bonvallet et Cie. — Bourdon. — Bourdon (Eugène). — Brevière. — Brocot. — Bruguière et Boncoiran. — Brunner. — Brunon frères. — Budy. — Buffet-Perin oncle et neveu. — Burgun-Walter, Berger et Cie. — Buron.

MM. Cagnard. — Caille. — Cailleux et Lannoy (Mme Vve). — Callaud (cousins). — Carreau. — Carrière et Reidon. — Chambellan et Duché aîné. — Chamouton. — Chanot. — Charles et Cie (J. B.). — Charvet. — Charvex et Fevez (André). —

Chaussenot. — Chaussenot jeune. — Chennevières (Delphis). — Cocheteux (Florentin). — Collas. — Colliau et Cie. — Colondre (Jean) et Prades. — Colville. — Constant-Goupille. — Corrège. — Couder (Amédée). — Couderc (Antoine) et Soucaret fils.— Coumert-Carreton et Charbonnaud. — Crémières et Briand. — Crépet aîné. — Curmer.

MM. Daudet jeune et Chabaud. — Dauphinot-Perard. — David. — David (J. B.). — Davin-Defresne. — Debergue, Desfriesche et Gillotin. — Debergue et Spréafico. — Debras (Joseph). — Decaen frères. — Degousée et Cie. — Delacretaz. — Delage frères. — Delarbre-Aigoin. — Delarue (Alphonse). — Delaunay, Vildieu, Couturier et Cie. — Delbut. — Deleuil. — Délicourt (Etienne) et Cie. — Delvigne. — Dervaux (Alexandre). — Deshays. — Dida. — Dietz. — Dioudonnat. — Dubochet. — Dubois et Cie. — Duchemin. — Duforestel. — Dumor-Masson. — Dupont (Auguste et Paul). — Dupont frères. — Dupré. — Durand fils. — Durand (Guillaume). — Durenne. — Dutartre. — Duvoir.

MM. Emy. — Engelmann. — Ernst. — Eymart - Drevet et Cie.

MM. Falcon. — Faure (Ernest). — Favrel. — Feldtrappe. — Fergusson et Borneque. — Fevez d'Estrée et Cie. — Flachat (Eugène). — Flaissier. — Florin (Carlos). — Fontaine. — Fouquet aîné. — Fouquet jeune. — Fouré (Ch.) et Cie. — Fournel (Victor). — Fraisse aîné. — Frasez (François). — Froment-Meurice.

MM. Gabert fils aîné et Genin. — Gagnon et Culhat. — Gaidan frères. — Gaigneau frères. — Galleran et Letournean. — Gannal. — Gariel fils (F.). — Garrigou. — Garisson oncle et neveu. — Germain (Pierre). — Gillard frères. — Girard neveu. — Givelet-Assy et H. Rollin. — Gobert (Mme). — Godefroy (Léon). — Goldenberg et Cie. — Granx. — Grimes. — Grohé. — Guérin. — Guinand.

MM. Hamard. — Hamelin. — Hazard frères. — Henry. — Hofer (Henri). — Houlès père et fils. — Houtteville. — Hugues. — Hutter et Cie.

MM. Jacob et Cie. — Jametel. — Japy frères. — Johnston (David). — Jolly. — Jonard et Magnin. — Jourdan fils (C.) et Cie.

MM. Kestner père et fils. — Klein. — Kœnig. — Kriegelstein et Plantade. — Kulmann frères.

MM. Lachapelle et Levarlet. — Lacrampe et Cⁱᵉ. — Lafont-Vaisse. — Laignel. — Langlet. — Lanzenberg et Cⁱᵉ. — Laroche et Ducher jeune. — Larreillet (Dominique). — Laugier. — Laurent et Deberny. — Lauret frères. — Lebrun. — Leclerc. — Lefèvre (Théodore) et Cⁱᵉ. — Lefèvre-Horent. — Lefranc frères. — Legrand. — Lemercier et Benard. — Lenseigne. — Lepage fils. — Le Roi-Picard. — Leroy. — Léveillé. — Liégard frères.

Mᵐᵉ Mader et fils aîné. — MM. Marcel (Louis). — Marion-Bourguignon (L. A.).

MM. Marsat. — Marsaux (Léopold). — Martin et Cⁱᵉ. — Martin et Reymondon. — Masson. — Ménet et Cⁱᵉ. — Ménier. — Mesmin aîné. — Migeon et fils. — Milori. — Miroude. — Moras et Dauphin. — Moreau. — Moreau (Félix). — Morin et Cⁱᵉ. — Mouisse (Jean-François). — Muel-Doublat. — Muel (Pierre-Adolphe). — Mulot.

MM. Néron jeune. — Nillus. — Noulibos.

MM. Odiot. — Ourscamp.

MM. Pagezy et fils. — Pagès fils et Cⁱᵉ. — Paillard (Victor). Paillasson. — Panier. — Papavoine et Chatel. — Paret (Marius). — Pâris frères. — Pauwels. — Payan (madame). — Pechinet. — Péligot et Alcan. — Pelletan. — Peugeot et Cⁱᵉ. — Peugeot frères. — Picquet. — Piquot-Deschamps. — Pirmet. — Pitancier et Martin. — Poinsot. — Poix-Coste et Dervieux. — Pot-de-Fer. — Pouyer-Hellouin. — Puget (Antoine).

M. Quesnel.

MM. Raffin (de) et Cⁱᵉ. — Raimond. — Raoux. — Raybaud. — Reber et Cⁱᵉ. — Régnier. — Reignier et Cⁱᵉ. — Renette et Gastine. — Reulos et Budin. — Ribouleau frères. — Ricard et Zacharie. — Richard, Eck et Durand. — Richard frères. — Robert. — Robert (Henri). — Robichon et Cⁱᵉ. — Robin. — Roulet (Robert). — Rousseau. — Roussel frères et Réquillart. — Roussellet (A.). — Roussy.

MM. Sabatier. — Samson. — Savoye. — Schmid et Saltzmann. — Seib. — Simon (Albert) et Cⁱᵉ. — Simon fils. — Sœhnée frères. — Sompayrac aîné. — Soubas aîné et Cⁱᵉ. — Souffléto et Cⁱᵉ. — Sourd père et fils.

MM. Taillade. — Ternynck frères. — Thévenot. — Thibert. — Thierry. — Thomann. — Thomas-Laurens et Dufournel. — Tresca et Eboli. — Troubat et Cie (Louis).

MM. Vachon et Cie. — Valès (Constant). — Vallet et Huber. — Vantillart (Victor). — Vaussard fils. — Vernier. — Vétillart père et fils. — Veyrat et fils. — Villemsens. — Violaine (de). — Viteau.

MM. Wacrenier-Delvenquier. — Wagner neveu. — Weber (veuve Laurent) et Cie. — Weisgerber frères et J. Kayser. — Witz-Steffan-Oswald frères et Cie. — Wolfel et Laurent. — Wulliamy.

MM. Ziegler et Cie.

1844.

MM. Adolphe (Ch.) et Benner. — Allcard et Buddicom. — Alluaud aîné. — Annat aîné et Coulomb. — Antiq.

MM. Balaine. — Balleydier, Repiquet et Sylvent. — Bance. — Barallon. — Barbaroux de Mégy. — Barbat (Thomas). — Barbé-Proyart et Bosquet. — Baromé-Delépine. — Barre. — Barthe et Plichon. — Basely. — Bataille (Pierre). — Beauvais (Jean-Armand). — Bégué. — Bellat aîné. — Benoît frères. — Béranger et Cie. — Bérendorf. — Bergeron fils et Couput. — Béringer. — Berly et Cie. — Bernard (Albert). — Bernard (Léopold). — Bernardel. — Berrolla frères. — Béthune et Plon. — Beucler fils (J. J.). — Binet. — Blanchet. — Blech, Steinbach et Mantz. — Boas frères. — Boche. — Bodin. — Bœuf et Garandy. — Bon. — Bon et Pirlot. — Boquillon. — Borrel. — Boucher. — Bouchu. — Bouillier et Cie. — Bourcier (Jules). — Bourdon (Eugène). — Bresson aîné. — Breuzin. — Bricard et Gauthier aîné. — Brisson frères et Cie. — Brosse. — Bruneau. — Brunet. — Buffault, Truchon et Devy. — Buignier. — Bunten. — Bureau jeune.

MM. Caillet-Franqueville. — Caillié, Caternault, Mareau et Matignon frères. — Calland. — Cambacérès père et fils. — Cambray père. — Camus-Laflèche. — Capitain et Cie. — Capron fils aîné. — Carillion. — Carlos-Florin. — Cartier fils et Grieu. — Chabrié et Neuburger. — Chameroy et Cie. — Champion (L.) et Gérard (C.). — Chardon. — Charles. — Charpentier fils. — Chassagne. — Chatain fils. — Chausseuot aîné. — Chavent (André) et Cie. — Chébeaux. — Chéguillaume et Cie. — Chérot (A.) et Cie. — Claro (Auguste). — Clavel. — Colcomb-Bourgeois. — Collas. — Colleville. — Constant, Valès et Lelong. — Constant (F.) et fils. — Contzen (Alexandre). — Cormouls (Ferdinand). Courmont (J. B.). — Court et Cie. — Croutelle neveu.

MM. Dafrique. — Daliphard et Dessaint. — Daudet-Queirety. — Daudville. — David. — Debary-Mérian. — Dubuchy (veuve). — Defontaine (E.). — Defrenne (Paul). — Degouzée. — Delacour et fils. — Delacretaz, Fourcade et Cie. — Delamare-Deboutteville. — Delcambre et Yung. — Deleuil. — Delépine. — Delfosse et Motte. — Delondre (Auguste). — Descat (Théodore). — Dervaux. — Descroizilles. — Deshays. — Desprez-Guyot. — Desserres et Cie. — Dioudonnat et Hautin. — D'Hennin. — Dobler et fils. — Domeny. — Doguin fils. — Douaud. — Dubrunfaut. — Dupré. — Ducoudré. — Dupasseur (J. J.). — Duport. — Durand (Constant). — Durand fils. — Durand (Guillaume). — Dutartre. — Duvoir.

MM. Eck. — Estivant frères. — Estragnat fils aîné.

MM. Fabre et Bigot. — Falatieu jeune (Joseph-Louis). — Favrel. — Feldtrappe. — Fouque, Arnoux et Cie. — Fey, Martin et Cie. — Fiolet. — Fion (Jules). — Flamant et Cie. — Fontaine-Baron. — Formentin (Mlle). — Fornier, Janin et Falsant. — Fortel et Larbre. — Fouard et Blancq. — Fouché-Lepelletier. — Fourcade frères. — Fourdinois et Fossey. — Fouschard (Gustave et Joseph). — Fugère. — Fumière (Victor).

MM. Gagneau frères. — Gaidon jeune. — Gallafent. — Gandillot et Cie. — Garrisson oncle et neveu. — Gaudais. — Gastine-Renette. — Gaudray-Loisiel. — Gauthier. — Gautier. — Gauvain. — George, père et fils. — Giesler. — Gignoux et Cie. — Gilbert et Cie. — Gimbert. — Girard et Cie. — Gourdin (Julien). — Gouré jeune et Grandjean. — Gourju. — Granger. — Grenet. — Grangier frères. — Granjon et Cie. — Grenouillet. — Grimonprez (E.) et Cie. — Griolet père et fils. — Grouvelle. — Grün. — Guenebault. — Guérin jeune et Cie. — Gueuvin-Bouchon. — Guibout. — Guichard aîné. — Guinon. — Guyon frères.

MM. Hamelin. — Harly-Perrand. — Hatzenbülher. — Hazard père. — Herbelot fils et Genet-Dufay. — Hildebrand (André). — Hofer (Josué). — Honoré. — Houdaille. — Houdin. — Honette aîné. — Hubert. — Huck. — Huguenin et Ducommun. — Huillard aîné. — Hutin-Delatouche.

MM. Jacquel. — Jacquemin (J.) et Huet jeune. — Jacquin. — Japy (Louis). — Jarrin et Trotton. — Jourdain (Xavier). — Jourdan et Cⁱᵉ. — Jouvin et Cⁱᵉ.

MM. Kœppelin. — Kunzer (J.).

MM. Lacarrière. — Lacroix fils. — Lagache (Julien). — Laîné-Laroche. — Lambert-Blanchard. — Landeau, Noyers et Cⁱᵉ. — Lapeyre et Cⁱᵉ. — Lapierre père et fils. — Laporte. — Laroque frères et fils et Jacquemet. — Lasseron et Legrand. — Laurent (François) et Cⁱᵉ. — Laury. — Lebachellé. — Leboulanger. — Lecomte et Bianchi. — Lecun frères et Cⁱᵉ. — Lefournier, Lamotte père et fils et Dufay. — Legrand (Théodore). — Lelong. — Lemaître-Demeestère. — Lemarchand. — Lemoine. — Lenormand (Alexandre). — Lentilhac (de) aîné. — Lepaul. — Leroy, de Laferté et Cⁱᵉ. — Leven (Maurice). — Linard. — Lund. — Luzarches, Desvoies et Cⁱᵉ. — Luynes (le duc de).

MM. Maës. — Mahieu-Delangre. — Maire (Ch.). — Mothes frères et Cⁱᵉ. — Malespine. — Malétra et fils. — Malivoire et Cⁱᵉ. — Mansard. — Marcelin. — Mariotte. — Marsais (Emile). — Martin (Emile). — Martinon. — Masson aîné. — Mother et Cⁱᵉ. — Mayer. — Meissonnier. — Mellier, Obry fils et Cⁱᵉ. — Mercier (Achille). — Mercier. — Mercier-Blanchard. — Merlié-Lefebvre. — Mérou. — Mieg (Mathieu) et fils. — Millet et Robinet et Mᵐᵉ Millet. — Mohler (A.) et Cⁱᵉ. — Monborgne fils et Leroy. — Mongin. — Montagnac (de). — Montandon frères. — Morel frères. — Moret. — Mourey.

MM. Nanot et Cⁱᵉ. — Naylies (le comte de). — Neuber. — Néville. — Niedrée. — Nillus. — Normand.

MM. Oriolle fils. — Osmont.

MM. Pagès, Blein et Cⁱᵉ. — Parent. — Paris. — Passerat (Mathieu). — Patrian (Ch.). — Paul. — Paul et frères. — Payen jeune. — Pellonin et Bobé. — Perrot et Malbec. — Pétard (Charles). — Pétry et Ronsse. — Peugeot aîné et Jackson frères. — Peupin. — Peyre et Rocher. — Pichenot. — Pinart frères. — Plattet frères. — Pochet-Deroche. — Poilly (de). — Poisat. — Portalis. — Portal père et fils. — Pouyer-Quertier et Palier. — Prades et Foulc. — Prat aîné. — Prin et Cⁱᵉ. — Pros-Grimonpez.

MM. Raffin père et fils. — Rambaux. — Renard. — Requillart-Screpel. — Rieussec. — Risler, Schwartz et Cⁱᵉ. — Robert, de Massy. — Robert-Houdin. — Robert (François), Launay et Hautin. — Rodanet. — Rogeat frères. — Roger (Bernard) aîné. — Rohden. — Rosé et Cⁱᵉ. — Roth. — Rouen. — Rousseau père et fils. — Rousseau. — Roussel, Requillart et Chocqueel. — Roussel-Dagin. — Roussy (Casimir). — Royer fils et Chamois. — Ruel (veuve) et fils et Dumas. — Ruhmkorf. — Rupp, Rubie et Cⁱᵉ.

MM. Sabrah et Jessé. — Sagnier (Louis) et Cⁱᵉ. — Saint-Étienne père et fils. — Salin. — Sallandrouze. — Sara. — Savaresse. — Sax et Cⁱᵉ. — Schlumberger et Hofer. — Schoen. — Schwartz. — Seguin. — Silbermann. — Simon et Cⁱᵉ. — Soleil. — Soubeyrand. — Souffleto. — Stackler.

MM. Taillandier. — Tamizier. — Tantenstein et Cordel. — Tarride fils et Cⁱᵉ. — Terrasson de Montleau. — Teyter aîné et Cⁱᵉ. — Théret. — Thibert. — Touzé (Alphonse). — Trésel. — Tricot jeune. — Trioulier. — Trochu. — Truchy. — Trudelle frères et Leclerc frères. — Tulou. — Turck.

MM. Vallet. — Varrall, Middleton et Elwell. — Vérité. — Verinazobres jeune et Cⁱᵉ. — Verzier, Bonnart et Cⁱᵉ. — Veyrat. — Videcoq et Simon. — Viguié et Cⁱᵉ. — Vincent. — Violart. — Vivaux frères. — Voruz. — Vucher, Reynier et Perrier. — Wagner. — Waldeck. — Wallet et Huber. — Wassmus jeune. — Wibeaux-Florin. — Wisnick, Domaire et Armonville.

1849.

MM. Agard et Cⁱᵉ. — Albinet. — Alessandri. — Alexandre père et Cⁱᵉ. — Altemayer et Cⁱᵉ. — Ancelot. — André-Jean. — Andrès père et fils. — Angrand. — Arlincourt fils. — Arnheiter. — Auber fils. — Auger.

MM. Bachelier. — Bailleul. — Bal. — Balaine. — Ballard. — Barbaza et Cⁱᵉ. — Barbier. — Barnouin et Cⁱᵉ. — Barrère. — Barrès. — Bary-Mérian. — Basely. — Baudon-Porchez. — Baudot. — Bauerkeller. — Bayard. — Bazin fils. — Béchard. — Bender. — Beni-Abès. — Ben-Mimoun. — Ben-Zerki des Seignas. — Bergeron. — Bergès et Cⁱᵉ. — Bergue. — Béringer. — Bernard frères. — Bernard. — Bernard-Breton. — Berny (de).

— Berrus frères. — Berthet. — Bertin. — Besançon et Cie.—
Besson frères.— Bicard. — Bisson.—Blanchet. — Blanchet.—
Blanchet (J. B.). — Blandin. — Blanpain frères. — Bloch. —
Boas frères et Cie. — Bocquet. — Boland. — Bonnet. — Bon-
temps. — Bord. — Boucher. — Boucher et Cie. — Bougueret.
— Bouhardet. — Bourguery (madame). — Bourgogne. — Bou-
tard.— Boutevillain.— Boyer. — Bozonnet. — Bresson. — Bre-
ton frères. — Bricard. — Brillier. — Brisou. — Brisson frères.
— Bruneaux. — Budin. — Buffet. — Buffet-Perrin. — Burel.—
Bussière. — Buthod.

MM. Cail. — Canchy. — Carlos-Florin. — Carville et Cie. —
Cels frères. — Cerbelaud. — Cerceuil. — Chagot aîné. — Cham-
panhet. — Champanhet-Sargeas.— Chanu. — Chappez. — Char-
pentier. — Charrière. — Charvet. — Chassaigne. — Chatelain.
— Chaudun. — Chauvière. — Chenot. — Chevet. —Chocqueel.
—Chrétin. — Chritin. — Chuffart. — Clair. — Claye et Cie. —
Clément. — Clerget. — Clerget (Ch.). — Coignet père et fils. —
Colin. — Collard. — Colville. — Comte. — Correge. — Coupie
et Cie. —Courtois. — Courtepée-Duchesnay. —Cremer. — Cre-
met. — Crocq. — Cruchet. — Cuny. — Curtet.

MM. Dafrique. — Daliphard. — Dandoy-Mailliard. — Dauchel
fils aîné. — Dauphinot-Baligot. — Dautremer et Cie. — David.
— Debain. — Deck.—Decker. — Decoudun (veuve).— Defitte.
—Defontaine et Cie. — De Gail. — De Kersaint. — De Lacretaz.
— Delaëre. — Delafontaine.— Delajoux.— Delamarre. — De-
lamorinière. — Delépine. — Delfosse frères. — De Lignac. —
De Mecflet.— De Pompéry (Aisne). — De Pompery (Finistère).
—Dercelles.— Déruque.— Dervaux.— Dervaux (A.).—Desaux-
Lacour.—Decroizilles.— Desplanques.— Despret.— Desroches.
— Desrosiers. — Dessaint. — Desvarannes et Cie. — Desvaux.
—De Tillancourt.— Détouche.—Devinck. — Devisme. — Dey-
dier. — Deyeux.— Doé frères.—Dorian.— Dubreuil.— Dubus.
— Ducel.—Ducruy.—Duhamel frères. — Dumaine. —Du-
maine (J. A.). —Dumas. —Dumergue et Cie.— Dupin. —Du-
prat.—Durand.— Durand père. — Dutfoy.— Dutilleul Lor-
thiois.— Duvelleroy.—Duvoir.

MM. Eslanger.— Estragnat.—Evrard.

MM. Fabrègue. —Fannière frères. —Fauville. —Fléau-Bechard. — Fléau-Béchard (Valentin). — Fey. — Fimbel. — Fischer frères. — Flageollet. — Flamet. — Fleurimon. — Follet. — Fortel-Larbre et Cie. — Fortier-Beaulieu. — Fortin Hermann. — Fossey. — Fougère. — Fourcade. — Fournival. — Franc père et fils. — Fray. — Frémy. — Frey. — Fritz Sollier.

MM. Gagneau frères. — Gaidon jeune. — Galimard. — Gallet. — Gunnery. — Gaudchaux-Picard. — Gaudet. — Gaudy. — Gaugain. — Gauthier. — Gauthier. — Gautrot. — Gervais. — Gevelot. — Gilbert. — Gillet. — Givord et Cie. — Godat. — Godefroy. — Godfroid. — Godillot. — Gonin. — Goube-Pierache. — Gourdin et Cie. — Granger. — Grangier. — Grangoir. — Grassot. — Gratiot. — Grenier. — Grill. — Groult. — Grun. — Guenal. — Guérin et Cie. — Guerre. — Guesdon. — Gueyton. — Guillemot. — Guillot.

MM. Hache. — Halary. — Hamoir et Cie. — Harding Coker. — Harmel frères. — Haro. — Hayot. — Heudiard. — Hediard. — Henriot fils. — Henry. — Hermann. — Herz. — Heutte. — Holzer. — Houdaille. — Houdin. — Huard. — Huck. — Hue. — Hulot. — Husson. — Husson (J. B.).

M. Inizarn.

MM. Jacquemet. — Jacquemin frères et fils. — Jacquot. — Jacquot frères et neveu. — Jacum. — Jaillet. — Jamin. — Japy. — Jeanselme. — Jeantet. — Joannard. — Joas (mademoiselle). — Joly aîné. — Joly. — Joubert-Bonnaire. — Jourdain-Défontaine. — Juhel-Desmares. — Jullien.

MM. Karmes. — Keteleer. — Kob et Cie. — Kraft. — Krauss.

MM. Labdaye. — Lachapelle. — Lafaye. — Laignel. — Laîné. — Laroche. — Laisné. — Lallemand. — Landron frères. — Lapeyre. — Laroche-Joubert. — Laroque frères et fils. — Lastic Saint-Jal. — Laurent. — Laurent. — Laurent (François). — Laya et Cie. — Lebaille. — Leblanc (Adolphe). — Leblanc (Charles). — Leblond. — Lebrun jeune. — Lecat. — Lecomte. — Leconte. — Lecottier. — Lecreps. — Le Crosnier. — Lefaucheux. — Lefebvre. — Lefebvre et Cie. — Lefèvre de Maisons. — Legal. — Legallou. — Legavrian. — Lejeune-Mathon. — Leloup. — Lemaire. — Lemaître-Demeestère. — Lemarchand. — Lémée père. — Lemoine. — Lemonnier-Chennevière. — Lemoult. — Lenègre. — Lenormand. — Lepage-Moutier. — Lérolle frères.

— Leroy et fils. — Lesenne. — Lespinasse. — Lesquesne. — Letourneau. — Levarlet. — Lion frères.— Lucq et Cⁱᵉ. — Lucy, Sédillot et Cⁱᵉ.

MM. Mabire. — Malezieux. — Mallat. — Mallet et Cⁱᵉ. — Marguerie. — Marsat. — Marsaux. — Martelin. — Martenot et Cⁱᵉ. — Martin, de Provins. — Martin, de Lyon. — Martin, de Nîmes. — Martin, de Tours. — Mathias. — Matifat. — Max Richard. — Mayer. — Mayer (Vᵉ). — Mazure (Vᵉ). — Mehu. — Meissonier fils. — Mercier. — Méro. — Meynard frères. — Michaud. — Michel (Charles). — Michel (Mathieu). — Michelet. — Middleton. — Mignard-Billinge. — Milhaud. — Millet. — Miroy frères. — Mohamed bel Mabrouk — Mohler. — Molines. — Molteni et Cⁱᵉ. — Monfalcon. — Mongas. — Mongin. — Monnot-Leroy. — Monpelas. — Montal. — Moreau. — Moreau (Jean). — Motte, Bossut et Cⁱᵉ. — Mottet. — Mouisse. — Mounier père et fils. — Mourceau et Cⁱᵉ. — Mourey. — Moussard. — Moysen. — Muel. — Mullier.

MM. Neveu. — Niederreither. — Noblot et Cⁱᵉ. — Noël fils aîné. — Noury fils. — Numa-Louvet.

MM. Oberhaeuser. — Oger. — Osmont-Bertèche.

MM. Paillard. — Paillet. — Palmer. — Pardoux. — Paris. — Parpette. — Pasquier. — Patou. — Patriau. — Paublan. — Pauchet. — Paul. — Payerne. — Péchiney. — Peigné Delacourt. — Pelé. — Peltereau. — Pépin-Lehalleur. — Peret. — Perreaux. — Perrot. — Petin. — Petit. — Petit (Jacob). — Petyt. — Peugeot. — Peynaud. — Pichon-Prémelé. — Pidault. — Pigache. — Pimont. — Pin, Bayart et Cⁱᵉ. — Pitiot. — Poelmann frères. — Poisat et Cⁱᵉ. — Popelin-Ducarre et Cⁱᵉ. — Portal de Moux. — Pottet. — Poupinel. — Poure et Cⁱᵉ. — Pouyer-Quertier. — Prevost. — Proux.

M. Quenet.

MM. Radiguet. — Raulin. — Ravier. — Renard-Perrin. — Renneberg et Cⁱᵉ. — Retou. — Reulos. — Rey et Cⁱᵉ. — Reymondon. — Rohem. — Richard frères. — Richer. — Riess. — Rives. — Robert. — Rocher. — Rocle. — Roissard. — Roques. — Rossignol. — Roth et Cⁱᵉ. — Roucou. — Roufflet. — Rousée. — Rousille frères. — Rouvière-Cabane. — Rouxel. — Ruef. — Ruff. — Ruhmkorff.

MM. Sabathier. — Sagnier. — Saint-Amand. — Saint-Maur (de). — Salleron. — Sanguinède. — Sappey. — Sautreuil. — Savin-Larclauze. — Savoye. — Scheurer. — Schiertz. — Schloss. — Sénéchal. — Sentis. — Serbat. — Serret et Cie. — Serveille. — Sidi-Hamida. — Si El Medani. — Simonnet. — Simonin. — Soyer-Vasseur. — Steiner. — Steiner (Charles). — Sthal. — Sureau. — Suret. — Suzer.

MM. Tahan. — Taillefer. — Tamizier. — Tavernier. — Tétard. — Thackeray. — Théodon. — Thibaut. — Thibert. — Thierry frères. — Thierry-Mieg et Cie. — Thiollière. — Thiriez et Cie. — Thomas. — Thoré. — Tissier. — Touaillon. — Touzé. — Tremblay (le baron du). — Tresel. — Tronchon. — Truchy. — Turck.

MM. Vachon. — Valerius. — Vallet. — Vallier. — Vaugeois. — Vaussard. — Verdier et Cie. — Verdier. — Véron frères. — Veyrat. — Vieillard. — Vignon et Cie. — Villemsens. — Violard. — Violette. — Vissière. — Vittoz.

MM. Wahl. — Warral.

M. Zeiger.

FIN.

Coamm. imprimerie de Caért.

www.ingramcontent.com/pod-product-compliance
Lightning Source LLC
Chambersburg PA
CBHW031720210326
41599CB00018B/2447